DIE ZELLE

DIE ZELLE

Expedition in die Grundstruktur des Lebens

Christian de Duve

Band I

Erschienen bei Spektrum der Wissenschaft in Heidelberg

Für Thierry, Anne, Françoise,
Alain und deren Mutter

Welche Wunder würde der entdecken, der sein Auge auf jede Art von Objekten so einstellen könnte, daß er nach Belieben ebenso deutlich das eine Mal Gestalt und Bewegung der kleinsten Teilchen des Blutes und anderer Säfte animalischer Wesen zu erkennen vermöchte, wie ein andermal Gestalt und Bewegung jener Wesen selbst!

John Locke, *Versuch über den menschlichen Verstand*
(in der Übersetzung von Carl Winckler, 1913)

Inhalt **Band I**

Inhalt **Band II**

Vorwort

Jedes Jahr zu Weihnachten lädt die Rockefeller-Universität in New York etwa 550 ausgewählte Oberstufenschüler zu vier Vorlesungen ein, die nach dem hervorragenden Biologen und Zellkern-Experten, der diese Tradition 1959 begründete, heute ,,Alfred E. Mirsky Christmas Lectures on Science'' heißen. Als einer der Professoren der Rockefeller-Universität kam ich 1976 an die Reihe, sie zu halten.

Die Vorlesungen sind für den Vortragenden Erlebnis und Herausforderung zugleich. Man wird mit einer Zuhörerschaft konfrontiert, die auf einzigartige Weise die Wißbegierde der Jugend und ein oft unglaubliches Maß an Detailkenntnissen in sich vereint. Als ich darüber nachdachte, wie ich diesen jungen Leuten, die wahrscheinlich alles über DNA, aber wenig über andere Zellbestandteile wußten, ein ausgewogenes Bild von der Organisation der Zelle vermitteln könnte, kam mir die Idee, sie auf eine Expedition mitzunehmen. Wir würden bis auf die Größe von Bakterien zusammenschrumpfen oder – was auf dasselbe hinausläuft – die Zelle millionenfach aufblähen. Dann könnten wir bequem in ihr umherwandern, oder besser: umherschwimmen, dabei die Struktur der verschiedenen Bestandteile untersuchen und sie in Aktion erleben, um ihre Funktion zu verstehen. Als ich mich erst einmal auf die Idee eingelassen hatte, bereitete sie mir großes Vergnügen. Und sie fand schließlich ein dankbares Publikum.

Was vor über sieben Jahren als vierstündige Phantasie entstand, hat sich nun zu einem unhandlichen Opus mit 19 Kapiteln entwickelt. Es zu schreiben, hat mir ebensoviel Spaß gemacht wie die Vorbereitung der ,,Christmas Lectures''. Manchmal habe ich während der Arbeit wohl sogar den Leser vergessen. *Die Zelle* ist nicht als Lehrbuch konzipiert, das einen Stoff auf Studenten mit einem bestimmten Kenntnisstand zuschneidet. Erst recht ist es keine mit zahlreichen Belegen versehene wissenschaftliche Abhandlung, die nur für Experten geschrieben wurde. Aber es ist auch kein populärwissenschaftliches Buch, das komplizierte Sachverhalte mit dem Mäntelchen der Vereinfachung bedeckt. Es handelt sich vielmehr um eine Art Reiseführer, der uns – wie der Untertitel besagt – auf eine Expedition in die Zelle begleiten soll. Er ist nicht frei von Willkürlichkeiten, denn wie ein Reiseleiter beansprucht der Autor für sich das eher ärgerliche Privileg, an bestimmten Stellen zu verweilen, um eine Geschichte zu erzählen oder eine persönliche Meinung kundzutun, und dann andernorts weiterzuhasten, um die verlorene Zeit aufzuholen. Das Buch gibt eine sehr persönliche Sichtweise wieder. Sie hat sich in den Jahrzehnten entwickelt, in denen ich durch das ,,Haus unserer Geburt'', wie Albert Claude es genannt hat, gestreift bin und über seine Wunder nachgedacht habe. Sie ist daher unvermeidlich von meinen Vorlieben, Vorurteilen und besonderen Kenntnissen (oder ihrem Fehlen) geprägt. Das Buch habe ich weder nur für Studenten oder Experten noch ausschließlich für Laien geschrieben. Ich hoffe, daß jeder einige Teile oder Gesichtspunkte darin zu finden vermag, die ihn für die Unzulänglichkeiten des Ganzen entschädigen.

Von der ersten Expedition während der ,,Christmas Lectures'' habe ich die Idee übernommen, die Zelle millionenfach zu vergrößern oder die Beobachter entsprechend zu verkleinern, damit sie alle Zellkomponenten mit bloßem Auge erkennen können. Nur in wenigen Fällen sind außerdem noch ,,molekulare Brillengläser'' nötig. Für Leser, die solche Hilfsmittel in einem ernsthaften wissenschaftlichen Zusammenhang ablehnen und sich nicht in winzige ,,Cytonauten'' verwandeln lassen wollen, habe ich zwar Verständnis, aber ich entschuldige mich nicht. Wissenschaft muß nicht zwangsläufig ernst und feierlich sein. Es ist allerdings auch nicht ungefährlich, Konzepte, die in der Umgangssprache nur schwer zu erklären sind, mit Metaphern zu verdeutlichen. Besonders groß ist die Gefahr, wenn wir Prozesse, wie sie in lebenden Zellen stattfinden, vermenschlichend beschreiben, denn nur zu leicht sind wir versucht, unsere eigene Vorstellung von Zielstrebigkeit auf sie zu übertragen. Ich hoffe, daß die spielerische Bildersprache, die ich in einigen Abschnitten dieser Reise verwende, nicht zu Mißverständnissen führt.

Zellen sind reich an verwickelten Strukturen. Der Versuch, diese Strukturen durch Vergrößerung sichtbar zu machen, ist vollkommen legitim. Nichts anderes tun wir mit unseren optischen Geräten und Elektronenmikroskopen. Auch Moleküle besitzen eine Anatomie, und die moderne Biochemie ist nicht zuletzt mit ihrer naturgetreuen dreidimensionalen Wiedergabe beschäftigt. Auf unserer Expedition haben wir – und damit meine ich insbesondere den unermüdlichen und begeisterten Illustrator Neil Hardy – uns sehr darum bemüht, all diese Strukturen so genau wie möglich und maßstabgerecht abzubilden. Grenzen wurden dabei von der vorhandenen Information sowie der Forderung nach Lesbarkeit gesetzt. In einigen Fällen mußten wir uns allerdings auf unsere Phantasie verlassen und kontroverse Fragen umgehen. Denn trotz der ,,biologischen Revolution'' sind unsere Kenntnisse von der Zelle noch immer bruchstückhaft. Unser

Wissen wächst aber sehr schnell, und man kann nur versuchen, den jeweils letzten – kaum aber den endgültigen – Stand festzuhalten. Für die Illustration des Buches habe ich versucht, Bilder von historischem Interesse zusammenzutragen, und dabei manchmal einen alten Meister einem technisch überlegenen neuen Dokument vorgezogen. Aber ich habe auch einige „junge Meister" zur Mitarbeit gewonnen.

Selten vermag die Anatomie, auch wenn sie durch die Beschreibung beweglicher Teile belebt wird, Funktionen zu enthüllen oder gar Mechanismen aufzudecken. In lebenden Zellen kann das nur mit Hilfe der Biochemie geschehen. Doch weder möchte ich den Leser mit unzähligen komplizierten Molekülstrukturen und verwickelten Reaktionsabläufen belasten noch in einer oberflächlichen und ausweichenden Sprache Zuflucht suchen, wie sie oft ersatzweise verwendet wird. Daher war ich bemüht, mich auf das zu konzentrieren, was ich als Triebfedern des Lebens ansehe: grundlegende biochemische Mechanismen, die in der Zelle in ganz unterschiedlichen Formen verpackt und oft verborgen sind.

Dabei habe ich mich mehr von der Energetik als von den chemischen Strukturen leiten lassen. Das mag nicht nach dem Geschmack derer sein, die an tatsächlichen Mechanismen und nicht an abstrakten Konzepten interessiert sind, zumal ich es mir erlaubt habe, einige recht eigenwillige Begriffe wie „Oxphos-Einheit" und „Janus-Zwischenprodukt" zu erfinden, um nicht in Einzelheiten gehen zu müssen. Alle, die eine solche Methode mißbilligen, kann ich nur bitten, ihre Abneigung zu überwinden oder zumindest zurückzustellen und etwas Geduld zu üben. Vielleicht entdecken sie dann, daß diese Art der Analyse eine umfassende Betrachtung des metabolischen Dschungels erlaubt, die ohne die Kenntnis der einzelnen Bäume auskommt. Aber möglicherweise bin ich hier auch einer typisch gallischen Tendenz erlegen, die sich nicht leicht an fremde Gestade exportieren läßt. Um dem Leser zu helfen, sich durch die mehr biochemischen Abschnitte des Buches hindurchzuarbeiten, habe ich die wichtigsten Begriffe und Konzepte der beschreibenden Biochemie und der Bioenergetik in zwei Anhängen zusammengestellt.

Ein Werk wie dieses erscheint nicht ohne vielfältige Hilfe und Unterstützung von außen. Mein erster Dank gilt den etwa 550 Oberstufenschülern, die ich am 27. und 28. Dezember 1976 auf die erste Expedition in die lebende Zelle mitgenommen hatte. Ihre begeisterten Reaktionen und begierigen Fragen waren ein wichtiger Ansporn für mich. Doch wahrscheinlich hätte ich dieses Buch, das sich als sehr umfangreiches Projekt herausstellte, nie begonnen, wenn die freundliche Beharrlichkeit von Bill Bayless und seinen Kollegen von der Rockefeller University Press und das ermutigende Interesse von Jaime Etcheverry aus Buenos Aires an den Aufzeichnungen der Vorlesungen nicht gewesen wären. Zwei Personen haben mir unschätzbare Dienste erwiesen – nicht nur durch die Qualität und Bedeutung ihrer Beiträge, sondern auch, weil mit ihnen Arbeiten, die oft eine Plackerei und manchmal sogar eine Qual waren, zu einem echten Vergnügen wurden. Neil Hardy, den begabten Künstler, habe ich schon erwähnt. Seine professionelle Gewissenhaftigkeit trieb ihn, mehr Biochemie zu lernen, als ich ihm jemals hätte beibringen können. In meinem tastenden Suchen nach Klarheit und Verständlichkeit habe ich seine Gutmütigkeit unbarmherzig ausgenutzt. Die andere Person ist Helene Jordan Waddell, die frühere Direktorin der Rockefeller University Press. Unermüdlich hat sie sich durch zahllose Manuskriptversionen hindurchgearbeitet und mit kompromißloser Entschlossenheit falsche Konstruktionen, stilistische Scheußlichkeiten und andere Greuel ausgemerzt. Auf die Eigenarten des Autors hat sie dabei immer in unauffälliger und oft sicher unverdienter Weise Rücksicht genommen. Beide sind gute Freunde von mir geworden. Später haben mich dann die Herausgeber der Scientific American Books hilfreich und wohlwollend unterstützt: Neil Patterson, Linda Chaput und besonders Patty Mittelstadt, die es mit unerschöpflicher Hingabe, strengem professionellem Sachverstand und bewundernswerter Nachsicht auf sich nahm, dem Buch den letzten Schliff zu geben und es unter Bedingungen produktionsreif zu machen, die zuweilen recht anspannend waren.

Viele Freunde und Kollegen sind meinen manchmal ziemlich unbescheidenen Wünschen nach Illustrationsmaterial großzügig nachgekommen. Dazu gehören Pierre Baudhuin, Wolfgang Beermann, Marcel Bessis, Robert Bloodgood, Daniel Branton, Ralph Brinster, John Cairns, Pierre Chambon, David Chase, Isabelle Coppens, Richard Dickerson, David Dressler, Marilyn Farquhar, Walter Fiers, Brian Ford, Werner Franke, Yukio Fujiki, Joseph Gall, Ian Gibbons, Jerome Gross, Pierre Guiot, Françoise Haguenau, Etienne de Harven, John Heuser, James Hirsch, Hans-Peter Hoffmann, David Hogness, Hugh Huxley, James Jamieson, Morris Karnovsky, John Kendrew, Richard Kessel, Ulrich Laemmli, Emmanuel Margoliash, Arvid Maunsbach, Oscar Miller, Eldon Newcomb, Alex und Phyllis Novikoff, George Palade, Donald Parsons, Keith Porter, Evans Roth, Helen Shio, Samuel Silverstein, Sidney Tamm, Herman Van den Berghe, Marten Veenhuis, Leo Vernon, Eugene Vigil, Luc Waterkeyn, James Watson, Maurice Wilkins und Heinz Günther Wittmann. Ich danke ihnen allen sehr herzlich. Für künstlerische Beiträge gilt mein Dank der Arp-Stiftung in Paris, dem verstorbenen Buckminster Fuller, Dan Dixon, Karl Koopman, Henry Moore, Enrico di Rovasenda, dem Metropolitan Museum of Art und dem Museum of Modern Art in New York sowie dem Vatikan-Museum.

Rückblickend habe ich den Eindruck, als sei eine ganze Armee von Sekretärinnen damit beschäftigt gewesen, ständig neue Entwürfe in die Speicher ihrer Textverarbeitungssysteme einzufüttern. Ihnen schulde ich besonderen Dank. Ich kann sie nicht alle aufzählen, aber nennen muß ich Norma Musiek und Patricia Lahy in Brüssel und ganz besonders Karrie Polowetzky in New York, die wirklich von Anfang bis Ende fast alles gesehen hat und es dank einer glücklichen Mischung aus unerschütterlichem Gleichmut, unbeirrbarer Standhaftigkeit und ausdauernder Hingabe überstand.

Ich danke auch Miklós Müller für das Lesen des ganzen Manuskripts und seine wertvollen Vorschläge, sowie Jacques Berthet, der den Anhang über Bioenergetik durchsah, und etlichen anonymen Gutachtern, die mich oft in sehr bestimmter Weise auf Fehler und Ungenauigkeiten oder auf fragwürdig erscheinende Darstellungsweisen aufmerksam machten. Ich habe mich bemüht, möglichst alle sachlichen Fehler zu verbessern. Doch was Stil und Terminologie betrifft, bin ich nicht immer den Ratschlägen meiner Kritiker gefolgt. Für die vielen kleineren und größeren Mängel, die geblieben sind, übernehme ich die alleinige Verantwortung.

In der langen Liste von Gläubigern, denen ich Dank schulde, fehlen schließlich noch meine Frau, meine Kinder, meine Freunde und meine Kollegen auf beiden Seiten des Atlantiks, die mit wachsender Geduld ertragen mußten, wie ,,das Buch'' immer gieriger meine Zeit, meine Aufmerksamkeit und meine Stimmungen beanspruchte. Ganz sicher ist es mir unmöglich, alle angesammelten Versäumnisse wiedergutzumachen. Falls ich es zumindest geschafft habe, etwas von dem Gefühl der Bewunderung und der Ehrfurcht zu vermitteln, welche die Zelle in denen hervorruft, die glücklich genug sind, sich mit ihrer Erforschung beschäftigen zu können, und falls etwas von der Freude und Spannung zu spüren ist, die diese Forscher bei ihren Expeditionen erleben, dann waren meine Zeit und Mühe nicht ganz umsonst.

Christian de Duve
New York und Nethen
April 1984

Kapitel 1

Reisevorbereitungen

Wir sind im Begriff, in eine faszinierende und geheimnisvolle Welt einzudringen, die weit außerhalb unserer alltäglichen Erfahrungen liegt. Diese Welt ist in jedem von uns mehr als zehnbillionenfach vorhanden und existiert auch in allen anderen Organismen. Denn jedes Lebewesen besteht aus mindestens einer jener mikroskopisch kleinen Einheiten, die wir Zellen nennen und die alle unter den ihnen gemäßen Bedingungen allein lebensfähig sind. Bei unserer Expedition in die Zelle werden wir dem Leben selbst in seiner elementarsten Form begegnen. Doch bevor wir aufbrechen, brauchen wir noch ein paar Informationen.

Die Welt der Zellen

Zunächst gilt es klarzustellen, daß so etwas wie *die* lebende Zelle nicht existiert. Es gibt immer nur unzählig viele verschiedenartige lebende Zellen. Wenn wir bloß ihre auffälligeren äußeren Merkmale wie Größe, Form und Art der Bewegung betrachten, werden sie uns so unterschiedlich vorkommen, daß wir die grundlegende Verwandtschaft aller Zellen überhaupt nicht erkennen. Sie ist auch den frühen Mikroskopikern über 150 Jahre lang verborgen geblieben. Einheitlichkeit offenbart sich jedoch, wenn wir auf unserer Reise tiefer in diese Welt eindringen. Im submikroskopischen Bereich und bei den molekularen Funktionen verwischen sich die Unterschiede zwischen den verschiedenen Zellen. Wenn wir als Ziel unserer Forschungsreise die lebende Zelle angeben, meinen wir damit etwas, das alle grundlegenden Eigenschaften des Lebens vereinigt, gewissermaßen den gemeinsamen Nenner aller lebenden Zellen. Unsere Reise wird zwar hauptsächlich durch diese fiktive Einheit führen, jedoch werden wir auch mit wirklich existierenden Zellen zu tun haben. Daher sollten wir uns, bevor wir aufbrechen, einen Überblick über die verschiedenartigen Zellen verschaffen, denen wir begegnen werden.

Unser eigener Körper besteht aus einigen hundert Zelltypen mit jeweils bis zu Tausenden von Milliarden Individuen. Es gibt Nervenzellen, Muskelzellen, Drüsenzellen, Blutzellen und viele andere, die sich jeweils noch in mehrere Untergruppen aufteilen. Die Namen deuten es bereits an: Zellen eines gegebenen Typs vereinigen sich meist zu Verbänden, Organen oder Geweben, die spezifische Funktionen ausüben. Oft ist es entscheidend für diese Funktion, wie die Zellen zusammengefügt sind. Beispielsweise sehen alle quergestreiften Muskelzellen gleich aus und sind gleichermaßen fähig, sich zu kontrahieren. Die Unterschiede zwischen den Hunderten von Muskeln im menschlichen Körper entstehen dadurch, daß die Einzelzellen sich verschieden miteinander verbinden. Im Zentralnervensystem, das über zehn Milliarden Zellen enthält, erreicht dieses Zusammenspiel seine höchste Komplexität: Jede Zelle kann mit bis zu zehntausend anderen Zellen gleicher Abstammung verknüpft sein. Damit solche Verbindungen zustande kommen, müssen sich die Zellen gegenseitig suchen und erkennen. Ihre Verknüpfungen werden durch vielfältige Strukturelemente außerhalb der Zellen stabilisiert und unterstützt; diese erhalten zugleich auch die charakteristischen Strukturen der Gewebe aufrecht.

Unsere nahen Verwandten, die anderen Säugetiere, sind im wesentlichen aus den gleichen Zelltypen aufgebaut wie wir. Bis weit hinab in der Hierarchie des Tierreichs finden wir ähnliche Zellen. Typische Muskel- oder Nervenzellen gibt es – in zunehmend einfacherer Anordnung – auch bei Fischen, Insekten, Mollusken und Würmern. Auf der Ebene der niederen Wirbellosen, etwa bei Schwämmen, verändert sich jedoch der Bauplan selbst: Statt vielzelliger Organismen haben wir Kolonien halbunabhängiger Zellen vor uns. Ganz unten finden wir die völlig unabhängigen einzelligen Protozoen, zu denen beispielsweise die Amöben gehören.

Auch Pflanzen bestehen aus verschiedenen, durch Strukturelemente zusammengehaltenen Zelltypen. Sie sind jedoch anders organisiert als Tiere, weil sie sich vollständig auf die Nutzung der Sonnenenergie ausgerichtet haben. Dazu besitzen sie in ihren Zellen spezielle lichtgetriebene Fabriken: die grünen Chloroplasten. Was von einer Pflanzenzelle übrigbleibt, wenn man die Chloroplasten wegnimmt, ist einer tierischen Zelle sehr ähnlich. Wie Tiere sind auch Pflanzen ganz unterschiedlich hoch entwickelt; die Skala reicht von den hochkomplizierten Blütenpflanzen und Bäumen bis zu den niederen einzelligen Algen. Bei ihren nicht zur Photosynthese fähigen Verwandten, den Pilzen, liegt eine vergleichbare Spanne zwischen den Bauplänen der Hutpilze und denen von Hefen und Schleimpilzen.

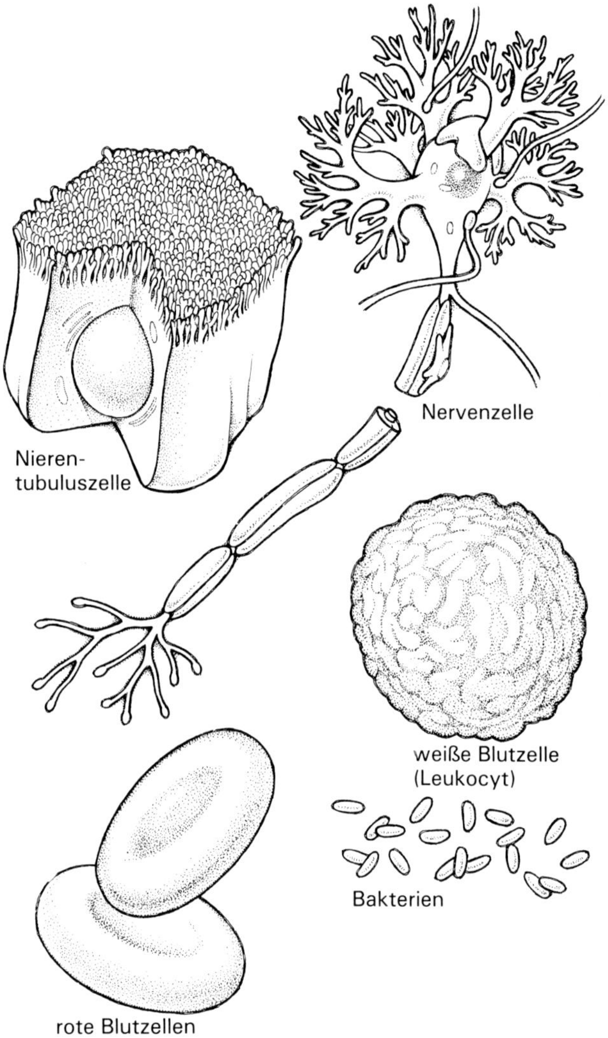

Die Vielgestaltigkeit lebender Zellen.

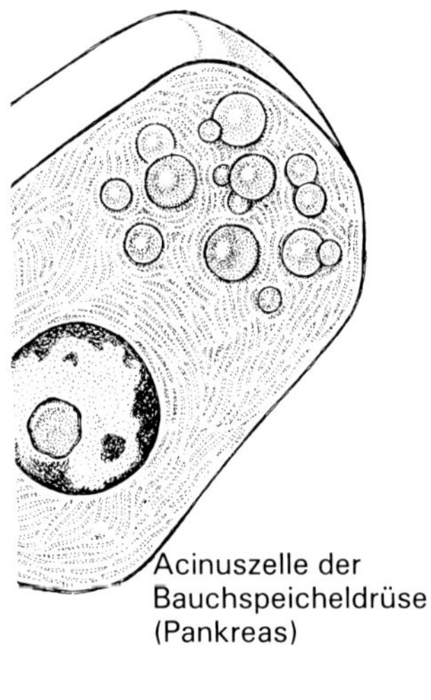

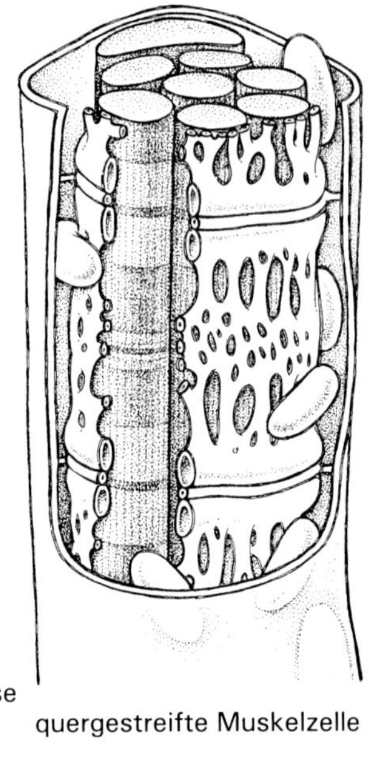

Alle Zellen des Tier- und Pflanzenreiches sind nach demselben Grundbauplan konstruiert. Sie sind durch Membranen in viele getrennte Reaktionsräume oder Kompartimente unterteilt und enthalten einen großen, charakteristisch geformten Zellkern (Nucleus). Wegen ihres Kerns werden diese Zellen als eukaryontisch bezeichnet (vom griechischen *eu* für gut, echt und *karyon* für Kern). Solche Zellen wollen wir auf unserer Reise besuchen; dabei werden wir hauptsächlich im Tierreich bleiben, dem wir selber angehören, und nur gelegentlich Abstecher in die Pflanzenwelt unternehmen.

Neben den eukaryontischen gibt es noch einfachere Formen lebender Zellen, die man prokaryontisch nennt, weil sie keinen echten, von einer Membran begrenzten Zellkern besitzen. Alle Bakterien gehören dazu. Sie sind viel kleiner als eukaryontische Zellen, leben einzeln oder in losen Kolonien und zeigen nur einen geringen Grad innerer Organisation. Ihre Artenvielfalt ist jedoch enorm. Sie haben sich so erfolgreich den extremsten Bedingungen angepaßt, daß man sie in kochend heißen Quelltümpeln ebenso findet wie in fast ausgetrockneten Salzpfannen. Bakterien gibt es überall, und sie tragen entscheidend dazu bei, die Bestandteile toter Organismen wieder in eine für das Leben verwertbare Form zurückzuverwandeln. Ohne Bakterien würden die Eukaryonten (Lebewesen, deren Zellen echte Kerne enthalten) bald aussterben. Einige Bakterienarten sind aber auch schädlich, weil sie in höhere Organismen eindringen und Krankheiten verursachen können.

Wenn wir noch um eine weitere Größenordnung hinabsteigen, treffen wir auf die Viren. Man kann sie nicht mehr als Zellen bezeichnen, da sie nicht zu selbständigem Leben befähigt sind. Dennoch besitzen sie eine Schlüsseleigenschaft des Lebens: Sie tragen den Bauplan für ihre eigene Vermehrung in sich. Die Maschinerie, die diese Instruktionen umsetzt, verschaffen sie sich einfach dadurch, daß sie in lebende Zellen (eukaryontische oder prokaryontische) eindringen und deren Reproduktionsapparat für die eigene Vermehrung „umprogrammieren". Die Zelle synthetisiert daraufhin so viele neue Viren, daß sie selbst meist degeneriert und schließlich abstirbt. Wir werden auf die Viren zurückkommen, wenn wir die Informations- und Vervielfältigungszentralen der Zelle besuchen.

Die Welt der Moleküle

Um Aufbau und Funktion der Zellen zu verstehen, müssen wir uns der Sprache der Chemie bedienen. Angesichts der außergewöhnlichen chemischen Zauberkunststücke lebender Zellen sind wir sogar gezwungen, eine sehr komplizierte chemische Ausdrucksweise zu benutzen. Mit zunehmendem Verständnis der komplexen chemischen Prozesse in der Zelle hat sich die Biochemie in den letzten Jahren außerordentlich entwickelt.

Aber nicht alle Reiseteilnehmer können Experten sein. Und es wäre schade, wenn Schönheit und Faszination der Welt der Zellen jenen wenigen Eingeweihten vorbehalten blieben, die sich in der Welt der Biomoleküle auskennen. Wir wollen soviele Leute wie möglich auf unsere Expedition mitnehmen, und wir werden alles tun, um es ihnen leicht zu machen. Aber ganz ohne Chemie geht es nicht, wenn nicht ein Großteil der Reise unnütz sein soll.

Wir gehen deshalb davon aus, daß jeder mit den Grundgedanken und Gesetzen der Chemie einigermaßen vertraut ist. Schlüsselbegriffe werden wir, wenn möglich, anhand von Bildern und Modellen erläutern. Aber wir werden wissenschaftliche Strenge und Genauigkeit nicht dem Bedürfnis nach Einfachheit opfern. Eine systematische Übersicht über die Hauptbestandteile lebender Zellen und ihre chemische Struktur findet sich im Anhang I. Im Anhang II werden wichtige physikalisch-chemische Grundbegriffe und Konzepte erläutert.

Wir hoffen, damit vielen die Reise zu ermöglichen. Alle Teilnehmer seien aber trotzdem aufgefordert, sich noch eingehender mit der Welt der Moleküle zu befassen, denn es wird ihre Freude an der Welt der Zellen erhöhen. Man muß kein Ägyptologe sein, um sich an den Pyramiden und den Schätzen des Tutanchamun zu freuen. Doch der Anblick dieser berühmten Kunstwerke ist um so reizvoller und nutzbringender, je mehr man über die geschichtlichen Hintergründe weiß.

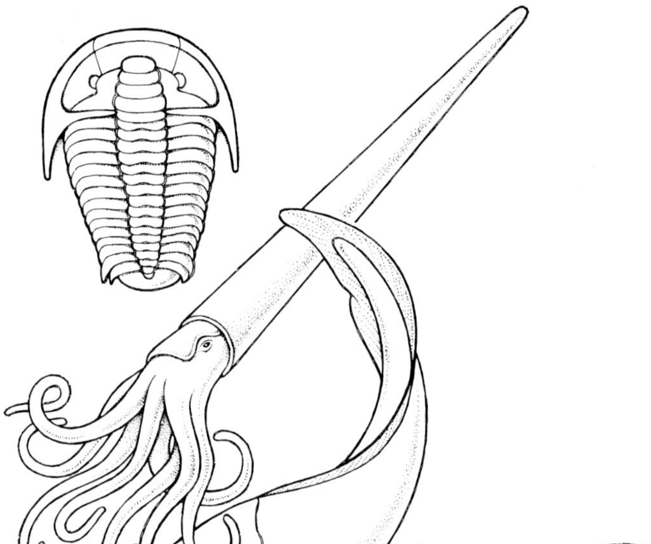

Das Problem der Größe

Zellen werden in Mikrometern (1 μm = ein Millionstel Meter) gemessen und Moleküle in Nanometern (1 nm = ein Milliardstel Meter). So kleine Strecken sind schwer vorstellbar. Beispielsweise hat eine durchschnittliche, annähernd kugelförmige Eukaryontenzelle einen Durchmesser von etwa 25 Mikrometern, also einem Vierhundertstel Zentimeter; das bedeutet, daß sich 60 Millionen Zellen bequem in einen Kubikzentimeter packen lassen. Bakterien sind etwa einen Mikrometer groß und passen damit mehr als 10 000mal in eine einzige Eukaryontenzelle. Viele Viren wiederum sind so klein, daß Tausende davon in einer einzigen Bakterienzelle Platz haben und gar Billiarden in einem Kubikzentimeter. Hier versagt unsere Vorstellungskraft.

Auf unserer Expedition werden wir dieser Schwierigkeit dadurch begegnen, daß wir gleichsam auf die Größe eines Bakteriums zusammenschrumpfen, also auf etwa ein Millionstel in jeder Raumdimension. Wir können aber auch bleiben, wie wir sind, und alles um uns herum millionenfach aufblähen. Derart vergrößert würde die Erde weit über die heutige Position der Sonne hinausragen, und ein Lichtstrahl wäre von Pol zu Pol 18 Stunden unterwegs. Eine Zelle hätte dann die Ausmaße eines großen Hörsaals, so daß wir bequem an jeder Stelle, die unsere Neugierde weckt, anhalten und alle Details bis hinunter zu einzelnen Molekülen erkennen können.

Die vierte Dimension

Wie die Geologie und die Kosmologie befaßt sich auch die Biologie mit historischen Ereignissen. Biologische Systeme gibt es seit mehreren Milliarden Jahren. Die vierte Dimension der Biologie wurde vor etwa 200 Jahren deutlich, als man Fossilien entdeckte und ihre wahre Natur erkannte. Es sind Knochen und Schalen längst ausgestorbener Tiere und versteinerte Abdrücke von Pflanzen vergangener Zeitalter – und nicht etwa, wie teilweise gemutmaßt wurde, Überbleibsel von Opfern der Sintflut oder Schöpfungen einer spielerischen Gottheit, die zwischen die lebenden Arten ein paar tote gepflanzt hatte. Mit den Fortschritten in der geologischen Altersbestimmung offenbarte sich eine historische Gesetzmäßigkeit: je älter die Fossilienreste, desto niedriger der Organisationsgrad. Mollusken lassen sich weiter zurück-

Die Geschichte der Lebewesen (die vierte Dimension).

verfolgen als Fische, die wiederum den Reptilien vorangingen. Noch später erschienen Vögel und Säugetiere und schließlich die frühen Hominoiden. Ausgehend von diesem Muster der Fossilienabfolge entwickelte sich in der ersten Hälfte des 19. Jahrhunderts das Konzept der Evolution, wie sie Charles Darwin 1859 in seinem epochemachenden Werk *On the Origin of Species by Means of Natural Selection* (*Über die Entstehung der Arten durch natürliche Zuchtwahl*) dargestellt hat.

Obwohl Fossilienfunde nur wenig über die Evolution der Zellen verraten, haben wir dank neuerer Entwicklungen der Biochemie und Molekularbiologie heute wirkungsvolle Hilfsmittel in der Hand, um von der Gegenwart aus die Vergangenheit zu rekonstruieren. Entdeckungen in dieser Richtung haben beträchtliches Aufsehen erregt. Die vierte Dimension hat Eingang in die Zellbiologie gefunden und unsere Vorstellungen von der lebenden Zelle und ihren Bestandteilen durchdrungen. Auf einer Expedition wie der unsrigen können wir das nicht ignorieren. So werden wir gelegentlich eine Pause einlegen und über Ursprung und Evolutionsgeschichte der verschiedenartigen Strukturen nachdenken, die wir gerade gesehen haben.

Robert Hookes Mikroskop mit der Öllampe, die er zur Beleuchtung benutzte. Die Zeichnung stammt von Hooke selbst und ist seinem Werk *Micrographia* entnommen.

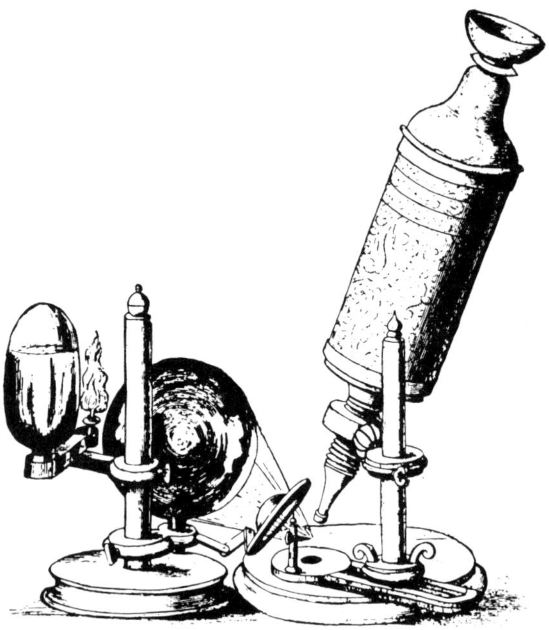

Robert Hookes historische Zeichnung der mikroskopischen Struktur eines dünnen Korkscheibchens. Die vielen kleinen Höhlungen bezeichnete Hooke als Zellen.

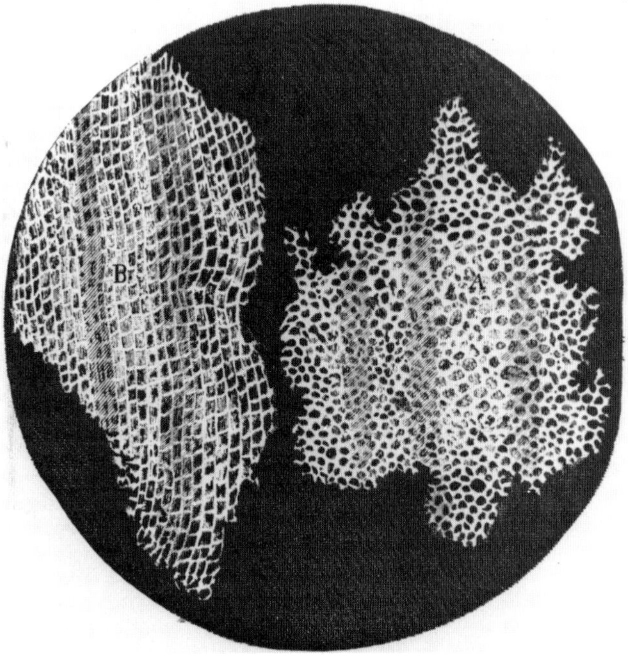

Die Instrumente und ihre Entwicklung

Kaum mehr als dreihundert Jahre liegen zwischen dem Tag, an dem zum ersten Mal ein Mensch eine lebende Zelle erblickte, und dem heutigen Massenansturm auf die in allen Medien dargestellte Welt der Zellen. Auf dem Weg, der die Forscher allmählich tiefer in die Zelle hineinführte, trägt jeder Meilenstein den Namen eines neuen Hilfsmittels oder Instruments. Es lohnt sich, die wichtigsten Schritte dieser Entwicklung ins Gedächtnis zurückzurufen.

Der morphologische Ansatz. Die Welt der Zellen ist für das unbewaffnete Auge unsichtbar und blieb daher bis zur Mitte des 17. Jahrhunderts unbekannt und unerforscht. Damals begannen einige wißbegierige Instrumentenmacher, mit geschickter Hand Linsen zu schleifen, um damit ihre Sehkraft zu verstärken. Einer der ersten, die Mikroskope anfertigten, war der Engländer Robert Hooke, einer der bemerkenswertesten Gelehrten seiner Zeit: Arzt, Meteorologe, Biologe, Ingenieur und Architekt in einer Person. Er veröffentlichte 1665 eine wunderschöne Sammlung von Zeichnungen seiner mikroskopischen Beobachtungen, die *Micrographia*. Darin ist auch die Darstellung eines dünnen Korkscheibchens enthalten, dessen wabenartig angeordnete Strukturelemente Hooke als ,,mikroskopisch kleine Poren'' oder ,,Zellen'' beschrieb. Er benutzte das Wort ,,Zelle'' hier im ursprünglichen Sinne von kleiner Kammer, wie etwa in Gefängnis- oder Klosterzelle. Das Wort ist erhalten geblieben, doch beschreibt es heute nicht die kleinen Löcher, die Hooke in einem Stückchen toter Borke erblickte, sondern die Materie, die diese Löcher im lebenden Baum ausfüllt.

Einer der begabtesten Zeitgenossen Hookes war der Holländer Antonie van Leeuwenhoek, der mehr als zweihundert Mikroskope ganz spezieller Bauart anfertigte. Sie bestanden

Ein Nachbau des van Leeuwenhoekschen Mikroskops. Die Untersuchungsobjekte wurden auf die Nadel gespießt und durch eine Glasperle betrachtet, die in eine Kupferplatte eingelassen war.

Dieses Bild stammt von dem britischen Biologen Brian J. Ford von der Universität von Cardiff und ist mit einem modernen Rasterelektronenmikroskop aufgenommen worden, das die Oberflächenstrukturen der Objekte plastisch hervorhebt. Die Abbildung zeigt einen Ausschnitt eines Korkscheibchens. Sie ähnelt der Zeichnung von Robert Hooke und stammt sogar aus derselben Zeit. Der Schnitt war 1674 von Antonie van Leeuwenhoek angefertigt worden und wurde 1981 von Ford in einem Ordner mit Leeuwenhoeks Briefen an die Royal Society of London entdeckt (deren Sekretär Robert Hooke war).

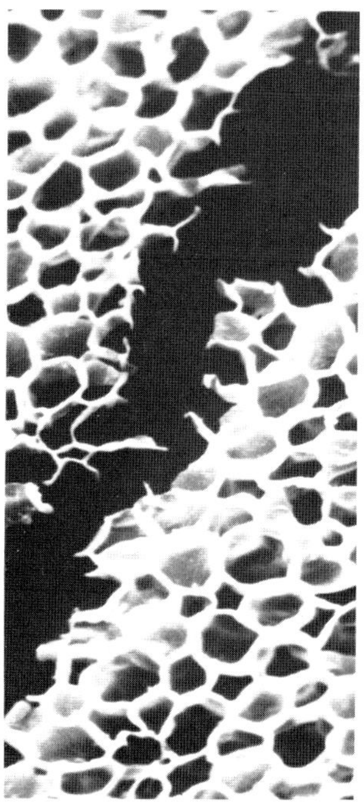

einfach aus einer kleinen Glasperle, die in eine Kupferplatte eingelassen war. Leeuwenhoek hielt dieses Gerät dicht vor das Auge und blickte durch die Glasperle auf das Objekt, das auf einer Nadel befestigt war, die über eine Schraube verstellt werden konnte. Er erzielte bis zu 270fache Vergrößerungen und machte erstaunliche Entdeckungen. Im Blut, im Sperma und im Wasser von Tümpeln und Sümpfen sah er als erster kleine Lebewesen, die er als „animalcula" bezeichnete (Verkleinerungsform zum lateinischen *animal* für Tier). Verblüffenderweise entdeckte er sogar Bakterien und zeichnete sie so genau, daß Spezialisten sie heute noch identifizieren können.

Eine der Tafeln aus Theodor Schwanns 1839 veröffentlichtem Werk *Mikroskopische Untersuchungen über die Übereinstimmung in der Struktur und dem Wachstume der Tiere und Pflanzen.* Sie sollte seine Theorie stützen, daß alle Pflanzen und Tiere aus ähnlichen Zellen aufgebaut sind. Die Abbildungen 1, 2, 3 und 14 stammen von Pflanzen, die anderen von Tieren. Wie Schwann schreibt, wurden ihm die Abbildungen 2 und 3 von dem Botaniker Mathias Schleiden überlassen; den beiden Wissenschaftlern wird das Verdienst zuerkannt, als erste die allgemeine Zelltheorie formuliert zu haben.

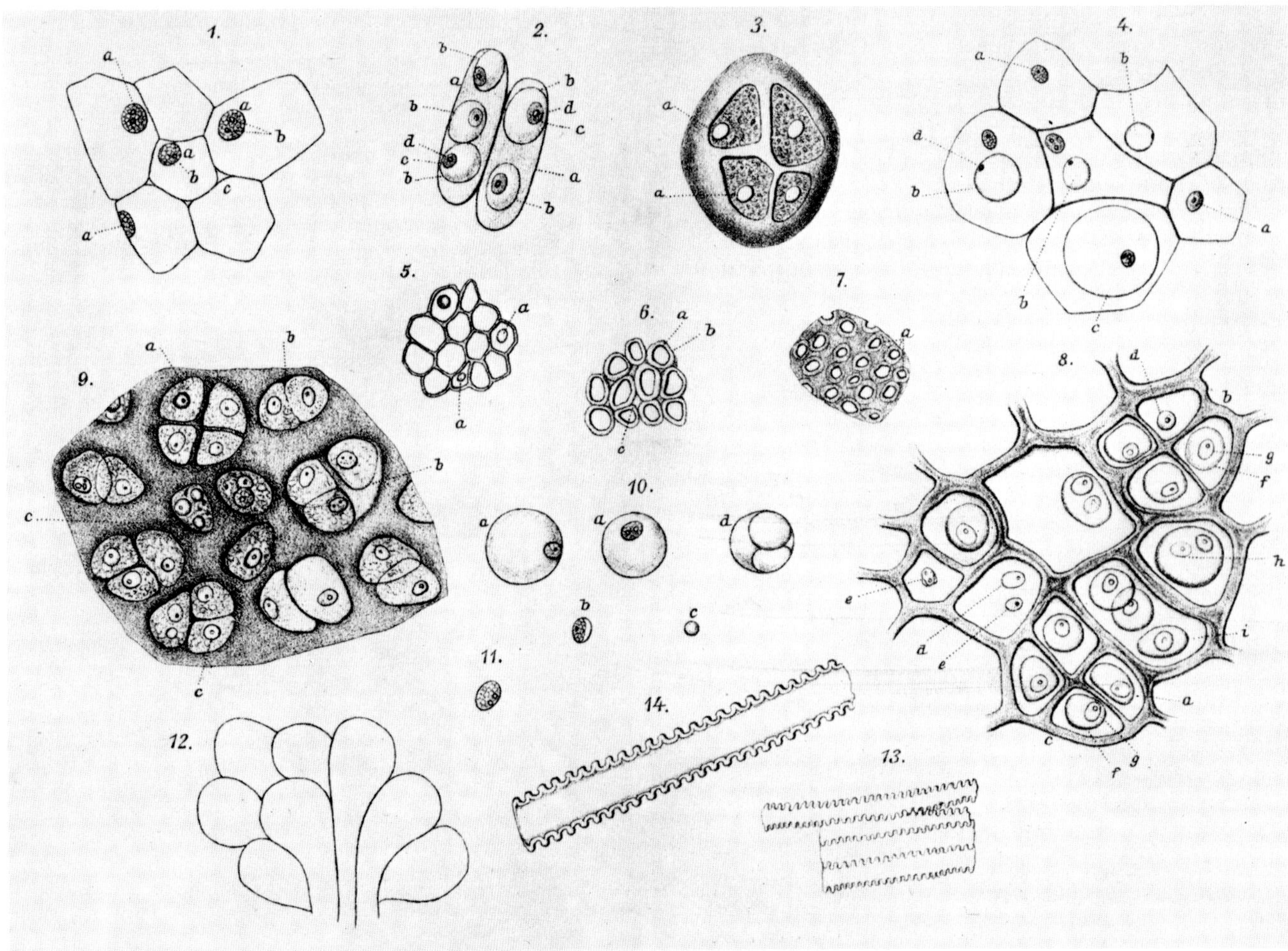

Nicht alle frühen Mikroskopiker waren derart scharfsichtig. Besonders wenn sie so kleine Objekte wie lebende Zellen betrachteten, lieferten die einfachen Geräte, die ihnen zur Verfügung standen, häufig dermaßen verschwommene Bilder, daß die meisten Einzelheiten durch die Vorstellungskraft ersetzt werden mußten. Viele Forscher übten hier eine bewundernswerte Zurückhaltung. Andere allerdings nutzten die Gelegenheit weidlich aus. So behauptete etwa der Franzose Gautier d'Agoty, der ein begeisterter Anhänger der ,,Präformationstheorie'' war, er habe im Kopf einer Spermazelle ein ganzes, voll entwickeltes Baby (ein ,,Samenmenschlein'') erkannt.

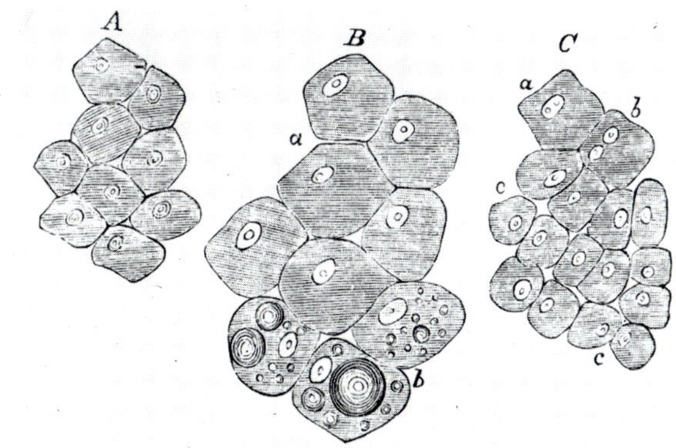

Eine der 144 Illustrationen aus Rudolf Virchows 1858 veröffentlichtem Werk *Die Cellularpathologie in ihrer Begründung auf physiologische und pathologische Gewebelehre.* Virchow hat als erster klar erkannt, daß Zellen immer von Zellen abstammen und nicht durch Kristallisation aus einem amorphen Plasma entstehen, wie Schwann noch geglaubt hatte.

Daher bewegte sich die Mikroskopie lange Zeit ohne rechte Fortschritte um die Welt der Zellen herum, bis es im Jahr 1827 dem italienischen Physiker Giovanni Battista Amici gelang, die wichtigsten optischen Abbildungsfehler der Linsen zu korrigieren. Die Bildschärfe verbesserte sich dadurch enorm, und schon wenige Jahre später wurde die Theorie aufgestellt, daß alle Pflanzen und Tiere aus einer oder vielen einander ähnlichen Einheiten, eben den Zellen, aufgebaut sind. Der deutsche Botaniker Mathias Schleiden formulierte sie 1837 zunächst für die Pflanzen, bevor sein Freund, der Physiologe Theodor Schwann, sie dann auf das Tierreich ausdehnte. Vollendet wurde sie schließlich von dem Pathologen Rudolf Virchow, der 1855 verkündete: *Omnis cellula e cellula* – jede Zelle entsteht aus einer Zelle. Das war eigentlich eine Abwandlung des Satzes *Omne vivum ex ovo* (alles Lebendige entsteht aus dem Ei), den der Entdecker des Blutkreislaufs, der englische Arzt William Harvey, geprägt hatte, der wenige Jahre vor Robert Hookes erster Beschreibung von ,,Zellen'' gestorben war. Virchow wandte die Zelltheorie als erster auf die Pathologie an, wie der Titel seiner 1858 veröffentlichten *Cellularpathologie* bezeugt. Zu diesem Zeitpunkt hatte sich die Zelltheorie bereits voll durchgesetzt, und die Wissenschaft von den Zellen, die Cytologie (vom griechischen *kytos* für Höhlung),

Titelblatt der 1884 erschienenen Erstausgabe der ersten Fachzeitschrift für Zellbiologie.

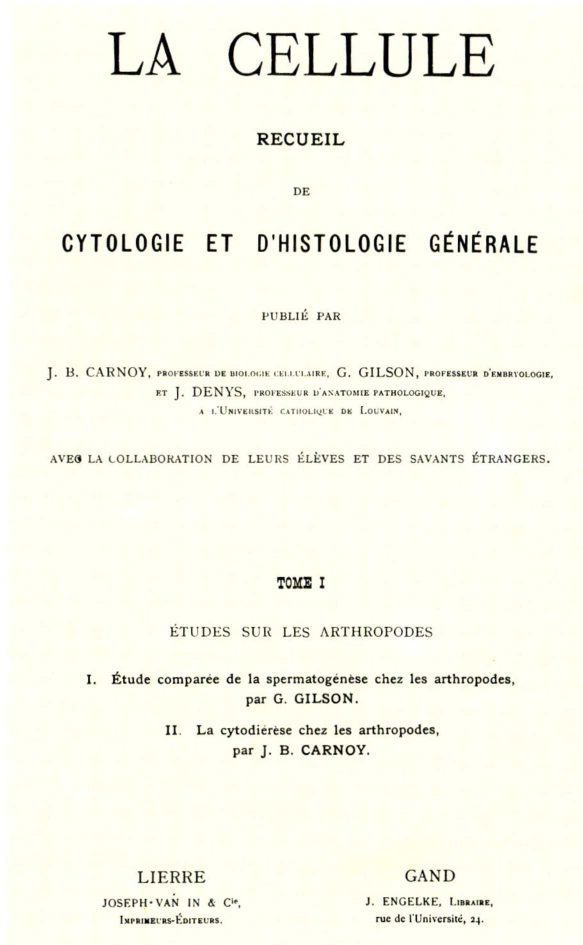

LA CELLULE

RECUEIL

DE

CYTOLOGIE ET D'HISTOLOGIE GÉNÉRALE

PUBLIÉ PAR

J. B. CARNOY, PROFESSEUR DE BIOLOGIE CELLULAIRE, G. GILSON, PROFESSEUR D'EMBRYOLOGIE,
ET J. DENYS, PROFESSEUR D'ANATOMIE PATHOLOGIQUE,
A L'UNIVERSITÉ CATHOLIQUE DE LOUVAIN,

AVEC LA COLLABORATION DE LEURS ÉLÈVES ET DES SAVANTS ÉTRANGERS.

TOME I

ÉTUDES SUR LES ARTHROPODES

I. Étude comparée de la spermatogénèse chez les arthropodes, par G. GILSON.

II. La cytodiérèse chez les arthropodes, par J. B. CARNOY.

LIERRE
JOSEPH-VAN IN & Cie,
IMPRIMEURS-ÉDITEURS.

GAND
J. ENGELKE, LIBRAIRE,
rue de l'Université, 24.

Lavoisier und seine Frau in einem Portrait von Louis David. Das Bild entstand 1788, sechs Jahre, bevor der französische Chemiker zum Tod auf der Guillotine verurteilt wurde. Sein Richter hatte damals gesagt: ,,La République n'a pas besoin de savants'' (die Republik braucht keine Wissenschaftler). Das historische Gemälde hing viele Jahre lang in der Bibliothek des Rockefeller Institute for Medical Research, der jetzigen Rockefeller University, wo viele Entdeckungen der modernen Zellbiologie gemacht worden sind. Es befindet sich heute im Metropolitan Museum of Art in New York.

begann ihren Siegeszug. Die erste Fachzeitschrift für Zellbiologie wurde 1884 in Belgien von Jean-Baptiste Carnoy an der Katholischen Universität von Löwen gegründet. Sie erschien unter dem Namen *La Cellule*. Um die Jahrhundertwende war bereits eine Reihe wichtiger Zellbestandteile beschrieben und benannt.

In zunehmendem Maße stellte sich den Forschern aber ein Hindernis in den Weg, das unüberwindbar schien, da es von physikalischen Gesetzmäßigkeiten bestimmt ist. Selbst mit den besten Mikroskopen lassen sich nämlich Strukturen, die kleiner als die halbe Wellenlänge des verwendeten Lichtes sind, nicht mehr erkennen. Die absolute Grenze des Auflösungsvermögens eines Lichtmikroskops liegt daher bei etwa 0,25 Mikrometern. In der Welt der Zellen ist das noch relativ groß. Man stelle sich vor, was uns alles entginge, wenn wir nur Dinge wahrnehmen könnten, die über 25 Zentimeter groß sind. Mehr würde nämlich der klassische Mikroskopiker nicht sehen, wenn er – wie wir es vorhaben – die millionenfach vergrößerte Zelle bereiste.

Der chemische Ansatz. Während sich die Mikroskopiker noch abmühten, ihre Geräte zu verbessern, drangen Wissenschaftler auf einem ganz anderen Weg zu den Zellen vor. Die Entdeckungen des Franzosen Antoine de Lavoisier, des Engländers Joseph Priestley und anderer Forscher hatten im späten 18. Jahrhundert die neue Wissenschaft der Chemie begründet. Anders als die Morphologie, die von größeren zu kleineren Untersuchungsobjekten fortschreitet, bewegt sich die Chemie von den kleinen zu den größeren Einheiten. Die Chemiker identifizierten zunächst die Elemente und Atome und gingen dann daran, einige einfache Moleküle zu charakterisieren. Es bedeutete einen Meilenstein in der chemischen Erforschung des Lebendigen, als der Deutsche Friedrich Wöhler 1828 zum ersten Male ein Biomolekül, nämlich Harnstoff, synthetisierte. Damit war die Grenze zwischen mineralischer und organischer Chemie überschritten, von der viele geglaubt hatten, sie sei nur mit Hilfe einer besonderen ,,Lebenskraft'' passierbar.

In den folgenden hundert Jahren lernten die Wissenschaftler die chemische Zusammensetzung lebender Zellen immer besser kennen. Aminosäuren, Zucker, Fette, Pyrimidine, Purine und verschiedene andere relativ kleine Biomoleküle wurden nachgewiesen, gereinigt, in ihrer Struktur aufgeklärt und im Labor synthetisiert. Man gewann erste Kenntnisse darüber, wie sie im Stoffwechsel der Organismen umgebaut werden und wie sie sich in den wichtigsten biologischen Makromolekülen, den Proteinen, Polysacchariden und Nucleinsäuren, zusammenlagern. Doch abermals stellten sich dem Fortschritt gewaltige Hindernisse in den Weg. Denn mit den klassischen Methoden der Chemie lassen sich die komplizierten Strukturen der riesigen Biomoleküle nicht aufklären.

Der experimentelle Ansatz. Die Zellforschung hatte sich lange auf reine Beobachtungen beschränkt. Als sich jedoch experimentelle Methoden in den Naturwissenschaften immer stärker durchsetzten, begann man, sie auch auf lebende Organismen anzuwenden. Der große Aufschwung biologisch-medizinischer Forschung in der zweiten Hälfte des 19. Jahrhunderts trug kräftig zu dieser Entwicklung bei. Physiologie, Pharmakologie, Genetik, Bakteriologie, Immunologie, experimentelle Embryologie, vergleichende Biologie und Evolutionsbiologie – von all diesen Disziplinen drang man in die Welt der Zellen vor. Eine besonders bedeutsame Entwicklung leiteten zu Beginn unseres Jahrhunderts der Amerikaner Ross Harrison und der Franko-Amerikaner Alexis Carrel ein, als sie zeigten, daß man tierische Zellen genau wie einzellige Mikroorganismen im Reagenzglas züchten kann. Damit hatten sie bewiesen, daß Zellen eigenständig lebensfähig sind. Ihre Technik leistet heute noch unschätzbare Dienste.

Doch so wertvoll all diese Neuerungen waren, sie beruhten auf notgedrungen indirekten und umständlichen Methoden, die das Innere der Zellen praktisch unberührt ließen. Daher blieb – trotz vieler Fortschritte an allen Fronten – zwischen den kleinsten lichtmikroskopisch erkennbaren Strukturen und den größten chemisch analysierbaren Molekülen ein unerforschtes Niemandsland bestehen, ein ausgedehnter weißer Fleck auf der Landkarte der lebenden Zelle, der mehr als zwei Größenordnungen umfaßte. Die Wissenschaftler wußten, daß in diesem geheimnisvollen Territorium noch entscheidende Strukturen und Prozesse verborgen waren, ohne die das Leben der Zellen niemals zu verstehen sein würde. Doch sie konnten nur ohnmächtig auf die anscheinend unüberwindliche Grenze starren. Manche gaben dennoch nicht auf. Wie schon ihre Vorgänger stellten sie ihre Erfindungsgabe in den Dienst ihres Forschungsdranges und suchten nach der einzig möglichen Lösung: nach besseren Werkzeugen.

Der Durchbruch von 1945. Die langanhaltenden Bemühungen trugen gegen Ende des Zweiten Weltkriegs plötzlich Früchte, als – bemerkenswerterweise fast gleichzeitig – eine ganze Reihe leistungsfähiger neuer Instrumente und Techniken verfügbar wurde. Die Morphologen steuerten das Elektronenmikroskop bei. Das Auflösungsvermögen dieses in den dreißiger Jahren erfundenen Geräts reicht aus, um das ganze unbekannte Zellterritorium bis in den Nanometer-Bereich hinein zu erfassen. Das Durchdringungsvermögen von Elektronenstrahlen ist jedoch gering; daher müssen die Proben extrem dünn sein – allerhöchstens einige Hundert-

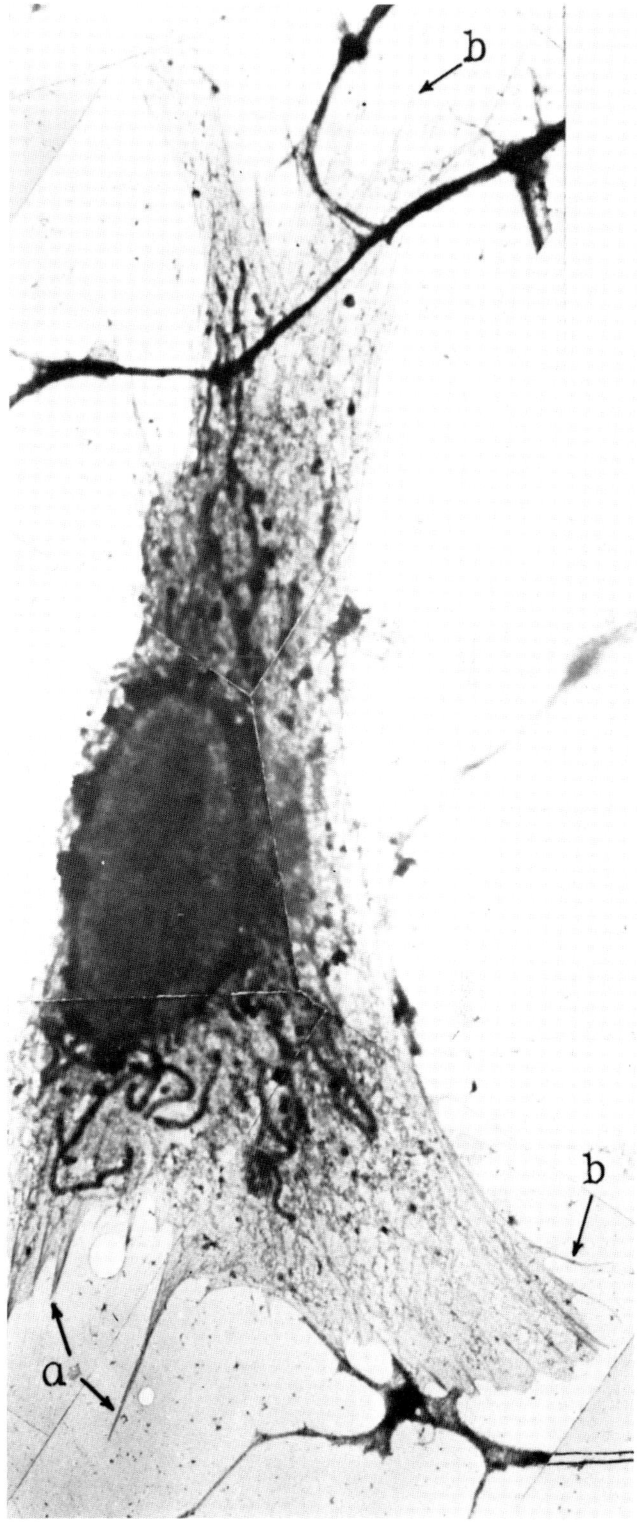

Die erste elektronenmikroskopische Aufnahme einer Zelle stammt von Keith R. Porter, Albert Claude und Ernest F. Fullam und wurde 1945 im *Journal of Experimental Medicine* veröffentlicht.

tausendstel eines Millimeters – und unter Hochvakuum untersucht werden. Die damit verbundenen technischen Probleme waren für viele zunächst entmutigend. Doch angespornt von den Möglichkeiten des neuen Instruments hielten einige wenige trotzdem durch und entwickelten in überraschend kurzer Zeit neue Methoden und Instrumente, mit denen die Untersuchungsobjekte sachgemäß aufbereitet und ultradünn geschnitten werden konnten. Die Qualität der Bilder nahm ständig zu, und in den frühen sechziger Jahren war bereits ein Großteil des unbekannten Territoriums morphologisch kartiert.

Zur selben Zeit gewann auch die Biochemie einige schlagkräftige neue Werkzeuge hinzu. Die wichtigsten waren die Chromatographie und die Isotopentechnik. Die Chromatographie ist deshalb besonders bemerkenswert, weil sie ein sehr einfaches Phänomen ausnutzt, das jeder kennt, der einmal gesehen hat, wie sich ein Tropfen Tinte auf einem Löschpapier ausbreitet, oder der versucht, mit einem Reinigungsmittel einen Farbfleck zu entfernen. Die dabei um den Fleck herum entstehenden farbigen Ringe sind dadurch zu erklären, daß sich unterschiedliche Farben nicht gleichmäßig mit der Flüssigkeit ausbreiten. Manche laufen zwar mit der Lösungsmittelfront mit, aber viele werden durch ihre Bindung an das Papier oder die Textilfaser mehr oder weniger stark zurückgehalten. Dadurch bilden sich konzentrische Ringe aus. Der erste, der dieses Phänomen ausnutzte, war Anfang dieses Jahrhunderts der halbitalienische, halbrussische Botaniker Michail Semjonowitsch Tswett. Er ließ einen Blattextrakt durch ein mit einem Adsorptionsmittel gefülltes senkrechtes Rohr laufen und konnte so die grünen und orangefarbenen Hauptpigmente der Blätter voneinander trennen. Sie erschienen auf der Säule als deutlich ausgeprägte gefärbte Banden oder Ringe. Deswegen nannte er diese Methode Chromatographie (vom griechischen *chrôma* für Farbe und *graphein* für schreiben).

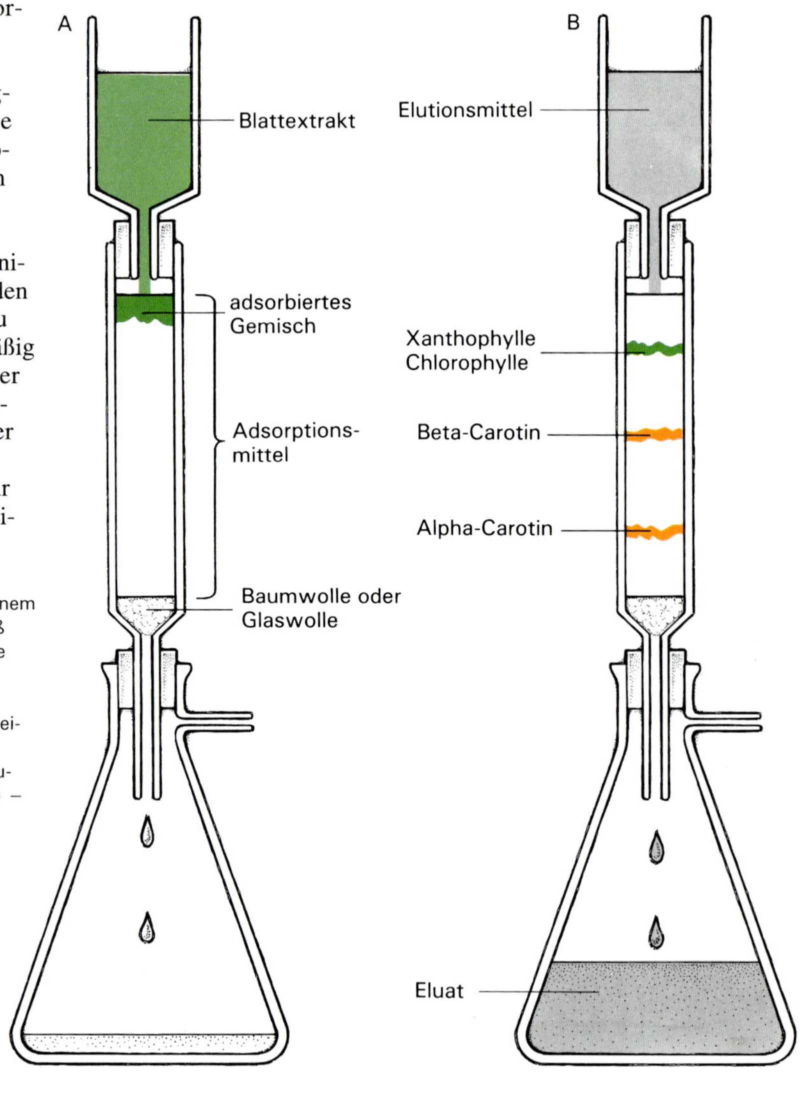

Ein einfaches chromatographisches Verfahren. Eine Säule, die mit einem pulverförmigen Adsorptionsmittel gefüllt ist, wird so aufgestellt, daß Flüssigkeit hindurchsickern kann. Eine ähnliche Vorrichtung benutzte der Botaniker Tswett, um die Hauptpigmente eines Blattextraktes aufzutrennen.
A. Ein Blattextrakt wird auf die Säule aufgetragen. Alle Pigmente bleiben am oberen Ende der Säule an das Adsorptionsmittel gebunden.
B. Durch die beladene Säule wird eine geeignete Flüssigkeit (das Elutionsmittel) geschickt. Dadurch werden die verschiedenen Pigmente – abhängig von der Stärke ihrer Bindung an das Adsorptionsmittel – unterschiedlich schnell nach unten bewegt.

Tswett starb relativ jung, und seine zukunftsträchtige neue Technik blieb lange fast ungenutzt. Erst in den frühen vierziger Jahren wurde sie wieder aufgegriffen. Heute gibt es unzählige Varianten der Chromatographie, die natürlich nicht länger auf Farbstoffe beschränkt ist, sondern bei allen analytisch nachweisbaren Substanzen angewandt werden kann. Mit der Chromatographie verwandt ist die Gelelektrophorese. Bei dieser Technik werden die (elektrisch geladenen) Komponenten nicht von einem durchfließenden Lösungsmittel, sondern von einer elektromotorischen Kraft bewegt und aufgetrennt. Mit einem Schlag haben all diese Entwicklungen die Trenn- und Analysemethoden der Chemie revolutioniert. Was heute fast problemlos mit winzigen Mengen nahezu jedes beliebigen Gemischs erreicht werden kann, war früher entweder überhaupt nicht möglich oder nur durch mühselig wiederholtes Extrahieren, Ausfäl-

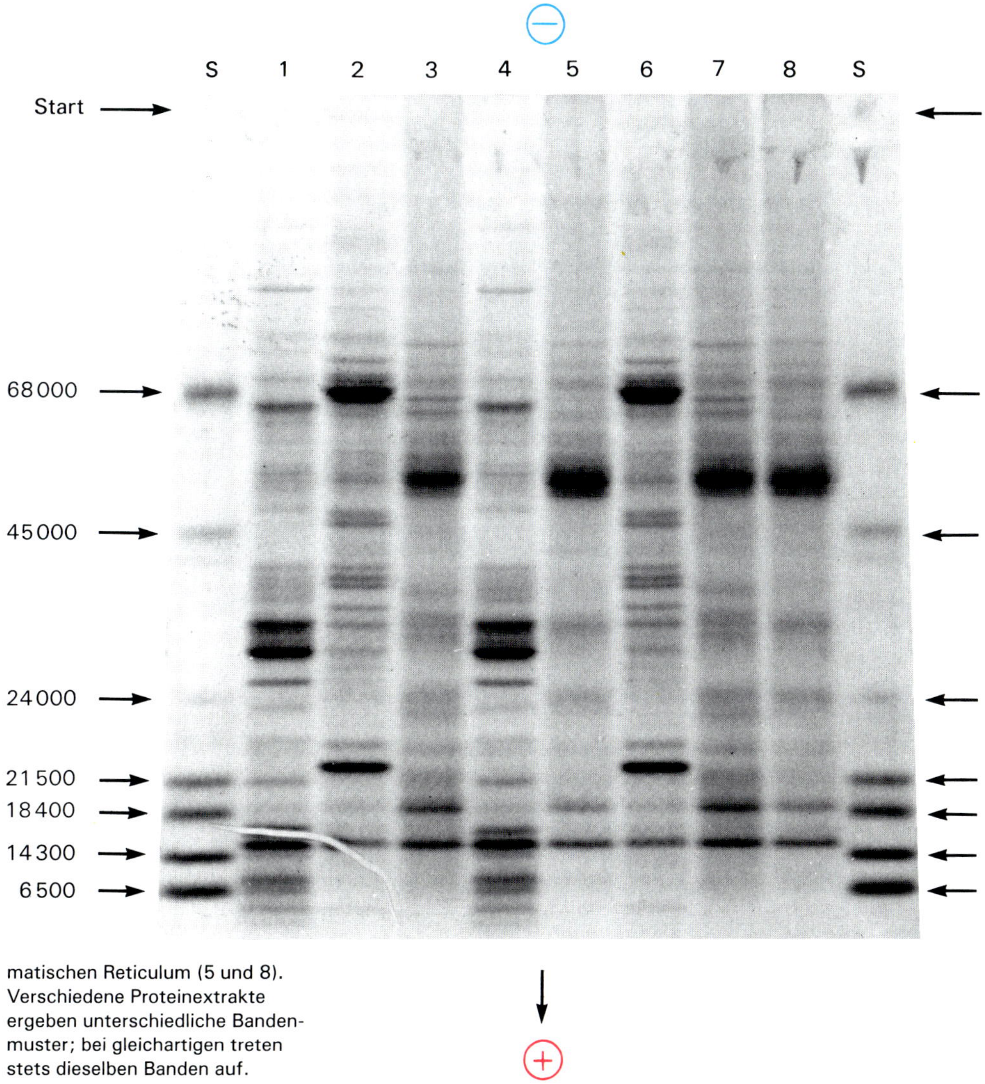

Auftrennung von Proteinen durch Natriumlaurylsulfat-Polyacrylamid-Gelelektrophorese (abgekürzt SDS-PAGE, wobei ,,SDS'' für das englische *sodium dodecyl sulfate* steht). Wie bei den meisten modernen chromatographischen Verfahren verwendet man bei dieser Technik statt einer zylindrischen Säule ein flaches Substrat, das in diesem Fall wie eine Platte aus Gelee aussieht. Die verschiedenen elektrisch geladenen Proteinmoleküle werden jedoch nicht mit Hilfe einer durchströmenden Flüssigkeit, sondern durch ein elektrisches Feld aufgetrennt. Die Proteingemische werden als schmale Banden an der Startposition aufgetragen und anschließend einer Spannung ausgesetzt. Die verschiedenen Proteine (die durch die Bindung von Natriumlaurylsulfat alle negativ geladen sind) wandern dann aufgrund elektromotorischer Kräfte zur positiven Elektrode, und zwar um so schneller, je geringer ihr Molekulargewicht ist. Am Ende des Experiments werden die Proteinbanden mit einem Farbstoff sichtbar gemacht. Die mit ,,S'' bezeichneten Bahnen enthalten Standard-Proteine mit bekannten Molekulargewichten. (Die Werte sind links angegeben.) Die anderen Bahnen tragen Membranproteine, die aus verschiedenen Zellorganellen extrahiert worden sind: aus Mitochondrien (1 und 4), Peroxisomen (2 und 6), dem rauhen endoplasmatischen Reticulum (3 und 7) und dem glatten endoplasmatischen Reticulum (5 und 8). Verschiedene Proteinextrakte ergeben unterschiedliche Bandenmuster; bei gleichartigen treten stets dieselben Banden auf.

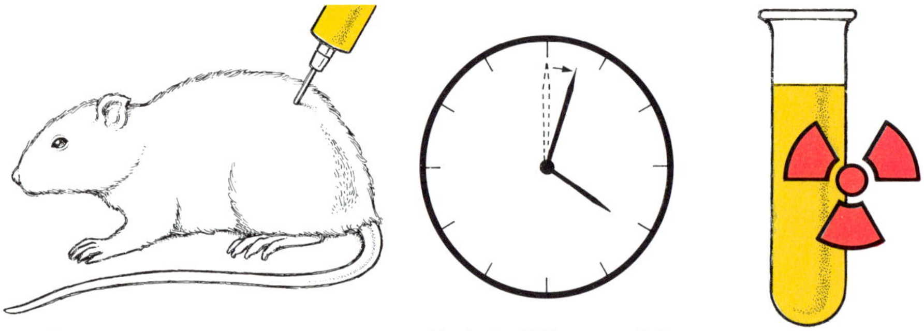

Einem Tier werden radioaktive Aminosäuren eingespritzt.

Nach drei Minuten wird das Tier getötet, und die Proteine werden extrahiert.

Die in den letzten drei Minuten gebildeten Proteine sind radioaktiv.

A

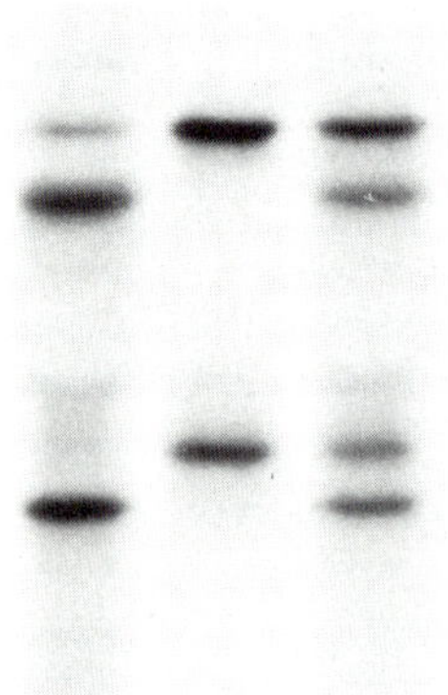

B

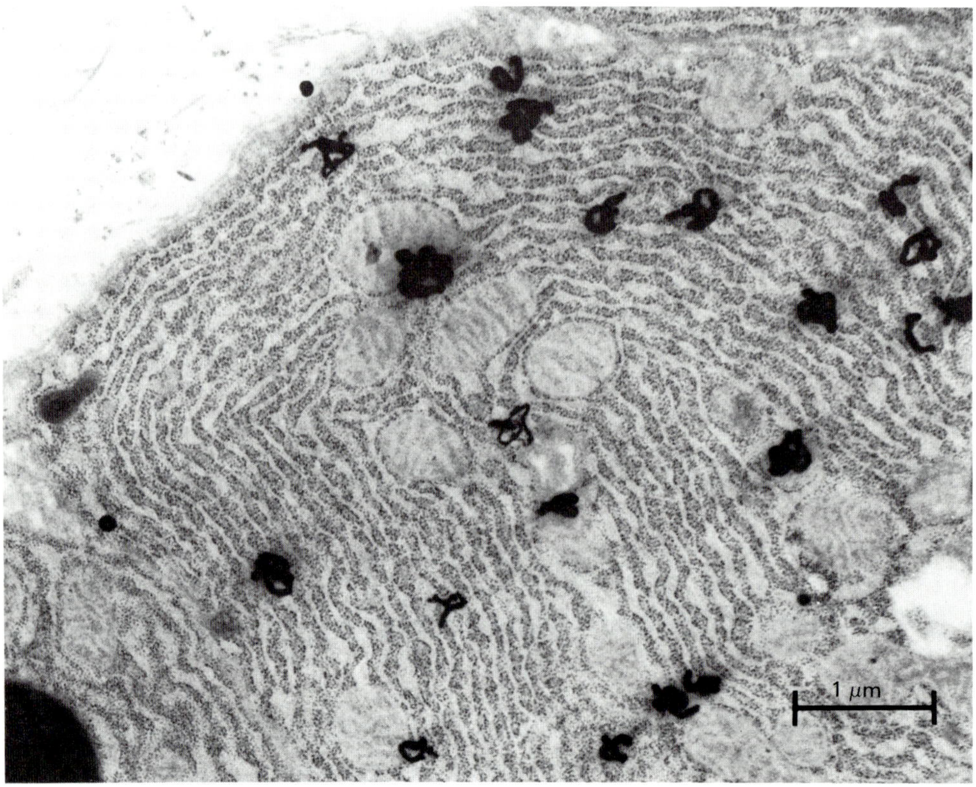

C

Drei Beispiele zum Gebrauch radioaktiver Isotope.

A. Mit markierten Aminosäuren als Substraten läßt sich die Menge neu synthetisierter Proteine sehr genau bestimmen, obwohl deren Anteil an der Gesamt-Proteinmenge winzig klein ist.
B. Die Schwärzung eines Röntgenfilms durch radioaktive Strahlung verrät die Position von Proteinen, die (wie in A) aus radioaktiven Aminosäuren synthetisiert und dann durch Gelelektrophorese (SDS-PAGE) aufgetrennt wurden.
C. Durch die Koppelung von hochauflösender Autoradiographie und Elektronenmikroskopie lassen sich neu synthetisierte Proteine in der Zelle lokalisieren – auf diesem Schnitt durch die Pankreaszelle eines Meerschweinchens im rauhen endoplasmatischen Reticulum. Das Tier wurde drei Minuten nach Injektion einer tritiummarkierten Aminosäure (^{3}H-Leucin) getötet. Jeder dunkle Kringel entspricht der Spur, die ein einzelnes von einem radioaktiven Protein ausgesandtes, energiereiches Elektron auf der Photoschicht hinterlassen hat.

len oder Kristallisieren großer Ausgangsmengen zu bewerkstelligen.

Radikal verändert wurde die chemische Erforschung lebender Zellen auch durch den Einsatz von Isotopen. Das sind Atome desselben Elements, die unterschiedliche Atomgewichte haben. Einige kommen natürlich vor, viele andere werden durch Kernreaktionen künstlich erzeugt. Beispielsweise gibt es neben dem bei weitem häufigsten Wasserstoffisotop ^{1}H mit dem Atomgewicht 1 ein ebenfalls natürliches, schweres Isotop ^{2}H (Deuterium) und das noch schwerere künstliche ^{3}H (Tritium). Chemisch sind diese drei Wasserstofformen sehr ähnlich; so vereinigen sie sich mit Sauerstoff zu Wasser und mit Kohlenstoff zu Kohlenwasserstoffen. Doch mit einem Massenspektrographen, der, wie der Name sagt, Atome nach ihrer Masse auftrennt, lassen sie sich voneinander unterscheiden. Tritium ist besonders einfach nachzuweisen, weil es zusätzlich noch radioaktiv ist wie die meisten als biologische Sonden eingesetzten Isotope.

Mit Isotopen kann man bestimmte Moleküle oder Molekülteile so markieren, daß sie sich von allen nichtmarkierten unterscheiden und ohne schwerwiegenden Eingriff in das untersuchte System identifizieren lassen. Dieser Vorteil ist vielfach erfolgreich genutzt worden; so wäre die Aufklärung vieler Biosynthesewege ohne die Isotopentechnik gar nicht möglich gewesen. Mit markierten Aminosäuren konnte man beispielsweise erstmals untersuchen, wie diese sich im lebenden Tier oder im Reagenzglas zu Proteinen zusammenlagerten – obwohl der Anteil neu synthetisierter Proteine an der Gesamt-Proteinmenge unendlich klein war. Dank ihrer Radioaktivität ließen sich diese chemisch nicht nachweisbaren Proteine aber erkennen und sogar exakt messen.

Schon vor dem Zweiten Weltkrieg waren in solchen Untersuchungen Isotope eingesetzt worden. Doch damals standen erst wenige natürliche (^{2}H, ^{15}N) und künstliche (^{32}P) Isotope zur Verfügung. Erst als man Kernreaktoren entwickelt hatte, in denen viele verschiedene Radioisotope zu vertretbaren Preisen hergestellt werden konnten, begann die Technik ihren Siegeszug. Ohne sie wären die revolutionären Fortschritte der Zell- und Molekularbiologie in den letzten Jahrzehnten unmöglich gewesen. Die Isotopentechnik ist eine der wichtigsten friedlichen Anwendungen der Kernenergie.

Morphologie und Biochemie hatten damit ihre Möglichkeiten enorm erweitert. Es fehlte jedoch noch immer eine Verbindung zwischen den beiden Disziplinen. Der Brückenschlag erfolgte, als es mit neu entwickelten Verfahren gelang, Zellen so in ihre Bestandteile zu zerlegen, daß diese einzeln analysiert und ihre Eigenschaften und Funktionen bestimmt werden konnten. Dazu mußten die Biochemiker zunächst lernen, wie man Zellen so schonend aufbricht, daß ihre empfindlichen Einzelteile möglichst unbeschädigt freigesetzt werden. Die einzelnen Zellkomponenten lassen sich dann aufgrund unterschiedlicher physikalischer Eigenschaften wie Größe und Dichte voneinander trennen. Solche Fraktionierungsmethoden beruhen meistens auf Zentrifugation. Es war daher entscheidend, daß zwischen 1920 und 1940 die Zentrifugation als analytische Methode entwickelt und die ersten Ultrazentrifugen mit sehr hohen Umdrehungsgeschwindigkeiten konstruiert wurden.

Eine erstaunliche historische Fügung brachte Mitte der vierziger Jahre alle diese Hilfsmittel fast gleichzeitig in die Hände der Wissenschaftler. Unter den vielen Namen, die mit diesen Ereignissen verknüpft sind, sei der von Albert Claude, der im Mai 1983 starb, besonders hervorgehoben. Claude wurde um die Jahrhundertwende in Belgien geboren und arbeitete von 1929 bis 1949 am Rockefeller Institute for Medical Research in New York. Fast im Alleingang wandte er dort nicht nur erstmals das Elektronenmikroskop bei Zellen an, sondern entwickelte auch die wichtigsten Methoden der Zellfraktionierung durch Zentrifugation (siehe die Abbildung auf der nächsten Seite). Er führte also von morphologischer wie von chemischer Seite her ganze Heerscharen von Wissenschaftlern in das noch unberührte Territorium der Zelle und erlebte, wie sie sich dort schicksalhaft miteinander verbanden. Das von ihm erschlossene Neuland ist heute soweit erkundet, daß sogar Exkursionen, wie wir sie vorhaben, möglich sind. Doch ein Bereich der Zelle – und gerade ihr entscheidender zentraler Teil, der Zellkern – wäre ohne eine andere neue Entwicklung weitgehend undurchdringlich geblieben.

Der Aufschwung der Molekularbiologie. Das alles begann, als Morphologie und Chemie massiv in die eukaryontische Zelle vorstießen, ging jedoch von einem Grenzbereich des Lebendigen aus. Man versuchte damals, mit genetischen Methoden die Eigenschaften einiger einfacher Viren zu analysieren, die Bakterien infizieren und daher Bakteriophagen (wörtlich: „Bakterienfresser") genannt wurden. Der bescheidene Anfang erwies sich als der richtige Weg, um das Problem der genetischen Organisation anzuge-

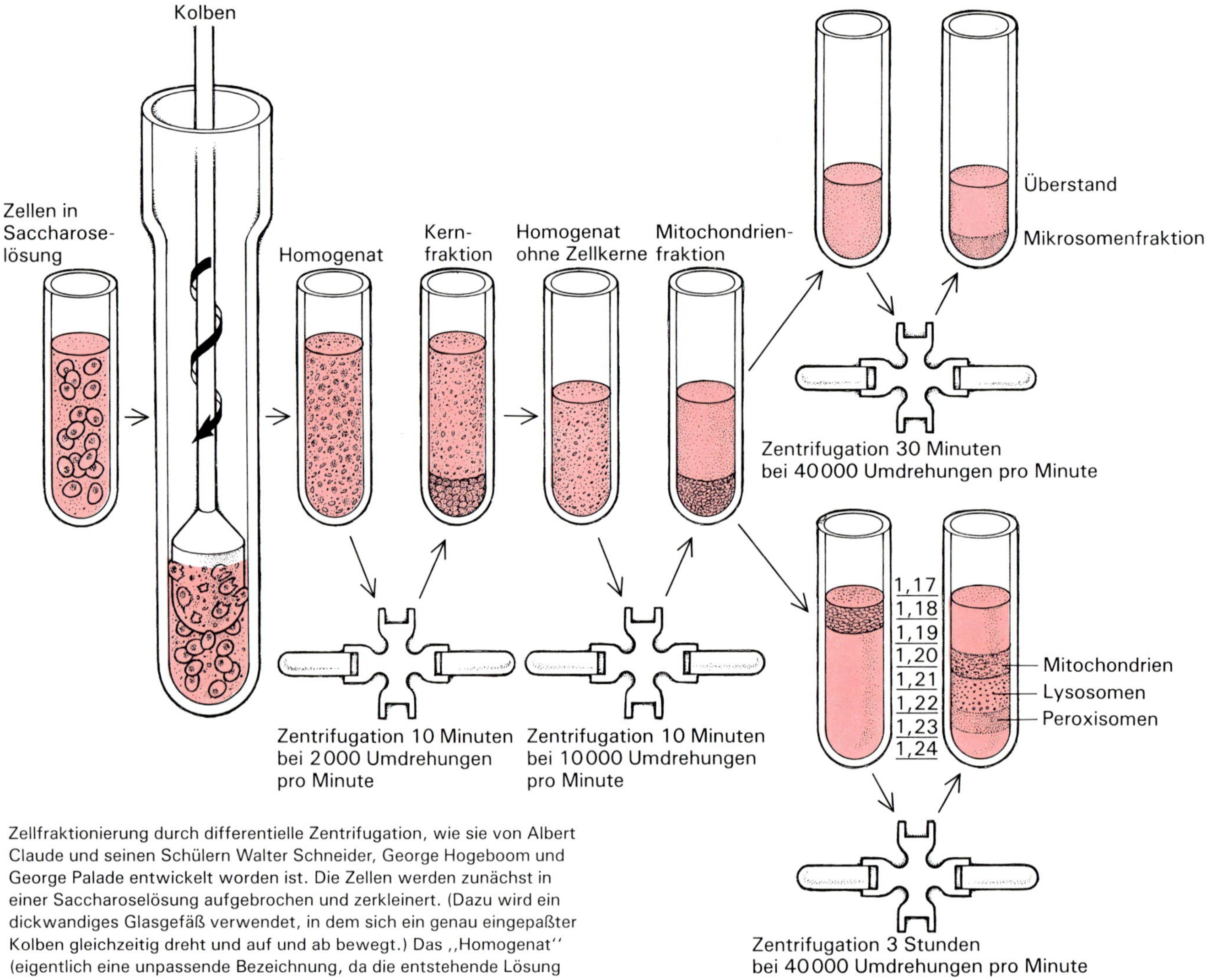

Zellfraktionierung durch differentielle Zentrifugation, wie sie von Albert Claude und seinen Schülern Walter Schneider, George Hogeboom und George Palade entwickelt worden ist. Die Zellen werden zunächst in einer Saccharoselösung aufgebrochen und zerkleinert. (Dazu wird ein dickwandiges Glasgefäß verwendet, in dem sich ein genau eingepaßter Kolben gleichzeitig dreht und auf und ab bewegt.) Das ,,Homogenat'' (eigentlich eine unpassende Bezeichnung, da die entstehende Lösung natürlich sehr heterogen ist) wird zunächst bei niedriger Umdrehungsgeschwindigkeit zentrifugiert, so daß sich nur die schwereren Zellbestandteile (vor allem die Kerne) absetzen. Der Überstand wird dann bei höheren Geschwindigkeiten zentrifugiert, um die Mitochondrienfraktion abzutrennen. Mit sehr hohen Drehzahlen (40000 und mehr Umdrehungen pro Minute) können schließlich auch die kleinen Zellpartikel sedimentiert werden, die die sogenannte Mikrosomenfraktion bilden, während lösliche Komponenten und noch kleinere Partikel im Überstand verbleiben. Mit der differentiellen Zentrifugation werden also vier Fraktionen getrennt. Sie sind alle noch stark verunreinigt und heterogen und müssen daher mit verfeinerten Methoden weiter fraktioniert werden. Dafür verwendet man häufig die rechts unten dargestellte Dichtegradienten-Zentrifugation. Eine Mitochondrien-Rohfraktion wird über einen Dichtegradienten geschichtet. (Die Zahlen geben die Dichte in Gramm pro Kubikzentimeter an.) Durch hohe Zentrifugalkräfte werden die Partikel dann bis zu der Schicht in den Gradienten hineinbewegt, an der ihre Eigendichte der lokalen Dichte des Mediums entspricht (Gleichgewichtsposition). Diese Methode trennt daher Zellbestandteile nach ihrer Dichte auf. Im vorliegenden Experiment bilden die Partikel der Mitochondrien-Rohfraktion schließlich drei Unterfraktionen: Mitochondrien, Lysosomen und Peroxisomen.

hen, die schon in diesen einfachsten aller Organismen enorm komplex ist. Die Molekularbiologie, wie man die neue Forschungsrichtung heute nennt, blieb lange auf das Studium von Viren und Bakterien beschränkt. Doch in den letzten Jahren ist sie auch in das Reich der Eukaryonten vorgedrungen, und mit ihren vortrefflichen neuen Werkzeugen können die Forscher nun auch die verstecktesten Winkel der Zelle erkunden. Schließlich hat sich aus ihr auch die machtvolle Gentechnologie entwickelt, die möglicherweise die Zukunft der Menschheit tiefgreifend beeinflussen wird.

Aus diesem kurzen historischen Überblick können wir lernen, wie wichtig neue Instrumente und Techniken für den wissenschaftlichen Fortschritt sind. Zweifellos werden oft auch schöpferische Intelligenz, Intuition, Vorstellungskraft und manchmal sogar Genie gebraucht, doch ohne die Hilfsmittel, die die Verbindung zur Realität schaffen, bleiben diese Fähigkeiten wirkungslos. Albert Claude hat es einmal so ausgedrückt: ,,In der Geschichte der Cytologie ist immer wieder zu beobachten, wie weitere Fortschritte auf zufällige technische Neuerungen warten mußten.'' Seit Robert Hooke erstmals sein Mikroskop auf ein Korkscheibchen richtete, hat es viele solche ,,Zufälle'' gegeben. Ihre immer weittragenderen Konsequenzen haben mit den großen Entdeckungen der letzten Jahrzehnte einen Höhepunkt erreicht. Wenn wir auch die geschichtliche Bedeutung unserer Zeit nur schwer beurteilen können, drängt sich doch das Gefühl auf, daß die zweite Hälfte unseres Jahrhunderts wegen eines der ganz großen Durchbrüche menschlicher Erkenntnis in Erinnerung bleiben wird — eines Durchbruchs, der vielleicht sogar der bisher größte ist, weil er die Grundlagen des Lebens selbst betrifft.

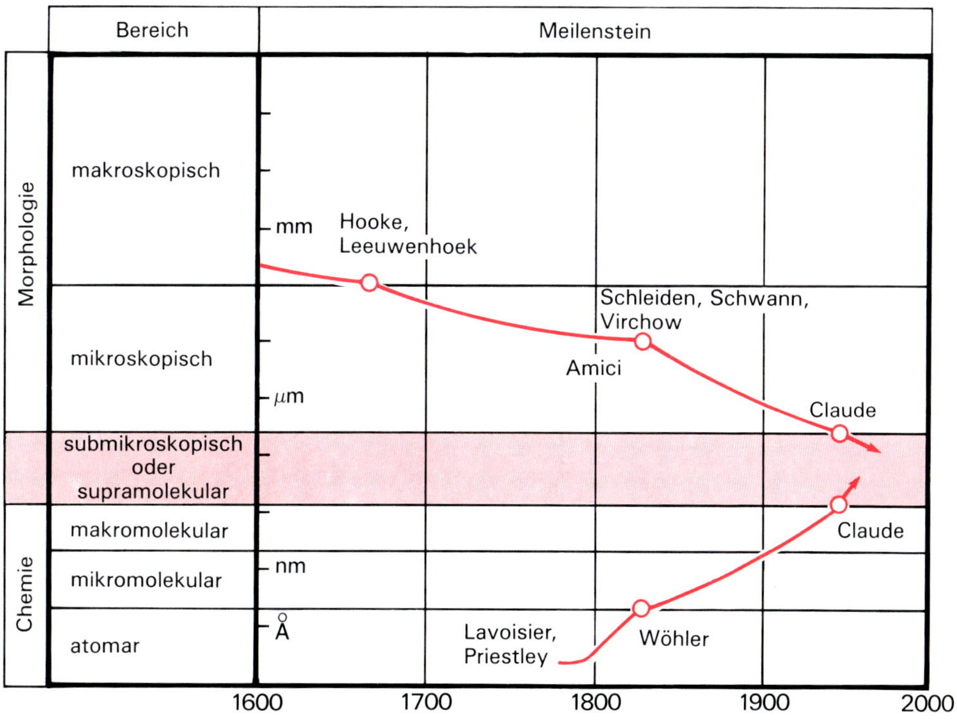

Einige Meilensteine auf dem Weg in die lebende Zelle. Während es den Morphologen im Laufe der Jahrhunderte gelang, immer kleinere Untersuchungsobjekte aufzulösen, vermochten die Chemiker immer größere Moleküle zu charakterisieren. Unmittelbar nach dem Zweiten Weltkrieg drangen beide Seiten gleichzeitig in das Niemandsland zwischen mikroskopischem und makromolekularem Bereich vor.

Der subjektive Faktor

Man sagt, daß Wissenschaftler das Buch der Natur nicht lesen, sondern schreiben. Das soll natürlich nicht heißen, wissenschaftliche Werke seien Phantasieprodukte. Ganz im Gegenteil. Wissenschaftler sind stets bemüht, sich an Tatsachen zu halten, und die Art und Weise, wie innerhalb der wissenschaftlichen Gemeinschaft Fakten aufgezeichnet und zusammengetragen werden, zielt auf Objektivität.

Doch wie sehr man sich auch bemüht — absolute Objektivität ist unerreichbar. Es gibt einfach keine Tatsache an sich. Es existieren immer nur individuelle Aufzeichnungen und Interpretationen von Tatsachen. Selbst die einfachste Beobachtung machen wir mit unseren Sinnesorganen, die als hochgradig selektive und subjektive Filter nur ganz bestimmte Aspekte der Realität durchlassen. Mit verschiedenen Geräten haben wir zwar den Wahrnehmungsbereich unserer Sinne erheblich erweitert, aber gleichzeitig auch zusätzliche Filter eingebaut. Eine Linse zeigt uns mehr als das bloße Auge, doch sie gibt es verzerrt wieder. Mit dem Elektronenmikroskop können wir noch tiefer vordringen, durch Röntgenstrahlbeugung schon die Atome erreichen und mit Hochenergie-Teilchenbeschleunigern sogar die subatomaren Elementarteilchen aufspüren. Doch die Bilder, die wir erhalten, hängen von immer schwierigeren Theorien, immer komplizierteren Maschinen und immer ausgefeilteren Verfahrensweisen ab.

Schon die Auswahl der Fakten, die man sammeln will, ist subjektiv. Dies gilt sogar für die rein beobachtenden Wissenschaften. Ein Astronom hat zwar keine Macht über die Sterne, die er anschaut, aber er entscheidet, wohin er sein Teleskop richtet. Damit beeinflussen seine persönlichen Vorlieben die Entwicklung der Astronomie. Noch viel wichtiger sind individuelle Entscheidungen aber in den experimentellen Wissenschaften, in denen Fakten erst erzeugt werden. Jedes Experiment ist eine Frage an die Natur, und die Antwort hängt wie bei allen Befragungen auch davon ab, wie die Frage gestellt wird. Wissenschaftler sind sich dieser Gefahr zwar durchaus bewußt, aber sie können sie trotz aller Bemühungen nicht ganz vermeiden.

Nicht zuletzt müssen wir uns im klaren darüber sein, daß das Sammeln von Fakten nur einen kleinen Teil wissenschaftlicher Arbeit darstellt. Wichtig ist, wie sie interpretiert und in Theorien eingebaut werden, die unser Verständnis erweitern. Eine Theorie aufzustellen, ist ein sehr kreativer Prozeß, der die Handschrift ihres Schöpfers trägt. So wie wir von Leonardo da Vincis *Mona Lisa* reden, sprechen wir auch von Einsteins Relativitätstheorie – nicht nur, um Einstein die gebührende Ehre zukommen zu lassen, sondern auch, um anzudeuten, daß die Relativitätstheorie bei all ihrer universellen Gültigkeit auch bleibende Spuren des Geistes trägt, der sie erschaffen hat. Die Wissenschaft nähert sich ihrem Ziel, der absoluten Objektivität, nur in Etappen. Immer wieder mögen wir den Eindruck haben, es sei schon erreicht, doch erweisen neue Erkenntnisse dies dann als Illusion.

Diese Warnung sollten wir auf unserer Reise nicht vergessen. Alle Objekte, Orte, Ereignisse, Prozesse und Mechanismen, die so beschrieben sind, als könnten wir sie mit eigenen Augen sehen, sind in Wahrheit die Gedankenprodukte von Menschen, die sich durch Berge von Bildern und umfangreiche Zahlenreihen hindurchgekämpft haben. Und diese Menge von Daten wiederum wurde mit komplizierten Geräten an experimentell manipuliertem biologischem Material gewonnen. Es gibt keinen anderen Weg, um in den Mikrokosmos der Zelle einzudringen, und zu Recht sind die Wissenschaftler stolz darauf, schon so weit vorgestoßen zu sein. Aber die Gefahr von Verzerrungen ist groß, und immer wieder müssen wir unsere Wissenslücken mit Vermutungen auffüllen. Daher werden manchmal selbst gut belegte Fakten von Wissenschaftlern mit anderen persönlichen Vorlieben und Erfahrungen ganz unterschiedlich dargestellt.

Im Idealfall sollte man alle vorhandenen Daten nur vorstellen und jeden selbst darüber urteilen lassen. Doch diese Aufgabe vermögen sogar Tausende von Wissenschaftlern in der ganzen Welt gemeinschaftlich kaum zu bewältigen. Sollte man dann nicht, wie im Falle Einsteins, wenigstens die Namen derer nennen, denen besondere Verdienste zukommen, vor allem auch, um ihre persönliche Verantwortlichkeit zu kennzeichnen? Aber das ist nur ausnahmsweise möglich, denn individuelle Beiträge sind immer unlösbar in das komplexe Gefüge der modernen Wissenschaft eingewoben. Wir werden daher auf unserer Reise nur sehr wenige Wissenschaftler mit Namen nennen. Trotzdem stehen sie – und das sollten wir nicht vergessen – hinter jedem Objekt, das wir betrachten, und hinter jedem Vorgang, den wir zu verstehen versuchen, auch wenn die Unzulänglichkeiten und Vorurteile unseres Reiseführers sie bei dieser Expedition oftmals verdecken.

Die Reiserouten

Ein Blick auf die Karte. Bevor wir aufbrechen, soll uns ein kurzer Blick auf die Landkarte der Zelle helfen, uns zu orientieren und eine Vorstellung davon zu bekommen, wohin die Reise überhaupt geht und wie sie verlaufen soll. In diesem flüchtigen Überblick werden wir nur die wichtigsten Teile der Zelle und ihre Funktionen benennen. Genauere Auskünfte folgen dann später vor Ort.

Das auffälligste Merkmal jeder eukaryontischen Zelle, das schon die frühen Cytologen erkannt hatten, ist die Aufteilung in einen zentral gelegenen Zellkern (Nucleus) und das umgebende Zellplasma (Cytoplasma). Die beiden Teile stehen zueinander etwa in derselben Beziehung wie ein Kirschkern (das lateinische Wort *nucleus* bedeutet Nußkern) zum umgebenden Fruchtfleisch. Wie eine Kirsche ist auch die Zelle von einer Haut umgeben, einer Membran, die man Plasmalemma oder Plasmamembran nennt.

Im Kern ist die genetische Bibliothek der Zelle untergebracht. Ihre chemisch verschlüsselten Einheiten, die Chromosomen, sind gewöhnlich so miteinander verknäuelt, daß sie als eine einzige Masse erscheinen. Dieses sogenannte Chromatin enthält unregelmäßig verteilte dichtere Bereiche (Heterochromatin) und weniger dichte (Euchromatin) sowie eine oder mehrere auffällig kompakte Strukturen, die Nucleoli. Das Chromatin ist vom flüssigen Kernplasma (Karyoplasma oder Nucleoplasma) durchtränkt und vollständig von einer Membranhülle umschlossen.

Die Hauptaufgaben des Zellkerns hängen mit der Informationsverarbeitung zusammen. So müssen die Bestände der genetischen Bibliothek erhalten und gegebenenfalls repariert werden. Außerdem findet im Zellkern die Transkription statt, ein komplizierter und hochselektiver Prozeß, durch den bestimmte Befehle aus dem Informationsspeicher abgelesen werden, die dann ins Zellplasma weitergeleitet und dort ausgeführt werden. Auf diesem Wege üben die Gene ihre Kommandogewalt über die Zelle aus. Bevor eine Zelle sich

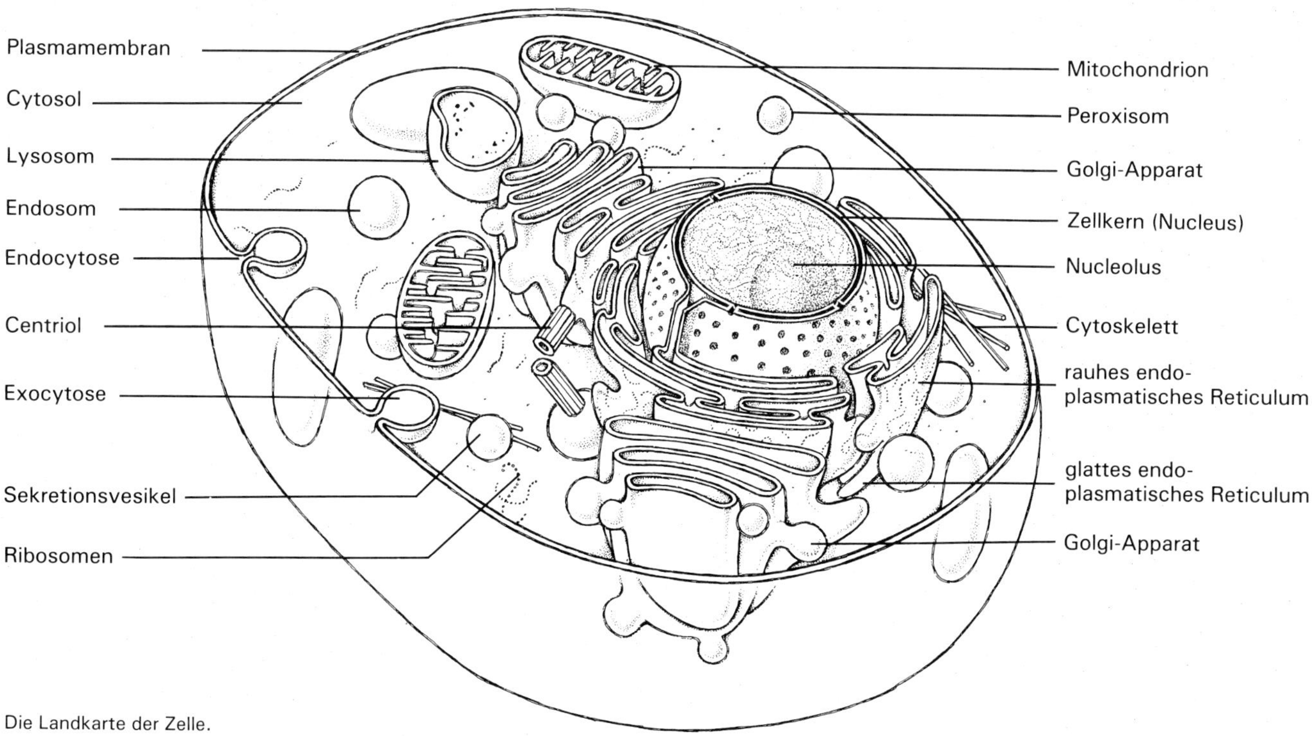

Die Landkarte der Zelle.

teilt, übernimmt der Zellkern die Aufgabe, die gesamte genetische Bibliothek exakt zu verdoppeln. In der anschließenden komplizierten Umbauphase, der Mitose, werden die Chromosomen vorübergehend als einzelne Stäbchen sichtbar, und es bilden sich schließlich zwei Zellkerne.

Das Zellplasma besteht aus einer gallertartigen Masse, dem Cytosol, das durch ein besonderes Zellskelett gestützt wird und in das etliche Organellen eingebettet sind. Diese erfüllen zahlreiche verschiedene Aufgaben, teils im ,,Innendienst'', teils im ,,Außendienst'' der Zelle.

Der Innendienst lebender Zellen betrifft vor allem Biosynthese und Energieproduktion. Syntheseprozesse finden selbst in einer nichtwachsenden Zelle andauernd statt, da Zellen chemisch keine statischen, sondern hochdynamische Gebilde sind. Die meisten ihrer Bestandteile werden fortlaufend ab- und wieder aufgebaut. Dabei wird viel Energie verbraucht. Dies gilt ebenfalls für andere Leistungen der Zelle wie Bewegung, Molekültransport, Elektrizitätserzeugung, Informationsübertragung und manchmal auch Lichtausstrahlung. Um ihren Energiebedarf zu decken, bauen die Zellen entweder energiereiche Nährstoffe ab, die ihnen von außen zugeführt werden oder den zelleigenen Reserven entstammen, oder sie absorbieren und nutzen das Sonnenlicht, wie es die grünen Pflanzen und die Photosynthese treibenden Bakterien tun. Die Gesamtheit der Stoffwechselreaktionen wird als Metabolismus bezeichnet und in Anabolismus (Biosyntheseprozesse) und Katabolismus (Abbaureaktionen) unterteilt.

Die Systeme, die für all diese Aktivitäten verantwortlich sind, liegen im gallertartigen Cytosol und in einigen eng damit verbundenen Organellen. Dazu zählen die Mitochondrien, die oft als Kraftwerke der Zelle bezeichnet werden; in ihnen laufen die wichtigsten Oxidationsreaktionen sowie jene Prozesse ab, die die dabei freiwerdende Energie auffangen und in eine für die Zelle verwertbare Form überführen. Auch die Chloroplasten, in denen die Photosynthese-Maschinerie der grünen Pflanzenzellen untergebracht ist, gehören hierher, ebenso die ,,Mikrokörperchen'' (englisch *microbodies*), eine heterogene Gruppe stoffwechselaktiver Organellen, deren wichtigste Vertreter die Peroxisomen sind, ferner verschiedene an Bewegungsvorgängen beteiligte Elemente sowie die Ribosomen, die als Orte der Proteinsynthese die meisten vom Zellkern ausgehenden genetischen Kommandos ausführen. Schließlich sind noch verschiedene Membransysteme zu nennen, die zwar hauptsächlich im Außendienst der Zelle eingesetzt werden, in denen aber auch einige wichtige Stoffwechselreaktionen ablaufen.

Zum Außendienst zählen alle Prozesse, über die eine Zelle mit ihrer Umwelt kommuniziert und Materie austauscht. Diese Aufgaben werden von der Plasmamembran, der eigentlichen Zellgrenze, und einem komplizierten System verwandter Membranen innerhalb der Zelle wahrgenommen. Die intrazellulären Membranen bilden zahlreiche geschlossene, beutelartige Strukturen, die sich vorübergehend untereinander oder mit der Plasmamembran vereinigen können. Alles, was die Zellen von außen aufnehmen und im Inneren aufschließen oder dort produzieren und nach außen abgeben, wird in diesen Membranbeuteln gespeichert, transportiert und verarbeitet. Die Austauschprozesse laufen ab, ohne daß auch nur die geringste Lücke in den Membranen entsteht. Cytosol und Beutelinhalt bleiben also stets voneinander getrennt. Die intrazellulären Membranen erfüllen daher insofern eine ähnliche Aufgabe wie die Plasmamembran, als sie über die von ihnen begrenzten Räume den Austausch zwischen der Zelle und ihrer Umgebung vermitteln.

Das zellinnere Membransystem wurde von den frühen Cytologen Vakuom genannt, ein heute weitgehend vergessener Ausdruck, der es allerdings verdient, wieder benutzt zu werden. Es besteht aus zwei unterschiedlichen, jedoch eng verbundenen Teilen, die die Ein- und Ausfuhr der Zelle steuern und ihrerseits wiederum in funktionell verschiedene Teilbereiche gegliedert sind. Zur Importabteilung gehören: spezialisierte Bezirke der Plasmamembran, die über einen Endocytose genannten Mechanismus Material von außen in die Zelle einschleusen, ein Speichersystem aus Endosomen, in denen die aufgenommenen Substanzen sortiert und weitergeleitet werden, und ein Komplex von Verdauungsvakuolen oder Lysosomen, die das Material schließlich abbauen. Die Exportabteilung beginnt beim rauhen endoplasmatischen Reticulum, einem ausgedehnten Membransystem, das alle zur Ausfuhr bestimmten Proteine sammelt und weiterverarbeitet, die von den Ribosomen an seiner Oberfläche synthetisiert werden. Über das glatte endoplasmatische Reticulum (dem membrangebundene Ribosomen fehlen) ist es mit einer komplizierten Struktur, dem Golgi-Apparat, verbunden. In diesen beiden Unterabteilungen wird das Exportmaterial weiter verarbeitet und verteilt. Vom Golgi-Apparat aus gelangt es zunächst in Sekretionsvesikel, wird dort gespeichert und konzentriert und schließlich zum Rand der Zelle transportiert, wo es durch Exocytose abgegeben wird. Eine besondere Sorte von Vesikeln bringt Material vom Golgi-Apparat zu den Lysosomen. Andere helfen, die Membranen zurückzugewinnen, die an all diesen Prozessen beteiligt sind.

Entsprechend diesem groben Überblick werden wir unsere Expedition in die Zelle in drei verschiedene Routen aufteilen.

Route I: Das Vorland der Zelle, ihre Oberfläche und das Vakuom. Von einem Blutgefäß kommend, werden wir uns langsam der Zelle nähern. Dabei nutzen wir die Gelegenheit, einige der extrazellulären Strukturen zu betrachten. Nachdem wir auch die Zelloberfläche inspiziert haben, wollen wir das Vakuom erforschen. Wir lassen uns dabei gleichsam durch Endocytose von der Zelle schlucken und werden sie später durch Exocytose wieder verlassen. Dazwischen werden wir mit den lokalen Massenverkehrsmitteln die verschiedenen Bestandteile des Vakuoms besuchen. So können wir aus nächster Nähe miterleben, wie Material von außen in die Zelle eingeschleust, wie es im Inneren transportiert und wie es für den Export vorbereitet wird. Der erste Teil unserer Expedition gibt uns außerdem genügend Gelegenheit, die wichtigsten Makromoleküle der Zelle – Proteine, Polysaccharide und Lipide – sowie einige der daraus aufgebauten Strukturen kennenzulernen.

Route II: Das Cytosol und die cytoplasmatischen Organellen. Unser zweiter Reiseweg führt uns direkt ins Cytosol, von wo aus wir alle wichtigen Organellen des Zellplasmas erreichen können. Dabei werden wir etwas über den Stoffwechsel und über die Grundprinzipien von Energieumwandlungen und Biosynthese-Mechanismen erfahren. Wenn wir die Ribosomen erreichen, werden wir eine erste Einführung in die biologische Informationsübertragung erhalten und die damit befaßten Moleküle, die Nucleinsäuren, kennenlernen.

Route III: Der Zellkern. Unser dritter Weg führt uns schließlich in den Zellkern, wo wir nicht nur aktive Gene sehen werden, sondern auch beobachten können, auf welch komplizierte Weise sich die Chromosomen während der Mitose und einem damit verwandten Vorgang, der Meiose, verändern. Mit dem bis dahin erworbenen Wissen können wir dann auf einige Schlüsselprobleme der Biologie zu sprechen kommen, etwa auf die Entstehung des Lebens und den Mechanismus der Evolution, sowie auf so aktuelle Themen wie Krebsentstehung und Zukunft der Biotechnologie. Das bei der Zellteilung aufkommende Durcheinander werden wir nutzen, um die Zelle endgültig zu verlassen.

Taucherausrüstung erforderlich!

Ein letzter Hinweis, bevor wir aufbrechen: Zellen leben in einem wäßrigen Milieu – selbst wenn die aus ihnen aufgebauten Organismen nicht im Wasser leben. Bei uns sind beispielsweise bis auf die abgestorbenen, sozusagen mumifizierten Zellen der äußeren Hautschichten alle Zellen entweder von Blut oder einer daraus abgeleiteten Flüssigkeit umgeben. Pflanzenzellen werden entsprechend von Pflanzensäften umspült. Selbst die widerstandsfähigsten Bakterien brauchen ein wenig Feuchtigkeit um sich herum. Zwar können manche auch völlige Trockenheit überleben, doch nur in einem Ruhezustand, in dem alle Lebensprozesse eingestellt sind; erst durch Wasser werden sie wieder erweckt. Solche Ruhezustände kommen auch bei komplizierteren Zellen, etwa Schleimpilzen oder Pflanzensamen, vor.

Zelltouristen ähneln also jenen Unterwasserforschern, die durch Jacques Cousteaus Filme so populär geworden sind. Sie schwimmen während ihrer Reise. Ohne das umgebende Wasser würde vieles von dem, was sie sehen, genauso in sich zusammenfallen wie die zarten Organismen, die auf untergetauchten Felsen festsitzen. Also dann: die Taucheranzüge an und hinein! Es geht los.

Route I

Das Vorland der Zelle, ihre Oberfläche und das Vakuom

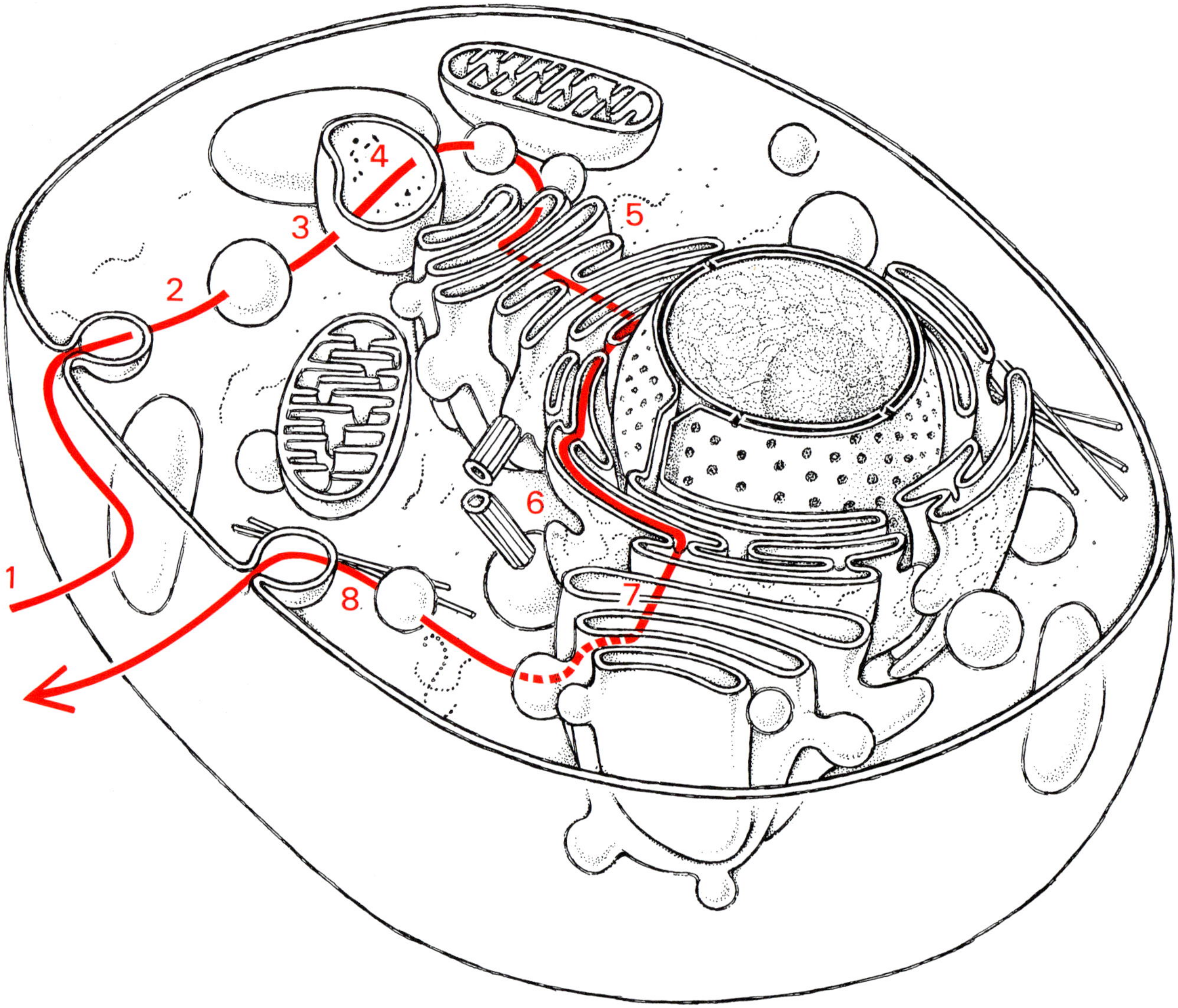

1) Durch die extrazellulären Strukturen hindurch nähern wir uns der Zelle und erforschen ihre Oberfläche.
2) Wir dringen durch Endocytose in die Zelle ein und beobachten den Sortiermechanismus in den Endosomen.
3) Durch Endosomen-Lysosomen-Verschmelzung gelangen wir ins Lysosom.
4) Wir erkunden das Innere des Lysosoms.
5) Mit dem Lysosomen-Golgi-Pendelverkehr erreichen wir den Golgi-Apparat und dringen von dort sofort gegen den Strom ins endoplasmatische Reticulum vor.
6) Im rauhen endoplasmatischen Reticulum beobachten wir die Synthese sekretorischer Proteine und verfolgen, wie sie auf ihrem Weg zurück zum Golgi-Apparat weiter verarbeitet werden.
7) Wir besuchen den Golgi-Apparat.
8) Wir betreten ein Sekretionsvesikel und lassen uns durch Exocytose wieder aus der Zelle herausschleusen.

Kapitel 2

Extrazelluläre Strukturen. Mit einer Einführung in Polysaccharide und Proteine

Bevor wir in die lebende Zelle eindringen, sollten wir uns zunächst ihre hochinteressante Oberfläche anschauen. Aber dazu müssen wir erst einmal eine Zelle finden. Das ist gar nicht einfach, denn die meisten Zellen sind so dicht von mehr oder weniger kompliziert gebauten Befestigungsanlagen und Gerüsten umgeben, daß man sie überhaupt nicht mehr sehen und nur schwer erreichen kann. Diese äußeren Strukturen gehören zwar nicht zu den Zellen selbst, sind aber aus Rohstoffen aufgebaut, die von ihnen nach außen abgegeben werden und sich dort auf unterschiedlichste Weise zusammenlagern. Sie können fast jede nur mögliche Gestalt und Beschaffenheit annehmen – von flüssigem Gelee bis zu den härtesten Schalen und Hölzern. Manchmal sind diese Zellmäntel mit Mineralien durchsetzt, was ihrem organischen Grundgerüst dann die Dauerhaftigkeit von Gestein und die Härte von Emaille verleiht. Extrazelluläre Strukturen bilden das Stützkorsett der Zellen und geben jeder Form von Leben auf unserem Planeten ihre sichtbare Gestalt. Ohne sie gäbe es weder Bäume noch Blumen oder Tiere, sondern nur eine formlose, schleimige Schicht aus Myriaden nackter, übereinanderkriechender Zellen.

Der Traum eines Architekten

In Pflanzen sind extrazelluläre Strukturen besonders stark ausgeprägt (siehe die Abbildung auf der nächsten Seite). Sie bilden hier ein durchgehendes, starres Gerüst, in dem jede Zelle eine eigene kleine Kammer besitzt – eine „Zelle“ sozusagen, wie Robert Hooke die mikroskopisch kleinen Löcher nannte, die er in einem Korkscheibchen entdeckte. Hauptbestandteil dieses Gerüsts ist eine Verbindung, die treffenderweise Cellulose heißt. Es ist die häufigste organische Substanz auf der Erde. Chemisch läßt sich Cellulose als Polymer des einfachen Zuckers Glucose beschreiben. Polymere sind riesige Moleküle, die sich aus vielen (griechisch *polys*) Teilen (*meros*), den sogenannten Monomeren (*monos*, einzeln), zusammensetzen. Alle modernen Kunststoffe und Kunstfasern gehören ebenso zu den Polymeren wie die Hauptbestandteile lebender Organismen. Das sind zum einen die Polysaccharide (vom griechischen *sakcharon* für Zucker), zu denen auch die Cellulose zählt, zum anderen die Proteine, Eiweißmoleküle, auf die wir noch zu sprechen kommen. Die Größe künstlicher Polymere ist gewöhnlich nicht festgelegt, sondern läßt sich durch die Form bestimmen, in die man sie zur Polymerisation gießt. Im Gegensatz dazu haben natürliche Polymere eine definierte Molekülgröße. Bei diesen Makromolekülen (vom griechischen *makros* für groß) sind die Bausteine auf spezifische Weise zusammengefügt; ihre Molekulargewichte liegen meist zwischen einigen tausend und wenigen hunderttausend Dalton (ein Dalton ist die Masse des Wasserstoffatoms ^{1}H). Ausnahmsweise werden auch eine Million Dalton erreicht oder gar überschritten. Globuläre, also kugelförmige Moleküle haben Durchmesser von wenigen Nanometern. Faserartige Moleküle können mehrere hundert Nanometer lang sein. Die meisten Strukturmakromoleküle sind faserförmig und lagern sich oft zu Komplexen zusammen, die noch durch Querverbindungen verstärkt werden.

Cellulose ist ein besonders einfaches Polymer, das nur aus einem einzigen Typ von Monomeren, nämlich Glucose, besteht. Sie besitzt dazu noch die gleiche Zusammensetzung wie Stärke und Glykogen, die wichtigsten Reservekohlenhydrate pflanzlicher beziehungsweise tierischer Zellen, die ebenfalls einfache Glucosepolymere sind. Dank eines besonderen Kniffs in ihrer chemischen Struktur ist Cellulose aber weitaus widerstandsfähiger: Sie kann biologisch wie chemisch nur sehr schwer abgebaut werden. Gereinigt bildet

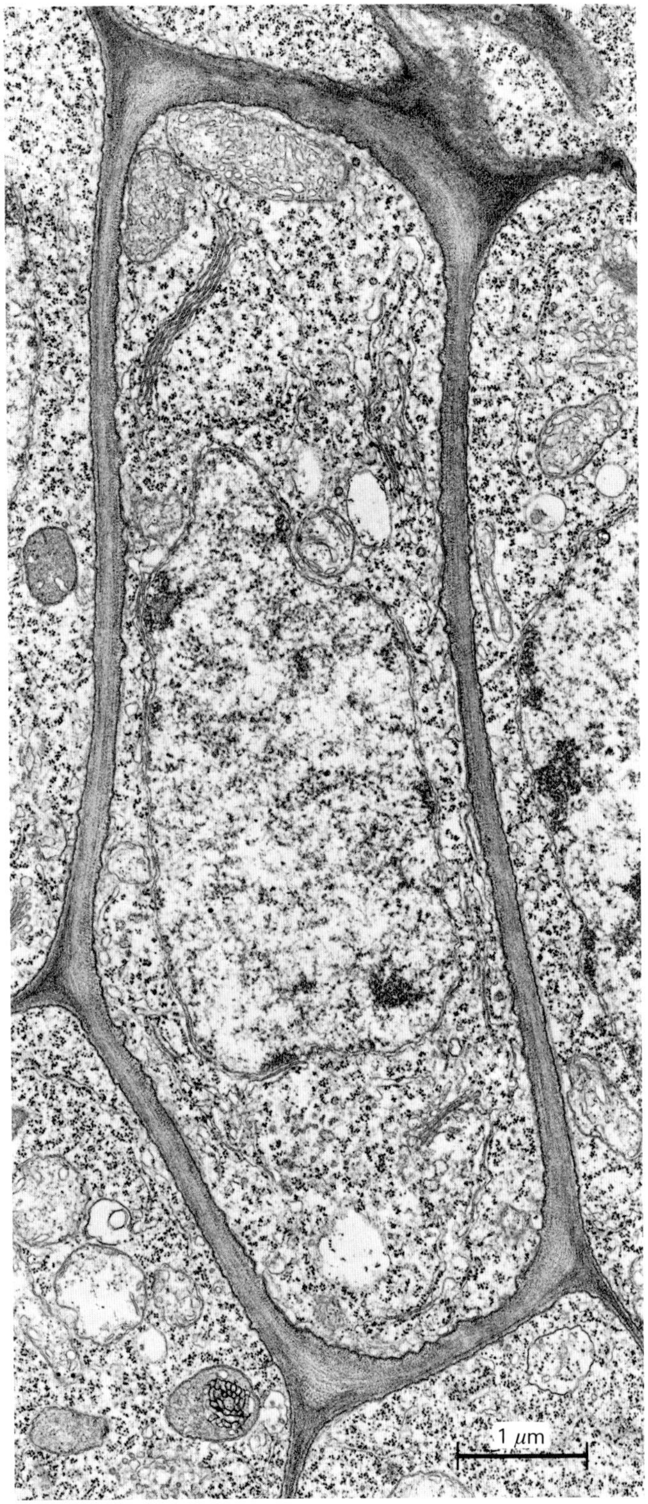

Die elektronenmikroskopische Aufnahme eines Querschnitts durch die Wurzelspitze der Gartenbohne *Phaseolus vulgaris* zeigt, daß jede Zelle in einer geschlossenen Kammer liegt. Robert Hooke hatte nur die Wände dieser ,,Zellen'' erkannt.

sie die kaum zersetzbare Faserkomponente von Baumwolle, Leinen und Papier sowie von Kunststoffen wie Celluloseacetat oder Cellophan. Nur bestimmte Mikroorganismen vermögen Cellulose abzubauen. Als bevorzugte ökologische Nische besiedeln sie den Verdauungstrakt von Pflanzenfressern, die es diesen freundlichen Gästen verdanken, daß sie Cellulose als Nahrung verwerten können. Die meisten anderen Säugetiere, auch wir selbst, scheiden Cellulose praktisch unverdaut wieder aus. Solche Faserstoffe in unserer Nahrung bilden den Großteil der festen Kotbestandteile. Außer Cellulose kommen in Pflanzen noch weitere Strukturmoleküle vor. Die außergewöhnliche Elastizität der Bäume etwa beruht vor allem auf ihrem Gehalt an Lignin (vom lateinischen *lignus* für Holz), einem phenolischen Polymer.

Bakterien sind ebenfalls von einer starren Zellwand umgeben. Sie enthält mehrere Substanzen, die nur bei Bakterien

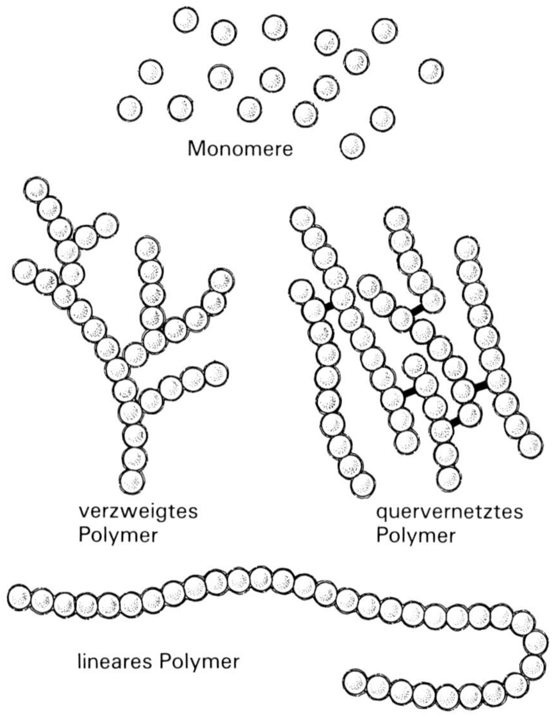

Biologische Polymere setzen sich aus Monomeren zusammen. Das sind unterschiedlich geformte Moleküle mit Größen zwischen etwa 0,3 und einem Nanometer. Selbst bei millionenfacher Vergrößerung wären sie nur als winzige Flecken zu erkennen.

vorkommen, und dient diesen Organismen als Schutzschild gegenüber extremen Umweltbedingungen. Auch vom medizinischen Standpunkt aus ist die Zellwand wichtig. So sind mikrobielle Krankheitserreger meist auf diese Hülle angewiesen, um unseren Abwehrmechanismen zu widerstehen oder zu entgehen. Manche setzen ihre Zellwand sogar nach ihrem Tod noch als Giftwaffe ein. Andererseits „erkennen" unsere eigenen Zellen einen solchen Eindringling gerade an seiner Zellwand – insbesondere die weißen Blutzellen, die unsere wichtigste Gesundheitspolizei darstellen. Sie werden dadurch alarmiert, und in einer komplizierten Kette von Reaktionen töten sie die Bakterien schließlich ab. (Einige der beteiligten Mechanismen sind in den Kapiteln 4 und 5 beschrieben.) Interessanterweise vernichten Penicillin und ähnliche Antibiotika die Mikroben gerade dadurch, daß sie in den Aufbau der Zellwand eingreifen und damit das Bakterienwachstum unterbinden. Lysozym, eine natürliche antibakterielle Substanz, die in weißen Blutzellen und in der Tränenflüssigkeit vorkommt, „löst" die Bakterien gleichsam auf, indem es ihre Zellwand zerstört.

Tierische Zellen sind nur selten von einer Wand umgeben. Vielmehr schmiegen sie sich meistens zu dichten Gruppen aneinander, die oft charakteristische Formen aufweisen und von extrazellulären Strukturen gestützt und verstärkt werden. Insbesondere diesem Organisationsprinzip verdanken die Tiere die Vielfalt ihrer Baupläne und ihren Erfolg in der Evolution. Es hat unter anderem die Entwicklung von Nervensystemen ermöglicht. Uns fehlt leider die Zeit, um zu verfolgen, wie vortrefflich die Architektur jedes einzelnen Gewebes oder Organs seiner Funktion angepaßt ist. Aber wir wollen wenigstens die wichtigsten Bausteine kennenlernen. Mehrere davon gehören zur Klasse der Proteine, denen wir auf allen Schritten unserer Reise begegnen werden.

Auf dieser elektronenmikroskopischen Aufnahme eines Schnitts durch mehrere Bakterien der Art *Bacillus fragilis* ist deutlich die bakterielle Zellwand zu erkennen. Die beiden mittleren Zellen sind gerade dabei, sich bei der Teilung endgültig abzutrennen.

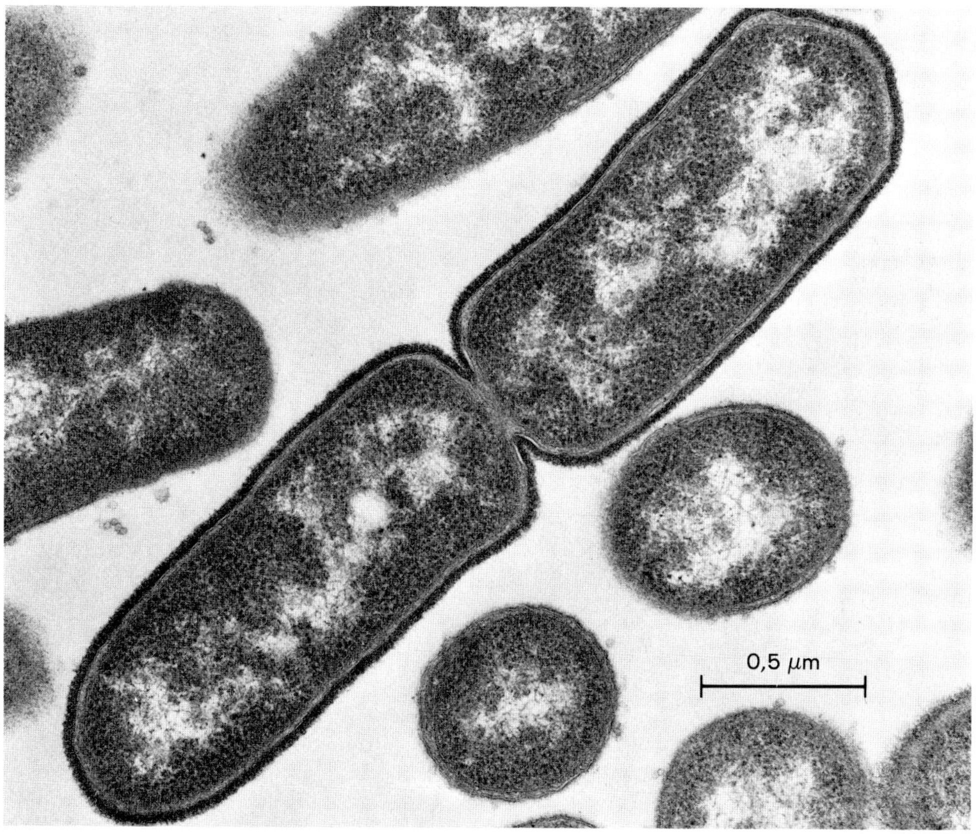

Ein Blick auf die Proteine

Der holländische Chemiker Gerardus Johannes Mulder, ein Pionier in der Erforschung ,,albuminoider'' Substanzen (vom lateinischen *albus* für weiß beziehungsweise *albumen* für Eiweiß), war der erste, der den Begriff Protein (vom griechischen *prôteios* für Haupt-, Grund-) verwendete. Er bezeichnete damit 1838 den Grundbaustein solcher stickstoffhaltigen Substanzen, die sich wie das Fibrin des Blutes, das Casein der Milch und das Albumin der Eier durch Hitze ausfällen lassen. Damals setzte sich allmählich die Erkenntnis durch, daß diese Stoffe einer gemeinsamen Klasse angehören. Die Bezeichnung Protein hatte der schwedische Wissenschaftler Jöns Jacob Berzelius angeregt, einer der Begründer der Chemie und Vater des Konzepts der ,,Katalyse''. (Der Vorschlag ist in einem Brief an Mulder enthalten.)

Mulder und Berzelius machten sich zwar – damals wohl unvermeidlich – grober Vereinfachungen schuldig, aber ihre Wortwahl war prophetisch. Proteine haben sich nicht nur als die wichtigsten Grundstoffe aller lebenden Prozesse erwiesen, sondern sie können auch wie der griechische Meergott Proteus unzählig viele verschiedene Gestalten annehmen. Sie sind also im wahrsten Sinne proteisch.

Wir können uns davon überzeugen, wenn wir unsere molekularen Brillengläser aufsetzen und ihr Auflösungsvermögen so einstellen, daß sich damit auch Objekte im Nanometerbereich noch genau untersuchen lassen. Denn sogar bei der von uns angenommenen millionenfachen Vergrößerung wären Proteine nicht größer als Blattläuse. Doch genau wie bei Blattläusen und anderen ähnlich kleinen Lebewesen können wir bei den Proteinen eine Vielfalt von Formen und Strukturen erkennen, wenn wir eine Lupe zu Hilfe nehmen. Allerdings sind die Formen der Proteine abstrakter; sie ähneln mit ihren geschmeidigen Rundungen eher den biomorphen Skulpturen von Hans Arp als den gelenkigen Gliedern von Insekten. Einige Proteine sind rundlich, fast kugelförmig, andere dagegen stark verzerrt, gebogen, verdreht

Die Schlange (Configuration aux mouvements de serpent II) von Hans Arp.

und mit knolligen Ausbuchtungen versehen. Wieder andere bilden dünne, oft spiralig verdrillte Fäden. All diese Formen sind nicht unveränderlich. Sie können – manchmal erstaunlich abrupt – anschwellen, pulsieren, sich verlängern oder verkürzen oder sich auseinanderfalten.

Die meisten der Proteine befinden sich innerhalb der Zellen. Dort üben sie vor allem katalytische Funktionen aus, worüber Berzelius, wenn er es gewußt hätte, sicher erfreut gewesen wäre. Der schwedische Chemiker hatte nämlich mit dem Wort Katalyse (vom griechischen *kata* für hinab und *lysis* für Auflösung) die Eigenschaft bestimmter Substanzen (Katalysatoren) beschrieben, chemische Umsetzungen zu erleichtern, ohne dabei selbst verbraucht zu werden. In der chemischen Industrie verwendet man vor allem anorganische Katalysatoren. Die wirklichen Zauberkünstler der Katalyse kommen aber in Zellen vor. Das Leben – auch das der einfachsten Mikroben – hängt von Tausenden chemischer Reaktionen ab, die künstlich meist gar nicht oder nur unter lebensfeindlichen Bedingungen nachvollzogen werden können, etwa unter hohem Druck, bei hohen Temperaturen oder in Gegenwart starker Säuren. In lebenden Zellen laufen diese Reaktionen dagegen dank besonderer Katalysatoren, die man Enzyme nennt, erstaunlich leicht und schnell ab. Deren Name leitet sich vom griechischen Wort *zymê* für Sauerteig, Hefe ab und erinnert an die historische Bedeutung der alkoholischen Gärung (Fermentierung) für die Identifikation der ersten intrazellulären Katalysatoren (siehe Kapitel 7). Daher nannte man die Enzyme früher auch Fermente.

In lebenden Organismen wird praktisch jede chemische Reaktion durch ein spezifisches Enzym katalysiert, das häufig noch von einem oder mehreren Cofaktoren oder Coenzymen unterstützt wird, wie wir im zweiten Teil unserer Reise sehen werden. Alle bekannten Enzyme sind Proteine. Deshalb gibt es auch so viele verschiedenartige Proteine – in jeder Zelle mindestens einige tausend. Auf sie entfallen etwa 20 Prozent des Feuchtgewichts und mehr als die Hälfte des Trockengewichts einer Zelle. Sie dienen aber nicht nur als Katalysatoren, sondern wirken auch bei Regulation, Transport, Bewegung und vielen anderen Aktivitäten mit. Sie spielen darüber hinaus als intra- und extrazelluläre Strukturelemente eine große Rolle. Proteine sind tatsächlich die grundlegenden Bestandteile lebender Zellen; sie tragen ihren Namen zu Recht.

Proteinmoleküle verlieren schnell ihre typische Form und ihre katalytischen Fähigkeiten, wenn man sie erhitzt oder anderen physikalischen oder chemischen Behandlungen aussetzt. Man nennt diesen Prozeß Denaturierung. Er wurde lange als nicht umkehrbar (irreversibel) angesehen und als Argument dafür angeführt, daß eine spezielle Kraft oder ein spezielles Prinzip nötig sei, um lebende Strukturen richtig zusammenzufügen. Heute glaubt man das nicht mehr, und in mehreren Fällen hat sich die Denaturierung eines Proteins auch als reversibel erwiesen. Die Gestalt eines intakten Proteinmoleküls ist keineswegs unerklärlich; sie stellt einfach die wahrscheinlichste Raumstruktur (Konformation) dar, die das Molekül unter natürlichen Bedingungen annimmt.

Plastilin-Modell eines Myoglobinmoleküls. Myoglobin dient als Sauerstoff-Überträger in roten Muskelzellen. Die weiße „Schlange" stellt eine gefaltete Polypeptidkette dar (wie sie auf Seite 30 abgebildet ist); die dunkle Scheibe markiert eine Häm-Gruppe, die Eisen enthält und den

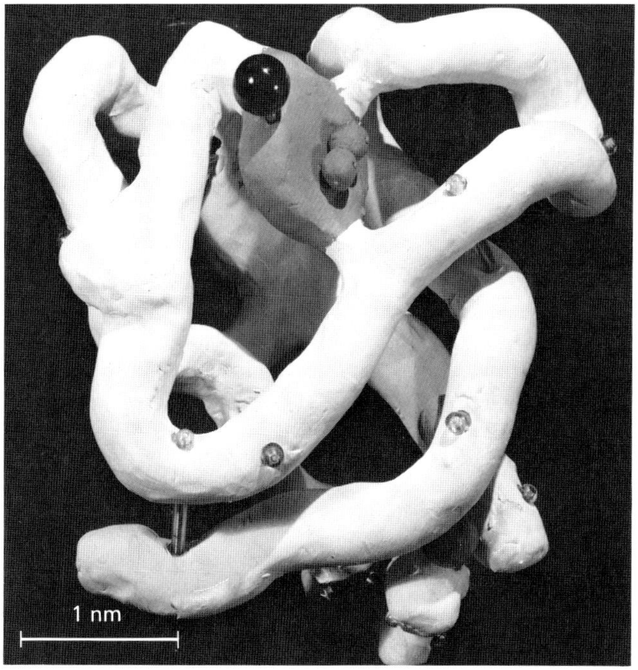

Sauerstoff bindet (siehe Kapitel 9). Hämoglobin, der Sauerstoff-Überträger der roten Blutzellen, besteht aus vier dem Myoglobin ähnlichen Untereinheiten.

Es ist lehrreich, wenn wir uns mit unseren molekularen Brillengläsern ein Gemisch verschiedener denaturierter Proteine anschauen. Abgesehen von ihrer Größe sehen sie jetzt alle ungefähr gleich aus. Aus den vielen schönen Strukturen und Formen ist ein Gewirr langer, überaus dünner Fäden geworden. Wir verstehen nun besser, warum die Denaturierung oft irreversibel ist. Solange man nicht spezielle Bedingungen vorgibt, bleibt jeder Faden in diesem Gewirr gefangen, unfähig, sich in seine charakteristische Konformation zurückzufalten. Aber aus der Denaturierung lernen wir zugleich auch etwas, das für die Proteinstrukturen grundsätzliche Bedeutung hat, unseren prüfenden Blicken ansonsten jedoch vielleicht entgangen wäre. Alle Proteine sind fadenförmige Moleküle. Ihre unzähligen verschiedenen Formen entstehen nur dadurch, daß sich die langen ,,Schnüre'' aus aneinandergereihten Atomen unterschiedlich aufwickeln und zusammenfalten.

Aus chemischen Untersuchungen wissen wir, daß hinter der Vielfalt der Proteine ein gemeinsames Grundgerüst steht, das aus einfachen, sich oft mehrere hundert Male wiederholenden Einheiten mit sechs Atomen aufgebaut ist:

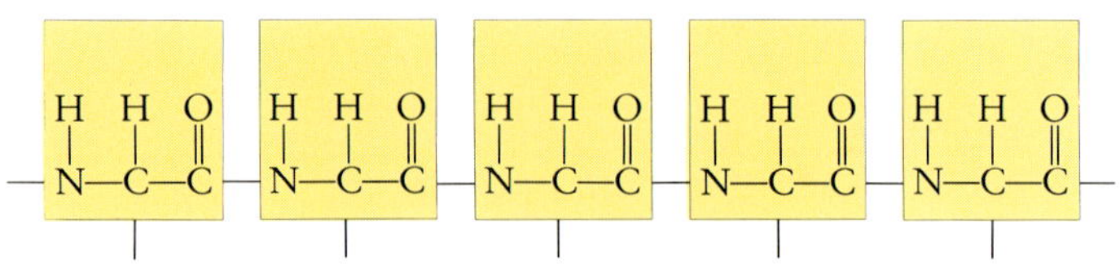

Das mittlere Kohlenstoffatom jeder Einheit hat eine Bindungsstelle, die nicht in dieses molekulare ,,Rückgrat'' eingegliedert ist. Sie trägt eine von 20 verschiedenen Gruppen, die für die spezifischen Eigenschaften der unterschiedlichen Proteinmoleküle verantwortlich sind. Die einzelnen Einheiten sind über sogenannte Peptidbindungen miteinander verknüpft. Dieser Name wurde gewählt, weil man entdeckt hatte, daß ein Verdauungsenzym im Magensaft, das Pepsin (vom griechischen *pepsis* für Verdauung), solche Bindungen durch Hydrolyse spaltet:

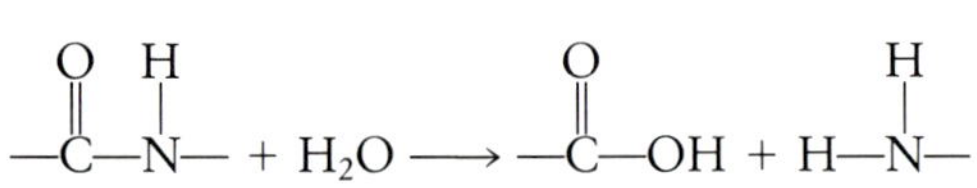

Wenn sämtliche Peptidbindungen des Grundgerüsts so aufgebrochen werden, haben alle Spaltprodukte die folgende Strukturformel:

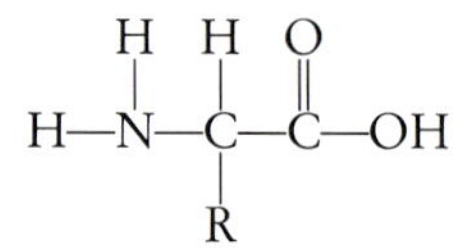

Solche Moleküle werden als Aminosäuren bezeichnet, weil sie sowohl eine Aminogruppe (—NH_2) als auch eine Carbonsäure- oder Carboxylgruppe (—COOH) enthalten. Genauer gesagt sind es α-Aminosäuren, da die beiden Gruppen an das zentrale, das α-Kohlenstoffatom gebunden sind. Noch genauer müssen wir sie als L-α-Aminosäuren einstufen, weil sie (mit Ausnahme des optisch inaktiven Glycins) alle die L-Konfiguration um das asymmetrische α-C-Atom aufweisen (siehe Anhang I, Seite 396); daneben gibt es (als Stereoisomere) die D-Aminosäuren, die in manchen bakteriellen Substanzen und einigen Antibiotika vorkommen, aber nicht in Proteinen auftreten.

20 verschiedene Aminosäuren liefern die Bausteine der Proteine, und sie alle haben (mit Ausnahme des Prolin) die gleiche Strukturformel (siehe oben); sie unterscheiden sich nur in der mit ,,R'' bezeichneten Seitengruppe. Ihre Namen sind zusammen mit den entsprechenden Abkürzungen und Symbolen in der Tabelle auf der nächsten Seite aufgelistet. (Die Strukturformeln sind im Anhang I auf Seite 398 zusammengestellt.) Wie wir später sehen werden, benutzt man einige der Symbole auch für eine andere wichtige Stoffklasse, die Nucleoside. Meist ergibt sich aus dem Zusammenhang, was gemeint ist; falls dennoch eine Verwechslungsgefahr besteht, werden wir die Abkürzung mit drei Buchstaben verwenden.

Aminosäuren, die über Peptidbindungen miteinander verknüpft sind, nennt man Aminosäure-Reste und die daraus aufgebauten Ketten Peptide. Oft verwendet man den Begriff Peptid zusammen mit einer griechischen Vorsilbe, um die Zahl der Aminosäure-Reste innerhalb der Kette anzugeben: *di* für zwei, *tri* für drei, *tetra* für vier, *penta* für fünf, *oligo* für wenige und *poly* für viele. Peptidketten haben folgende allgemeine Struktur:

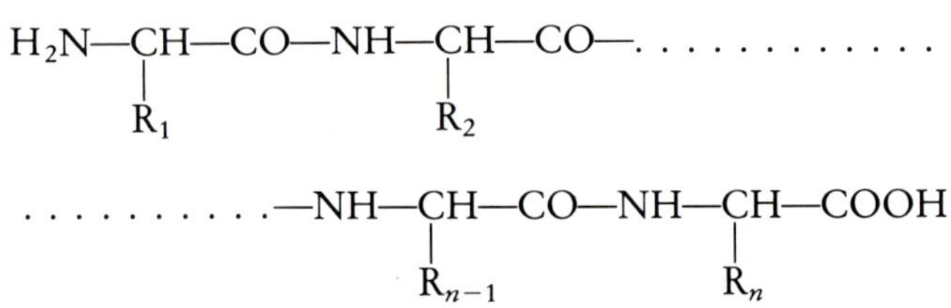

Sie besitzen an einem Ende eine freie Amino-Gruppe (N-Terminus, in der Formel links), am anderen Ende eine freie Carboxylgruppe (C-Terminus) und $n-1$ Peptidbindungen. Peptide unterscheiden sich sowohl in Zahl (n) und Natur ihrer Aminosäure-Reste als auch in deren Reihenfolge oder Sequenz. Man kann sie mit unterschiedlich langen Wörtern vergleichen, die in einem Alphabet aus 20 Buchstaben geschrieben werden. Mit den einbuchstabigen Symbolen läßt sich das besonders gut verdeutlichen. Denn das Tetrapeptid Lys-Glu-Arg-Asn liest sich damit als KERN und das Oktapeptid Lys-Ala-Thr-Ala-Leu-Tyr-Ser-Glu als KATALYSE. Wir könnten das ganze Buch in dieser Sprache schreiben, wenn wir auch die Buchstaben B, J, O, U, X und Z hätten.

Peptide sind flexible Strukturen, die sich zwar nicht um die Peptidbindungen selbst, wohl aber um die N—C- und C—C-Achsen des Grundgerüsts drehen können und daher meist in mehr oder weniger stark verbogener Form vorliegen. Wie sich ein Peptid biegt, hängt davon ab, ob seine einzelnen Teile sich gegenseitig anziehen oder abstoßen und ob sie Wassermoleküle binden oder ausschließen. Oft wird die Faltung auch von anderen Substanzen beeinflußt, mit denen sich die Peptidketten zusammenlagern können. Die meisten dieser Wechselwirkungen sind physikalischer Natur und beruhen nicht auf echten (kovalenten) chemischen Bindungen. Die zwei entscheidenden Kräfte werden oft nach ihren Entdekkern benannt, dem französischen Physiker Coulomb und dem holländischen Chemiker van der Waals.

Coulomb-Kräfte sind elektrostatische Kräfte. Sie bewirken, daß sich gegensätzliche Ladungen anziehen und gleichartige abstoßen. Die R-Gruppen einiger Aminosäuren sind unter physiologischen Bedingungen positiv oder negativ geladen. Andere sind zwar ungeladen, aber polar: In ihnen erzeugen lokale Ladungsverschiebungen einen positiven und einen negativen Pol. Zwischen all diesen Gruppen können elektrostatische Wechselwirkungen auftreten.

Polare Gruppen, die ein Wasserstoffatom tragen, können mit negativ geladenen oder negativ polarisierten Gruppen eine

Die 20 fundamentalen Aminosäuren

Aminosäure	Abkürzung	Symbol	Aminosäure	Abkürzung	Symbol
Alanin	Ala	A	Leucin	Leu	L
Arginin	Arg	R	Lysin	Lys	K
Asparagin	Asn	N	Methionin	Met	M
Asparaginsäure	Asp	D	Phenylalanin	Phe	F
Cystein	Cys	C	Prolin	Pro	P
Glutamin	Gln	Q	Serin	Ser	S
Glutaminsäure	Glu	E	Threonin	Thr	T
Glycin	Gly	G	Tryptophan	Trp	W
Histidin	His	H	Tyrosin	Tyr	Y
Isoleucin	Ile	I	Valin	Val	V

besondere elektrostatische Bindung eingehen, die Wasserstoffbrückenbindung. Dabei gehört das Wasserstoffatom gewissermaßen beiden Gruppen. Eine biologisch besonders bedeutsame Wasserstoffbrücke ist

$$>\overset{\ominus}{N}-\overset{\oplus}{H}\cdots\overset{\ominus}{O}=\overset{\oplus}{C}<$$

Diese Bindung (gepunktete Linie) kann zwei Peptidbereiche miteinander koppeln. Sie spielt daher für die Konformation von Proteinen und alle darauf beruhenden strukturellen, katalytischen und sonstigen funktionellen Eigenschaften eine wichtige Rolle. Wie wir später auf unserer Reise sehen werden, beruht auch die Basenpaarung in den Nucleinsäuren, ohne die in der Welt der Organismen keine genetische Information übertragen werden könnte, auf Wasserstoffbrückenbindungen; neben der obigen ist hier noch eine zweite, ähnliche Brücke beteiligt:

$$>\overset{\ominus}{N}-\overset{\oplus}{H}\cdots\overset{\ominus}{N}\lessgtr$$

Van der Waals-Kräfte sind für die Anziehung zwischen unpolaren Gruppen verantwortlich, die – wie die Kohlenwasserstoffe des Benzins und anderer Erdölprodukte – nur aus Kohlenstoff und Wasserstoff bestehen. Mehrere Aminosäu-

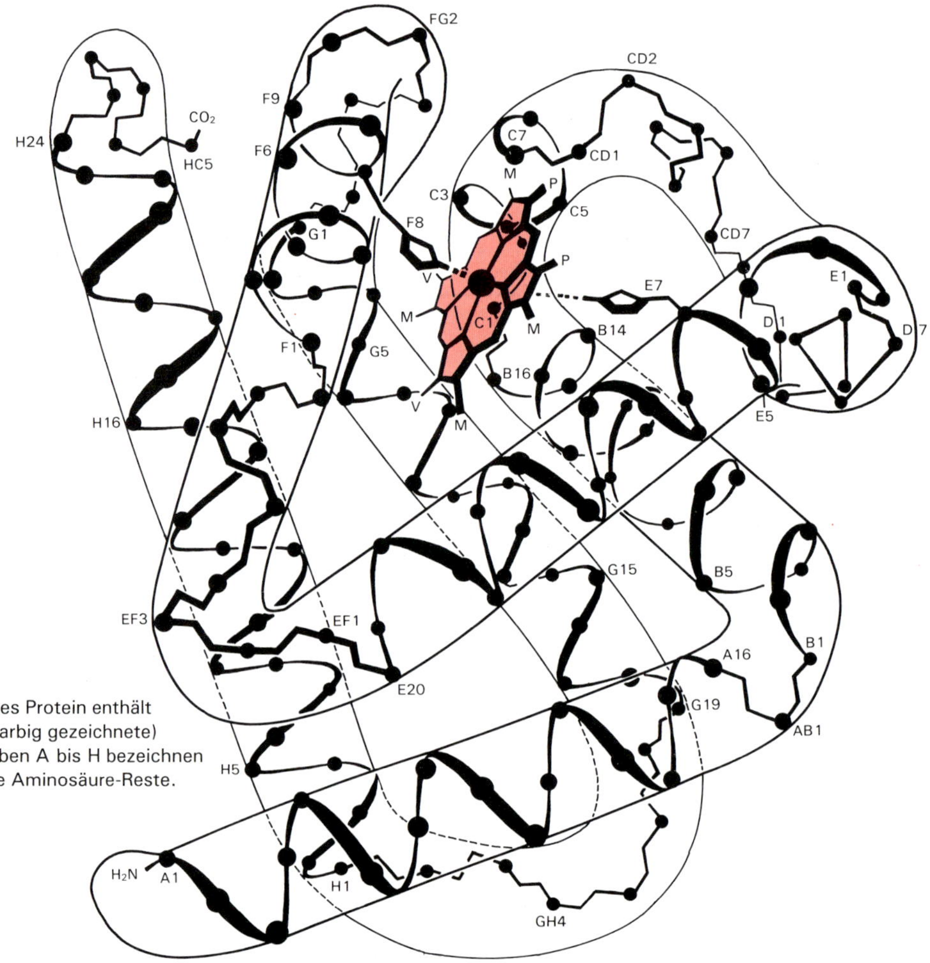

Die Struktur eines Myoglobin-Moleküls. Dieses Protein enthält acht Alpha-Helix-Bereiche, die sich um die (farbig gezeichnete) Häm-Komponente herumfalten. Die Buchstaben A bis H bezeichnen die Alpha-Helix-Abschnitte, die Nummern die Aminosäure-Reste.

ren tragen R-Gruppen, die über van der Waals-Kräfte Bindungen eingehen können. Außerordentlich wichtig für diese verschiedenen Wechselwirkungen ist die asymmetrische, polare Struktur des Wassermoleküls:

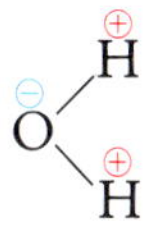

Wasser kann sich deshalb elektrostatisch an alle geladenen oder polaren Gruppen binden. Solche Gruppen nennt man daher ,,wasserliebend" oder hydrophil. Unpolare Gruppen haben dagegen keine Affinität zu Wassermolekülen; sie sind wasserabstoßend oder hydrophob. Mit diesem Phänomen sind wir alle vertraut: Öl mischt sich nicht mit Wasser, und manche Plastikoberflächen werden von Wasser nicht benetzt; sie sind hydrophob. Genaugenommen ist der Begriff etwas irreführend. Hydrophobe Gruppen stoßen Wasser nicht aktiv ab; vielmehr werden sie von den Wassermolekülen gemieden, die selbst sehr hydrophil und daher untereinander durch Wasserstoffbrücken stark vernetzt sind.

Im meist wäßrigen Milieu der Zelle wird die Konformation einer Polypeptidkette wesentlich von den Wechselwirkungen mit Wasser bestimmt. Grob gesagt faltet sich ein Polypeptid – falls das von seiner Struktur her möglich ist – in wäßriger Umgebung immer so auf, daß möglichst viele hydrophile Gruppen außen oder in Spalten liegen, die für Wassermoleküle leicht zugänglich sind. Die hydrophoben Gruppen verbergen sich hingegen bevorzugt im Inneren des Peptidmoleküls, wo kein Wasser hingelangt und wo sie miteinander in Wechselwirkung treten können. Proteine, die ihre hydrophilen und hydrophoben Aminosäure-Gruppen nach diesem Schema verteilen, sind im allgemeinen wasserlöslich. Dagegen suchen Proteine, die sich nicht mit einer hydrophilen Hülle umgeben können, bevorzugt hydrophobe Umgebungen auf, denn hier können ihre eigenen hydrophoben Teile van der Waals-Bindungen eingehen. Wir werden bald sehen, daß solche Proteine vor allem in Membranen zu finden sind.

Die Konformation eines Proteins wird vielfach dadurch bestimmt, daß Polypeptidketten dazu neigen, sich korkenzieherartig aufzuwickeln; solche spiraligen Strukturen werden durch Wasserstoffbrücken zwischen nahe beieinanderliegenden Aminosäure-Resten stabilisiert. Am weitesten verbreitet ist die sogenannte Alpha-Helix, die eine Windungs- oder Ganghöhe von 0,54 Nanometer hat und je Windung 3,6 Aminosäure-Reste trägt. Sie bildet einen ziemlich starren, etwa einen Nanometer dicken Stab mit einer buckeligen Oberfläche, die von den R-Gruppen der Reste geformt wird. Einige Aminosäuren passen nicht in dieses Arrangement und unterbrechen es. Daher sind Alpha-Helix-Bereiche normalerweise recht kurz. In einem Proteinmolekül gibt es oft mehrere helikale Stäbe, die über weniger regelmäßige Bereiche und meist winkelig miteinander verbunden sind. Selten ermöglicht es die Sequenz eines Polypeptids, daß sich eine sehr lange Alpha-Helix ausbildet; solche Moleküle sind dann natürlich fadenförmig. Neben der Alpha-Helix können noch andere Anordnungen einem Proteinmolekül eine langgestreckte, fädige Struktur verleihen. Manchmal sind dabei zwei oder drei Polypeptidketten umeinandergewickelt. Solche Faserproteine setzen die Zellen meist als Gerüststrukturen oder bei Bewegungsvorgängen ein.

Die Gestalt, die eine Polypeptidkette letztlich annimmt, wird nicht nur durch diese unterschiedlichen inneren Faktoren bestimmt, sondern auch durch Wechselwirkungen mit anderen Proteinen oder sonstigen Substanzen. Viele wichtige Funktionen der Proteine hängen von solchen Wechselwirkungen ab, die die Konformation der beteiligten Moleküle oft entscheidend beeinflussen. So wird eine bestimmte Raumstruktur manchmal durch eine kovalente Bindung zwischen Polypeptidketten oder verschiedenen Bereichen derselben Kette besiegelt. Die verbreitetste Bindung dieses Typs ist die Disulfidbrücke —S—S—, die durch oxidative Verbindung der Thiol(—SH)-Gruppen zweier Cystein-Reste entsteht:

$$2\ \mathrm{Cys{-}SH} \longrightarrow \mathrm{Cys{-}S{-}S{-}Cys} + 2\ \mathrm{H}$$

Viele Proteine bestehen aus einer einzelnen Polypeptidkette; andere aber enthalten zwei oder mehrere Ketten oder Untereinheiten, die durch nichtkovalente Anziehungskräfte und manchmal auch durch kovalente Bindungen wie Disulfidbrücken zusammengehalten werden.

Soweit dieser erste Überblick. Wir werden mehr über Proteine erfahren, wenn wir einigen besonders charakteristischen Vertretern dieser enorm wichtigen und vielfältigen Klasse biologischer Makromoleküle begegnen. Doch jetzt wollen wir uns nicht länger aufhalten lassen. Unser Ziel erreichen wir am besten über das Blutgefäßsystem, den Hauptverkehrsweg zu und von den Zellen.

Blutzellen, unsere ersten Reisebegleiter

Blutgefäße sind turbulente Wasserwege, besonders die größeren Arterien, in denen wir uns nun mit jedem Herzschlag in mächtigen Wogen vorantreiben lassen. Die vielen Zellen um uns herum werden genau wie wir von dem schnellen Strom des Plasmas – des flüssigen Blutanteils – hin und her geworfen und vorwärtsgerissen.

Die meisten Blutzellen sehen aus wie kleine, mit rubinrotem Material gefüllte Scheiben, die beidseitig konkav eingedrückt sind. Es handelt sich um rote Blutzellen oder Erythrocyten (vom griechischen *erythros* für rot), die den Sauerstoff aus der Lunge in die Gewebe und das Abfallprodukt Kohlendioxid von dort zurück zur Lunge transportieren. Diese im Stoffwechsel der Organismen unersetzlichen Zellen enthalten ein sehr wichtiges Protein, den Sauerstoff-Überträger Hämoglobin. Als Zellen verdienen sie jedoch kaum weitere Beachtung, denn sie sind vollkommen degeneriert und praktisch zum Tode verurteilt. Sie enthalten weder Mitochondrien noch Ribosomen noch intrazelluläre Membranen, und bei Säugetieren fehlt ihnen sogar der Zellkern.

Gelegentlich stoßen wir mit weißen Blutzellen oder Leukocyten (vom griechischen *leukos* für weiß) zusammen, die es in verschiedenen Größen und Formen gibt. Doch unsere Begegnungen sind zu flüchtig, als daß wir sie uns näher anschauen könnten. Wir werden aber einige von ihnen später unter ruhigeren Bedingungen wiedertreffen.

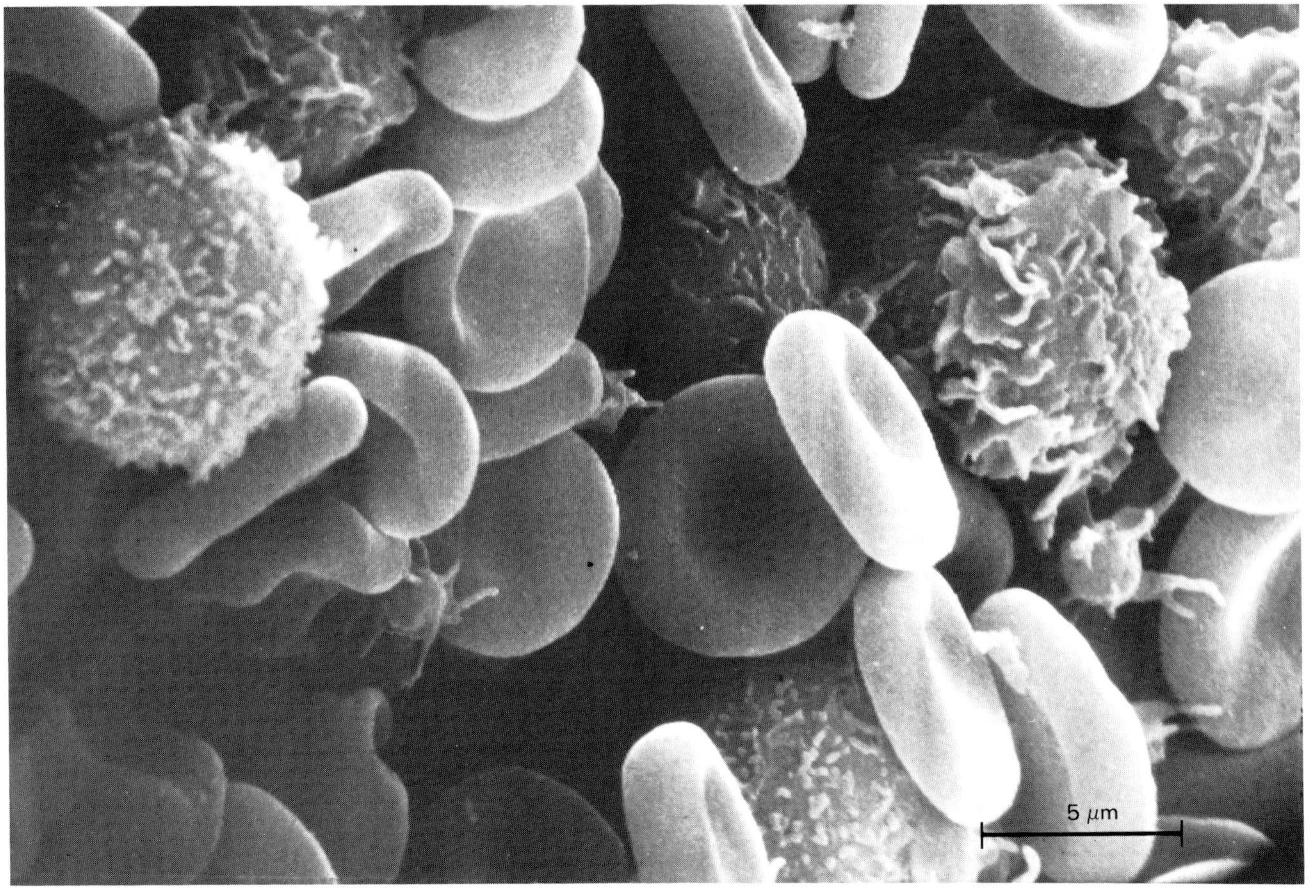

Die Arterien verengen sich allmählich, und der Blutstrom wird langsamer, so daß wir erstmals einen Blick auf jene Zellen werfen können, die die Wand des Blutgefäßes bilden. Sie werden Endothelzellen genannt (vom griechischen *endon* für innen und *thêlê* für Brustwarze) und bilden eine einzellige Schicht, die wie ein unregelmäßiges Kopfsteinpflaster aussieht. Sie sind außerordentlich flach, und nur ihre Zellkerne wölben sich in das Innere der Gefäße vor und verleihen der Wand ein buckeliges Aussehen. Endothelzellen haften durch verschiedenartige Zell-Zell-Verbindungen aneinander und bilden so eine durchgehende dünne, rohrartige Scheide. Sie wirkt als Filter und reguliert den Stoffaustausch zwischen Blut und Gewebe. Zell-Zell-Verbindungen sind nicht auf Endothelzellen beschränkt. Die meisten Zellverbände in Geweben und Organen – ob es sich nun um schichten-, säulen-, büschel- oder beutelförmige Anordnungen handelt – halten durch solche Kontakte zwischen Einzelzellen zusammen. Die festesten Verbindungen bilden dabei die sogenannten Desmosomen (vom griechischen *desmos* für Band und *sôma* für Körper). Die Plasmamembranen zweier benachbarter Zellen sind hier durch quer verlaufende Faserbündel miteinander vernietet; bei den Knopf- oder Punkt-Desmosomen (englisch *spot desmosomes*) sitzen innen auf der Membran Scheiben aus elektronendichtem Material, von denen oft tief ins Plasma hineinreichende Fasern ausgehen, sogenannte Tonofilamente (vom griechischen *tonos* für Spannung). Es gibt noch mehrere andere Typen von Zell-Zell-Verbindungen, darunter die *gap junction* (*gap* heißt Spalt) – nach dem lateinischen Wort für Verbindung auch Nexus genannt –, bei der viele dichtgepackte zylindrische „Dübel" von etwa 15 Nanometer Länge und acht Nanometer Durchmesser die benachbarten Zellen verbinden. Sie sind so

Die rasterelektronenmikroskopische Aufnahme auf der linken Seite zeigt Blutzellen eines Patienten mit Hodgkin-Krankheit. Die beidseitig eingedrückten (bikonkaven) Scheiben sind Erythrocyten, also rote Blutzellen, die kugeligen Zellen Leukocyten oder weiße Blutzellen.

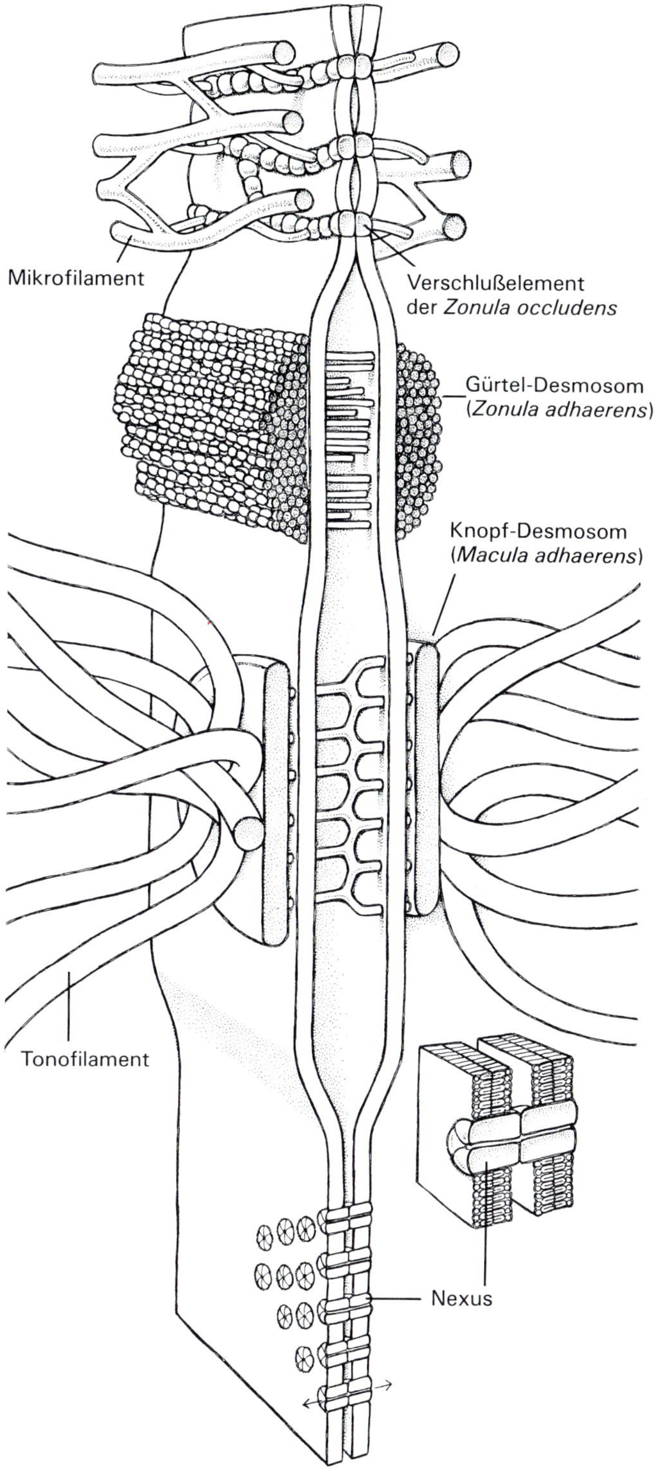

Verschiedene Typen von Zell-Zell-Verbindungen.

in die Zellmembranen eingelassen, daß die beiden Zellen durch einen schmalen Spalt voneinander getrennt bleiben. Doch durch die 1,5 bis zwei Nanometer weiten Hohlräume der Dübel können kleine Ionen und Moleküle sowie elektrische Ströme von Zelle zu Zelle weitergeleitet werden.

Ohne zusätzliche Stützelemente könnten aber die so entstandenen Zellverbände nicht einmal geringen äußeren Belastungen standhalten. Die Zell-Zell-Verbindungen selbst würden zwar halten, nicht aber die Membranen; sie sind nämlich, wie wir noch sehen werden, dünne Filme, kaum fester als Seifenblasen. Besonders die Blutgefäße müssen verstärkt sein, damit sie dem Druck standhalten, der bei jeder Herzkontraktion in ihnen entsteht. Daher sind größere Arterien immer von einer dicken, selbst für kleinste Moleküle nahezu unpassierbaren elastischen Hülle umgeben. Je enger das Gefäß und je geringer der Blutdruck, desto dünner ist diese Wand. Wenn wir die Kapillaren – haarfeine Kanälchen (das lateinische Wort *capillus* bedeutet Haar) – erreichen, sind

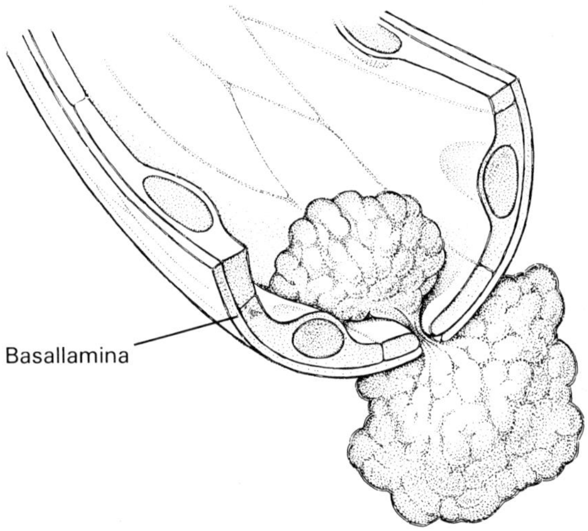

Angelockt durch ein chemisches Signal, quetscht sich ein Leukocyt durch das Endothel einer Kapillare hindurch.

die Endothelzellen nur noch von einer dünnen Deckschicht umgeben, der sogenannten Basallamina oder Basalmembran. Wir kommen noch darauf zurück. Hier finden die meisten Austauschprozesse zwischen Blut und Gewebe statt, und auch wir sollten den Blutstrom hier verlassen, um nicht gleich in den Venen wieder zurücktransportiert zu werden. Doch dazu müssen wir die Zell-Zell-Verbindungen zwischen zwei Endothelzellen aufbrechen. Während wir uns noch fragen, wie wir das bewerkstelligen können, kommt uns unerwartet ein Leukocyt zu Hilfe, der sich vor unseren Augen auf merkwürdige Weise verändert.

Eben noch war die Zelle ruhig dahergeschwommen. Jetzt klammert sie sich plötzlich am Endothel fest und windet sich krampfhaft und gewaltsam zwischen zwei Zellen hindurch. Sie reagiert damit auf einen chemischen Reiz, der sie irgendwie aktiviert hat und den sie nun bis zu seinem Ausgangsort zurückverfolgt. Man nennt diesen Vorgang Chemotaxis (vom griechischen *taxis* für Einordnung). Der Leukocyt orientiert sich am Konzentrationsgefälle der betreffenden chemischen Substanz und schneidet hinderliche Strukturen mit speziellen, nach außen abgegebenen Enzymen auf. Dieses bedeutsame, aber bisher noch wenig verstandene Verhalten wird von Substanzen ausgelöst, die gewöhnlich dort freigesetzt werden, wo Verletzungen oder bakterielle Infektionen auftreten. Für den Organismus ist es außerordentlich nützlich, weil die weißen Blutzellen auf diese Weise automatisch dorthin gelangen, wo ihre Abwehrmechanismen benötigt werden. Und für uns ist nebenbei ganz unerwartet eine Lücke in der Kapillarwandung entstanden, durch die wir hindurchschlüpfen können.

Ein Cytonaut arbeitet sich durch den dichten Bindegewebsdschungel zwischen den Zellen. Man beachte die dicken Kollagenstämme und das Geflecht aus Proteoglykan-Lianen.

Ein furchterregender Anblick: Dschungel am Amazonas.

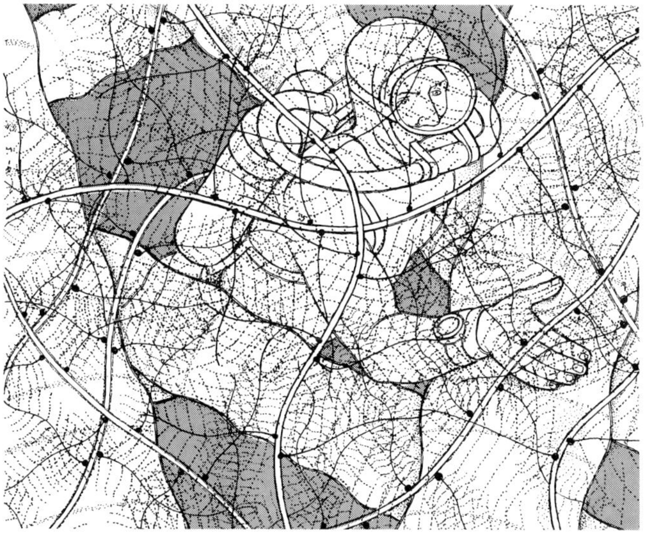

Durchbruch zur Zelloberfläche

In dem extrazellulären Raum, in den wir jetzt eindringen, bietet sich uns ein furchterregender Anblick, der – abgesehen davon, daß wir uns unter Wasser bewegen – an jene wilden Dschungelszenen erinnert, welche die Illustratoren früherer Reiseabenteuerbücher so sehr liebten. Zwischen gewaltigen, in alle Richtungen geneigten Stämmen breitet sich ein dichtes Geflecht lianenartiger Filamente aus. An manchen Stellen ist das Netzwerk nahezu undurchdringlich, an anderen bildet es nur ein zartes Filigran. So jedenfalls sehen wir es, wenn wir mit unserer millionenfach vergrößernden Brille auf die molekulare Ebene hinabschauen. Wenn wir unsere Umgebung aber einige hundert Male weniger vergrößern, erkennen wir die mikroskopische Ordnung, die aus der scheinbaren molekularen Unordnung entsteht:
Nun sind Fasern, Schichten, Platten und andere Strukturelemente sichtbar.

Extrazelluläre Strukturen sind vor allem aus Kollagen aufgebaut, einer Substanz, die aus Knochen extrahiert wird, um Gelatine und Knochenleim zu produzieren. Daher rührt auch ihr Name (griechisch *kolla*, Leim). Kollagen ist ein Protein, dessen Grundeinheit einer langen Polypeptidkette aus 1055 Aminosäuren entspricht; besonders häufig sind dabei Glycin, Prolin und Hydroxyprolin vertreten. Man beachte, daß Hydroxyprolin nicht in der Liste der 20 Aminosäuren auf Seite 29 steht. Es wird nach der Synthese der Polypeptidkette aus Prolin-Resten gebildet und kommt praktisch nur in Kollagen vor. Kennzeichnend für dieses Polypeptid ist weiterhin, daß es zu einer linkshändigen Helix mit einem Windungsabstand von einem Nanometer aufgedreht ist, die sich von der früher beschriebenen Alpha-Helix deutlich unterscheidet. Je drei Ketten sind so verdrillt, daß eine 1,5 Nanometer dicke und 300 Nanometer lange rechtshändige Helix entsteht, die eine Periodizität von drei Nanometern (beziehungsweise neun Nanometer für jede einzelne Kette) hat.

Dieses dreisträngige Molekül wird Tropokollagen genannt (vom griechischen *tropê* für Drehung) und ist der eigentliche Baustein des Kollagens. Durch unsere molekulare Brille betrachtet, sieht es wie ein gut einen Millimeter dicker und etwa 30 Zentimeter langer Faden aus. Daß so ein schwaches Rohmaterial überhaupt solch massive Stämme ausbilden

Elektronenmikroskopische Aufnahme eines mit Metall bedampften Abdrucks (Replika) von Kollagenfasern der menschlichen Haut.

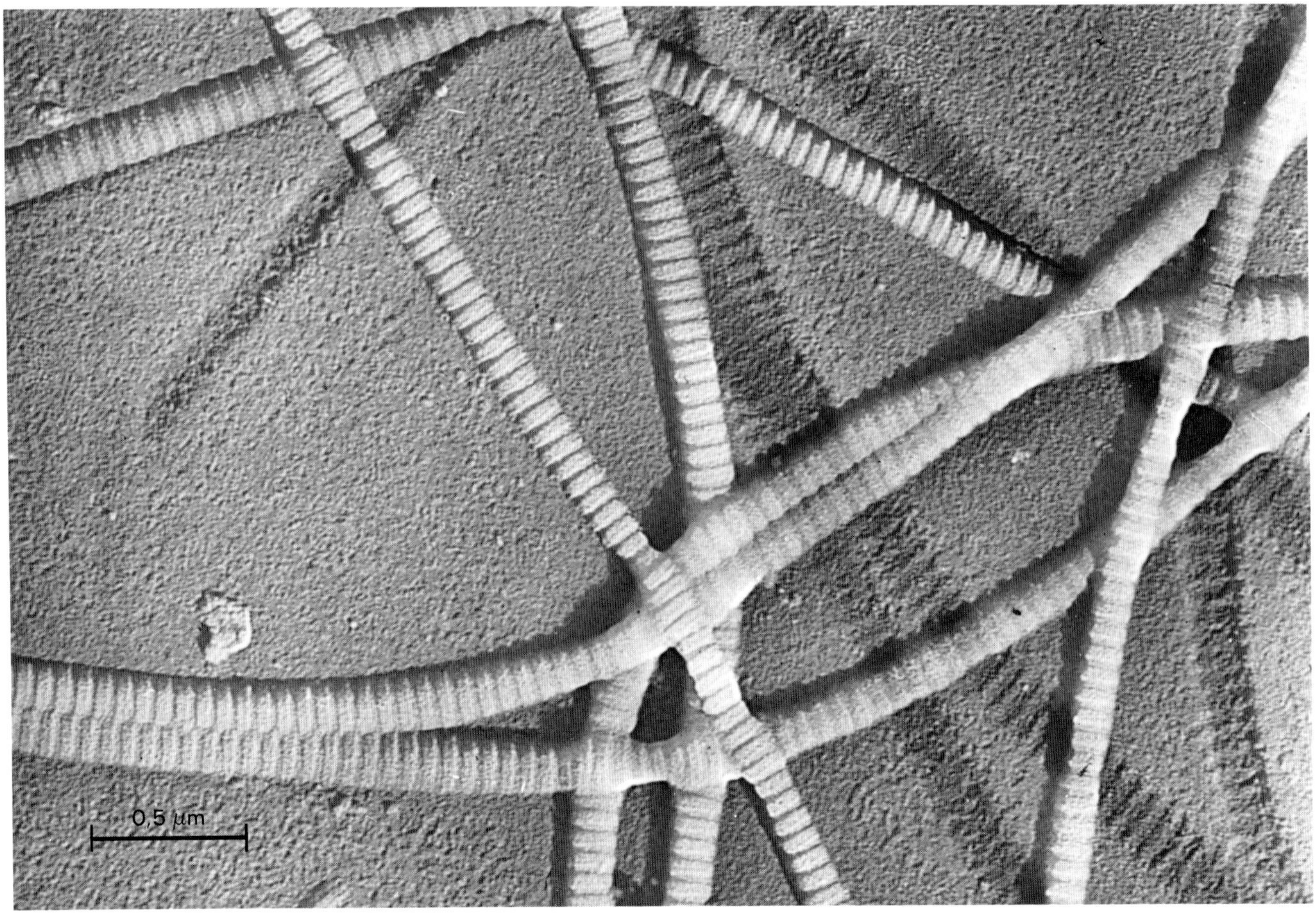

kann, wie sie uns umgeben, beruht auf einer Vorliebe der Tropokollagen-Moleküle, sich in gestaffelter Form aneinander zu legen. Dadurch können sie Fasern nahezu jeder beliebigen Dicke und Länge bilden. Die C-terminalen Enden oder Köpfe benachbarter Tropokollagen-Moleküle sind dabei genau um 67 Nanometer gegeneinander versetzt. Um die ganze Länge eines Tropokollagen-Moleküls (300 Nanometer) abzudecken, werden fünf solcher Abstände (335 Nanometer) benötigt; zwischen den Kopf- und Schwanzenden hintereinander liegender Moleküle bleiben folglich jeweils 35 Nanometer frei. Da diese Lücken in einer Kollagenfaser stets auf gleicher Höhe liegen, ergibt sich eine charakteristische Bänderung mit einer Periodizität von 67 Nanometern. Im Bereich der Banden bleibt jeweils ein Fünftel der gesamten Faserdicke frei von Tropokollagen. Dieser freie Raum ist wichtig; in Knochen findet hier die Mineralisierung statt.

Kollagenfasern bestehen aus gegeneinander versetzten, dreisträngigen Tropokollagen-Molekülen.

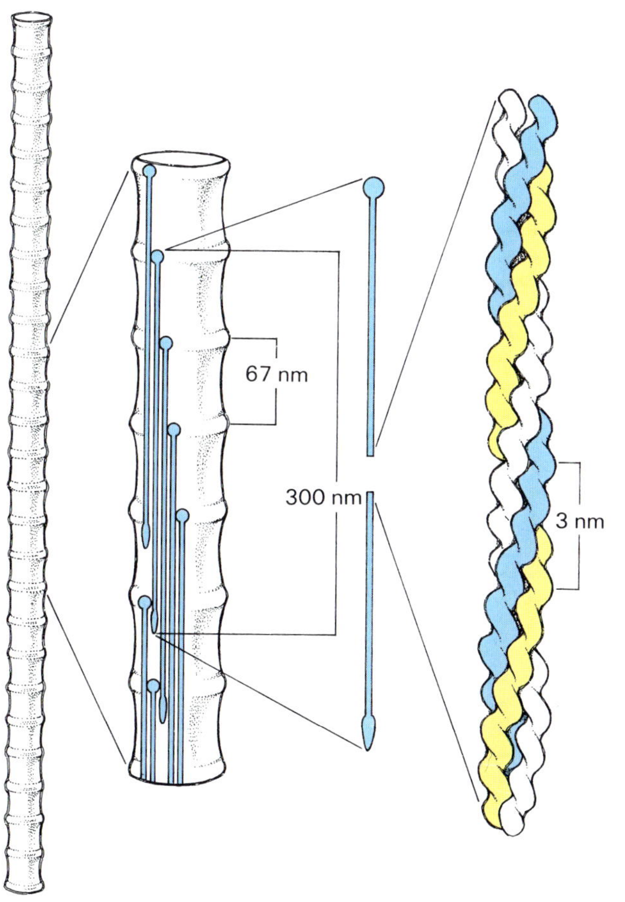

Tropokollagen wird aus einer Vorstufe, dem Prokollagen, gebildet, das zusätzliche N- und C-terminale Abschnitte enthält; diese Abschnitte verhindern, daß sich die Moleküle vorzeitig zusammenlagern. Erst wenn die Zellen das Prokollagen nach außen abgegeben haben, werden die störenden Enden von Enzymen abgetrennt. Die entstehenden Kollagenfasern werden dann noch weiter verändert, beispielsweise durch Quervernetzungen verstärkt. Man nimmt an, daß solche Veränderungen während des ganzen Lebens erfolgen und zu der altersbedingten Versteifung von Bindegewebsstrukturen beitragen.

Kollagenfasern bilden das feste Gerüst, das Stützstrukturen verstärkt. Sie wirken etwa wie Stahleinlagen in Beton oder Fasern in Glasfiberkonstruktionen. Parallel angeordnete Kollagenfasern sind in vielerlei langgestreckten Strukturen zu finden, so in Sehnen und Bändern. Dreidimensional miteinander verflochtene Fasern bilden das Gerüst von Geweben und Organen, einschließlich der eigentlichen Skelettstrukturen wie Knorpel und Knochen.

Am Aufbau dieser vielfältigen Strukturen sind mehrere verschiedene Kollagen-Typen beteiligt. Kollagenfasern vom Typ IV lagern sich bevorzugt zu flachen Gebilden zusammen. Gemeinsam mit anderen Proteinen wie Laminin (vom lateinischen *lamina* für dünne Platte) und Fibronectin (von *nectere* für binden) sowie mit Proteoglykanen (wir kommen darauf gleich zurück) bilden sie flache, geschmeidige Schichten von 50 bis 100 Nanometer Dicke.

Diese Schichten heißen Basalmembranen oder Basallaminae; die etwas unglückliche Bezeichnung Basalmembran geht auf die frühere histologische Literatur zurück. Basallaminae sind aber völlig anders konstruiert als Zellmembranen, die wir in Kürze kennenlernen werden; sie entsprechen viel eher richtigen Wänden. Manchmal umgeben sie – wie die Zellwände von Bakterien und Pflanzen – einzelne Zellen. Häufiger umhüllen oder unterstützen sie jedoch ganze Zellverbände unterschiedlicher Größe und Gestalt. Eine Funktion der Basallamina besteht darin, eine Schicht zu bilden, auf der Zellen entlangkriechen oder sich festhalten können.

Außerdem dient sie als molekulares Filter. So spielt die Basallamina, die die Blutkapillaren umhüllt, eine äußerst wichtige Rolle als „Schutzschild", der nur bestimmte Substanzen vom Blut ins Gewebe übertreten läßt. Die strengste Auswahl treffen hier die Filter um die Kapillaren des Gehirns (Blut-Hirn-Schranke).

In bestimmten Bereichen wie beispielsweise der Arterienwandung kommt noch ein anderes fadenförmiges Protein vor, das Elastin. Wie Kollagen lagert es sich zu Fibrillen zusammen, die sich wiederum zu noch komplizierteren, meist faser- oder lamellenartigen Strukturen vereinigen. Anders als ähnlich aufgebaute Kollagen-Strukturen sind Elastinfasern und -platten aber gewöhnlich stark gewunden oder gebogen. Sie lassen sich so auf das Anderthalbfache ihrer Länge strecken, um sich dann spontan wieder zu verkürzen. Wie ihr Name andeutet, machen sie Gewebe elastisch.

Wie bei Stahlbeton und Fiberglas ist auch bei zellulären Stützstrukturen das Fasergerüst in ein amorphes Füllmaterial eingebettet, das man Grundsubstanz oder Matrix nennt. Es ist auf molekularer Ebene als Netzwerk dünner polymerer Moleküle zu erkennen, zu denen einige wichtige Polysaccharide zählen. Viele von ihnen sind mit einem Ende an einem Proteinstrang befestigt – das sind die oben erwähnten Proteoglykane. Von Natur und Dichte dieser Moleküle hängt es ab, ob die Matrix eine viskose Flüssigkeit bildet, ob sie sich eher geleeartig verhält oder ob sie die Härte und Widerstandsfähigkeit von Knorpel oder gar die einer Hummerschale erreicht. In biomineralischen Strukturen wie Knochen, Zähnen, Korallen und Molluskenschalen ist die Matrix weitgehend von kristallinen Mineralsalz-Ablagerungen ausgefüllt.

Gewöhnlich stellt sich dem Eindringling, der sich einer Zelle zu nähern versucht, noch ein weiteres Hindernis entgegen: eine an Kohlenhydraten reiche Hüllschicht, die man Glykokalyx (vom griechischen *kalyx* für Hülse) nennt. Aussehen und Dicke dieses Zellmantels variieren je nach Zelltyp von einem kaum wahrnehmbaren Flaum bis hin zu einer regelrechten Basallamina. Die Glykokalyx ist relativ schwach an die Zellmembran gebunden und dient dazu, eine geeignete Mikro-Umgebung um die Zellen herum aufrecht zu erhalten und sie gegen physikalische und chemische Angriffe zu schützen. Außerdem hilft sie ihnen, verwandte Nachbarzellen zu erkennen und Verbindungen damit sowie mit Bindegewebsstrukturen herzustellen.

Kapitel 3

Die Zelloberfläche. Mit einer Einführung in Membranen und Lipide

Dem Reisenden, der zum ersten Mal die Zelloberfläche erblickt, fällt sofort auf, wie uneben und wie veränderlich sie ist. Fast alle Zellen weisen sehr komplizierte, für jeden Zelltyp charakteristische Oberflächenmuster auf. Manche Zellen sind von tiefen Spalten zerklüftet oder mit kraterartigen Mulden übersät. Andere werden durch Ausstülpungen, sogenannte Pseudopodien (vom griechischen *pous, podos* für Fuß), verformt oder sind dicht mit fingerförmigen Fortsätzen, den Mikrovilli (vom lateinischen *villus* für zottiges Haar), oder mit Cilien (vom lateinischen *cilium* für Wimper) besetzt. Wieder andere Zellen haben faltige, von hauchdünnen Schleiern überzogene Oberflächen. Die Vielfalt ist endlos.

Rasterelektronenmikroskopische Aufnahme einer Zelle des Dünndarmepithels mit ihren zahllosen fingerförmigen Mikrovilli.

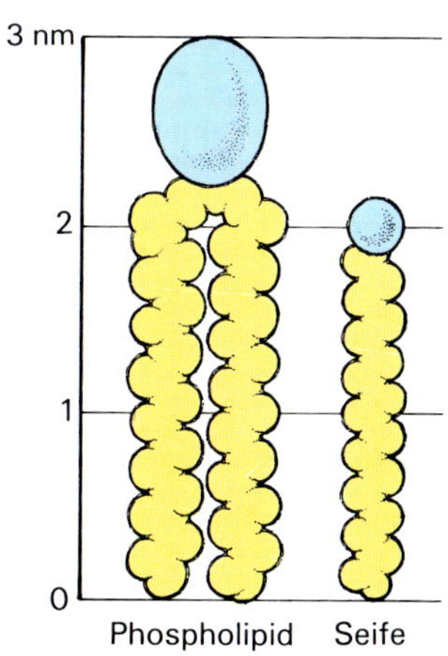

Modell eines Phospholipid- und eines Seifenmoleküls.

Eine äußerst flexible Haut

Das Rasterelektronenmikroskop hat uns die Schönheit dieser Oberflächenmuster offengelegt; ihre Bewegungen und kaleidoskopartigen Veränderungen kann es jedoch nicht einfangen. Da schlagen Cilien und wogen Membranschleier hin und her, Mikrovilli krümmen und verdrehen sich, und Pseudopodien buchten sich aus. Inmitten einer ruhigen Oberfläche brechen plötzlich Krater auf, die Sekretprodukte ausspeien, oder es klaffen Einstülpungen, die sofort tief ins Zellinnere gesogen werden. Gelegentlich scheint sich die ganze Zelle zu verkrampfen (wie wir es eben noch an dem Leukocyten beobachtet haben), oder sie fängt aufgrund eines unbekannten chemischen Signals an fortzukriechen.

Trotz dieser ständigen, manchmal geradezu stürmischen Verformungen bleibt die ganze Zelle immer fest von einer Membran umhüllt, die sich geschmeidig und scheinbar mühelos jeder Formveränderung anpaßt. Sie heißt Plasmamembran oder Plasmalemma (vom griechischen *plasma* für Gebilde und *lemma* für Hülle) und stellt einen zarten, nur etwa zehn Nanometer dicken Film dar. Selbst bei millionenfacher Vergrößerung ist das nicht mehr als ein Zentimeter – eine ungewöhnlich dünne Hülle für eine Struktur mit den Ausmaßen eines großen Hörsaals, zu der, wie wir gesehen haben, eine entsprechend vergrößerte Zelle heranwächst. Tatsächlich ist die Plasmamembran auch nicht allein dafür verantwortlich, die Zelle zusammenzuhalten; wenn wir ihre Innenseite erkunden, werden wir erkennen, daß dort etliche Stützstrukturen liegen.

Die Plasmamembran hat weit mehr Aufgaben als nur die, eine Zelle zu umhüllen. Sie ist eines der wichtigsten Zellorganellen, eine hochkomplexe, dynamische Struktur, die praktisch alle Wechselbeziehungen zwischen der Zelle und ihrer Umgebung (einschließlich anderer Zellen) reguliert. Dies verdankt sie ihrer einzigartigen Bauweise, die auf zwei Typen von molekularen Bausteinen beruht – Phospholipiden und Proteinen.

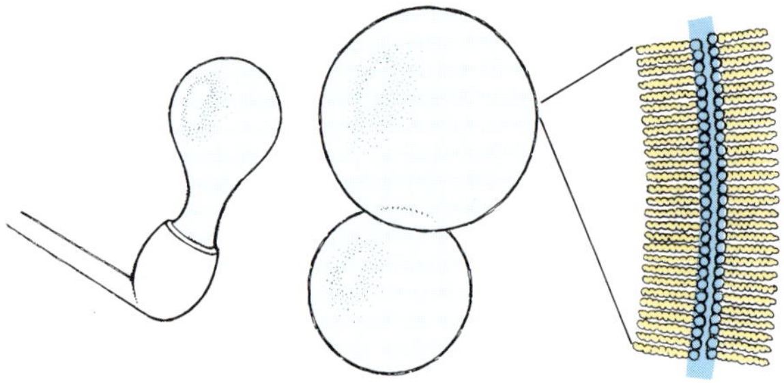

Lehren aus einer Seifenblase

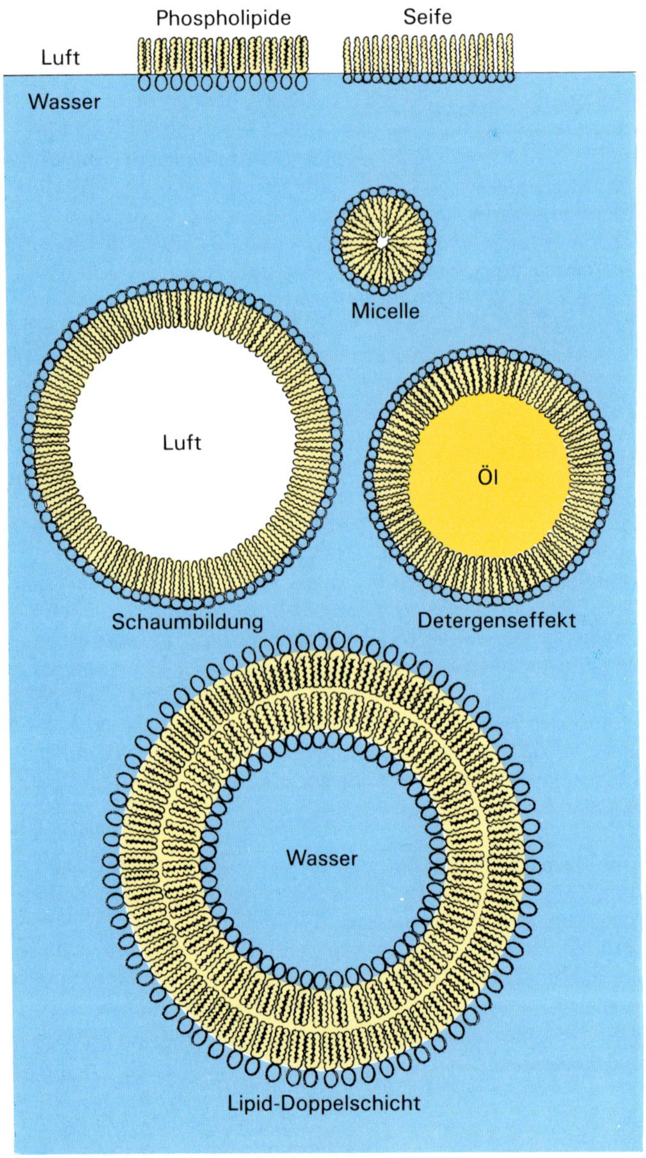

Verschiedene Strukturen, die amphipathische Substanzen mit Luft, mit Wasser, mit Wasser und Luft sowie mit Wasser und Öl bilden. Amphipathische Moleküle besitzen ein fettliebendes (lipophiles) und ein wasserliebendes (hydrophiles) Ende.

Das Geheimnis der Membrankonstruktionen – nicht nur der Plasmamembran, sondern aller Biomembranen – ist die Lipid-Doppelschicht (vom griechischen *lipos* für Fett). Das einfachste Beispiel dafür stellen Seifenblasen dar. Seifen sind Salze von Fettsäuren, lineare Moleküle, die an einem Ende eine negativ geladene Carboxylgruppe (COO^-) tragen und sonst nur aus Kohlenstoff und Wasserstoff bestehen. Nach der Einteilung, die wir im vorigen Kapitel für die Aminosäuren vorgenommen haben, besitzen Seifen also einen langen hydrophoben (wasserabstoßenden) Schwanz und ein hydrophiles (wasserliebendes) Köpfchen. Solche Moleküle nennt man amphipathisch (oder amphiphil), was auf Griechisch bedeutet, daß sie eine „Doppelliebe" haben. Membranlipide sind komplizierter aufgebaut als die einfachen Seifen, aber ebenfalls amphipathisch (siehe die Zeichnung auf der vorigen Seite). Sie haben einen gegabelten Schwanz aus zwei Fettsäure-Ketten und einen großen hydrophilen Kopf mit einer negativ geladenen Phosphorsäure-Gruppe, die mit noch einer anderen, oft positiv geladenen Gruppe verknüpft ist. Man nennt diese Moleküle Phospholipide.

Wenn man amphipathische Substanzen mit Wasser mischt, lagern sie sich spontan zu Strukturen zusammen, die ihre beiden einander widersprechenden Bedürfnisse gleichzeitig befriedigen. Die hydrophilen Köpfe tauchen in das Wasser ein, während die hydrophoben Schwänze daraus hervorragen und nur untereinander oder mit irgendwelchen anderen hydrophoben Stoffen wie Öl, Plastik oder Luft in Verbindung treten. So entstehen im wesentlichen drei unterschiedliche Strukturen: Einzelschichten (monomolekulare Filme), kugelige Micellen und Doppelschichten (bimolekulare Filme). Einfache monomolekulare Lipidschichten bilden sich an der Grenzfläche von Wasser und Luft oder einer hydrophoben Flüssigkeit aus. Im Wasser selbst entstehen Micellen: kugelige Haufen ineinander verschlungener hydrophober Schwänze mit nach außen gerichteten Köpfen. Wenn man eine Micellensuspension mit Luft verrührt, verbinden sich die Micellen und lagern sich als monomolekulare Filme um eingeschlossene Luftbläschen herum (Schaumbildung, Oberflächeneffekt). Vermischt man sie mit Öl oder verreibt man sie auf einer fettigen Oberfläche, so bilden sie ähnliche Filme um losgelöste feine Öl- oder Fett-Tröpfchen (Emulsionsbildung, Waschmittel- oder Detergenseffekt). Lipid-Doppelschichten schließlich entstehen unter bestimmten Bedingungen als

Grenzzonen zwischen ähnlichen Phasen. Dabei sind zwei unterschiedliche Anordnungen möglich. Wenn beide Phasen hydrophob sind (wie beispielsweise Luft), richten sich die hydrophoben Schwänze der amphipathischen Moleküle auf beiden Seiten nach außen und die durch einen dünnen Wasserfilm verbundenen Köpfe nach innen. So sind Seifenblasen aufgebaut. Bei zwei wäßrigen Phasen dagegen ragen die Schwänze in der Doppelschicht nach innen und die Köpfe nach außen.

Phospholipide bilden häufig solche Doppelschichten, wenn man sie mit Wasser mischt. Ihre gegabelten, hydrophoben Schwänze sind zu groß, um bequem in Micellen zu passen, lagern sich aber leicht zu zweischichtigen Filmen zusammen, die sich spontan zu kugeligen Vesikeln schließen. Je nachdem, wie man sie präpariert, können solche künstlichen Phospholipid-Vesikel aus einer oder mehreren konzentrischen Doppelschichten bestehen. Diese sogenannten Liposomen sind zu wichtigen Hilfsmitteln der Zellforschung geworden. Das natürliche Bestreben von Phospholipiden, sich in wäßrigem Milieu zu bimolekularen Filmen zusammenzuschließen, bestimmt den Aufbau aller normalen Membranen. Diese bestehen nämlich immer aus einer fünf bis sechs Nanometer dicken Phospholipid-Doppelschicht. Sie enthalten außerdem verschiedene Proteinmoleküle, über die wir später noch sprechen werden.

Mehrere wichtige Eigenschaften von Biomembranen wie von Seifenblasen können mit ihrer Lipidfilm-Struktur erklärt werden, beispielsweise ihre Flexibilität. Lipid-Doppelschichten sind quasi flüssige Strukturen, in denen sich die Moleküle seitlich frei bewegen und nahezu beliebig umordnen können, ohne die Verbindungen zu verlieren, die durch ihre gegenseitige Anziehung geschaffen werden.

Diese Flexibilität ist charakteristisch für Seifenblasen, auch wenn sie wegen ihrer höheren Oberflächenspannung starrer als Zellmembranen sind. Sie lassen sich daher leicht verzerren, wenn man sie anbläst, obwohl sie gewöhnlich Kugelform annehmen, weil dann die Oberflächenspannung minimal ist. Zellmembranen, die innen von cytoplasmatischen Strukturen gestützt und außen von einer wäßrigen Phase umgeben werden, haben eine geringere Oberflächenspannung als Seifenblasen und sind daher noch flexibler.

Lipid-Doppelschichten sind nur dann flüssig, wenn die hydrophoben Schwänze in ihnen frei aneinander vorbeiglei-

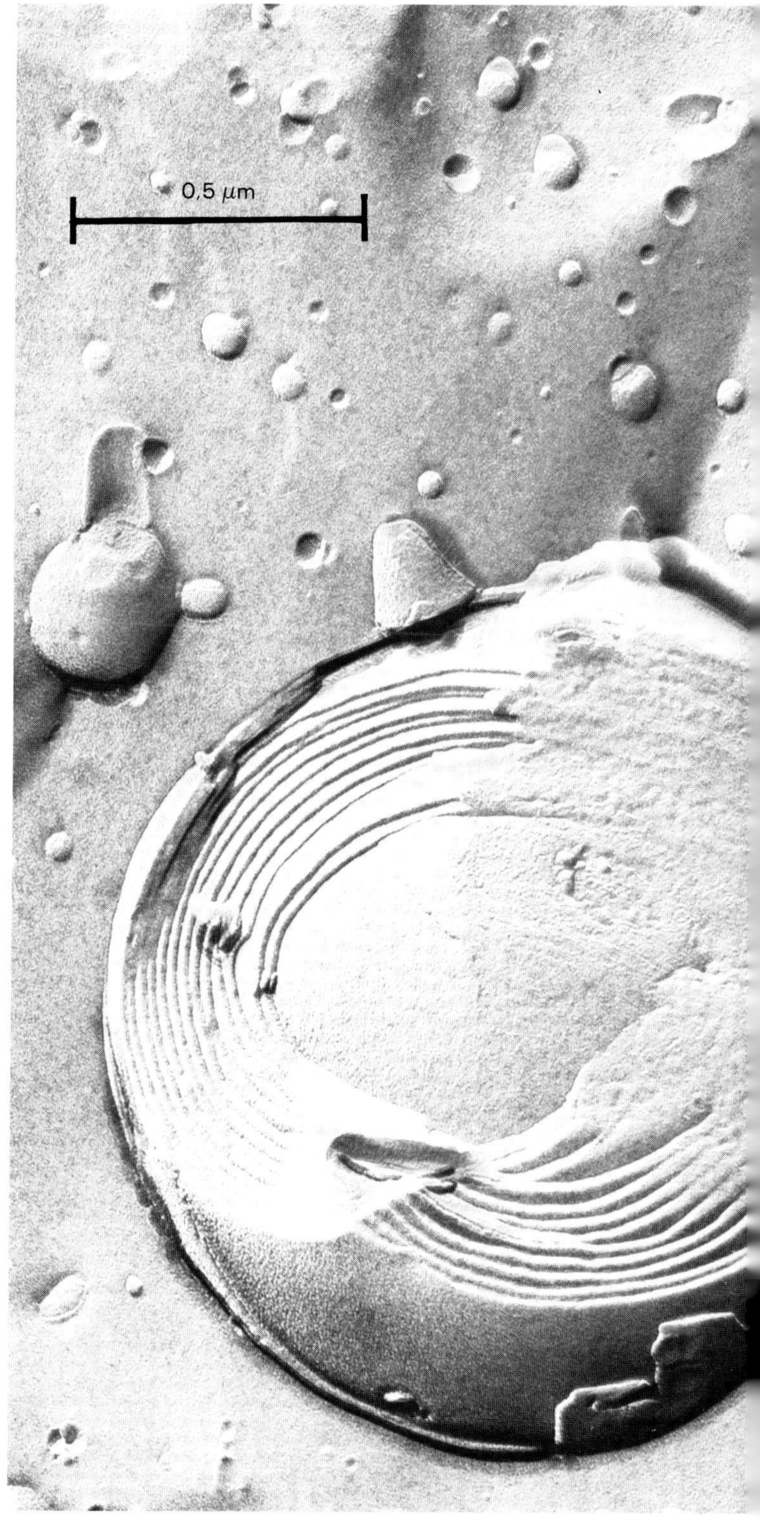

Diese elektronenmikroskopische Aufnahme zeigt einen metallbedampften Abdruck von einem gefriergebrochenen vielschichtigen Liposom.

ten können. Diese Fähigkeit ist temperaturabhängig. Unterhalb einer bestimmten kritischen Schwelle, der sogenannten Umwandlungstemperatur, die von der Natur der jeweiligen Lipide abhängt, erstarren die hydrophoben Ketten zu einer festen, geordneten Struktur; sie können dann die Aufgaben einer Membran nicht mehr erfüllen. An unterschiedliche Temperaturen angepaßte Zellen haben dementsprechend Membranlipide mit unterschiedlichen Umwandlungstemperaturen. Die Flüssigkeit oder Fluidität einer Lipid-Doppelschicht wird außerdem von darin eingelagerten Substanzen beeinflußt, die entweder auf die Gleitfähigkeit der hydrophoben Ketten oder den Erstarrungsprozeß einwirken. Darauf beruht beispielsweise die Bedeutung des Cholesterins (englisch *cholesterol*), einer Schlüsselsubstanz in den Plasmamembranen aller Eukaryontenzellen.

Eine zweite bedeutsame Eigenschaft von Lipid-Doppelschichten liegt darin, daß sie sich stets von selbst schließen. Betrachten wir noch einmal eine Seifenblase. Wenn man sie durchschneidet, erhält man nicht zwei Halbkugeln, sondern zwei ganze, wenn auch kleinere Blasen. Zwei aufeinanderstoßende Seifenblasen verschmelzen oft zu einer einzigen, größeren. Ganz ähnlich schließen sich Lipid-Doppelschichten stets von selbst, so daß sie zu beidem fähig sind: zu Fusion und Spaltung.

Um auf die Zelle zurückzukommen: Wenn man eine Nadel durch die Zellmembran sticht und wieder herauszieht, schließt sich das entstehende Loch von selbst. Man kann eine Zelle sogar mit einem winzigen Messer durchschneiden und erhält zwei vollständig von Plasmamembranen umschlossene Teile. Umgekehrt können sich Zellen auch – wie Seifenblasen – miteinander vereinigen, wenn ihre Plasmamembranen verschmelzen. Dieses Phänomen tritt physiologisch beispielsweise bei der Muskelentwicklung auf. Es läßt sich auch künstlich auslösen und wird unter anderem genutzt, um monoklonale Antikörper herzustellen (siehe Kapitel 19). Membranfusionen spielen auch bei vielen intrazellulären Prozessen eine große Rolle, wie wir im Laufe unserer Reise noch sehen werden.

Eine dritte Eigenschaft der Lipid-Doppelschichten von Membranen besteht darin, keine wasserlöslichen Moleküle hindurchzulassen. Um durch die Membran zu gelangen, müßten solche Substanzen den Ölfilm durchqueren, den die hydrophoben Schwänze der Phospholipide bilden. Das gelingt jedoch nur solchen Stoffen, die entweder selbst hydrophob sind oder die sich durch kleine Lücken hindurchzwängen können, wie sie aufgrund der Bewegung der Moleküle gelegentlich entstehen. Nur Wasser und andere sehr kleine Moleküle werden so zwischen der Zelle und ihrer Umgebung ausgetauscht. Ansonsten stellt die Lipid-Doppelschicht jedoch eine äußerst wirksame Barriere dar, die es der Zelle bei minimalen Leckverlusten ermöglicht, ihre eigenen Bestandteile zusammen- und extrazelluläre Substanzen fernzuhalten. Das Prinzip erinnert an mittelalterliche Festungen, die sich durch Mauern und Wassergräben nach außen abschirmten. Doch um das Leben im Inneren aufrecht zu erhalten, sind Brücken und Tore nötig, die den Verkehr zwischen Stadt und Umland ermöglichen und kontrollieren. Ein Lipidfilm – wenig mehr als ein passiver Graben – benötigt dazu die Hilfe von spezifischeren Molekülen, den Membranproteinen.

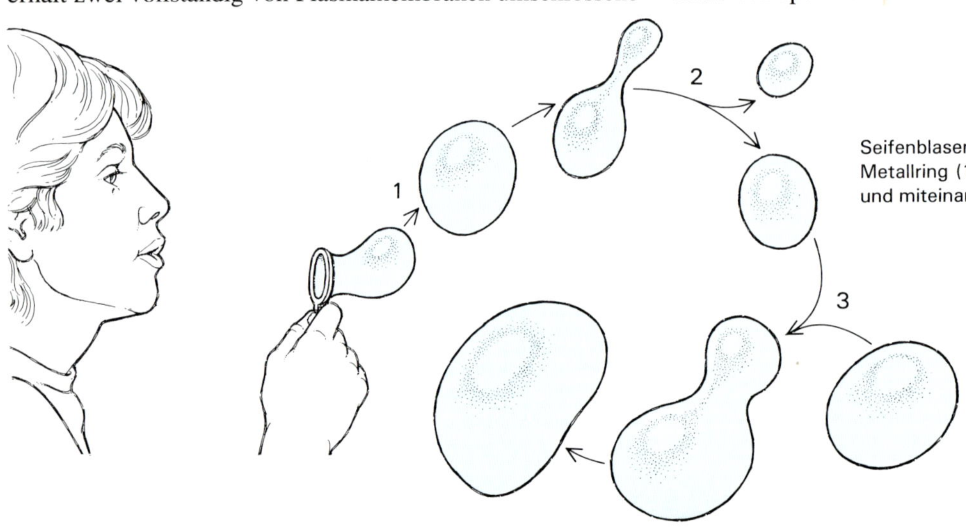

Seifenblasen schließen sich nach dem Ablösen vom Metallring (1) und können sich danach teilen (2) und miteinander verschmelzen (3).

Vom Lipidfilm zur Membran: Die Rolle der Proteine

Wie im vorigen Kapitel erwähnt, finden Proteine, die ihre hydrophoben Gruppen nicht in einer hydrophilen Hülle verbergen können, ihre natürliche Heimat in Membranen. Hier können sie alle ihre Teile zufriedenstellen, indem sie hydrophobe Bereiche in den Lipidfilm stecken und hydrophile in das wäßrige Außenmilieu hinausragen lassen. Je nachdem, wie diese Bereiche oder Domänen im Protein angeordnet sind, schwimmen die Moleküle entweder wie Eisberge in dem Lipidfilm, wobei sich ihre hydrophilen Abschnitte alle nach einer Seite ausrichten, oder sie durchziehen die ganze Lipid-Doppelschicht und lassen die hydrophilen Bereiche beidseitig aus der Membran herausragen (Transmembran-Proteine). Es gibt einige bemerkenswert komplexe Anordnungen. So zieht sich das Bacteriorhodopsin siebenmal durch die Lipid-Doppelschicht. (Dieses Protein ist die Hauptkomponente des Photosynthese-Apparats von *Halobacterium halobium*; wir kommen in Kapitel 10 darauf zurück.) Acetylcholin-Rezeptoren (siehe Kapitel 13) enthalten zwei Einheiten aus jeweils fünf Transmembran-Polypeptiden, die um einen zentralen Kanal herum angeordnet sind. In diesen und anderen untersuchten Proteinen bestehen die Abschnitte, die die ganze Lipid-Doppelschicht durchziehen, aus Alpha-Helix-Stäben mit 21 bis 27 zumeist hydrophoben Aminosäure-Resten.

Solche Proteine, die mit einem oder mehreren hydrophoben Bereichen in die Lipid-Doppelschicht einer Membran eingebettet sind, nennt man integrale Membranproteine (ob sie den Lipidfilm durchspannen oder nicht). Proteine, die einer der beiden Membranseiten aufsitzen, ohne in die Lipidschicht einzudringen, heißen periphere Proteine.

Dank der bereits besprochenen Fluidität von Lipid-Doppelschichten können sich Membranproteine frei in der Membranebene bewegen. Die ungehinderte seitliche (laterale) Diffusion ist für etliche Membranfunktionen entscheidend, und wir werden sie in Kürze für unsere eigenen Zwecke ausnutzen. Sie wird allerdings durch Wechselwirkungen zwischen den Membranproteinen und anderen Komponenten innerhalb und außerhalb der Membran eingeschränkt. Bestimmte Moleküle binden sich an die Membranproteine und verändern dadurch die Bewegungsmuster – mit bisweilen weitreichenden funktionellen Konsequenzen.

Die molekulare Zusammensetzung der Plasmamembran. Integrale Membranproteine schwimmen wie Eisberge in der Lipid-Doppelschicht oder ziehen sich quer hindurch. In der Membranebene bewegen sie sich durch laterale (seitliche) Diffusion. Die Oligosaccharid-Seitenketten der Glykoproteine bilden eine Flaumschicht oder einen Antennenwald auf der Zelloberfläche.

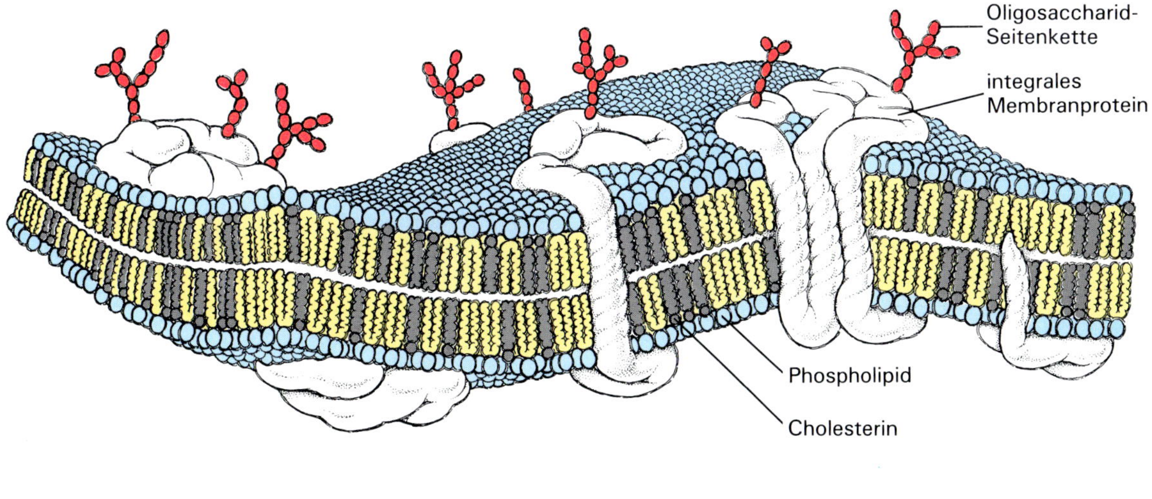

Die Plasmamembran ist dadurch gekennzeichnet, daß viele ihrer nach außen gerichteten Proteinkomponenten sogenannte Glykoproteine sind, die aus Zuckermolekülen aufgebaute Oligosaccharid-Seitenketten tragen. Auch einige Glykolipide kommen in der Plasmamembran vor. Die oftmals verzweigten Kohlenhydrat-Strukturen bedecken die Zelloberfläche mit einem zarten molekularen Flaum. Aber eigentlich sind sie eher Fühler als Flaumfedern; das erkennen wir, wenn wir die Zelloberfläche noch einmal hundertfach vergrößern. Wir fühlen uns nun an jene Unterwasserszenen erinnert, in denen Schwärme von Fischen und anderen Organismen friedlich zwischen Tieren weiden, die wie Pflanzen aussehen, bis sich plötzlich ein Arm der Blumentiere in einen tödlichen Tentakel verwandelt, der ein ahnungsloses Opfer packt und nach innen zieht. In unserer zellulären Unterwasserlandschaft besteht die Beute aus den Molekülen, die um die Zellen herumschwimmen. Die Tentakeln sind die Oligosaccharid-Seitenketten (und andere Teile) der Membran-Glykoproteine, von denen viele als Rezeptoren dienen.

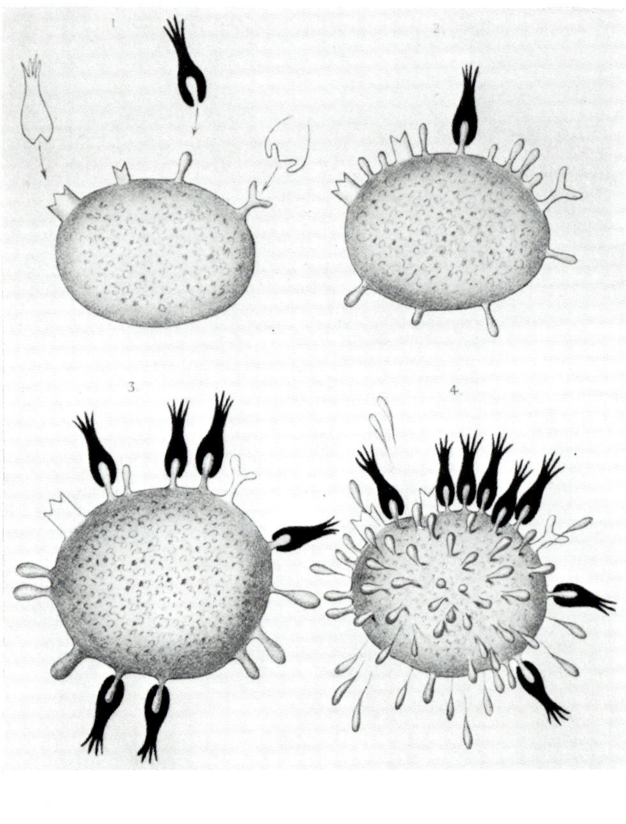

Oberflächenrezeptoren

Das Konzept der Oberflächenrezeptoren wurde zu Beginn unseres Jahrhunderts von dem deutschen Arzt und Chemiker Paul Ehrlich entwickelt. Um zu erklären, wie bestimmte chemische Gruppierungen auf der Zelloberfläche als Bindungsstellen für spezifische Moleküle – eben als Rezeptoren – dienen konnten, benutzte Ehrlich das Bild von Schlüssel und Schloß, das sein Zeitgenosse Emil Fischer, ein Chemiker, eingeführt hatte. Jeder Rezeptor wirkt als Schloß, das einen bestimmten Schlüssel aufnimmt – etwa eine pharmazeutische Substanz oder einen Antikörper (siehe die Seiten 47–49), kurz: einen Liganden, wie man solche Moleküle nach dem lateinischen Wort *ligare* für binden ganz allgemein nennt. So wie es viele Schlösser und Schlüssel gibt, so existieren auch viele verschiedene Rezeptoren und Liganden.

Die moderne Chemie hat diesem Konzept das Prinzip der

Mit der Zeichnung links illustrierte Paul Ehrlich im Jahre 1900 sein Rezeptor-Konzept.

Wenn ein Rezeptor auf der Zelloberfläche durch einen Liganden besetzt wird, ändert er seine Konformation und löst dadurch innerhalb der Zelle eine spezifische Reaktion aus.

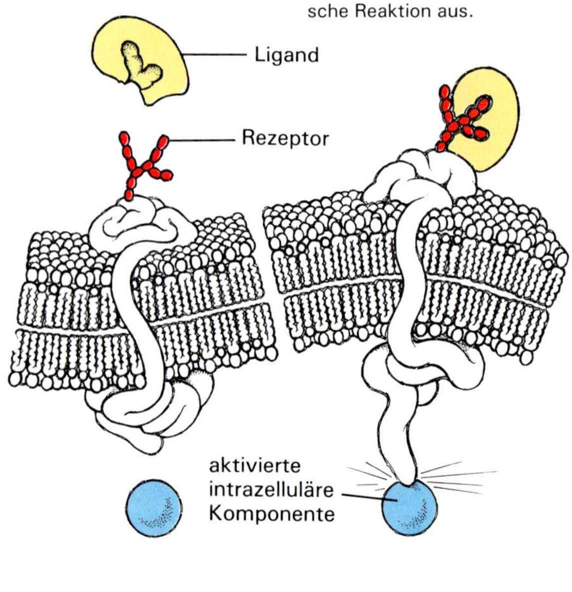

Konformationsänderung hinzugefügt: Ein Rezeptor, der einen Liganden gebunden hat, besitzt eine andere Gestalt als ein freier Rezeptor; seine Polypeptidkette ist anders gefaltet. Wenn ein Ligand nun die Konformation eines Transmembran-Proteins (das die Plasmamembran überspannt) verändert – entweder direkt oder über ein anderes, zwischengeschaltetes Molekül –, so wird dadurch eine Verbindung zwischen Außen- und Innenseite der Membran geschaffen. Viele der wichtigsten Beziehungen zwischen einer Zelle und ihrer Umgebung, einschließlich denen zu anderen Zellen, laufen über Rezeptoren.

Jede Zelle trägt viele verschiedenartige Oberflächenrezeptoren, und jeder Rezeptortyp kann in Hunderttausenden von Kopien vorkommen. Sehr viele (aber möglicherweise nicht alle) Rezeptoren sind Glykoproteine. Sie bedecken die Zelloberfläche mit einem Wald molekularer Antennen und bieten dem Beobachter ein höchst unterhaltsames Schauspiel. In den Strömungen und Strudeln, die eine Zelle ständig um sich herum erzeugt, treiben die unterschiedlichsten Moleküle vorbei, und kein Augenblick verstreicht, in dem nicht eines dieser Moleküle irgendwo gepackt und festgehalten wird. Manchmal sind mehrere Rezeptoren am Bindungsprozeß beteiligt. Gelegentlich arbeiten sogar Hunderte von Rezeptormolekülen zusammen, um ein großes Objekt wie beispielsweise ein Bakterium festzuhalten.

Der Fang wird häufig – wie bei den Blumentieren des Meeresbodens – sofort nach innen eingeholt, was sich von unserem Beobachtungsplatz aus gut verfolgen läßt. Das Schauspiel hat hier seinen dramatischen Höhepunkt: Auf der Zelloberfläche entstehen grubenförmige Vertiefungen, in denen die Rezeptoren mitsamt ihrer Beute von einer unsichtbaren Kraft in die Tiefe gezogen werden und verschwinden. Diesen Mechanismus werden wir nutzen, um selbst in die Zelle einzudringen. Wir wollen ihn im nächsten Kapitel näher untersuchen.

Zu den Substanzen, die von Rezeptoren gebunden werden, zählen auch die Hormone, spezifische Botenstoffe, die an anderer Stelle im Körper gebildet werden und über den Blutstrom zur Zelloberfläche gelangen. Im allgemeinen werden Hormone, die an ihre Rezeptoren gebunden sind, letztlich von der Zelle aufgenommen; zunächst löst ihre Bindung jedoch eine charakteristische Antwort der Zelle aus. Von unserem jetzigen Standort aus können wir nur beobachten, wie ein Rezeptor erzittert, wenn er von einem Liganden besetzt wird. Erst nachdem wir das Cytosol erreicht haben, werden wir sehen, mit welchen Strukturen auf der Innenseite der Membran die Rezeptoren verbunden sind und was die Zelle veranlaßt, auf eine bestimmte Weise zu reagieren (siehe Kapitel 13).

Bei einigen Rezeptoren bewirkt die Bindung des Liganden eine zwar unauffällige, aber äußerst wichtige Veränderung in der Plasmamembran: Vorübergehend öffnen sich nämlich Poren oder Kanäle, durch die bestimmte Substanzen oder Ionen in die Zelle hinein oder aus ihr heraus gelangen können. Um die Bedeutung dieses Prozesses zu verstehen, müssen wir etwas genauer die Mechanismen betrachten, die Moleküle durch die Plasmamembran schleusen.

Der Molekültransport durch die Plasmamembran

Damit eine Zelle leben kann, müssen ständig viele verschiedene, meist sehr hydrophile Substanzen die Plasmamembran passieren. Um wachsen und ihren Energiebedarf decken zu können, ist die Zelle auf die Einfuhr von Aminosäuren und anderen Nährstoffen angewiesen; Abfall- und Endprodukte des Stoffwechsels dagegen müssen nach außen geschleust werden, damit sie sich nicht in der Zelle anhäufen. Außerdem sind Ionen hinein oder heraus zu transportieren, um die ,,richtige'' Ionenzusammensetzung im Inneren aufrecht zu erhalten. Sie ist nämlich im intrazellulären Milieu völlig anders als im umgebenden Medium. Das Zellinnere enthält beispielsweise viel mehr Kalium- und viel weniger Natriumionen. Dieses Ungleichgewicht führt zu Leckverlusten, die durch einen Transport in der Gegenrichtung kompensiert werden müssen. Alles in allem findet also ein reger Verkehr über eine Grenze statt, die sich – wie wir uns erinnern – hauptsächlich aus einer durchgehenden, für hydrophile Moleküle meist undurchlässigen Doppelschicht aus Phospholipiden zusammensetzt.

Ein solcher Verkehr erfordert zunächst einmal eine hinreichend große Oberfläche. So sind Mikrovilli, jene dicht gepackten fingerförmigen Fortsätze mancher Zellen, eigentlich nur dazu da, eine möglichst große Fläche zu schaffen, über die der Austausch zwischen der Zelle und ihrer Umgebung erfolgen kann. Mikrovilli sind charakteristisch für Zellen mit außergewöhnlich intensiven Austauschprozessen, wie man sie beispielsweise in der Darmschleimhaut oder den Nierentubuli findet.

Darüber hinaus müssen geeignete Leitungssysteme quer durch die Lipidschicht vorhanden sein. Dafür sorgen gewöhnlich die Transmembran-Proteine, die als spezifische Träger für Transportsubstanzen dienen oder auch – in einigen Fällen – kontrollierbare Tore oder Kanäle bilden, die durch bestimmte Liganden oder durch elektrische Impulse geöffnet werden.

Schließlich muß – als dritte Voraussetzung – genügend Energie verfügbar sein. Dabei ist entscheidend, ob eine Substanz mit dem Konzentrationsgefälle (also von höherer zu niedrigerer Konzentration) transportiert wird oder in entgegengesetzter Richtung. Abwärts mit dem Gefälle können Transportvorgänge spontan ablaufen (siehe Anhang II, Seite 424f), führen jedoch schließlich zu einem Ausgleich der Konzentrationsunterschiede und somit zu einem Versiegen der Energiequelle. Sie laufen nur weiter, wenn das Gefälle (der Gradient) erhalten bleibt: Dazu muß die Substanz auf der einen Seite der Membran ständig neu produziert oder nachgeliefert und auf der anderen Seite verbraucht oder abtransportiert werden. Man bezeichnet einen Transport in Richtung des Konzentrationsgefälles als Diffusion, wenn er ungehindert erfolgt, und als Permeation (vom lateinischen *permeare* für durchgehen), wenn er aufgrund einer halbdurchlässigen Barriere, etwa einer Membran, eingeschränkt ist. Wenn bestimmte Trägermoleküle oder sogenannte Translokationssysteme den Transport erleichtern, spricht man von katalysierter Permeation; die entsprechenden Translokatoren heißen Permeasen. Für spezielle Trägermoleküle, die bestimmte Ionen durch die Membran transportieren, verwendet man auch den Begriff Ionophor (vom griechischen *pherein* für tragen).

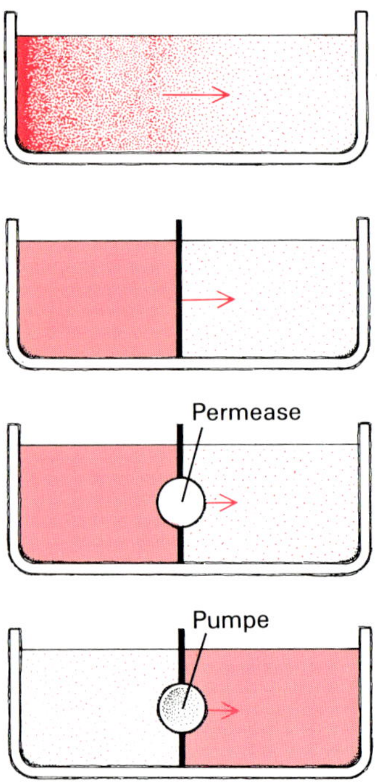

1. Diffusion
Energiequelle: Konzentrationsgefälle in Richtung der Molekülbewegung
Geschwindigkeit: gering

2. Permeation
Energiequelle: wie bei der Diffusion
Geschwindigkeit: sehr gering

3. Katalysierte Permeation
Energiequelle: wie bei der Diffusion
Geschwindigkeit: hoch

4. Aktiver Transport
Energiequelle: muß zur Verfügung gestellt werden (normalerweise ATP)
Geschwindigkeit: hoch

Verschiedene Formen des Molekültransports.

Für Transporte gegen das Konzentrationsgefälle ist eine direkte Energiezufuhr nötig, und die Maschinerie wird entsprechend komplizierter. Man spricht hier von aktivem Transport und bezeichnet die beteiligten Systeme allgemein als Pumpen. Die wichtigsten von ihnen ,,pumpen'' positiv geladene Ionen, vor allem Protonen (H^+) sowie Natrium- (Na^+), Kalium- (K^+) und Calcium-Ionen (Ca^{2+}), durch die Membran. Ihre Tätigkeit führt oft zu unterschiedlichen elektrischen Ladungen auf beiden Seiten der Membran (Membranpotential). Die Energieübertragung in Mitochondrien (siehe Kapitel 9) und Chloroplasten (siehe Kapitel 10) hängt ebenso von solchen Ladungsverschiebungen ab wie alle bioelektrischen Phänomene. Zusammen mit kontrollierbaren Ionenkanälen, die aufgebaute Membranpotentiale sehr rasch verändern können, wirken Pumpen an vielen grundlegenden biologischen Phänomenen wie Nervenleitung, Hirnfunktion, Muskelerregung, Herzrhythmus und Drüsenstimulation mit. Sie speisen jene verborgenen elektrischen Ströme, die von der modernen Medizin zu diagnostischen Zwecken angezapft werden, und stehen hinter den oft mehrere hundert Volt starken elektrischen Entladungen, mit denen Zitteraal und Zitterrochen ihre Beute betäuben.

Für uns sind diese Transportmaschinen, von denen die Zelloberfläche übersät ist, im Augenblick nur an den ein- und ausströmenden Molekülen und Ionen zu erkennen. Wir werden aber später auf unserer Reise, wenn wir zur Innenseite der Plasmamembran gelangen, Gelegenheit haben, mehr über ihre Arbeitsweise zu erfahren (siehe Kapitel 13).

Identität und Immunerkennung

Eine letzte wichtige Funktion der Plasmamembran besteht darin, Zellen mit Identitätsstempeln zu versehen. Die Erkennungsmarken bestehen aus verschiedenen chemischen Gruppierungen, die man Transplantations- oder Histokompatibilitätsantigene nennt. (Antigene sind Stoffe, die eine Immunantwort auslösen.) Die ersten Antigene, die entdeckt wurden, waren die Blutgruppenantigene auf der Plasmamembran der Erythrocyten. Sie bestimmen, welche Blutgruppe wir haben: A, B, AB oder 0. Das sind die vier (2^2) möglichen Kombinationen von zwei Eigenschaften (A und B), die entweder vorliegen oder fehlen.

Bis heute hat man beim Menschen viele Transplantationsantigene gefunden. Ihre Zahl und Vielgestaltigkeit macht es höchst unwahrscheinlich, daß zwei Individuen exakt die gleiche Kombination haben. Dies kommt praktisch nur bei eineiigen Zwillingen vor. Transplantationsantigene treten mehr oder weniger vollständig auf den Oberflächen aller Zellen eines Individuums auf. Sie sind für jeden Menschen charakteristisch und als Identifikationsmittel genauso zuverlässig wie Fingerabdrücke.

Im Organismus werden die chemischen Identitätsmerkmale ständig von einer speziellen Verteidigungstruppe inspiziert, den Lymphocyten des Immunsystems. Sie können jeden Fremdkörper, der in unsere Verteidigungslinien eindringt, anhand seiner Oberflächen-Erkennungsmerkmale identifizieren und vernichten – oder zumindest bei seiner Vernichtung mithelfen. Lymphocyten zirkulieren in Blut und Lymphe und werden vor allem in Milz und Thymus, den Lymphknoten und Mandeln sowie verschiedenen sogenannten lymphatischen Plaques gebildet.

Es gibt zwei Arten von Lymphocyten, die T- und B-Lymphocyten – so genannt nach ihren jeweiligen Haupt-Ursprungsorganen, dem Thymus und dem Knochenmark (englisch *bone marrow*; ursprünglich geht die Bezeichnung auf die *Bursa Fabricii* zurück, ein lymphatisches Organ der Vögel). Von beiden Arten existieren mehrere Unterklassen. Die T-Lymphocyten – zumindest ihre wichtigste Unterklasse, die cytotoxischen T-Lymphocyten – stellen die Infanterie des Immunsystems dar; sie sind besonders dafür ausgerüstet, andere Zellen durch direkten Kontakt, mit einer Art ,,Todeskuß'', abzutöten. Die B-Lymphocyten stellen die Artillerie dar, oder besser, sie bringen die Artillerie hervor: Aus ihnen entstehen nämlich die Plasmazellen, und die können Geschosse abfeuern, sogenannte Antikörper, die sich spezifisch an ihr Zielobjekt anheften. Diese Antikörper oder Immunglobuline sind Proteine, die nicht selber töten, aber als Erkennungszeichen für verschiedene Vernichtungssysteme dienen. Sobald sie ihr Zielobjekt besetzt haben, kann es beispielsweise von den Oberflächenrezeptoren der weißen Blutzellen festgehalten werden, die den so gekennzeichneten Feind dann umschließen und zerstören. Dieser Mechanismus stellt unsere Hauptwaffe gegen Mikroben und Viren dar (siehe Kapitel 4). Antikörper alarmieren außerdem ein mit dem Blutstrom transportiertes Abwehrsystem, das Komplement.

Für uns ist eine solche Verteidigungstruppe natürlich außerordentlich nützlich, und wir könnten ohne sie gar nicht überleben. Doch das vorteilhafte System birgt auch die Gefahr falscher Identifizierungen und der irrtümlichen Exekution von Freunden in sich. Hier kommen die Transplantationsantigene ins Spiel. Bereits in frühen fetalen Stadien lernen unsere Lymphocyten, die spezifischen Muster auf der Oberfläche unserer eigenen Zellen zu erkennen und so gekennzeichnete Zellen als Freunde zu behandeln. Die Lymphocyten arbeiten dabei sehr gründlich und vermögen sogar geringe Abweichungen von dem als ,,Selbst'' definierten Muster aufzuspüren. So können sie vermutlich auch manche Krebszellen ansprechen und abtöten, die fast die gleichen Identitätsmerkmale wie gesunde Zellen aufweisen. Noch leichter ist es für sie, die Zellen fremder Individuen zu erkennen. Sie stehen daher immer wieder erfolgreichen chirurgischen Gewebs- oder Organtransplantationen im Wege. Deshalb analysiert man bei solchen Operationen sehr sorgfältig die Transplantationsantigene von Empfänger und Spender, um die bestmögliche Übereinstimmung zu erzielen. Nach der Operation wird der Patient mit sogenannten Immunsuppressiva behandelt, Arzneimitteln, die den Abstoßungsmechanismus schwächen, aber unglücklicherweise auch die Widerstandskraft gegenüber Infektionen und vielleicht auch gegenüber Krebszellen herabsetzen. Es gibt zweifellos eine bessere Methode, um die Abstoßung fremder Gewebe zu umgehen, doch wir wissen nicht, wie sie funktioniert: Der Fetus überlistet mit ihr das Abwehrsystem der Mutter, das die vom Vater ererbten Identitätsmerkmale nicht als fremd erkennt. Allerdings besitzen einige Frauen ein Immunsystem, das sich nicht auf diese Weise unterlaufen läßt: Sie erleiden durch Immunabstoßung wiederholt spontane Fehlgeburten.

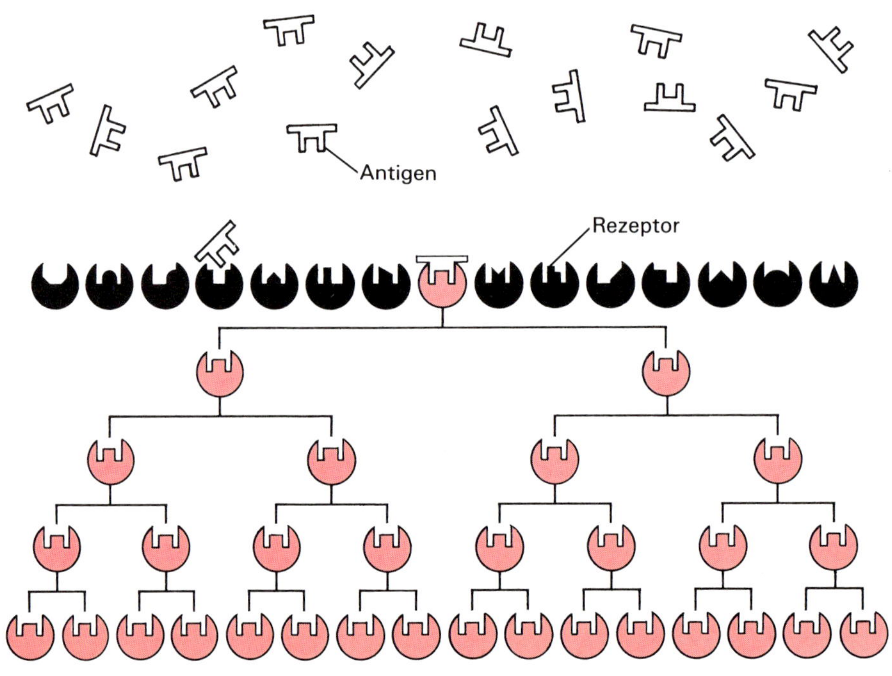

Die Wirkungsweise der klonalen Selektion im Immunsystem.

Lymphocyten haben ein einzigartiges Verteidigungssystem, denn jeder einzelne Lymphocyt erkennt nur einen einzigen Typ von fremden Merkmalen – so, als könnte jeder Angehörige einer Truppe nur gegen eine Sorte von Eindringlingen kämpfen. Da es Millionen, wenn nicht Milliarden verschiedenartiger chemischer Gruppierungen gibt, werden die meisten Lymphocyten unseres Körpers niemals benötigt. Diejenigen, die doch kämpfen müssen, sind notwendigerweise wenige und zahlenmäßig den Eindringlingen oft weit unterlegen.

Das mag als ziemlich unwirksame Arbeitsmethode erscheinen, ist aber offenbar die einzige Möglichkeit, extreme Vielseitigkeit und absolute Zuverlässigkeit in der Antigen-Erkennung miteinander zu verbinden. Und das ist natürlich enorm wichtig. Man stelle sich das Chaos vor, das ein schießwütiges Armeekorps produzieren würde, das erst feuert und dann Fragen stellt. Wirksamkeit und Sicherheit zugleich können anscheinend nur mit dem Prinzip „ein Lymphocyt – ein Zielobjekt" erreicht werden. Das Problem der zahlenmäßigen Unterlegenheit hat die Natur elegant gelöst. Wenn nämlich ein Lymphocyt sein Zielobjekt trifft und erkennt, beginnt er, sich zu vermehren. Dies ist ein weiteres, besonders wichtiges Beispiel für Reaktionen, die von Rezeptoren vermittelt werden. Erkannt wird das Zielobjekt nämlich dadurch, daß es von spezifischen Oberflächenrezeptoren des Lymphocyten gebunden wird, was als mitogener (die Kern- und Zellteilung auslösender) Reiz wirkt. Diesem Mechanismus ist es zu verdanken, daß durch aufeinanderfolgende Zellteilungen schließlich eine ganze Armee, ein sogenannter Klon (vom griechischen *klôn* für Zweig), identischer Lymphocyten entsteht, die alle gegen dasselbe Zielobjekt gerichtet sind. So wird der Organismus immunisiert.

Doch der wirkungsvolle Mechanismus hat einen Nachteil. Er läuft nur langsam an, und gegenüber einer starken Invasionsmacht kann er zu spät kommen. Deswegen nehmen wir Impfungen vor, bauen also ein geeignetes Verteidigungskorps auf, indem wir „Feindattrappen", beispielsweise abgetötete Bakterien oder abgeschwächte Viren, in den Organismus einführen. Diese können keine ernsthafte Krankheit mehr hervorrufen, tragen aber noch die Identitätsmerkmale, die von den Lymphocyten erkannt werden und sie anregen, sich zu vermehren und Antikörper zu produzieren. Neuerdings verwendet man zum gleichen Zweck auch spezifische Oberflächenproteine oder -peptide, die man entweder direkt aus den Krankheitserregern gewinnt oder durch Genklonierung (siehe Kapitel 18) beziehungsweise organische Synthese künstlich herstellt (synthetische Impfstoffe).

Wir werden auf die bemerkenswerten Mechanismen zurückkommen, durch die Lymphocyten während der Entwicklung ihre speziellen Oberflächenrezeptoren erwerben (siehe Kapitel 18) und später – bei der Begegnung mit dem entsprechenden Antigen – zur Zellteilung stimuliert werden (siehe Kapitel 13). Wie alle Wunder im Leben läuft leider auch die Immunabwehr manchmal falsch. Sie kann durch angeborene Defekte so gestört sein, daß betroffene Kinder ständig in einer sterilen Umgebung leben müssen. Manchmal versagt sie auch später im Leben, wie bei der kürzlich beschriebenen AIDS-Krankheit (*acquired immune deficiency syndrome*, „erworbene Immunschwäche"). Umgekehrt kann es passieren, daß das Immunsystem Freund und Feind gleichermaßen angreift und sich – bei den heimtückischen Autoimmunkrankheiten – gegen die eigene Leber, Nieren, Gelenke oder andere Organe richtet.

Kapitel 4

Der Einstieg in die Zelle: Endocytose und Vesikeltransport

Die verschiedenen Transportwege in die Zelle, die wir im vorigen Kapitel beschrieben haben, also Permeation, katalysierte Permeation und aktiver Transport, sind nur für relativ kleine Moleküle ,,gangbar''. Bis auf wenige Ausnahmen gelangen nicht einmal einzelne Makromoleküle durch die Plasmamembran hindurch – und das gilt erst recht für die Mitglieder unserer Reisegruppe. Glücklicherweise gibt es einen anderen, bequemeren Weg, um in die Zelle einzudringen, der nicht nur Makromolekülen, sondern auch viel größeren Objekten wie Viren, Bakterien und Bruchstücken anderer Zellen offensteht. Er beruht auf einem Transportprozeß, der von Membranen vermittelt wird: der Endocytose.

Der Endocytose-Weg

Um den Begriff Endocytose zu verstehen, müssen wir ein Jahrhundert zurückgehen. Schauplatz ist Messina auf Sizilien. Ilja Metschnikow, ein emigrierter russischer Zoologe, beobachtet in seinem Mikroskop eine durchsichtige Seesternlarve, während seine Familie, wie er in seinen Memoiren schreibt, ,,in den Zirkus gegangen ist, um sich die außergewöhnlichen Kunststückchen einiger Affen anzuschauen''. Während Metschnikows Augen einer Zelle folgen, die wie eine Amöbe frei durch das Larvengewebe wandert, ,,durchzuckt plötzlich ein neuer Gedanke mein Gehirn'': Vielleicht verfügt ja jeder Organismus über ein Heer solcher frei beweglichen Zellen, die darauf abgerichtet sind, unwillkommene Eindringlinge wie Mikroben oder Viren aufzuspüren, zu verfolgen, zu umschließen und zu zerstören. Diese Eingebung machte Metschnikow zu einem der Begründer der Immunologie. Zusammen mit einem hellenistisch gebildeten Freund prägte er den Begriff ,,Phagocyt'' (vom griechischen *phagein* für essen) für solche ,,Freßzellen''. Die Aufnahme fester Partikel wie Bakterien – also der zelluläre Freßakt – wurde entsprechend Phagocytose genannt. In den frühen dreißiger Jahren unseres Jahrhunderts entdeckte dann der amerikanische Biologe Warren Lewis, daß Zellen auch Flüssigkeitstropfen umschließen und in sich aufnehmen, und bezeichnete dieses Phänomen als Pinocytose (vom griechischen *pinein* für trinken). Es stellte sich später heraus, daß Phagocytose und Pinocytose verschiedene Ausprägungen eines allgemeinen Aufnahmemechanismus sind, den man Endocytose nennt.

Bei all den vielen Formen der Endocytose dienen Teile der Plasmamembran als Transportvehikel. Welches Objekt die Zelle auch immer aufnimmt, stets wird es vollständig von einem Membransack umhüllt, der aus einer Einstülpung der Plasmamembran hervorgeht. Was wir über die Fluidität von Biomembranen und ihre Eigenschaft gelernt haben, sich von selbst zu schließen, hilft uns, die physikalischen Aspekte dieses Phänomens zu verstehen. Stellen wir uns einfach eine Seifenblase vor, von deren Oberfläche ein kleines Stückchen so nach innen gezogen wird, daß es sich schließlich als Miniatur-Seifenblase abschnürt. Wodurch Membranstücke eingesogen werden und wie dies geschieht, sind sehr viel kompliziertere Fragestellungen, auf die wir erst eingehen können, wenn wir den Vorgang von der Innenseite der Zelle aus sehen.

Durch Phagocytose hat ein Makrophage der Maus eine rote Blutzelle aufgenommen. Man beachte den schmalen Plasmasaum, der den verschlungenen Erythrocyten vollständig umschließt.

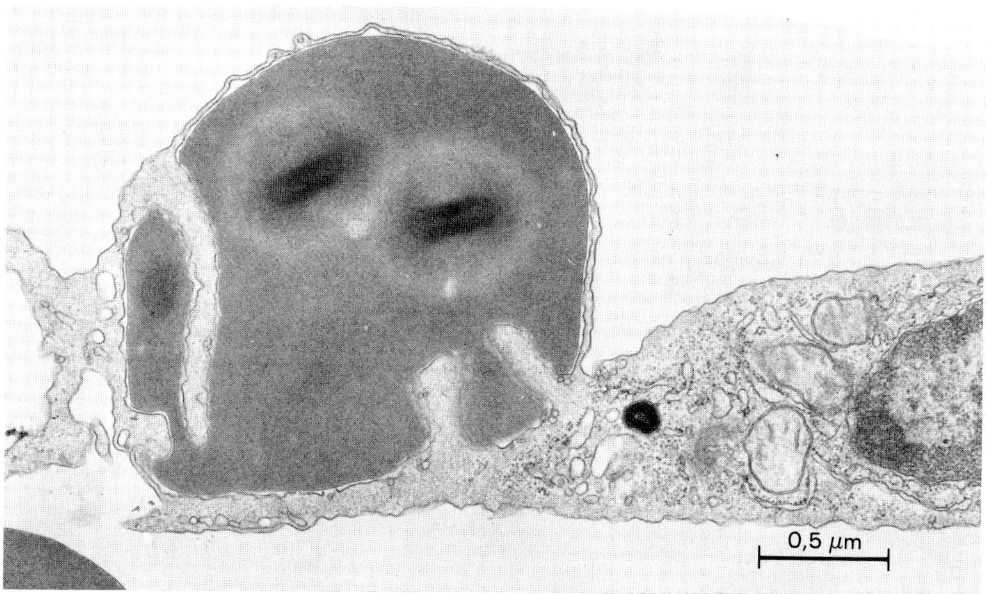

Zwei Ansichten der Pinocytose in einem menschlichen Monocyten. (Ein Monocyt ist eine weiße Blutzelle, die als Freßzelle dient.) Auf beiden Bildern sind Einstülpungen der Plasmamembran zu sehen, die sich gerade schließen und als Vesikel abschnüren. Man beachte in der rechten Aufnahme den borstigen Saum um das sich lösende Vesikel. Dieser ,,Pelz'' geht sehr schnell verloren, wenn sich das Vesikel geschlossen hat. Um die pinocytotischen Vesikel im Zellplasma ist er nicht mehr zu sehen.

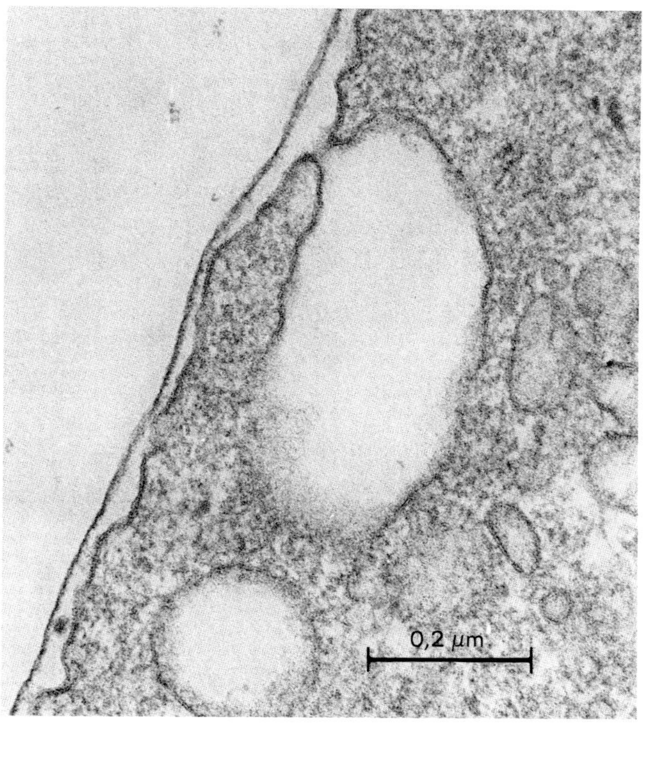

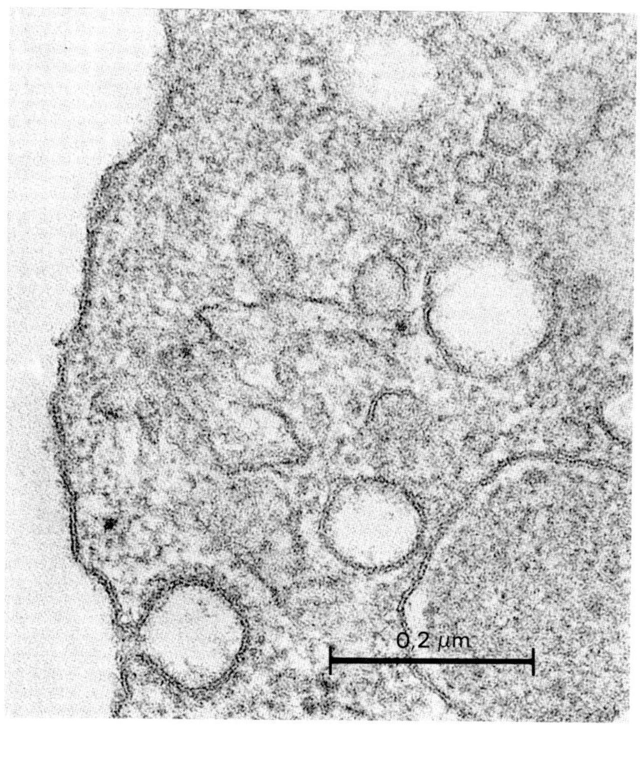

In der Zwischenzeit können wir jedoch auch von außen einige hochinteressante Beobachtungen über die Endocytose machen. Besonders auffällig ist dabei die Rolle der Oberflächenrezeptoren. Wie wir schon in Kapitel 3 erfahren haben, führt die Bindung eines Liganden an einen Rezeptor oft dazu, daß der Ligand ins Zellinnere aufgenommen wird. Viele Rezeptoren sind überhaupt nur dazu da, extrazelluläres Material für die Aufnahme in die Zelle auszuwählen. Diesen Prozeß, die sogenannte rezeptorgekoppelte Endocytose, kann man am besten beobachten, wenn man für einen bestimmten Rezeptortyp spezifische Moleküle in die Umgebung der Zelle bringt. Sobald diese Liganden gebunden sind, bewegen sich die besetzten Rezeptoren mitsamt ihrer Beute rasch auf grubenförmige Einstülpungen der Membran zu. Wenn sich die Gruben vertiefen und ihre Ränder sich verengen, verschwinden die Rezeptoren aus unserem Blickfeld. Die verbleibende Öffnung wird immer kleiner und schließt sich zuletzt ganz, wodurch die Plasmamembran ihre glatte, ungestörte Oberfläche wiedererhält. Tatsächlich ist bei diesem Prozeß ein ganzer Membranflecken abgetrennt worden, der sich jetzt als geschlossenes Vesikel mitsamt dem verschlungenen Mate-

Rezeptorgekoppelte Endocytose:
A. Liganden binden an passende Rezeptoren.
B. Beladene Rezeptoren sammeln sich in einem ,,Stachelsaum-Grübchen'' (englisch *coated pit*).
C. Das Membrangrübchen buchtet sich tief ein.
D. Die Einstülpung schnürt sich als ,,Stachelsaum-Vesikel'' (*coated vesicle*) von der Plasmamembran ab; das Vesikel verliert kurz darauf seine filzige Hülle.

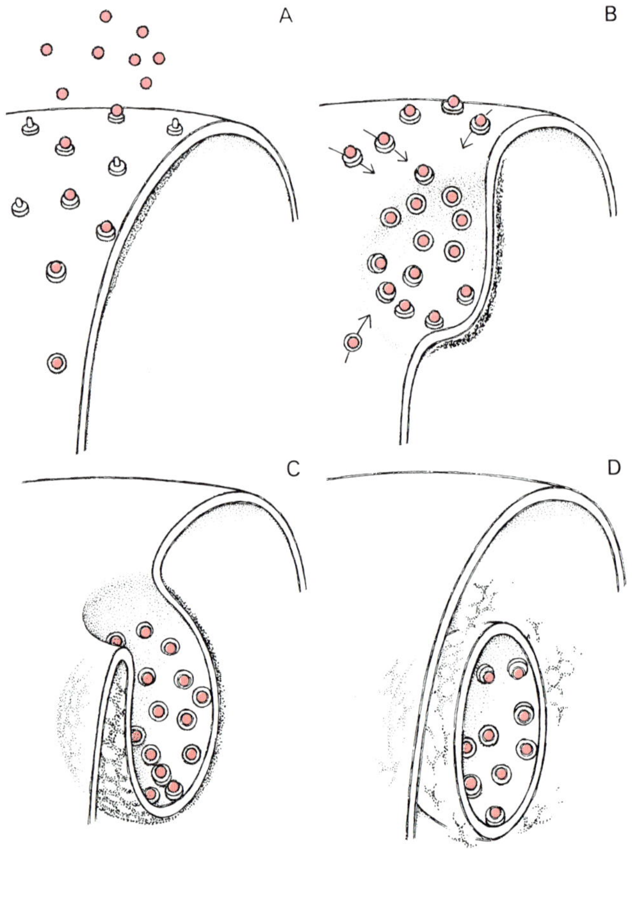

Ein mit Antikörpern bedecktes (opsonisiertes) Bakterium wird von einem Leukocyten durch Phagocytose aufgenommen. Dabei bedient sich die weiße Blutzelle der Fc-Rezeptoren auf ihrer Oberfläche (Reißverschlußmechanismus).

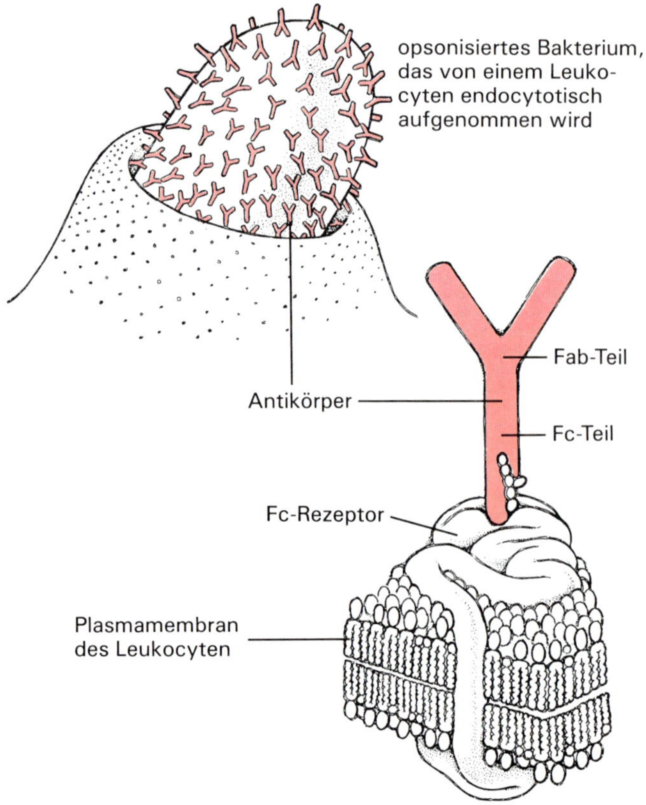

rial durch das Zellplasma bewegt. Solche Vesikel werden als Phagosomen, Pinosomen oder Endosomen oder auch als phagocytotische, pinocytotische oder endocytotische Vakuolen bezeichnet. Mit Endosomen meint man speziell die sauren Sortierstationen, in denen endocytotisch aufgenommenes Material erstmals intrazellulär bearbeitet wird.

Die Ansammlung ligandenbesetzter Rezeptoren in endocytotischen Membrangrübchen unterstreicht nachdrücklich, daß sich Membranproteine durch seitliche Diffusion frei in der Ebene der Lipid-Doppelschicht bewegen können. Was sie zusammenbringt, ist allerdings noch unklar. In manchen Fällen sind vielleicht die Vernetzungen durch bivalente oder multivalente Liganden – solche mit zwei oder vielen Bindungsstellen – daran beteiligt. In anderen Fällen scheinen die Rezeptoren jedoch ständig in Bewegung zu sein. Ob mit oder ohne Liganden – immer wieder verschwinden sie in Endocytose-Grübchen und tauchen dann erneut an der Zelloberfläche auf, ähnlich einer Rolltreppe oder einem Förderband. Wie bei diesen technischen Hilfsmitteln bleibt der Antriebsmechanismus zunächst verborgen. Wir werden ihn aber näher betrachten, wenn wir das Zellplasma (Cytosol) besuchen. Von außen sehen wir nur, wie unter der Endocytose-Grube eine käfigartige Struktur durchschimmert. Sie scheint den betroffenen Membranbereich nach innen zu ziehen und zu einem Vesikel abzuschnüren. Die Struktur, die aus Clathrin besteht (siehe Kapitel 12), erscheint im Querschnitt wie ein stacheliger, borstiger Saum; daher spricht man auch von Stachelsaum-Grübchen (englisch *coated pits*) und Stachelsaum-Vesikeln (*coated vesicles*).

Eine andere Form der Endocytose hängt stark von den Bindungen der Rezeptoren ab und tritt dann auf, wenn sich die Ligandenmoleküle an der Oberfläche von großen Objekten wie Bakterien befinden. Sobald durch die ersten Ligand-Rezeptor-Brücken der Kontakt zur Zellmembran hergestellt ist, werden nach und nach neue, benachbarte Rezeptoren mit einbezogen, so daß der betreffende Plasmamembranbereich das mit Liganden bedeckte Objekt immer mehr umhüllt. Es wird schließlich durch diesen molekularen Reißverschlußmechanismus vollständig umschlossen. Im allgemeinen beschränkt man den Begriff Phagocytose auf diese Art der Aufnahme.

Ein solcher Prozeß ist auch beteiligt, wenn Leukocyten (siehe Kapitel 3) von Antikörpern gekennzeichnete Zielobjekte vernichten. Antikörper sind Y-förmige Proteinmoleküle, die sich mit ihrem gegabelten Ende, dem sogenannten Fab-Teil (siehe Kapitel 18), an „ihr" Antigen anheften. Dieser Abschnitt verleiht dem Antikörper seine immunologische Spezifität und ist daher für jeden Antikörper-Typ verschieden. Der Stiel des Y, der sogenannte Fc-Teil, gleicht sich dagegen bei allen Antikörpern. Wenn nun eine Mikrobe in einen gegen sie immunisierten Organismus eindringt und dort auf die Antikörper trifft, die gegen bestimmte Komponenten ihrer Zellwand gerichtet sind, wird sie mit diesen Antikörper-Molekülen regelrecht gespickt. Sie binden sich alle mit ihren gegabelten Fab-Teilen an die Mikrobe, so daß ihre Fc-Teile nach außen abstehen. Dieser Fc-Pelz bewirkt, daß das Bakterium schließlich durch einen Reißverschlußmechanismus von einer weißen Blutzelle verschlungen wird, die auf ihrer Oberfläche spezifische Fc-Rezeptoren trägt. Die früheren Immunologen gaben solchen Phagocytose auslösenden Antikörpern den vielsagenden Namen Opsonin (vom griechischen *opson* für Gewürz). Sie geben sozusagen den von ihnen bedeckten Objekten die Würze, die sie für Freßzellen genießbar macht.

Wir werden die Bedeutung endocytotischer Rezeptoren später viel besser verstehen, wenn wir herausgefunden haben, was mit dem Material passiert, das mit ihrer Hilfe aufgenommen wird. Schon jetzt sollten wir uns aber merken, daß Art und Dichte der Rezeptoren auf der Zelloberfläche von einem Zelltyp zum anderen variieren und sich sogar bei einer einzelnen Zelle mit ihrem Funktionszustand verändern. Das bedeutet, daß sich jede Zelle mit ihren Rezeptoren aus der Umgebung ein eigenes „Menü" zusammenstellt.

Endocytose ist nicht auf Moleküle und Objekte beschränkt, die von Rezeptoren ausgewählt werden. Wahllos nehmen die Zellen auch alle extrazellulären Komponenten auf, die in umschlossenen Flüssigkeitströpfchen gelöst sind. Bei dieser Pinocytose im etymologischen Sinne des Wortes werden oft beachtliche Flüssigkeitsmengen endocytotisch aufgenommen. Zellen können ohne weiteres täglich das Äquivalent ihres eigenen Volumens ,,trinken''. Man stelle sich einen Menschen vor, der jeden Tag 60 bis 80 Liter in sich hineinschüttet.

Noch beeindruckender ist die Menge an Membranmaterial, die durch endocytotische Aktivitäten umquartiert wird. Innerhalb einer Stunde kann bisweilen das Doppelte der gesamten Plasmamembranfläche mit all ihren Einfaltungen und Ausstülpungen in die Zelle hineingezogen werden. So schnell vermag keine Zelle neue Membranen zu synthetisieren. Daher werden die zur Endocytose benutzten Membranstückchen in einem ständigen Kreislauf wieder zur Zelloberfläche zurückgebracht.

Nach der Endocytose wird aufgenommenes Material im Endosom sortiert. In dem gezeigten Beispiel gelangen zwei Typen von Liganden (gelbe und blaue Punkte) gemeinsam durch rezeptorgekoppelte Endocytose in die Zelle. Der Endosomeninhalt wird durch eine Protonenpumpe zunehmend angesäuert (rote Färbung); dadurch fallen die gelben Liganden von ihren Rezeptoren ab. Durch Endosom-Lysosom-Verschmelzung gelangen sie anschließend in ein Lysosom. Vorher schnüren sich jedoch einige Membranbereiche vom Endosom ab und werden zur Zelloberfläche zurückgebracht. Ein Membranstückchen kehrt an den Ort der endocytotischen Aufnahme zurück (zelluläres ,,Erbrechen''), ein anderes wandert mit den dichtgedrängten blauen Liganden, die an ihre Rezeptoren gebunden geblieben sind, zur gegenüberliegenden Seite der Zelle, wo die Liganden nach außen abgegeben werden (Diacytose).

Ein riskanter Start

Bevor wir nun ins Innere der Zelle eindringen, müssen wir uns angemessen kleiden. Aus Gründen, die bald verständlich werden, brauchen wir einen säurefesten und lysosomensicheren Mantel, wenn unsere Reise nicht vorzeitig tödlich enden soll. Das geeignete Material dafür ist eine wachsartige Substanz aus der Zellwand von Lepra-Bazillen, die ihre ungewöhnliche Widerstandsfähigkeit gegenüber zellulären Abbaumechanismen eben dieser Substanz verdanken. Über den Mantel müssen wir dann noch ein Cape ziehen, das geeignete Liganden trägt, damit wir von der Zelle, die wir besuchen wollen, überhaupt erkannt und eingelassen werden. Für eine weiße Blutzelle würden wir uns beispielsweise mit Antikörpern bedecken, die zu deren Fc-Rezeptoren passen.

Für andere Zellen müßten wir wohl andere Capes anziehen, denn wie wir bereits wissen, sind die Oberflächenrezeptoren von Zelle zu Zelle verschieden. Bis zu einem gewissen Grad

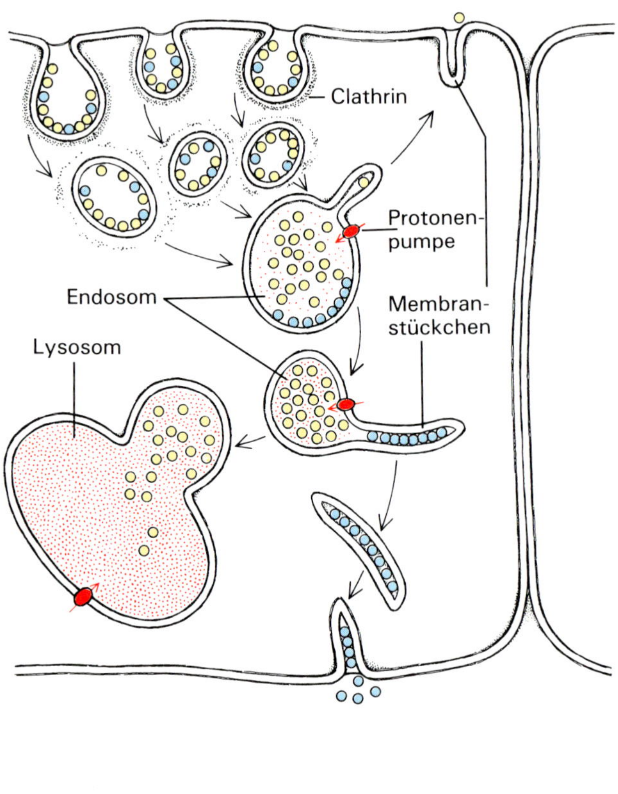

können wir also unser Reiseziel selbst auswählen, indem wir uns mit geeigneten Liganden umgeben.

Weil wir trotz der millionenfachen Schrumpfung noch immer so groß wie ein stattliches Bakterium sind, sollten wir eigentlich durch Phagocytose aufgenommen werden. Wir können aber mehr lernen, wenn wir die Zelle veranlassen, sich etwas zu dehnen und uns in einem Stachelsaum-Grübchen unterzubringen. Nun erleben wir – zusammen mit einigen rezeptorgebundenen Molekülen – die Endocytose unmittelbar aus der Perspektive ihrer Opfer mit. Obwohl wir vorgewarnt sind, ist es doch ein beklemmendes Gefühl, allmählich von den heranskriechenden Membranfalten umhüllt zu werden. Aber uns steht noch Schlimmeres bevor, nachdem die letzte Verbindung zur Außenwelt abgebrochen ist. Langsam gleitet unser schwächliches Gefährt in das immer dunkler werdende Zellplasma hinein, vorbei an riesigen Schatten, die wir durch die halbdurchsichtige Membran gerade noch erkennen können.

Als erstes Anzeichen dafür, daß wir vollständig eingeschlossen sind, wird das Medium in unserem Membrangefährt nun zunehmend saurer. Die dafür verantwortlichen Wasserstoffionen oder Protonen (H^+) stammen aus dem Cytosol und werden durch eine energieabhängige Protonenpumpe (siehe Kapitel 3) nach innen geschafft. Wahrscheinlich existiert diese Pumpe bereits in den Stachelsaum-Grübchen der Zelloberfläche, doch die dort ausgestoßenen Protonen werden in der extrazellulären Flüssigkeit verdünnt und weggewaschen. Wenn die Grübchen sich zu Vesikeln schließen, bleiben die Protonen darin gefangen und reichern sich rasch bis zu einer Konzentration von etwa 20 Mikromol pro Liter an, das entspricht einem pH-Wert von 4,7. Die Protonenkonzentration im Cytosol liegt ungefähr beim Neutralwert (0,1 Mikromol pro Liter oder pH 7,0). Viele Liganden verlieren infolge der Ansäuerung die hohe Affinität zu ihren Rezeptoren und fallen von der Membran ab. Zufällig sind auch die Liganden auf unserem Cape von diesem Typ, und wir schwimmen jetzt – geschützt durch unseren säurefesten, von Lepra-Bazillen ausgeliehenen Mantel – frei in der ätzenden Flüssigkeit der endocytotischen Vakuole. Viele andere Liganden leisten uns Gesellschaft, nur einige bleiben noch an ihre Rezeptoren gebunden.

Währenddessen vollführt die Membran um uns herum ein Schauspiel, das uns merkwürdig an die Vorgänge auf der Zelloberfläche erinnert. Wieder sehen wir, wie sich Rezeptoren – manchmal mit ihren Liganden, häufiger jedoch unbesetzt – in Membranfalten sammeln und wie diese sich vertiefen und mitsamt den Rezeptoren als kleine, flache Vesikel abschnüren. Sie kehren entweder zur Zelloberfläche zurück oder werden zu anderen Bestimmungsorten geleitet, die wir noch nicht erkennen können. Dieser Prozeß dient vor allem der Wiedergewinnung von Membranmaterial, ohne die – wie wir gesehen haben – die Endocytose nicht lange fortgesetzt werden könnte. Er verläuft aber keineswegs zufällig; vielmehr wird das Material nach strengen Auswahlkriterien sortiert und umgeordnet. Selektiv reichern sich bestimmte Rezeptoren und andere Membrankomponenten in den abgeschnürten Membranstücken an und werden abtransportiert – zusammen mit allem, was in dem durch Protonenpumpen angesäuerten Medium noch an den Rezeptoren haften geblieben ist oder sich neu gebunden hat. Gleichzeitig wird die Membran, die uns umgibt, immer wieder erweitert, wenn neu ankommende endocytotische Vesikel mit unserem eigenen verschmelzen. Wir befinden uns tatsächlich in einem echten Organell, der ersten Station des zellulären Importweges. Hier laden die meisten Rezeptoren ihren Fang ab und werden für den nächsten Arbeitsgang zurücktransportiert; nur wenige tragen ihre Ladung weiter in die Zelle hinein. Diesem Organell sind verschiedene Namen wie Intermediärkompartiment, Rezeptosom oder Endosom gegeben worden. Heute ist der Begriff Endosom, der eigentlich nichts anderes als endocytotische Vakuole bedeutet (siehe oben), für die endocytotische Sortierstation reserviert.

Die ganze Umverteilung der Membranen läuft nicht ab, ohne daß etwas von der Vesikelflüssigkeit ,,verschlabbert'' oder ausgewürgt wird. Im großen und ganzen bleiben aber die gelösten Bestandteile und freigesetzten Liganden im Endosom (oder gelangen durch einen neuen endocytotischen Schluckakt wieder hinein). Mit ihnen setzen wir unsere abenteuerliche Fahrt durch das Cytosol fort. Gezogen und gesteuert werden wir dabei von unsichtbaren Strängen, die – wie wir in Kapitel 12 sehen werden – zum Zellskelett gehören. Plötzlich taucht unmittelbar vor uns ein dunkles, unansehnliches, schmutzig-braunes Objekt auf, das wie ein kleines Luftschiff aussieht. Eine Kollision läßt sich nicht mehr vermeiden.

Der Zusammenstoß ist zwar milde, aber folgenschwer: Die Membran unseres Gefährts verschmilzt mit der des Luftschiffs, und wir werden in eine ausgesprochen unangenehme Umgebung geschleudert. Überall sehen wir Zeichen der

Zerstörung: verschiedenartige verstümmelte Moleküle, formlose Trümmer, noch halbwegs erkennbare Teile von Bakterien und Viren, Bruchstücke von Mitochondrien, Membranknäuel und beschädigte Ribosomen, die sich vor unseren Augen langsam auflösen. Offenbar sind wir in eine fürchterlich ätzende Flüssigkeit katapultiert worden. Hier wäre für alle außer den widerstandsfähigsten Organismen die Reise zu Ende, und auch wir überleben nur dank unseres Schutzanzugs. Biochemiker bezeichnen diesen massiven, wahllosen Abbauprozeß als Verdauung. Das Luftschiff ist eine Verdauungsvakuole oder ein Lysosom. Wir werden diesen ungastlichen, aber unentbehrlichen Zellbestandteil im nächsten Kapitel erforschen. Vorher aber wollen wir die Vorgänge rekonstruieren, die uns hierhergeführt haben.

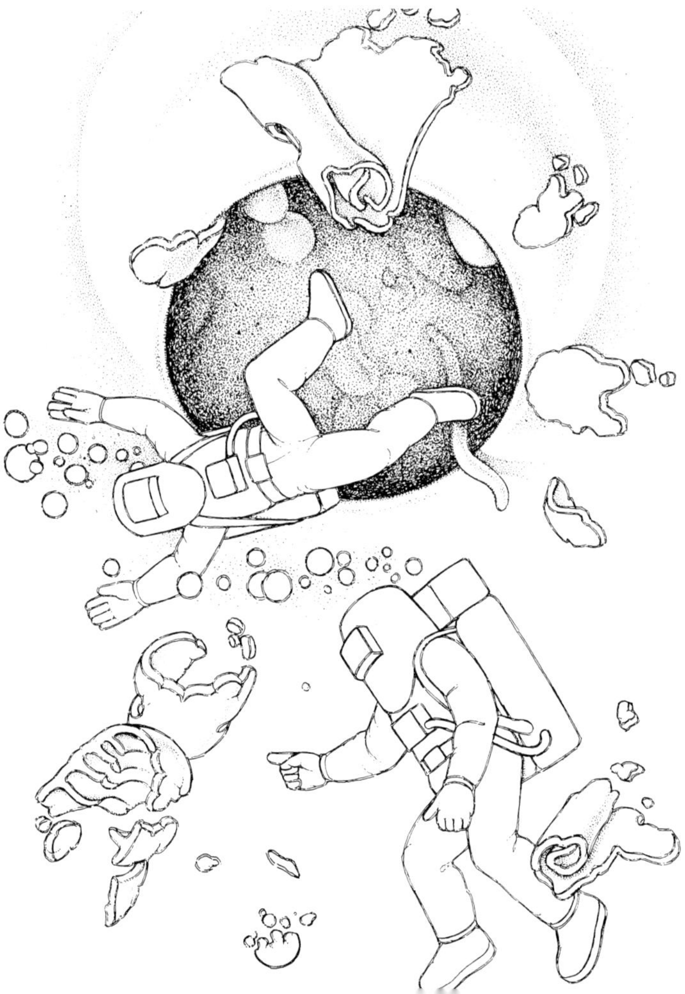

Der Trick mit dem geschlossenen Raum

Innerhalb weniger Minuten sind wir durch mehrere hermetisch verschlossene Wände hindurchgezaubert worden: zuerst vom extrazellulären Raum in ein intrazelluläres Endosom, dann vom Endosom in ein Lysosom. Und immer wieder haben wir beobachtet, wie an das zarte Gewebe, das uns umgab, Flicken angesetzt oder aus ihm herausgeschnitten wurden. Niemals ist dabei jedoch auch nur der kleinste Riß in diesem Gewebe entstanden. Vielleicht wäre das sogar für Sherlock Holmes eine harte Nuß gewesen; noch wahrscheinlicher ist allerdings, daß er Dr. Watson mit einem Vortrag über die elementaren Eigenschaften von Lipid-Doppelschichten erfreut hätte. Denn das Geheimnis unserer Ortswechsel liegt in der Verschmelzung von Membranen. Sie bildet die physikalische Grundlage des Vesikeltransports, mit dem in der Zelle die meisten Massengüter durch die zahlreichen membranumschlossenen Kompartimente befördert werden, die wir auf unserer ersten Reiseroute zu erforschen begonnen haben.

Der Vesikeltransport beruht auf zwei verschiedenartigen Ereignissen, die man unterschiedlich beschreiben kann: hinsichtlich der Behälter als Fusion und Spaltung, hinsichtlich des Inhalts als Mischung und Trennung, hinsichtlich des Mechanismus als *cis*- und *trans*-Membranverschmelzung. Um diese Definitionen zu erläutern, wollen wir uns zunächst die zweite Etappe unserer bisherigen Reise anschauen, auf der sich unser Endosom mit einem Lysosom vereinigt hat. Das war natürlich eine Fusion und führte zu einer Vermischung der Vesikelinhalte. Die dabei verschmolzenen und neugeordneten Membranen der beiden Körper hatten sich einander mit ihren cytoplasmatischen (dem Zellplasma zugewandten) Seiten genähert. Wir wollen dies als *cis*-Membranverschmelzung definieren. Das ist nicht nur deshalb sinnvoll, weil *cis* und *cyt* ähnlich klingen, sondern auch, weil *cis* „diesseits" bedeutet und *trans* „jenseits"; es erscheint logisch, daß wir die Membranen vom Standpunkt der Zelle aus betrachten.

Es ist leicht einzusehen, daß eine solche *cis*-Verschmelzung einen allgemein bedeutsamen Mechanismus darstellt: Alle

Unser Endosom ist mit einem Lysosom zusammengestoßen und verschmolzen; der Endosomeninhalt wird in die stark ätzende Verdauungsflüssigkeit hineingeschleudert. Überall sieht man Szenen der Zerstörung.

Vesikel können auf diese Weise ihre Inhalte miteinander vermischen. Ein Sonderfall liegt vor, wenn ein cytoplasmatisches Vesikel mit der Plasmamembran verschmilzt. Dann mischen sich nämlich Vesikelinhalt und Außenwelt: Der Inhalt wird aus der Zelle ausgestoßen. Dieses Phänomen, das man Exocytose nennt, ist entscheidend für die Sekretion und wird in Kapitel 6 genauer untersucht.

Wir wollen jetzt das Ereignis betrachten, durch das wir überhaupt in die Zelle gelangt sind, nämlich die Abschnürung des Plasmamembran-Grübchens. Es handelt sich dabei um eine Spaltung, denn von der Außenwelt wird ein kleines Volumen abgetrennt und in einem Endosom isoliert. Der zugrunde liegende Mechanismus ist wieder eine Membranverschmelzung, doch kommen in diesem Fall die sich schließenden Membranlippen mit ihren Außen- oder *trans*-Seiten aufeinander zu. Auch dieser Mechanismus besitzt allgemeine Bedeutung. Aus einem Vesikel entstehen dadurch zwei. Die Vesikel, die sich von unserem Endosom ablösten, sind ebenfalls letztlich durch eine *trans*-Membranverschmelzung entstanden.

Damit ist das Rätsel des geschlossenen Raums gelöst. Alles, was wir brauchen, um große Materialmengen durch beliebig viele geschlossene Membranen zu transportieren – sei es bei der Einfuhr, wie wir sie gerade erlebt haben, oder bei der Ausfuhr (siehe Kapitel 6) –, sind wechselnde Fusions- und Spaltungsvorgänge, die auf *cis*- und *trans*-Membranverschmelzungen beruhen. ,,Fundamental, mein lieber Watson!'' Aber ist es das wirklich? Nur in einem rein beschreibenden Sinne. Denn was die Kräfte angeht, die die Membranen so bewegen, daß ihre Lipidschichten miteinander verschmelzen und sich neu organisieren können, tappen wir weitgehend im dunkeln; und ebenso ist unklar, welche Faktoren die hohe Spezifität dieser Ereignisse kontrollieren. Es sei hier betont, daß Membranverschmelzungen genau festgelegten Regeln folgen. Ein cytoplasmatisches Vesikel fusioniert nicht einfach mit dem erstbesten membranumschlossenen Objekt, mit dem es zusammenstößt.

Der Vesikeltransport ist zugleich der Hauptmechanismus, um Membranmaterial durch die Zelle zu bewegen. Soweit wir wissen, ,,reisen'' Membranstückchen stets als geschlossene Vesikel, die allerdings sehr flach und praktisch leer sein können. Auch das Membranstück, mit dem wir in die Zelle gelangt sind, wird so wieder zur Zelloberfläche zurückgebracht werden. Wie wir gesehen haben, ist ein solches ,,Recycling'' angesichts des enormen Membranverbrauchs bei der Endocytose unverzichtbar. Die Rückgewinnung geht hauptsächlich von den Endosomen aus, setzt sich aber teilweise auch noch nach der Fusion von Endosom und Lysosom fort. Die empfindlichen Rezeptoren werden so vor ihrer Zerstörung im Lysosom bewahrt. Ausnahmsweise kann dadurch auch Material erhalten bleiben, das fest an die ausgeschnittenen Membranstücke gebunden ist. Die entstehenden Vesikel wandern entweder direkt zur Plasmamembran und werden dort durch Exocytose wieder eingebaut, oder sie gelangen erst über Umwege dorthin (siehe Kapitel 6).

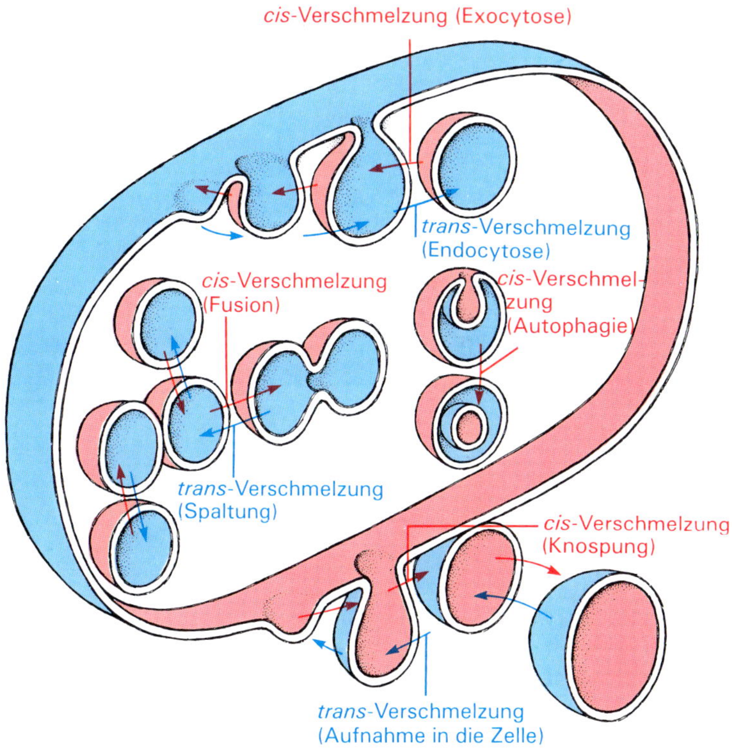

Verschiedene Formen des Vesikeltransports, die auf *cis*- und *trans*-Membranverschmelzungen beruhen.

Die Bedeutung der Endocytose

Das Lysosom als Empfangshalle der Zelle ist sicher nicht gerade das, was man sich unter gastlicher Bewirtung vorstellt. Doch den Zellen geht es nicht darum, besucht zu werden. Sie müssen sich ernähren, und die Endocytose dient in erster Linie zur Nahrungsaufnahme. Für viele einzellige Organismen wie Protozoen und für viele niedere Wirbellose ist es sogar der Ernährungsmechanismus schlechthin. Wir alle wissen, daß Nahrung in einen Magen kommen muß, um verdaut zu werden. Und genau das erreicht die Zelle durch die Verschmelzung von Endosomen und Lysosomen.

Wenn wir die Stufenleiter im Tierreich hinaufsteigen, nimmt die Bedeutung der Endocytose für die Ernährung allerdings ab. Unsere Körperzellen finden zahlreiche niedermolekulare Nährstoffe im Blut und in der extrazellulären Flüssigkeit – im ,,milieu intérieur'', wie es der französische Physiologe Claude Bernard genannt hat. Sie können sich daher statt durch die Aufnahme großer Partikel durch Molekültransport (siehe Kapitel 3) ernähren. Dennoch ist der endocytotische Weg in der Evolution nicht geschlossen worden. Im Gegenteil, er wurde sogar immer weiter verfeinert und differenziert und zahlreichen verschiedenen Aufgaben angepaßt. Die meisten davon enden mit der Verdauung in den Lysosomen und werden im nächsten Kapitel besprochen. Es gibt jedoch Ausnahmen. In den flachen Endothelzellen der Blutgefäßwandungen werden beispielsweise die an der Blutseite gebildeten Endosomen meistens nicht von Lysosomen abgefangen. Sie wandern statt dessen zu der gewebenahen Seite der Zelle, verschmelzen dort mit der Plasmamembran und geben ihren Inhalt nach außen ab. Endo- und Exocytose sind hier also direkt hintereinandergeschaltet und ermöglichen es, bestimmte Blutbestandteile durch eine Zellschicht hindurch zu transportieren. Man nennt diesen Prozeß Diacytose (vom griechischen *dia* für durch) oder Transcytose.

In manchen Zellen finden endocytotische Ernährung und Diacytose gleichzeitig statt. So transportieren Leberzellen das aufgenommene Material teils zu den Lysosomen, teils wieder nach außen in Gallenkanälchen hinein. Beim Eintritt in die Zelle sind beide Teile noch in derselben Vakuole miteinander vermischt. Sie werden dann aber durch den Sortierprozeß, den wir bereits beschrieben haben, voneinander getrennt und ihren unterschiedlichen Bestimmungsorten zugeführt.

Manchmal werden Endosomen auch so verändert, daß sich ihre Fusion mit einem Lysosom verzögert. Sie dienen dann vorübergehend als Speichervakuolen. Dies kommt offenbar in den Eizellen bestimmter Insekten vor, die durch Endocytose aufgenommene Proteine zur Dotterbildung verwenden. Erst die Befruchtung löst die Verschmelzung von Dottergranula umd Lysosomen aus; mit dem Dotter, der dann verdaut wird, kann sich der wachsende Embryo ernähren. Wodurch sich die Fusion von Endosom und Lysosom in solchen Fällen hinauszögert, ist unbekannt, aber es gibt Hinweise, daß der Prozeß vom Inneren der endocytotischen Vakuole aus kontrolliert wird. Einige endocytotisch aufgenommene Substanzen, die an die Membran binden – beispielsweise Concanavalin A, ein Glykoprotein aus der Schwertbohne –, sind dazu ebenso fähig wie bestimmte Mikroorganismen, darunter die Tuberkelbazillen. Die Mikroben nutzen diese Fähigkeit, um sich in Endosomen zu vermehren und von dort erfolgreich intrazelluläre Angriffe zu starten. Die mit den Tuberkulose-Erregern verwandten Lepra-Bazillen haben einen anderen Mechanismus entwickelt. Mit ihren abbaufesten Zellmänteln, die auch wir uns schon zunutze gemacht haben, können sie sogar in Lysosomen leben und sich vermehren.

Kapitel 5

Die Mahlzeiten der Zelle: Lysosomen und intrazelluläre Verdauung

Die Fusions- und Spaltungsvorgänge, die im vorigen Kapitel zur Sprache kamen, haben eine wichtige Konsequenz: Durch sie können alle membranumschlossenen Taschen, die sich daran beteiligen, vorübergehend miteinander kommunizieren und ihre Inhalte austauschen. Eine solche Gruppe zusammengehöriger Strukturen bezeichnet man als Reaktionsraum oder Kompartiment.

Der lysosomale Reaktionsraum

Lysosomen, von denen es mehrere hundert pro Zelle geben kann, bilden ein typisches Kompartiment. Ihre Verwandtschaft ist für den flüchtigen Betrachter jedoch keineswegs offensichtlich, denn Vielgestaltigkeit stellt geradezu die charakteristischste Eigenschaft dieses Reaktionsraums dar. Lysosomen gibt es in allen Größen und Formen, und besonders ihre innere Struktur ist außerordentlich variabel. Die Heterogenität spiegelt sich auch in der morphologischen

Das Konzept des Reaktionsraums oder Kompartiments. Aus drei Vesikeln mit unterschiedlichen Inhaltsstoffen (A, B, C) entstehen drei gleich aussehende Vesikel mit nunmehr vermischten Komponenten. Die Umwandlung beruht darauf, daß die verschiedenen Strukturen durch *cis*-Membranverschmelzungen miteinander fusionieren und sich durch *trans*-Verschmelzungen teilen.

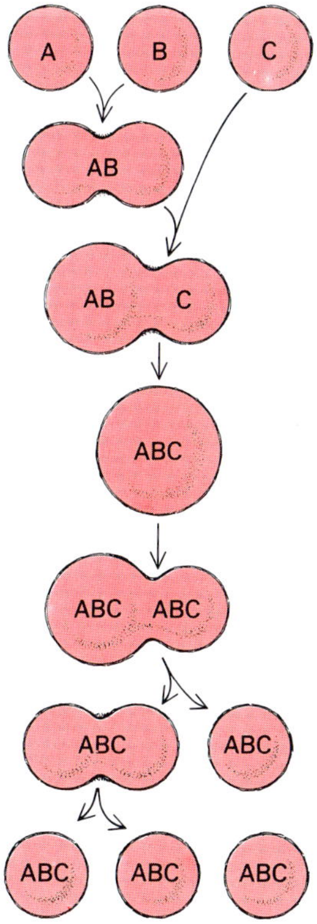

Die morphologische Heterogenität der Lysosomen wird in dieser elektronenmikroskopischen Aufnahme eines Makrophagen aus den Lungenbläschen eines Kaninchens deutlich. Die meisten Strukturen im Plasma sind Lysosomen. Man beachte ihre unterschiedlichen Größen, Formen und Inhalte. Der halbmondförmige Zellkern (links oben) scheint die gelegentlich als Hof bezeichnete lysosomenreiche Region zu umhüllen.

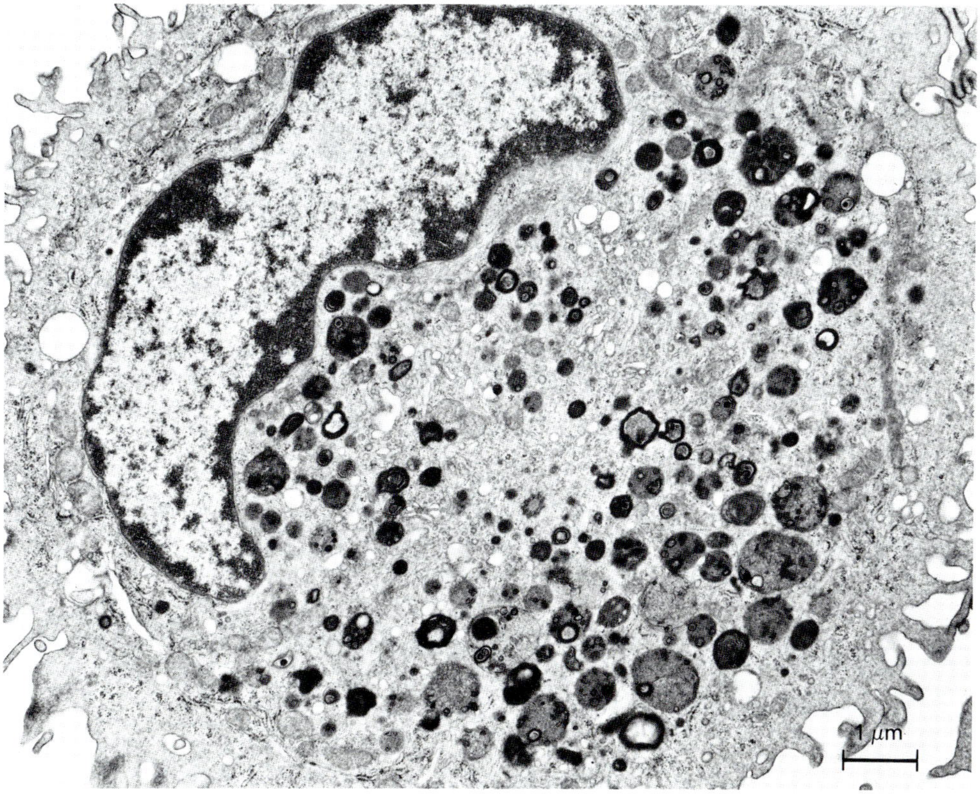

Nomenklatur wider. Viele verschiedene Begriffe sind geprägt worden, um Strukturen zu beschreiben, von denen wir heute wissen, daß es sich um Lysosomen handelt: dichte Körper (englisch *dense bodies*), Residual- oder Restkörper, Myelinkörper, multivesikuläre Körper, Cytosomen und Cytosegresomen, um nur einige wenige zu nennen. Das pathologische

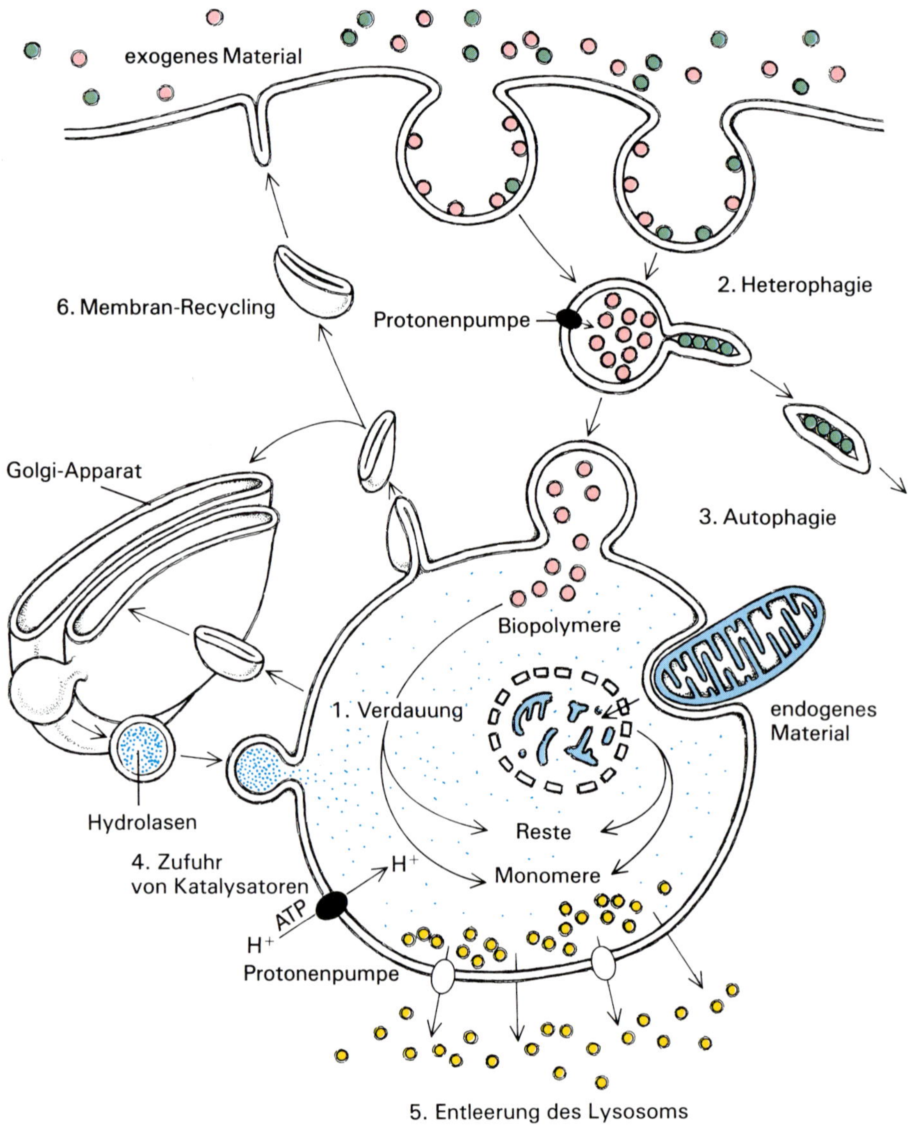

Übersicht über die Lysosomenfunktionen. Der große rundliche Körper soll den gesamten lysosomalen Reaktionsraum repräsentieren.
1. Der wichtigste Vorgang im lysosomalen (lytischen) Kompartiment ist die Verdauung (Hydrolyse), die biologische Polymere in Monomere umwandelt. Sie wird durch hydrolytische Enzyme (Hydrolasen) katalysiert, die ein saures Medium (Protonen oder H^+-Ionen) benötigen, um optimal zu arbeiten.
2. Verdauungssubstrate gelangen von außen durch Endocytose (*trans*-Membranverschmelzung) in die Zelle und werden dann dem lysosomalen Raum zugeführt, indem Endosom und Lysosom fusionieren (*cis*-Verschmelzung). Oft werden noch im Endosom bestimmte Inhaltsstoffe und Membranstücke aussortiert.
3. Substrate aus dem Inneren der Zelle gelangen durch intralysosomale Knospung in das Lysosom. Dabei schnürt sich das Membranbläschen mit dem endogenen Material durch *cis*-Verschmelzung ab.
4. Neu synthetisierte Enzyme werden von Golgi-Vesikeln zu den Lysosomen transportiert (*cis*-Verschmelzung). Protonenpumpen befördern mit der aus ATP (siehe Kapitel 7) gewonnenen Energie aktiv Protonen ins Lysosom.
5. Verdauungsprodukte diffundieren durch die Lysosomenmembran ins Cytosol oder werden durch sie hindurchtransportiert. Unverdauliche Reste, die die Membran nicht passieren können, verbleiben im Lysosom.
6. Das in Lysosomenmembranen neu eingebaute Membranmaterial wird größtenteils durch *trans*-Verschmelzungen wieder abgetrennt und zur Zelloberfläche zurückgebracht, entweder direkt oder über den Golgi-Apparat. Einige Membranstücke werden bei Autophagie-Prozessen abgespalten und in den Lysosomen verdaut. Man beachte dabei, daß die *trans*-Seite der Lysosomenmembran der Verdauung so lange widersteht, wie ihre *cis*-Seite noch Kontakt zum Zellplasma hat.

Vokabular ist sogar noch reichhaltiger, denn viele der anomalen Zelleinschlüsse, die man in krankem Gewebe findet, sind Lysosomen.

Die Verwandtschaft dieser unterschiedlichen Strukturen wird sofort deutlich, wenn wir ihre biochemische Funktion betrachten: Sie alle sind Orte der Verdauung. Das wiederum macht ihre strukturelle Verschiedenartigkeit verständlich. Der Inhalt der Lysosomen besteht hauptsächlich aus Material, das gerade verdaut wird, und aus unverdaulichen Rückständen. Würde man die Mägen von einigen hundert zufällig ausgewählten Personen untersuchen, fände man ebenfalls ganz verschiedene Inhalte – je nachdem, wann und was der einzelne zuletzt gegessen hat. Doch wenn man sich dessen bewußt ist, fällt es leicht, all diese Organe als Mägen zu identifizieren. Sie wären sogar gerade an ihren vielfältigen Inhalten eindeutig zu erkennen. Genau dasselbe ist in der Zellbiologie geschehen. Wenn ein Elektronenmikroskopiker heute ein „unordentlich" gefülltes Partikel mit einer einfachen Membranhülle sieht, so weiß er aus Erfahrung, daß es sich dabei höchstwahrscheinlich um ein Lysosom handelt.

Verdauung bedeutet chemisch Hydrolyse, also Spaltung mit Hilfe von Wasser. Zu den Bindungen zwischen den Bausteinen natürlicher Makromoleküle, die hydrolytisch gespalten werden, gehören die Peptidbindung zwischen den Aminosäure-Resten der Proteine, die glykosidische Bindung zwischen den Zuckerbausteinen der Polysaccharide und die Esterbindung zwischen Säuren und Alkoholen. Sie sind meist so stabil, daß sie sich nur bei hohen Temperaturen oder im stark sauren oder alkalischen Milieu spalten lassen. Lebende Organismen können solche Bedingungen weder schaffen noch tolerieren; trotzdem verdauen sie ihre Nahrung. Sie bedienen sich dazu spezieller Katalysatoren, nämlich der hydrolytischen Enzyme oder Hydrolasen, die in die Verdauungsräume abgegeben werden.

Hydrolasen sind sehr spezifische Katalysatoren, die jeweils nur einen ganz bestimmten Bindungstyp spalten. Da Nahrung normalerweise aus zahlreichen verschiedenen Bausteinen mit vielfältigen chemischen Bindungen zusammengesetzt ist, kann sie auch nur durch viele verschiedenartige, gemeinsam oder nacheinander wirkende Enzyme verdaut werden. Deshalb enthalten die in den Magen-Darm-Trakt abgegebenen Verdauungssäfte die unterschiedlichsten Hydrolasen. Mit ihnen vermag der menschliche Organismus zahlreiche komplex zusammengesetzte Nahrungsmittel pflanzlicher und tierischer Herkunft zu nutzen. Die Fähigkeit ist jedoch begrenzt; wie bereits in Kapitel 2 erwähnt, kann beispielsweise Cellulose nicht verdaut werden.

Diese grundsätzlichen Betrachtungen gelten prinzipiell auch für Lysosomen. In jedem Lysosom finden wir zahlreiche Hydrolasen – mehr als 50 wurden bisher identifiziert –, die zusammen viele biologische Makromoleküle vollständig oder doch weitgehend abbauen können. Aber wie im menschlichen Darmtrakt ist auch im Lysosom die Verdauung gewissen Beschränkungen unterworfen.

Lysosomale Verdauungsenzyme, die so viele verschiedene chemische Bindungen und Substanzen angreifen, haben eines gemeinsam: Sie arbeiten am besten in einem leicht sauren Milieu. Sie besitzen, wie Wissenschaftler sagen, ein saures pH-Optimum, das meist zwischen 3,5 und 5,0 liegt. Daher halten Lysosomen (wie auch Endosomen) mittels einer Protonenpumpe ein saures Innenmilieu aufrecht.

Für die Zelle sind die Lysosomen ein zentraler Reaktionsraum. Material, das verdaut werden soll, wird ihnen nicht nur von außen, sondern auch aus dem Zellinneren zugeführt. Abbauprodukte wiederum bilden den wichtigsten nach außen führenden Materialstrom. Über einen besonderen Weg ist der lysosomale Raum außerdem an eine Unterabteilung der zellulären Exportmaschinerie angeschlossen, die ihn mit den notwendigen Enzymen versorgt (siehe Kapitel 6). Wie man für einen membranumgrenzten Raum erwarten kann, werden für all diese Austauschprozesse zwei Transportwege benutzt: die Permeation für Substanzen, die die Membran – zumindest mit Hilfe spezieller Pumpen oder Permeasen – passieren können, und für alle anderen der Vesikeltransport.

Ein wichtiges Problem, das bisher nicht zufriedenstellend geklärt ist, betrifft die Art und Weise, wie Zellen den lysosomalen Reaktionsraum eigentlich aufrecht erhalten. Denn wie alle Biomembranen setzt sich auch die Lysosomenmembran aus Proteinen und Phospholipiden zusammen, die von lysosomalen Enzymen verdaut werden können. Bei Autophagie-Prozessen (siehe unten) herausgeschnittene Membranstücke werden auch tatsächlich vollständig abgebaut. Doch solange sie sich in der Lysosomenmembran befinden, sind sie nicht angreifbar. Sie bilden hier sogar einen erstaunlich sicheren Schutzschild, der das umgebende Zellplasma wirkungsvoll gegenüber dem ätzenden Inhalt des lysosomalen Kompartiments abschirmt. Der Schlüssel für dieses Geheimnis ist unbekannt. Wir können nur vermuten, daß die Oberflächenmoleküle, die die Innenseite der Lysosomenmembran auskleiden – wahrscheinlich Glykoproteine –, so gefaltet sind, daß ihre chemischen Bindungen nicht von den entsprechenden lysosomalen Hydrolasen erreicht werden. Wir müssen weiterhin annehmen, daß diese spezielle Konformation nur mit Hilfe von Stoffwechselsystemen des umgebenden Zellplasmas aufrecht erhalten werden kann und verloren geht, sobald die Verbindung zum Cytoplasma abbricht.

Natürlich ist eine solche Erklärung eigentlich gar keine Erklärung. Sie erinnert an die Antwort des Kandidaten der Medizin in Molières ,,Der eingebildete Kranke'', der in einem Schein-Examen gefragt wird, warum Opium Menschen einschlafen lasse. ,,Weil Opium Schlaf bewirkende Eigenschaften hat, deren Natur es ist, die Sinne zu betäuben'', antwortet der angehende Arzt feierlich (natürlich auf lateinisch, weil es gelehrter klingt). Wir machen es nicht besser, wenn wir gleichermaßen tiefsinnig erklären, daß die Lysosomenmembran verdauungsresistent ist, ,,weil ihre Oberflächenkomponenten eine enzymresistente Konformation aufweisen''. Doch leider ist das der Stand der Dinge.

Heterophagie

Aufnahme und Verdauung extrazellulären Materials nennt man Heterophagie (vom griechischen *heteros* für anders). Es ist eine Fähigkeit, die auf jene frühen einzelligen Vorfahren zurückgeht, die als erste gelernt haben, lebende Beute zu jagen, zu töten und intrazellulär zu verdauen. Heterophagie ist für Protozoen und niedere Wirbellose der wichtigste Ernährungsmechanismus und hat sich in den Leukocyten, die in unserem Körper Eindringlinge verfolgen und vernichten, nahezu unverändert erhalten.

Es gibt allerdings einen wichtigen Unterschied zwischen frei lebenden Protozoen und den weißen Blutzellen. Für einen Einzeller ist die Endocytose eine Frage von Leben und Tod. Seine Existenz hängt davon ab, wie viele Bakterien er täglich erbeutet. Leukocyten leben dagegen in einer überaus reichhaltigen Flüssigkeit, deren Zucker, Aminosäuren und andere kleine Moleküle sie direkt – ohne weitere Verdauung – nutzen können. Sie sind auf Heterophagie nicht angewiesen. Im Gegenteil, Heterophagie tötet sie sogar. Leukocyten sind

Physiologische Anpassungen der Heterophagie.
A. Abwehrreaktionen: Ein Leukocyt fängt und tötet ein pathogenes Bakterium.
B. Reinigung der Lungenbläschen (Alveolen): Ein Makrophage kehrt Staubpartikel, Mikroben, Viren und andere Fremdkörper zusammen und verschlingt sie.
C. Umbau von Knochen: Ein vielkerniger Osteoklast bricht die Knochenmatrix mit ausgeschiedenen Säuren und lysosomalen Hydrolasen in kleine Fragmente auf. Diese werden dann endocytotisch aufgenommen und in den Lysosomen verdaut.
D. Thyroxinproduktion in der Schilddrüse: Das Vorläuferprotein Thyreoglobulin wird in das Innere eines Follikels abgegeben (1). Die Follikelzellen nehmen es wieder endocytotisch auf und verdauen es in ihren Lysosomen (2). Ein Verdauungsprodukt, das Thyroxin, diffundiert in den Raum, der die Zellen umgibt, und wird schließlich in Blut oder Lymphe aufgenommen (3).

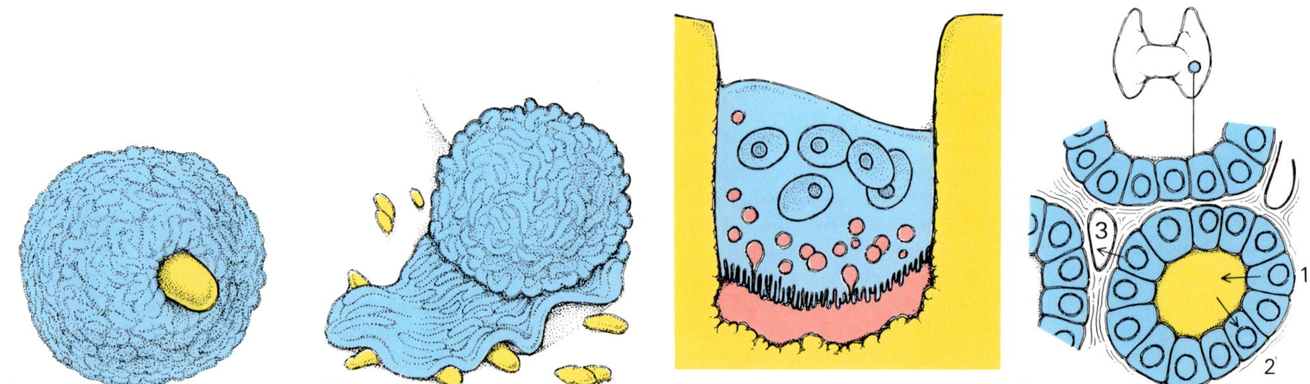

A B C D

dafür geschaffen, in ihrem Leben nur eine einzige große Mahlzeit zu sich zu nehmen. Sie werden im Knochenmark gebildet, mit lysosomalen Hydrolasen und anderen tödlichen Waffen ausgerüstet und dann auf die Suche nach Feinden geschickt. Treffen sie welche, so schlingen sie so viele wie möglich in sich hinein; kurz darauf sterben sie. Zum höheren Wohle des Organismus sind sie durch natürliche Selektion darauf geprägt worden, sich zu Tode zu fressen. Bevor sie dieses Schicksal trifft, ernähren sie sich hauptsächlich von kleinen Molekülen, die sie mit den verschiedenen Transportsystemen ihrer Plasmamembran aus der Umgebung aufnehmen. Grundsätzlich sind Leukocyten daher osmotroph (vom griechischen *ôsmos* für Stoß, Schub und *trophê* für Ernährung), freilebende Protozoen dagegen phagotroph.

Alle Zellen des Menschen und der meisten anderen vielzelligen Organismen sind im wesentlichen osmotroph. Für sie haben also Endocytose und lysosomale Verdauung nicht dieselbe lebenswichtige Bedeutung wie für die Zellen niederer Organismen, die einzig und allein dadurch Nahrung aufnehmen können. Trotzdem dient die Heterophagie auch bei höheren Organismen noch teilweise der Ernährung, denn manche Nahrungsstoffe wie Eisen oder Cholesterin sind an Trägerproteine gebunden, die von den Zellen aufgenommen und verarbeitet werden müssen, um die Nährstoffe verfügbar zu machen.

Darüber hinaus erfüllt die Heterophagie in mehrzelligen Lebewesen noch vielfältige andere Dienste, die dem ganzen Organismus und nicht so sehr den Einzelzellen zugute kommen. Wie sie in der Immunabwehr eingesetzt wird, haben wir bei den Leukocyten bereits gesehen. Ähnlich arbeitet eine andere Gruppe von Zellen, die Makrophagen, die in allen Geweben vorkommen und sich durch besonders gierige, wahllose Phagocytose-Aktivität auszeichnen. Makrophagen beteiligen sich auch an der Immunabwehr, dienen aber vor allem als ,,Straßenkehrer'' und ,,Müllabfuhr''. Wir finden sie beispielsweise in der Lunge, wo sie unaufhörlich die Oberflächen der Alveolen (Lungenbläschen) schrubben und Staub, Ruß, Teer, Bakterien, Viren und alle anderen eingeatmeten Partikel zusammenfegen. Was sie nicht verdauen können, lagern sie in ihren Lysosomen ab. Wenn diese voll sind, knäueln sich die Zellen zusammen und sterben. Ihre Mission ist erfüllt, und mit dem Schleim werden sie aus der Lunge ausgestoßen.

Andere Zellen sind wählerischer und entfernen mit ihren endocytotischen Rezeptoren nur bestimmte Moleküle aus ihrer Umgebung. Indem sie die Substanzen zerstören, erfüllen sie gewöhnlich steuernde Funktionen. Viele Hormone werden beispielsweise endocytotisch aufgenommen und in Lysosomen abgebaut, wenn sie an Oberflächenrezeptoren gebunden und die für sie spezifischen Zellreaktionen ausgelöst haben. Weil Rezeptoren Fühler und Fanginstrument in einem sind, werden hormonelle Wirkungen von ihnen sowohl vermittelt als auch begrenzt.

Heterophagie ist auch dann im Spiel, wenn unlösliche extrazelluläre Strukturen ab- und umgebaut werden. Knochen beispielsweise enthalten sogenannte Osteoklasten (vom griechischen *osteon* für Knochen und *klastos* für zerbrochen), Zellen, die wie Maulwürfe Stollen und Tunnel durch die Grundsubstanz der Knochen graben. Sie geben Säuren und lysosomale Enzyme in das blinde Ende des Tunnels ab und lösen dadurch die Hydroxyapatit-Kristalle (ein Komplex aus Calciumphosphat und Calciumhydroxid) auf, die die wesentlichen mineralischen Bestandteile des Knochens darstellen. Gleichzeitig zerstören sie das Gerüst aus Kollagenfasern, das die organische Grundsubstanz des Gewebes bildet. Durch

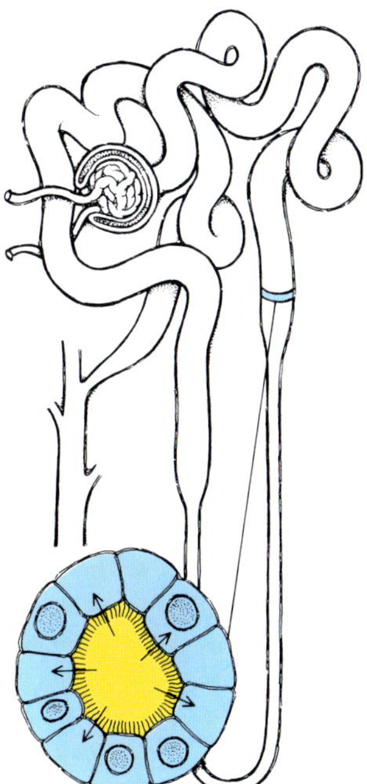

E

E. Resorption in der Niere: Proteine und andere Makromoleküle, die das Filter des Nierenglomerulums (des Nierenkörperchens) passiert haben, werden von den Zellen des proximalen Tubulus (des Nierenkanälchens) endocytotisch aufgenommen und in den Lysosomen verdaut.

Phagocytose und intrazelluläre Verdauung vollenden sie ihre Arbeit. Repariert wird der Schaden von anderen Zellen, den Osteoblasten (vom griechischen *blastos* für Keim), die neue Knochenelemente oder Trabeculae („Bälkchen“, vom lateinischen *trabs* für Balken) aufbauen.

Manchmal dient die Endocytose auch der Rückgewinnung von Substanzen. So werden Proteine, die vom Blut in die Niere übergetreten sind, in den Nierentubuli resorbiert, intrazellulär verdaut und als Aminosäuren zurückgewonnen. In manchen Zellen findet ein besonders bemerkenswertes Recycling statt – vor allem in Fibroblasten, die einen Großteil des Kollagens und anderer Bindegewebsbestandteile synthetisieren. Diese Zellen tragen auf ihren Oberflächen spezielle Rezeptoren für lysosomale Enzyme und können diese daher aus dem extrazellulären Raum, wo sie Schaden anrichten, entfernen und in die Lysosomen zurückbringen, wo sie nützlich sind. Die gleichen Rezeptoren kommen auch innerhalb der Zelle vor; hier stellen sie ein Schlüsselelement jener Maschinerie dar, die neu synthetisierte lysosomale Enzyme ihrem Bestimmungsort zuführt (siehe Kapitel 6).

Manchmal ist die Heterophagie sogar an Synthesevorgänge gekoppelt, wie beispielsweise in der Schilddrüse, wo das Hormon Thyroxin durch den lysosomalen Abbau von Thyreoglobulin entsteht. Dieses jodhaltige Protein wird von den Schilddrüsenzellen synthetisiert und zunächst in ein gemeinsames extrazelluläres Reservoir abgegeben, dann aber – auf ein entsprechendes Signal hin – von denselben Zellen wieder aufgenommen und gespalten.

Diese wenigen Beispiele mögen genügen, um die vielfältigen Funktionen der Heterophagie zu verdeutlichen. In den Lysosomen, die ursprünglich nur wirksame Instrumente der Ernährung waren, fand die Evolution ein überaus reichhaltiges Thema, zu dem sie zahllose Variationen komponiert hat. Und die Heterophagie ist nur eine Seite der Medaille.

Schematische Darstellung der Autophagie. Von links nach rechts sind jeweils vier aufeinanderfolgende Stadien zu sehen: Aufnahme ins Lysosom durch intralysosomale Knospung des Zellplasmas (1), Abschnürung durch *cis*-Membranverschmelzung (2), Verdauung (3) und Entleerung des Lysosoms (4). Nach der Größe des aufgenommenen Materials unterscheidet man zwischen Makro- und Mikroautophagie. Durch mehrfache Mikroautophagie entstehen multivesikuläre Körper.

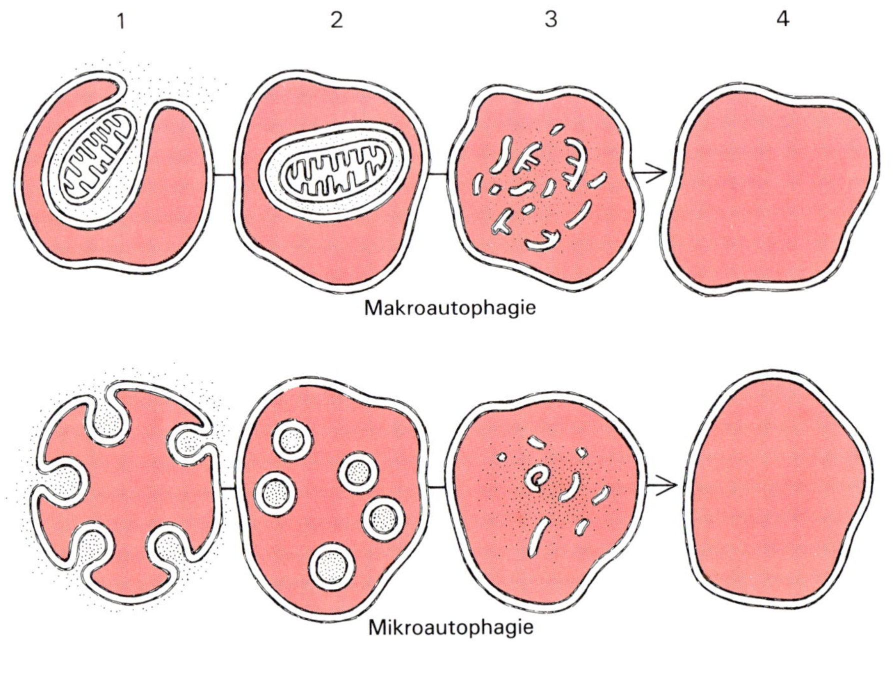

Autophagie

Zellen ,,fressen" und verdauen auch kleine Stücke ihrer eigenen Substanz – man nennt das Autophagie (vom griechischen *autos* für selbst). Das tun sie nicht nur bei Nahrungsmangel, wenn sie von eigenen Reserven leben müssen, sondern selbst dann, wenn sie reichlich mit Nährstoffen versorgt sind. Es ist erstaunlich, wie schnell diese Selbstzerstörung abläuft. Beispielsweise vernichtet eine durchschnittliche Leberzelle (Hepatocyt) in weniger als einer Woche fast ihren gesamten Inhalt.

Den raschen Abbau sieht man keiner Zelle von außen an, auch wenn man sie mit den besten morphologischen oder chemischen Werkzeugen untersucht. Ein Hepatocyt lebt viele Jahre, und seine Struktur und chemische Zusammensetzung ändern sich in dieser Zeit kaum. Das molekulare Durcheinander, das sich hinter dieser Fassade verbirgt, wurde erst erkannt, als man mit Isotopen chemisch identische Moleküle anhand ihrer Atome voneinander unterscheiden konnte. Jetzt zeigte sich, daß Zellen ihre Bestandteile ständig mit verblüffender Geschwindigkeit zerstören und wieder aufbauen. Sie ähneln manchen alten Häusern, die zwar noch genauso aussehen wie damals, als sie errichtet wurden, in denen aber wegen zahlreicher Reparaturen nur noch wenige der ursprünglichen Fensterrahmen und Dachziegel oder sogar der alten Steine und Balken erhalten sind. Was bei einem Haus jedoch Jahrhunderte dauern kann, ist in lebenden Zellen schon nach wenigen Tagen vollendet.

Dieser molekulare Erneuerungsprozeß, der als Umsatz (englisch *turnover*) bezeichnet wird, ist streng reguliert. Jeder Zellbestandteil hat seine eigene charakteristische Lebensdauer. So leben Proteinmoleküle gewöhnlich zwischen einigen Stunden und wenigen Tagen. Jede Proteinsorte besitzt also ganz bestimmte Synthese- und Abbauraten, die perfekt aufeinander abgestimmt sein müssen, damit die Zelle als Ganzes strukturell unverändert bleibt. Dasselbe gilt für die meisten anderen Zellbestandteile, allerdings nicht für die DNA, die selbst nicht umgesetzt wird, wenn auch lokal auftretende Verletzungen repariert werden.

Um ihre eigenen Bestandteile zu zerstören, muß die Zelle sie genauso verdauen wie ähnlich komplexes, aber von außen zugeführtes Material. An den Abbauprozessen sind mehrere unterschiedliche Systeme beteiligt, darunter die Lysosomen, die für viele intrazelluläre Bestandteile – besonders für so sperrige Objekte wie große Zellplasmaklumpen, Mitochondrien, Ribosomenhaufen und Membranfragmente des endoplasmatischen Reticulums – als Müllhalde und Endlager dienen. Der zelluläre Abfall erreicht das lysosomale Kompartiment durch eine Variante des ,,Tricks mit dem geschlossenen Raum" (siehe Kapitel 4), die im Prinzip genauso funktioniert wie die Knospung an der Zelloberfläche. Bei Knospungsvorgängen schnürt sich ein aus der Zelle herausragender Plasmabereich ab, indem sich die Plasmabrücke immer weiter verengt, bis sie schließlich durch eine *cis*-Membranverschmelzung durchtrennt wird. Das gleiche kann mit einem Zellplasmaklümpchen geschehen, das in ein Lysosom hineinragt; es wird als Bläschen abgeschnürt und fällt damit der zellulären Autophagie zum Opfer. Passiert dies mehrfach, so entstehen charakteristische Strukturen, die die Morphologen als multivesikuläre Körper beschreiben.

Zellbestandteile, die bei der Autophagie ins Lysosom aufgenommen werden, lassen sich zunächst noch identifizieren. Wie es der eben beschriebene Knospungsprozeß erfordert, sind sie anfangs von zwei Membranen umgeben. Später degeneriert dann die Membran, die die abgeschnürten Zellplasmabläschen umhüllt. Sie verschwindet schließlich ganz, und mit fortschreitender Verdauung ist auch der Inhalt der Bläschen bald nicht mehr zu erkennen. Alle Strukturen, von denen man anhand eines der genannten Charakteristika sagen kann, daß sie durch Autophagie entstanden sind, werden unter dem Begriff Autophagosomen oder autophagische Vakuolen zusammengefaßt. Man hat vermutet, daß neben Lysosomen auch andere Membranstrukturen daran mitwirken können, Zellbestandteile abzutrennen. Die dabei entstehenden Autophagosomen würden anfangs noch keine Verdauungsenzyme enthalten und erst durch die nachfolgende Fusion mit einem Lysosom damit ausgestattet.

Wer das Ausmaß der Selbstzerstörung in lebenden Zellen sieht, mag sich fragen, welche Vorteile diese aufwendige Aktivität bietet. In ihrer primitiven Form diente die Autophagie wahrscheinlich – wie die Heterophagie – hauptsächlich der Ernährung. Sie ermöglichte es den Zellen, Hungerperioden zu überleben, und entwickelte sich zu einem hochwirksamen Mechanismus: Verschiedene Zellbestandteile werden in der Reihenfolge ihrer Entbehrlichkeit geopfert. Dank der Autophagie kann eine Zelle lange ohne Nahrung auskommen. Sie verbraucht zwar nach und nach ihre eigene Substanz, tut dies aber in so geordneter Weise, daß sie noch für einige Zeit funktionstüchtig bleibt. Das gleiche gilt auch für ganze Organismen. KZ-Häftlinge, die bis zum Skelett abgemagert waren, als sie aus Hitlers Vernichtungslagern befreit wurden, hatten durch Autophagie überlebt: Die entbehrlichen Proteine ihrer Muskulatur waren aufgebraucht worden, um lebenswichtige Organe, Herz, Gehirn und Blut zu versorgen. Viele dieser Opfer erholten sich physisch erstaunlich schnell, als man ihnen geeignete Nahrung gab, mit der sie ihre Gewebe wieder aufbauen konnten.

Die Zellen der meisten lebenden Organismen reagieren auf Nahrungsentzug mit Autophagie – auch die der höheren Tiere, in denen die Autophagie außerdem durch Hormone stimuliert werden kann, die wie das Glukagon die Reserven des Organismus mobilisieren. Aber Selbsterhaltung allein erklärt nicht, warum meist auch in bestens ernährten Zellen kontinuierlich und intensiv Zellbestandteile umgesetzt werden. Tatsächlich liegt der Hauptvorteil woanders: Autophagie-Prozesse erhalten die Zellen jung und machen sie anpassungsfähig.

Dank des ständigen Umsatzes werden alte Zellbestandteile laufend durch neue ersetzt; die Zelle kommt dadurch dem Ideal ewiger Jugend ziemlich nahe. Nehmen wir die Hirnzellen eines alten Menschen. Sie existieren schon jahrzehntelang, doch ihre Ribosomen, Mitochondrien, Membranen und anderen Organellen sind meistens weniger als einen Monat alt. Im Laufe der Jahre haben die Zellen fast alle ihre Bestandteile hunderte oder tausende Male zerstört und wieder neu gebildet – manche sogar mehr als hunderttausend Mal. Diese Ereignisse gehen nicht spurlos an einer Zelle vorüber: In ihren Lysosomen sammeln sich immer mehr

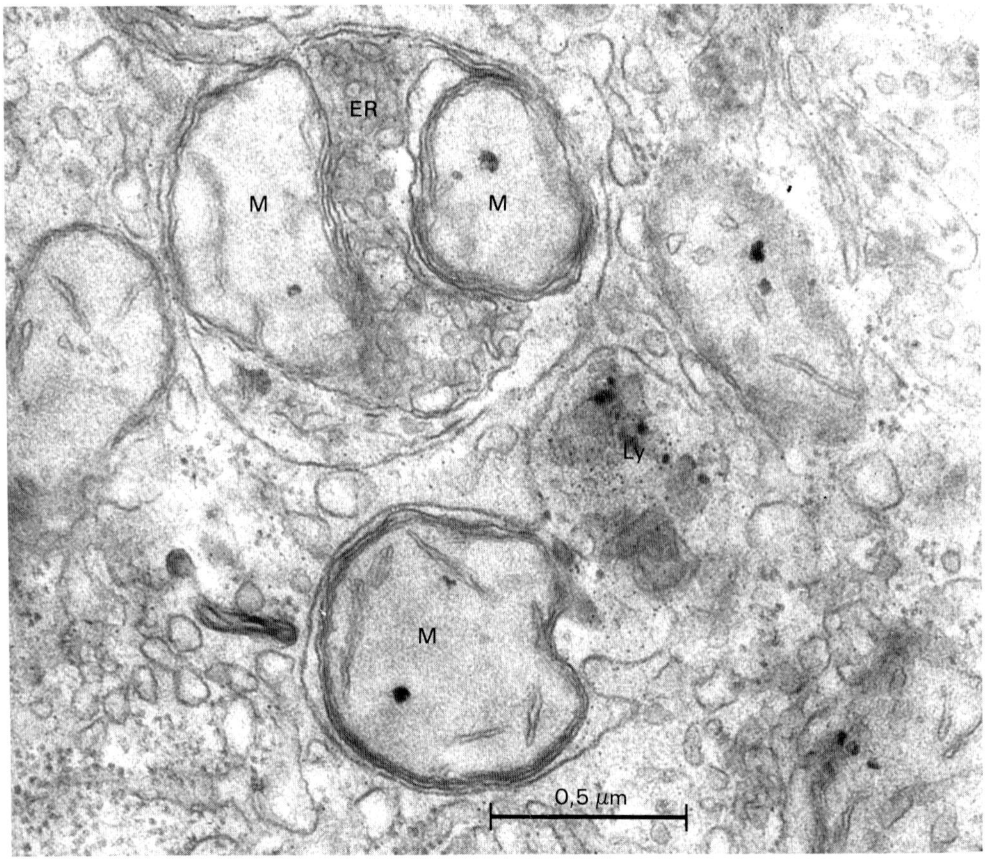

Autophagosomen (autophagische Vakuolen) in der Leber einer Ratte, der Glukagon (ein Autophagie stimulierendes Hormon) eingespritzt worden war. Auf dieser elektronenmikroskopischen Aufnahme eines Dünnschnitts sieht man zwei Autophagosomen. Das obere enthält zwei Mitochondrien (M) sowie Fragmente des endoplasmatischen Reticulums (ER). In der Nähe der Außenmembran dieser Vakuole sind noch Reste einer zweiten Membran zu erkennen. Direkt darunter liegt ein weiteres Autophagosom mit einem Mitochondrion. Es ist offenbar gerade mit einem Lysosom (Ly) verschmolzen, das sich an seinem dichten, polymorphen Inhalt identifizieren läßt.

Rückstände an. Dieses sogenannte Alterspigment oder Lipofuscin – die Folge einer nicht ganz perfekten lysosomalen Verdauung – verrät das Alter der Zelle. Vielleicht ist es sogar einer der Schwachpunkte, die letztlich die ewige Jugend der Zellen vereiteln; man vermutet nämlich, daß die Überladung der Lysosomen bei der Zellalterung mitwirkt.

Der zweite wichtige Nutzen der Autophagie ist eine erhöhte Anpassungsfähigkeit. Gegebenenfalls können zerstörte Zellbestandteile statt durch identische Teile auch durch andersartige ersetzt werden, die den momentanen Bedürfnissen der Zelle besser angepaßt sind. Solche adaptiven Veränderungen erfolgen manchmal nur vorübergehend, als Antwort auf Umweltänderungen. Einige gehören jedoch fest zu fundamentalen Vorgängen der Differenzierung und Entwicklung.

In Drüsenzellen gibt es eine besondere Form der Autophagie, die Krinophagie (vom griechischen *krinein* für trennen, abscheiden). Dabei verschmelzen Sekretgranula mit Lysosomen (*cis*-Verschmelzung), und die Sekrete werden zerstört. Die Krinophagie ist ein wichtiger Regulationsmechanismus (siehe Kapitel 6).

Krinophagie. Die beiden elektronenmikroskopischen Aufnahmen zeigen die Krinophagie in hormonproduzierenden Zellen der Hypophyse (Hirnanhangdrüse). Links ist ein elektronendichtes Sekretionsvesikel gerade mit einem multivesikulären Körper verschmolzen, der höchstwahrscheinlich ein Lysosom darstellt. Im rechten Bild sieht man Sekretmaterial innerhalb eines multivesikulären Körpers und eines ,,dichten Körpers'' (*dense body*). Es ist zu beachten, daß die Membranen der Sekretgranula nicht in die Lysosomen aufgenommen, sondern durch *cis*-Verschmelzung in deren Membran eingebaut werden. Darin unterscheidet sich die Krinophagie von der Autophagie.

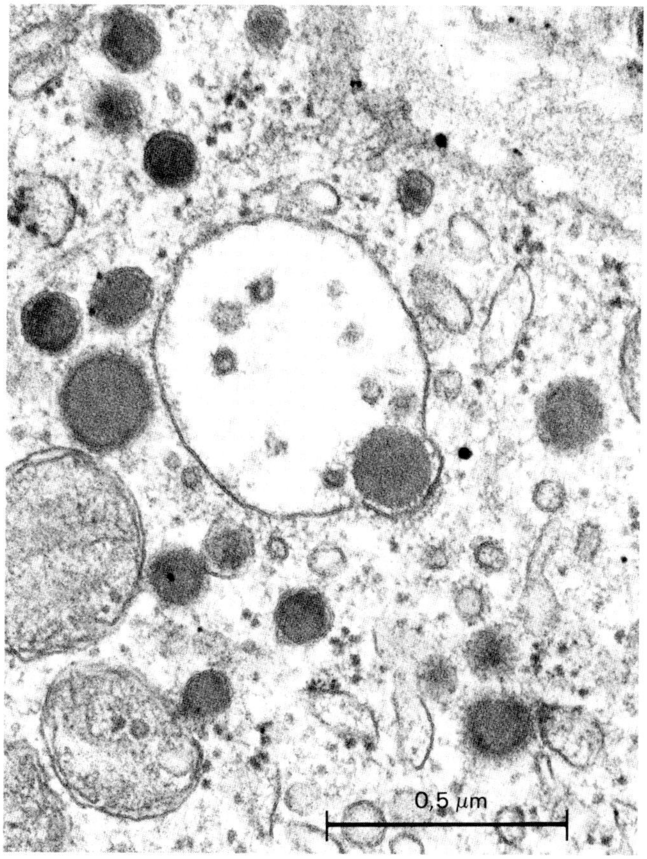

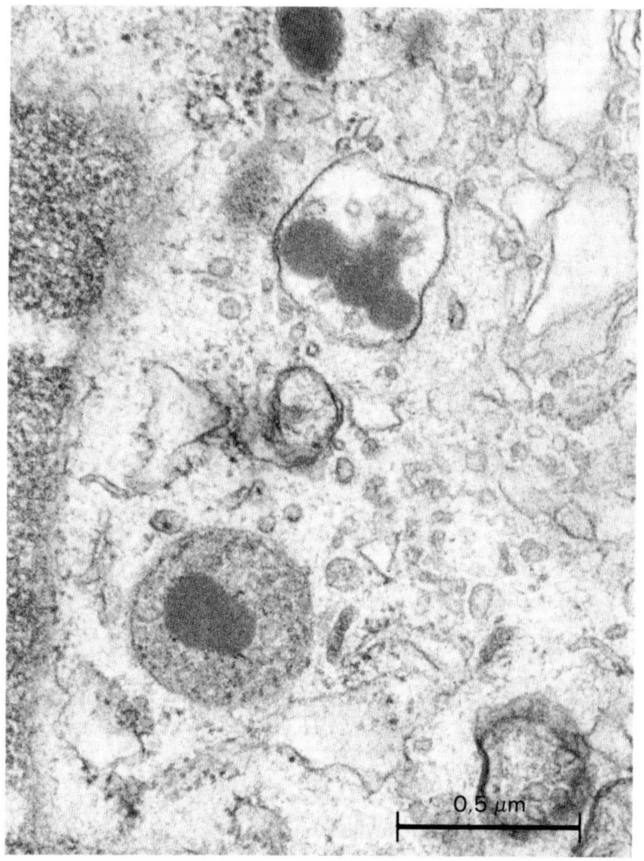

Die Entleerung der Lysosomen

Im Darm werden viele Endprodukte der Verdauung durch Resorption beiseite geräumt: Zellen der Darmschleimhaut nehmen die Stoffe – meist mit Hilfe von aktiven Pumpen – in sich auf und geben sie an den Blutstrom weiter. In den Lysosomen geschieht etwas ähnliches. Die verschiedenen im Verdauungsprozeß entstehenden kleinen Moleküle diffundieren durch die Lysosomenmembran oder werden durch sie hindurchtransportiert und gelangen so ins Zellplasma, wo sie an den Stoffwechselreaktionen der Zelle teilnehmen. Wahrscheinlich hängt die Entleerung der Lysosomen von speziellen membrangebundenen Trägersystemen ab, die bisher jedoch noch nicht charakterisiert sind.

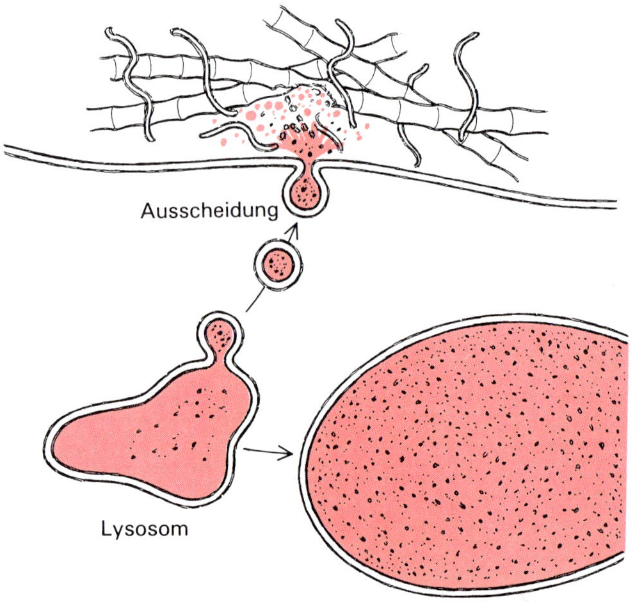

Ein entwicklungsgeschichtliches Dilemma: Was machen vielzellige Organismen mit lysosomalen Rückständen? Wenn die Reste durch zelluläre Ausscheidung (Defäkation) abgegeben werden, wie es bei Einzellern geschieht, können die dabei freigesetzten Enzyme die extrazellulären Strukturen schädigen. Werden sie in den Lysosomen gespeichert, droht deren Überladung. Von beiden Übeln scheint sich das zweite als das weniger schädliche durchgesetzt zu haben, wie man an der ,,chronischen Verstopfung'' der meisten Zellen erkennen kann.

Was geschieht, wenn Substanzen gar nicht oder nur so unvollständig verdaut werden, daß sich die Produkte nicht aus den Lysosomen beseitigen lassen? Welche Folgen hat es beispielsweise, wenn Zellen unverdauliches Material aufnehmen oder bestimmte Verdauungsfunktionen ausfallen?

Bei den meisten Protozoen und niederen Wirbellosen passiert nichts Besonderes, da ihre Zellen den Inhalt alter Lysosomen einfach ins umgebende Medium abladen können. Dieser Prozeß, den man als zelluläre Ausscheidung (Defäkation) bezeichnet, beruht auf Exocytose. Bei höheren Tieren sind die meisten Zellen offenbar unfähig, ihre Lysosomen auf diese Weise zu entleeren. Sie leiden sozusagen unter chronischer Verstopfung. Das ist ein ernstzunehmendes Leiden, das, wie wir noch sehen werden, zahlreiche pathologische Erscheinungen nach sich ziehen kann. Doch die mögliche Alternative ist genauso schlimm, wenn nicht sogar schlimmer, wie gleichfalls durch die Pathologie belegt wird. Wenn Lysosomen ihren Inhalt in das umliegende Gewebe entleeren, geben sie mit den Überresten auch Enzyme ab, die die extrazellulären Strukturen empfindlich schädigen können. Vermutlich mußte die zelluläre Ausscheidung durch natürliche Selektion unterdrückt werden, damit die Evolution überhaupt zu einer höheren, vielzelligen Organisation fortschreiten konnte.

Wie Lysosomen mit Enzymen ausgestattet werden

Die lysosomalen Hydrolasen sind wie alle Enzyme Proteine. Daher sollten sie in den Lysosomen eigentlich dem gleichen Schicksal erliegen wie andere Proteine auch, nämlich von proteolytischen Enzymen verdaut werden. Daß sie dennoch ihre Arbeit ordnungsgemäß verrichten, läßt darauf schließen, daß dieser Abbau nur sehr langsam vor sich geht. Das überrascht nicht, denn ohne verdauungsresistente Enzyme gäbe es keine Lysosomen. Vermutlich beruht ihre Resistenz darauf, daß sie in dem sauren Milieu ihrer natürlichen Umgebung fest aufgefaltet bleiben. Denn gewöhnlich müssen Proteinketten zumindest teilweise entfaltet oder denaturiert sein (siehe Kapitel 2), damit proteolytische Enzyme sie angreifen und zerschneiden können. Viele Proteine werden durch Säuren denaturiert. Lysosomale Enzyme sind offensichtlich dagegen geschützt und vermögen daher im lysosomalen Milieu zu überleben.

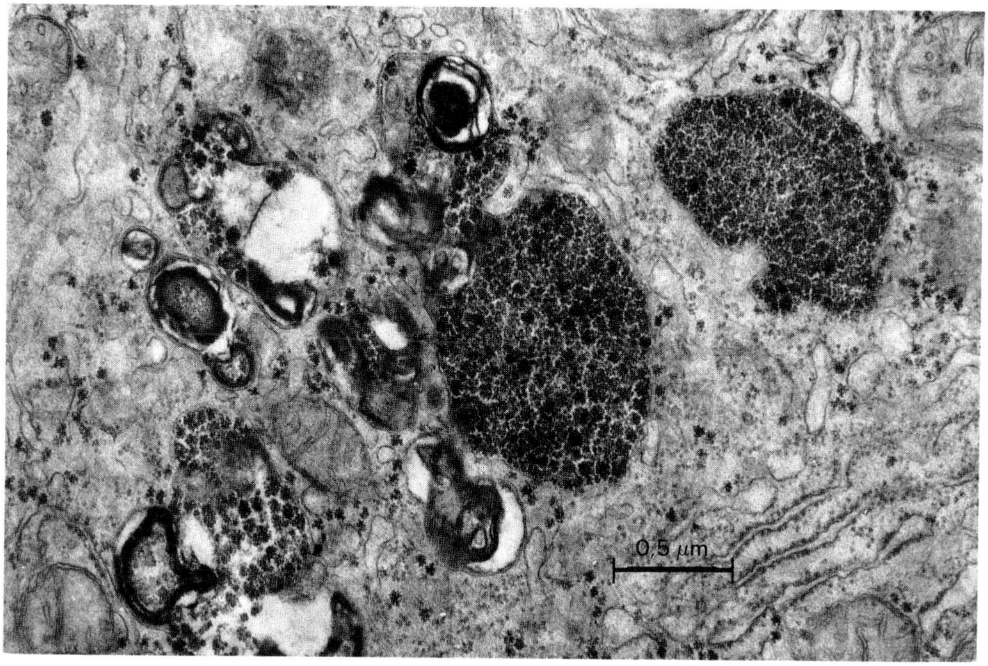

Ein Beispiel einer angeborenen lysosomalen Speicherkrankheit: die Glykogen-Speicherkrankheit Typ II oder Pompe-Krankheit. In den Lysosomen sammelt sich das stärkeähnliche Polysaccharid Glykogen an, weil die lysosomale Hydrolase defekt ist, die normalerweise diese durch Autophagie aufgenommene Substanz verdaut. Die beiden elektronenmikroskopischen Aufnahmen zeigen Ausschnitte der Leber eines Kindes, das an dieser Krankheit gestorben ist. Die Glykogenpartikel sind an ihrer hohen Dichte und sternförmigen Gestalt zu erkennen. Das obere Bild gibt ein frühes Stadium der Glykogenaufnahme in „dichte" Lysosomen wieder. Im unteren Bild sieht man ein geschwollenes Lysosom, das mit Glykogen gefüllt ist.

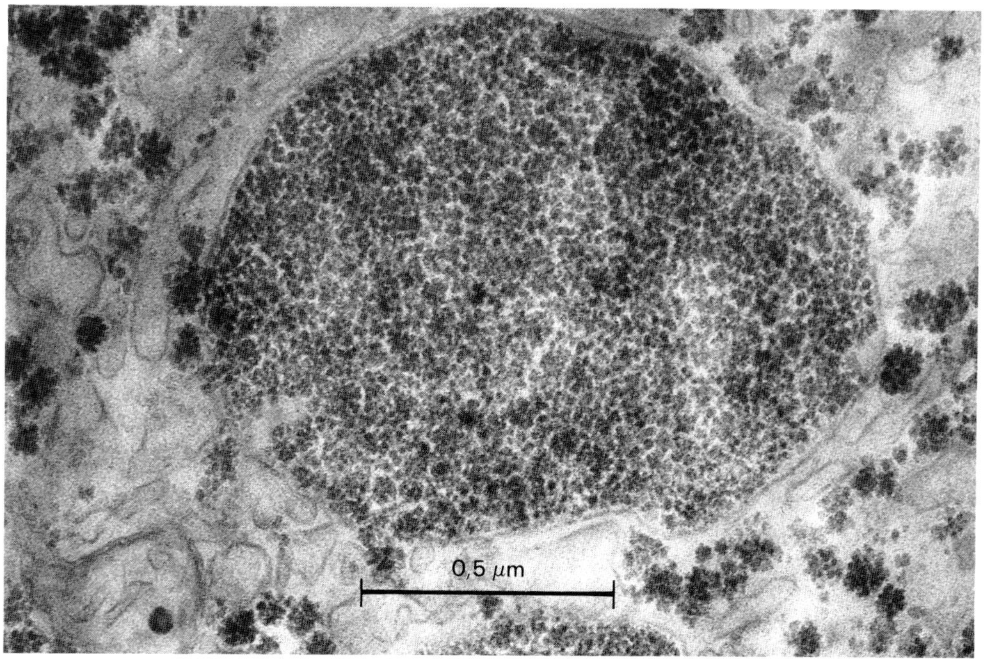

Natürlich leben sie nicht ewig, und sie müssen ersetzt werden, wenn sie einen proteolytischen Zufallstreffer erleiden, der ihren endgültigen Abbau einleitet. Um herauszufinden, wie dieser Austausch abläuft, müssen wir einen anderen Zellbereich aufsuchen, nämlich die Exportabteilung, in der unter anderem auch lysosomale Enzyme produziert werden. Wir wollen uns das in Kapitel 6 näher ansehen. Im Augenblick können wir nur den letzten Schritt, die Auslieferung, beobachten. Erwartungsgemäß kommen die neu synthetisierten Enzyme in Membranhüllen am Lysosom an und werden durch Membranfusion (*cis*-Verschmelzung) nach innen abgegeben. Die frischen Membranpakete mit lysosomalen Enzymen nennt man primäre Lysosomen, im Gegensatz zu den aktiv verdauenden sekundären Lysosomen.

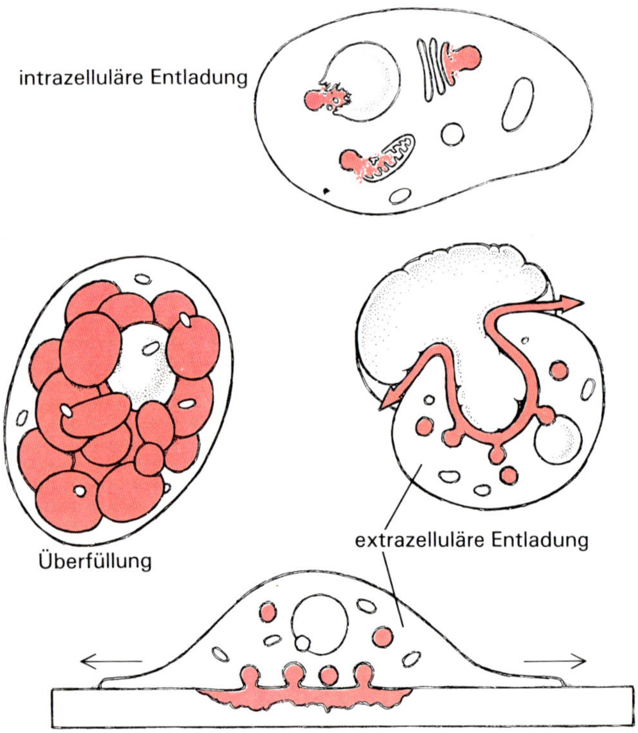

Die Verdauungskrankheiten der Zellen: die drei schweren lysosomalen Syndrome.

Die Verdauungsbeschwerden der Zelle

Dyspepsie, Übersäuerung, Verstopfung und andere Verdauungsstörungen stellen ein allgemeines Los der Menschheit dar – eine häufige Ursache persönlichen Unbehagens und gleichzeitig die Grundlage eines gewinnträchtigen Zweigs der Pharmaindustrie. Die genannten Beschwerden sind jedoch geradezu unbedeutend gegenüber den Verdauungskrankheiten, mit denen Zellen zu kämpfen haben. Medizinische Forscher, die sich heute immer mehr in Detektive auf subzellulärem und molekularem Niveau verwandeln, erkennen allmählich, daß sehr viele Krankheiten auf nichts anderem beruhen als auf den Verdauungsstörungen bestimmter Zellen.

Wie wir bereits gesehen haben, leiden die meisten unserer Zellen unter Verstopfung. Da das natürlich ist, kann man es nicht als Krankheit ansehen. Es stellt aber trotzdem eine ernsthafte Behinderung dar, da unsere Lysosomen dadurch sehr anfällig für Überladungen werden. Die dramatischsten Beispiele solcher Lysosomenüberladungen findet man bei Kleinkindern, bei denen genetisch bedingt einige lysosomale Enzyme versagen. Man kennt heute mehr als 25 solcher angeborenen Enzymdefekte, darunter die Tay-Sachs-Krankheit. Bei diesen Erkrankungen fehlt jeweils ein bestimmtes lysosomales Enzym. Infolgedessen füllen sich die Lysosomen allmählich mit dem Material, das normalerweise abgebaut würde. Sie schwellen dadurch so gewaltig an, daß sie die Zelle schließlich regelrecht ersticken (siehe die Aufnahmen auf der vorigen Seite). Glücklicherweise treten solche lysosomalen Speicherkrankheiten selten auf. Sie sind jedoch äußerst qualvoll, und die Kinder, die darunter leiden, sind oft geistig stark behindert und sterben früh.

Außer genetischen Defekten können noch viele andere Situationen zu lysosomaler Überladung führen. So tritt sie auch bei Arteriosklerose und als Hauptkomplikation bei bestimmten Nierenerkrankungen auf; sie kann ebenso durch Medikamente hervorgerufen werden. Je mehr wir über die lysosomale Überladung lernen, desto stärker drängt sich der Eindruck auf, daß sie zu den häufigsten Zellerkrankungen überhaupt gehört und für zahlreiche Krankheitsbilder verantwortlich ist. Sie stellt gewissermaßen ein universelles Phänomen und eine unausweichliche Begleiterscheinung des Alters dar, denn keine Zelle kann verhindern, daß gelegentlich ein unverdauliches Molekül in ihr lysosomales Kompartiment gelangt. Sind solche Moleküle erst einmal aufgenommen, so können sie nicht wieder hinaus, und die Lysosomen füllen sich allmählich mit Rückständen an.

Unter bestimmten pathologischen Bedingungen brechen die Barrieren, die die Lysosomen normalerweise daran hindern, sich in die Umgebung der Zelle zu entleeren. Dazu kann es kommen, wenn Zellen versuchen, extrem große Objekte wie beispielsweise umfangreiche Antigen-Antikörper-Komplexe aufzunehmen oder gar flache Oberflächen einzuschließen, etwa eine Basallamina, die versehentlich durch Autoantikörper (Antikörper gegen körpereigene Bestandteile) opsonisiert, also zur Phagocytose ,,vorbereitet'' wurde. Endocytotische Einstülpungen verschmelzen dann mit Lysosomen, noch während sie offen sind, so daß sich deren Inhalt in den extrazellulären Raum ergießt. Gelenkrheumatismus und verschiedene andere Autoimmunkrankheiten verdeutlichen, wie stark extrazelluläre Strukturen durch lysosomale Enzyme zerfressen werden können. Zellen leiden – trotz der vielen Nachteile – aus gutem Grund an Verstopfung.

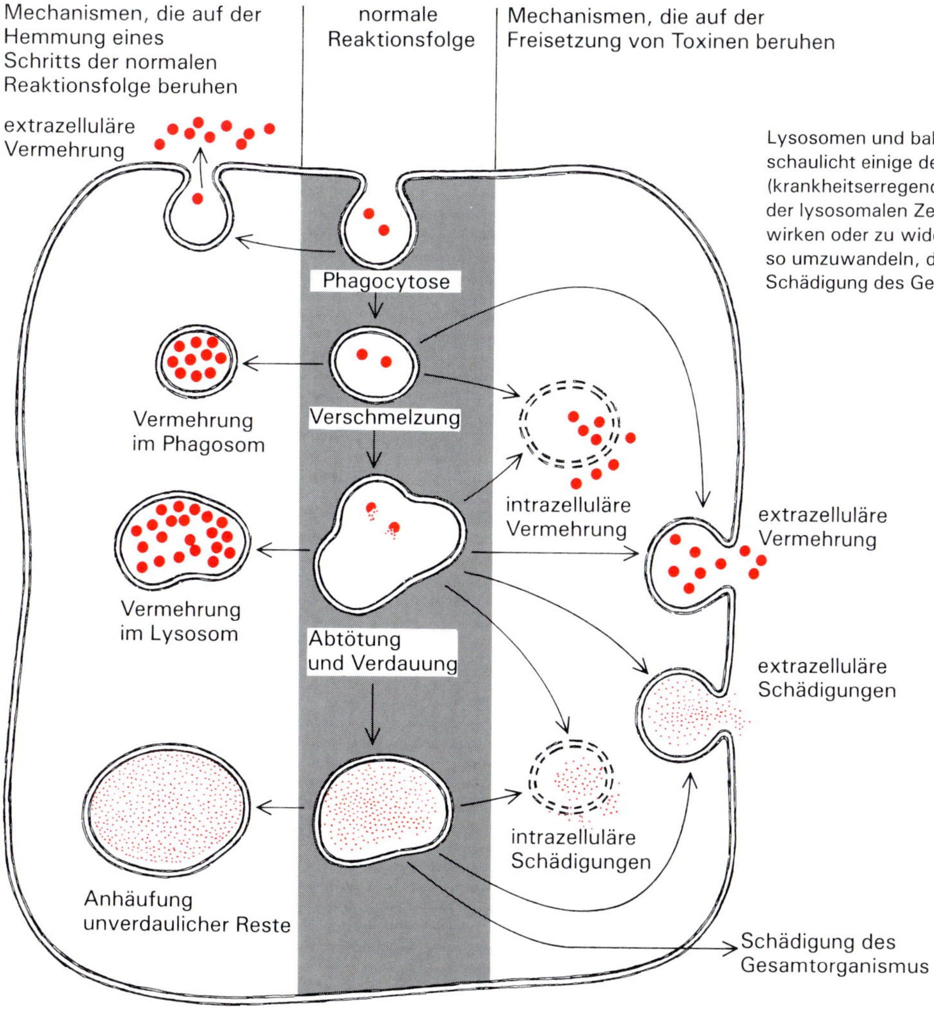

Lysosomen und bakterielle Infektionen. Dieses Schema veranschaulicht einige der Mechanismen, mit denen es pathogenen (krankheitserregenden) Mikroorganismen gelingt, entweder der lysosomalen Zerstörung zu entkommen, ihr entgegenzuwirken oder zu widerstehen oder aber diesen Abwehrprozeß so umzuwandeln, daß er zu lokalen Verletzungen oder gar zur Schädigung des Gesamtorganismus führt.

Ein anderes häufiges lysosomales Krankheitssyndrom tritt auf, wenn die Lysosomenmembran verletzt wird. Welcher Zaubertrick auch immer diese Membran so verdauungsresistent macht – narrensicher ist er nicht. Wenn die Membran zerstört wird, greifen lysosomale Enzyme natürlich das benachbarte Zellplasma an. Die Zelle kann dadurch schwer geschädigt werden oder gar absterben. Auf solche Zellverletzungen führt man heute zum Beispiel Gicht, Asbestose und Silicose (die Staublunge der Bergleute) zurück.

Schließlich müssen wir noch erwähnen, welche Rolle Lysosomen bei bakteriellen Infektionen spielen. Ein erfolgreiches Eindringen von Krankheitserregern läßt sich meist mit einem Versagen der lysosomalen Abwehr erklären. Oder anders ausgedrückt: Ein Erreger ist ein Mikroorganismus, der der lysosomalen Zerstörung zu entgehen weiß. Unsere bakteriellen Feinde haben dabei einen erstaunlichen Erfindungsreichtum bewiesen (siehe das Schema auf der vorigen Seite). Einige schmuggeln sich unbemerkt an unserem Immunsystem vorbei und entgehen der Phagocytose, weil sie nicht opsonisiert werden. Andere verhindern die Verschmelzung von Endosomen und Lysosomen – man denke an die Tuberkel-Bazillen – oder widerstehen, wie die Lepra-Bazillen, der lysosomalen Verdauung. Wieder andere entkommen, indem sie die Endosomen- oder Lysosomenmembran durch ein Exotoxin (ein ausgeschiedenes Gift) aufbrechen. Die heimtückischsten Bakterien sind jene, die zwar in der Zelle getötet werden, sich aber dann noch posthum rächen, indem sie den Organismus mit einem Endotoxin vergiften, das bei der lysosomalen Verdauung ihrer Zellwand freigesetzt wird.

Arzneimittel für Lysosomen

Aus vielerlei Gründen kann es wünschenswert sein, Medikamente in Lysosomen zu senden – am offensichtlichsten dann, wenn es darum geht, eine jener vielfältigen lokalen Störungen zu beheben, die wir gerade kennengelernt haben. In anderen Fällen sind die Lysosomen allerdings weniger das Ziel als vielmehr ein Hilfsmittel des therapeutischen Eingriffs. Zahlreiche Substanzen, darunter viele Arzneimittel, aber auch verschiedene Farbstoffe wie beispielsweise Neutralrot, werden spontan von Lysosomen aufgenommen und erreichen dort sehr schnell Konzentrationen, die mehrere hundert Mal höher liegen als in der übrigen Zelle. Man nennt solche Substanzen, die alle schwach basisch sind, lysosomotrop (vom griechischen *tropos* für Richtung). In ihrer nicht protonierten, ungeladenen und entsprechend lipophilen Form vermögen sie Membranen wie die Lysosomenmembran leicht zu durchqueren. Im sauren Milieu der Lysosomen werden sie dann mit Protonen (H^+) bestückt (protoniert); so erhalten sie eine oder zwei positive Ladungen und können die Membran in der Gegenrichtung nicht mehr passieren.

Daß bestimmte Moleküle durch Protonierung festgehalten werden, kommt nicht nur in Lysosomen vor, sondern ebenso in Endosomen und allen anderen Strukturen (möglicherweise auch in Teilen des Golgi-Apparats), in denen mit einer Protonenpumpe ein saures Milieu aufrecht erhalten wird. Viele interessante Erscheinungen beruhen darauf.

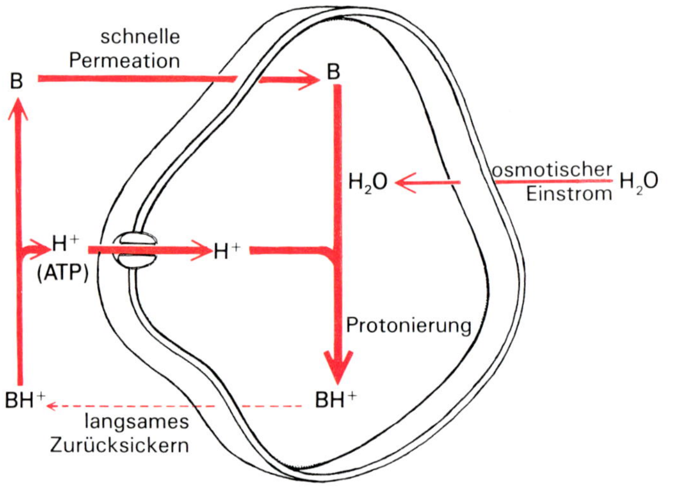

Der Lysosomotropismus schwacher Basen. Die nichtprotonierte Base B diffundiert leicht durch die Membran in das Lysosom und wird dann innen in protonierter Form (BH^+) festgehalten, da diese die Membran nicht durchqueren kann. Durch Osmose strömt Wasser ein. Der Prozeß wird durch eine ATP-abhängige Protonenpumpe aufrecht erhalten, die Protonen nach innen treibt.

Die eindrucksvollste ist die Vitalfärbung, bei der alle Endosomen und Lysosomen in der Zelle wie funkelnde Sterne farbig aufleuchten. Dieses Phänomen ist seit über 100 Jahren bekannt, aber erst seit kurzem geklärt. Lysosomotropismus drückt sich auch in der sogenannten Vakuolisierung von Zellen aus, bei der die beteiligten Strukturen osmotisch anschwellen. Außerdem beeinflussen viele lysosomotrope Substanzen die intrazelluläre Verdauung, indem sie das saure Milieu der Lysosomen neutralisieren; manchmal hemmen sie auch eine oder mehrere Hydrolasen. Verschiedene Vergiftungserscheinungen und die Wirkungsweise mancher Medikamente sind durch solche Mechanismen zu erklären. Ein interessantes Beispiel dafür liefert das Antimalaria-Medikament Chloroquin: Man nimmt an, daß es sich in den Lysosomen der Malariaparasiten anreichert und dort die Ver-

Eine Folge des Lysosomotropismus ist die Vakuolisierung von Zellen. Der hier gezeigte Fibroblast hat sich nach Chloroquin-Behandlung mit Vakuolen gefüllt. — Auf dem Schutzumschlag des Buches findet sich ein Beispiel für eine Vitalfärbung.

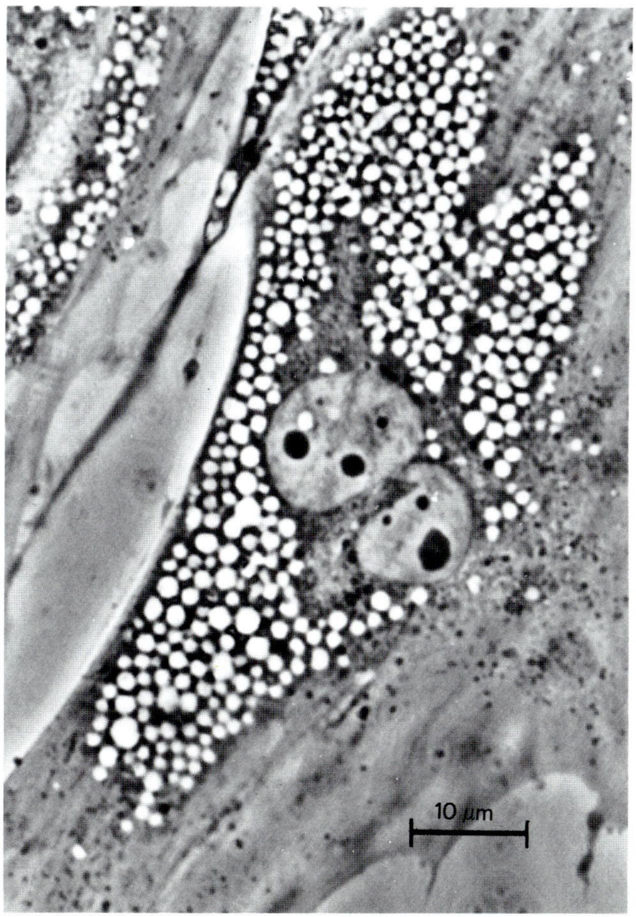

Der durch Endocytose vermittelte Lysosomotropismus kann helfen, Medikamente genauer auf ein Ziel zu richten. Das an einen Träger gebundene Arzneimittel gelangt nur in solche Zellen, die auf ihrer Oberfläche Rezeptoren für das Trägermolekül besitzen (Zielzellen). In den Lysosomen dieser Zellen wird das Medikament enzymatisch von seinem Träger gelöst und wandert von dort aus zu seinem Zielobjekt, beispielsweise zum Zellkern.

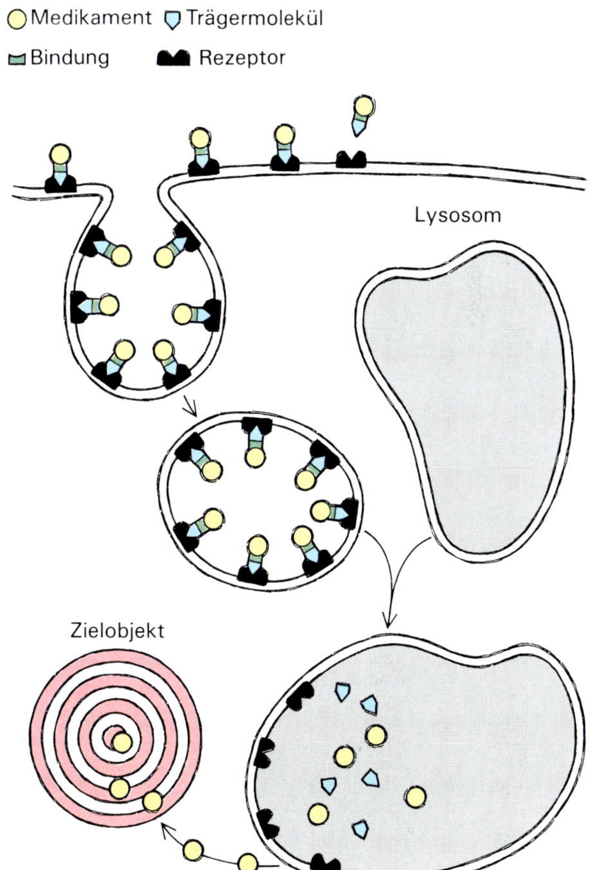

dauung des Hämoglobins blockiert, das in den befallenen roten Blutzellen die einzige Nahrungsquelle der Parasiten ist.

Auch durch Endocytose kann man Substanzen in die Lysosomen schicken. Dieser Weg ist sogar besonders vielversprechend, weil er selektiv wirkt. Die endocytotische Aufnahme wird durch Oberflächenrezeptoren gesteuert, die von einem Zelltyp zum anderen variieren. Jetzt, wo wir wissen, was in den Lysosomen geschieht, können wir dem Geschehen eine neue Wendung geben. Nehmen wir einmal an, wir wollten ein Medikament ganz gezielt zu einem bestimmten Zelltyp – etwa einer Krebszelle oder einem krankheitserregenden Parasiten – bringen. Wenn diese Zellen Rezeptoren tragen, die auf den Körperzellen, die wir schützen wollen, nicht oder deutlich seltener vorkommen, so haben wir gute Chancen. Wir müssen jetzt bloß das Medikament an einen Träger koppeln, den die Rezeptoren erkennen, und dafür eine chemische Bindung wählen, die in den Lysosomen gespalten wird. Es gibt zwar noch einige zusätzliche Voraussetzungen, aber grundsätzlich ist dies ein Konzept, nach dem man heute neue Medikamente entwickelt, die vielleicht die ,,Wunderwaffen" der Zukunft sind.

Die Bedeutung des biologischen Abbaus

Die meisten Wissenschaftler, die das Leben erforschen, bewundern vor allem die Prozesse der Biosynthese, jener phantastischen Fähigkeit lebender Organismen, selbst primitivster Bakterien, Tausende verschiedener Substanzen herzustellen – die zudem oft so kompliziert sind, daß wir sie nicht einmal mit den raffiniertesten chemischen Techniken nachbauen können. Dagegen hat man Abbauprozesse nur als den naturgegebenen, unvermeidlichen ,,Weg allen Fleisches" angesehen, als ein ständig über dem ,,wunderbar zarten" Gewebe des Protoplasmas schwebendes Schicksal – mehr als eine Bedrohung für das Leben denn als lebensnotwendige Funktion.

Zweifellos ist die Biosynthese ein faszinierender Prozeß, und auf unserer Reise werden wir uns häufig mit ihrer Energetik und ihrer Bedeutung für die Informationsvermittlung beschäftigen. Doch der biologische Abbau ist – wenn auch viel einfacher – keineswegs weniger wichtig, wie wir in unserem Plastikzeitalter gerade zu begreifen beginnen. Wenn damals, als die ersten Proteine, Nucleinsäuren, Polysaccharide und anderen Biopolymere entstanden, nicht auch die passenden Hydrolasen gebildet worden wären, existierte heute keine Biosphäre, sondern nur eine ,,Plastosphäre". Es gäbe keine Anpassung, keine Differenzierung, keine Evolution – kein Leben. Das Gewebe des Lebens ist gar nicht so zart und zerbrechlich, sondern besteht hauptsächlich aus sehr widerstandsfähigen Molekülen, die unter normalen Bedingungen nicht weniger stabil sind als Polystyrol oder Polyvinylchlorid. Verdaut werden sie, wie wir gesehen haben, nur in Gegenwart geeigneter Katalysatoren.

Biologischer Abbau ist daher ein entscheidender lebenserhaltender Vorgang, der von Natur aus aber immer auch lebensbedrohend wirkt. Ein solcher Drahtseilakt zwischen Leben und Tod kann keinem zufälligen, spontan ablaufenden Prozeß anvertraut werden. Biologische Abbaureaktionen unterliegen stets einer strengen Kontrolle und sind in ein ausgefeiltes Netz von Schutzmaßnahmen eingebunden. Diese Lektion sollten wir von unserem Besuch im Lysosom mitnehmen, jenem faszinierenden Kompartiment, in dem es irgendwie gelingt, die notwendigerweise brutalen, wahllos angreifenden Abbaureaktionen selektiv und erstaunlich sicher zu handhaben. Aber jetzt müssen wir versuchen, aus den Lysosomen herauszukommen.

Flucht aus den Lysosomen

Noch vor wenigen Jahren hätte es kein vernünftiger Mensch gewagt, eine Zelle über den Endocytose-Weg zu betreten, ohne die feste Garantie zu haben, daß das lysosomale Kompartiment umgangen wird. Wer in ein Lysosom geriet, der konnte – so glaubte man – wie in Dantes *Inferno* alle Hoffnung fahren lassen. Selbst wenn es gelänge, nicht durch die Säure verätzt oder von Hydrolasen zerhackt zu werden, so wäre man doch für immer in ein Membrangefängnis eingesperrt und würde durch das launische Spiel der *cis*- und *trans*-Verschmelzungen endlos hin und her gestoßen. Tatsächlich sprachen zahllose gut belegte Beispiele für diese Annahme, darunter auch die vielen Erkrankungen, die mit überladenen Lysosomen einhergehen.

Heute wissen wir, daß diese Sichtweise nicht ganz korrekt ist. Es gibt einen Weg aus den Lysosomen, möglicherweise sogar mehrere. Sie sind mit verschiedenen intrazellulären Routen verbunden, die entweder zur Plasmamembran oder zum Golgi-Apparat führen. Wir brauchen nicht mehr zu tun, als uns an einen passenden Membranflecken zu klammern. Er wird sich bald ablösen und uns aus dem lysosomalen Kompartiment herausbringen. Schwierig ist es nur, sich im Inneren des Lysosoms an der Membran festzuhalten. Die meisten Substanzen, die an Plasmamembran-Rezeptoren binden, werden hier durch den Säuregehalt oder durch Enzymreaktionen abgespalten. Der ätzende lysosomale Inhalt zerstört sogar einige der Rezeptoren. Daher haben die Membranstückchen, die von der Lysosomenmembran abgetrennt und zur Zellperipherie zurücktransportiert werden, nackte, blankgescheuerte Oberflächen. So zumindest interpretieren wir die Tatsache, daß – trotz des ständigen Recyclings der Membranen – so wenig Material aus den Lysosomen herausgebracht wird. Wir müssen außerdem annehmen, daß sich die Membranstücke in einer Form abtrennen – vielleicht als sehr kleine Vesikel –, in der nur äußerst wenig Flüssigkeit transportiert werden kann. Das mag zwar unsere Flucht aus den Lysosomen sehr unbequem gestalten, aber wir müssen es probieren.

Wenn wir die Membran direkt bis zur Zelloberfläche begleiten würden, wären wir wieder dort, wo wir gestartet sind. Einige Membranen machen bei ihrem Recycling jedoch einen Umweg über den Golgi-Apparat, vielleicht, um dort Schäden an der Membran reparieren zu lassen, die bei der Passage durch das lysosomale Kompartiment entstanden sind. Außerdem existiert noch ein direkter Pendelverkehr zwischen Lysosom und Golgi-Apparat, über den das Lysosom mit frischen Enzymen versorgt wird. Diese Verbindung werden wir nutzen; sie ist eindeutig gekennzeichnet, weil die beteiligten Membranstücke spezifische Rezeptoren für lysosomale Enzyme tragen. So gelangen wir auf direkte, wenn auch unbequeme Weise zu unserem nächsten Ziel: der Exportabteilung der Zelle.

Kapitel 6

Die Exportindustrie der Zelle: Endoplasmatisches Reticulum, Golgi-Apparat und Sekretion

Lebende Zellen stellen die verschiedensten Exportgüter her. Sie bauen sie zusammen, bearbeiten und verpacken sie, transportieren sie durch ein System miteinander verbundener, membranumschlossener Behälter und befördern sie schließlich durch Exocytose nach außen. Die Ausfuhrprodukte bestehen hauptsächlich aus Proteinen und Kohlenhydraten, die oft zu Glykoproteinen oder Proteoglykanen verknüpft sind. Sie füllen einen umfangreichen Katalog.

Ein Produktkatalog

Zunächst einmal produzieren Zellen viele Substanzen, die für den Nahbereich bestimmt sind und die sie benutzen, um ihre unmittelbare Umgebung zu gestalten oder zu säubern. Zellwände, Fasern, Grundsubstanzen und alle anderen Gerüstelemente, die Zellen zusammenhalten und Geweben und Organen ihre charakteristische Architektur verleihen, sind aus löslichen Vorstufen wie dem Prokollagen (siehe Kapitel 2) zusammengebaut, die in der Zelle synthetisiert und direkt an ihrem Bestimmungsort abgeladen werden. Auch die Enzyme, die diese Bausteine bearbeiten und aneinanderfügen, werden von der Exportmaschinerie der Zellen produziert und lokal ausgeschüttet (sezerniert). Wahre Gerüstbauspezialisten sind die Osteoblasten, die die Knochen aufbauen, die Chondroblasten, die die Grundsubstanz des Knorpels produzieren, und die Fibroblasten, die die Fasern des Bindegewebes herstellen.

In dieser Darstellung ist zusammengefaßt, wie die verschiedenen Produkte der zellulären Exportmaschinerie nach außen abgegeben werden. Durch Exocytose gelangen sie entweder (A) in die unmittelbare Zellumgebung (Bausteine und Enzyme für den Auf- und Abbau extrazellulärer Strukturen), (B) in den Blutstrom (Plasmaproteine, Immunglobuline, endokrine Sekrete) oder (C) in einen Ausführgang (exokrine Sekrete). Die Lysosomen (D) werden mit sauren Hydrolasen versorgt. Nicht jede Zelle stellt all diese verschiedenartigen Produkte her, aber die meisten produzieren mehr als eine Sorte von Exportgütern und benötigen deswegen ein Sortier- und Abfertigungssystem.

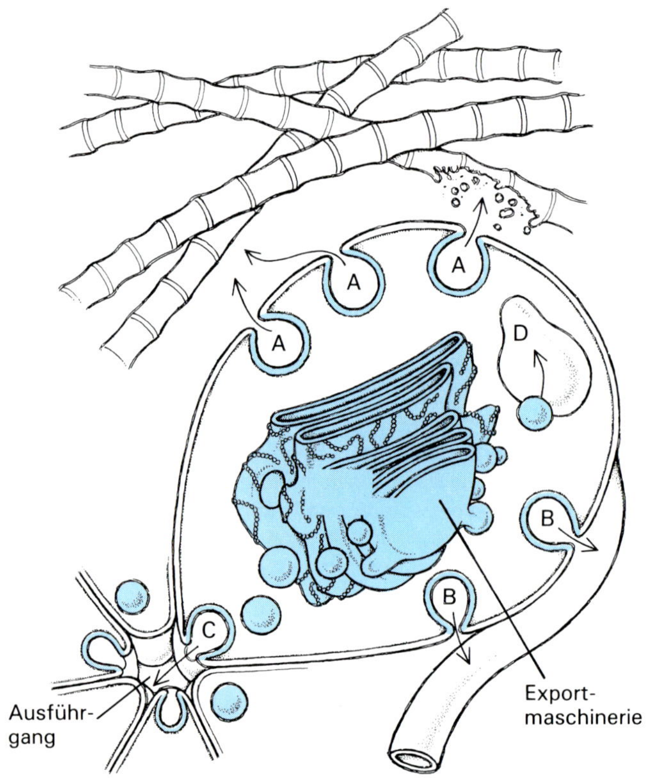

Wie überall in der Welt des Lebendigen fordert der Aufbau zugleich auch Zerstörung. Um die Zellen herum wird diese Aufgabe von lytischen Enzymen wahrgenommen, die ebenfalls zelluläre Exportprodukte sind. Der einzelnen Zelle dienen solche Enzyme sozusagen als Invasionshelfer: Sie brechen extrazelluläre Strukturen auf und räumen den Weg frei, auf dem die Zelle sich vorwärtsbewegen kann. Ohne die Sekretion derartiger Enzyme hätte der Leukocyt, der uns aus dem Blutstrom herausgeführt hat, die Basallamina der Kapillare nicht durchdringen können. Krebszellen verdanken ihre charakteristische Wucherungsfähigkeit möglicherweise einer besonders aggressiven Zerstörungstaktik. Die zum Abbau verwendeten Werkzeuge sind aber auch für alle seßhaften Zellgruppen nützlich, denn mit ihnen können sie ihre Umgebung reinigen, reparieren und umbauen.

Während alle Zellen sozusagen vor ihrer eigenen Haustür putzen, haben es manche spezialisierten Zellen geradezu zu ihrer Lebensaufgabe gemacht, extrazelluläre Strukturen zu zerstören. Die Osteoklasten kennen wir schon, die sich mit einem sauren Gemisch lysosomaler Hydrolasen durch die Knochenmatrix graben (siehe Kapitel 5). Fibroblasten arbeiten seltsamerweise gleichzeitig als ,,Fibroklasten''. Wenn sie entsprechend stimuliert werden, sondern sie sowohl eine hochwirksame Kollagenase ab, die gezielt Kollagenfasern zerstört, als auch eine Protease, die die Strukturproteoglykane (siehe Kapitel 2) angreift. Die Sekretion solcher Enzyme ist physiologisch wichtig, birgt jedoch auch schwere Gesundheitsrisiken in sich, wie wir bei der Entladung der Lysosomen gesehen haben (siehe Kapitel 5).

Eine andere wichtige Abteilung der zellulären Exportfabrik stellt Materialien her, die zu fernen Zielen verschifft werden. Meist sind die Zellen, die mit solchen Aktivitäten zu tun haben, in speziellen Organen angeordnet, den Drüsen. Diese lassen sich in zwei Gruppen einteilen. In den sogenannten exokrinen Drüsen werden die Sekretionsprodukte in Ausführgängen gesammelt und von dort ihrem jeweiligen Bestimmungsort zugeführt. Dagegen geben die Zellen der endokrinen Drüsen, die keine Ausführgänge haben, ihre Produkte in den extrazellulären Raum ab, von wo sie mit dem Blutstrom im Körper verteilt werden.

Gut bekannt sind exokrine Sekrete wie der Speichel oder der Saft der Bauchspeicheldrüse (Pankreas), welche die Verdauungsorgane mit Enzymen versorgen. Es gibt aber noch viele andere. Drüsen kommen in der Haut, den Augenlidern, im Gehörgang, im Genitaltrakt und an zahlreichen weiteren Stellen vor. Ihre Sekretionsprodukte schmieren, schützen, desinfizieren und stoßen Wasser ab, sie dienen der Duftabsonderung, der chemischen Kommunikation und der Verdauung.

Die wichtigsten endokrinen Sekrete sind die Hormone. Wir müssen dabei aber unterscheiden zwischen Polypeptidhormonen wie dem Insulin oder den Hypophysenhormonen und einigen niedermolekularen chemischen Botenstoffen wie Thyroxin, Adrenalin, Acetylcholin und den Sexualsteroiden (Geschlechtshormonen). Während erstere von der Maschinerie, die wir besuchen wollen, produziert und ausgeschieden werden, diffundieren die anderen entweder durch Permeation aus den Zellen heraus oder gelangen über spezielle Mechanismen nach außen, die wir auf unserer Reise nicht betrachten können.

Die Proteine des Blutplasmas repräsentieren eine besondere Gruppe zellulärer Exportprodukte. Viele von ihnen werden in der Leber gebildet; lediglich die Antikörper entstammen den von B-Lymphocyten abgeleiteten Plasmazellen (siehe Kapitel 3).

Schließlich gibt es noch die lysosomalen Enzyme. Genaugenommen verdienen sie nicht die Bezeichnung Exportprodukte, da sie gewöhnlich innerhalb der Zelle arbeiten. Doch der Raum, in den sie abgegeben werden, ist nicht weit vom Extrazellulärraum entfernt, von dem er sich durch Endocytose ableitet. Und manchmal gelangen die Enzyme auch aus der Zelle heraus, wie in Kapitel 5 erwähnt wurde. Insofern haben lysosomale Enzyme doch den Charakter von Sekretionsprodukten. Als solche werden sie offensichtlich auch von der Zelle betrachtet, denn sie benutzt die Exportmaschinerie, um ihre Lysosomen mit Enzymen zu versorgen.

Sekretion ist eine spezialisierte Zellaktivität, weil normalerweise jedes Produkt nur von einem oder von wenigen Zelltypen produziert wird. Zellen stellen jedoch oft mehrere unterschiedliche Sekretionsprodukte her, die zudem manchmal verschiedene Bestimmungsorte haben. Das bedeutet, daß die Exportmaschinerie irgendeinen Verteilungsmechanismus einschließen muß, der beispielsweise saure Hydrolasen in den lysosomalen Raum, Plasmaproteine und Hormone in den Blutstrom, exokrine Sekretionsprodukte zum richtigen Ausführgang und Strukturelemente sowie zu deren Umbau nötige Wirkstoffe in die Umgebung der Zelle schickt.

Manche Exportvorgänge werden allein von der Produktionsrate reguliert. Die Zellen geben neu produzierte Waren immer sofort ab und legen keinen Vorrat an. So verhalten sich beispielsweise die Plasmazellen, die Immunglobuline sezernieren, und die Fibroblasten, die Hauptproduzenten des Strukturkollagens. Andere Zellen jedoch, darunter die, die Hormone und Bestandteile von Verdauungssekreten ausscheiden, speichern ihre Produkte in speziellen Granula und entladen sie nur auf Befehl. Um diese beiden Typen zu unterscheiden, werden wir von kontinuierlicher und stoßweiser Sekretion sprechen.

Vielfach exportieren Zellen unfertige Produkte und lassen den letzten Fertigungsschritt – meist eine proteolytische Abspaltung – erst am Bestimmungsort ausführen. Sie tun dies vor allem dann, wenn das Endprodukt potentiell gefährlich ist und lokale Schäden anrichten kann. Sie stellen also zunächst eine harmlose Vorstufe her, die erst bei Bedarf und am richtigen Ort in das Endprodukt verwandelt wird. Viele Verdauungsenzyme, darunter auch mehrere lysosomale Hydrolasen, werden so als inaktive Proenzyme oder Zymogene produziert. Das gleiche gilt für manche gewebezerstörende Enzyme wie die Kollagenasen sowie für einige Enzymsysteme im Blut, die an der Bildung und Auflösung von Blutgerinnseln, der Abtötung von Zellen und anderen gefahrvollen Aktivitäten mitwirken. Strukturkomponenten, die sich letztlich zu unlöslichen Aggregaten aneinanderlegen, werden als höhermolekulare Vorstufen gebildet, die nicht spontan zu solchen Zusammenschlüssen fähig sind. Ein Beispiel ist das Tropokollagen, das als lösliches Prokollagen sezerniert wird (siehe Kapitel 2). All diese verschiedenen Vorläufermoleküle erhalten ihren letzten Schliff außerhalb der Zellen, und zwar durch Enzyme, die ebenfalls Exportprodukte darstellen. Die betroffenen Zellen sind so durch ein kompliziertes Netz von Wechselbeziehungen miteinander verbunden.

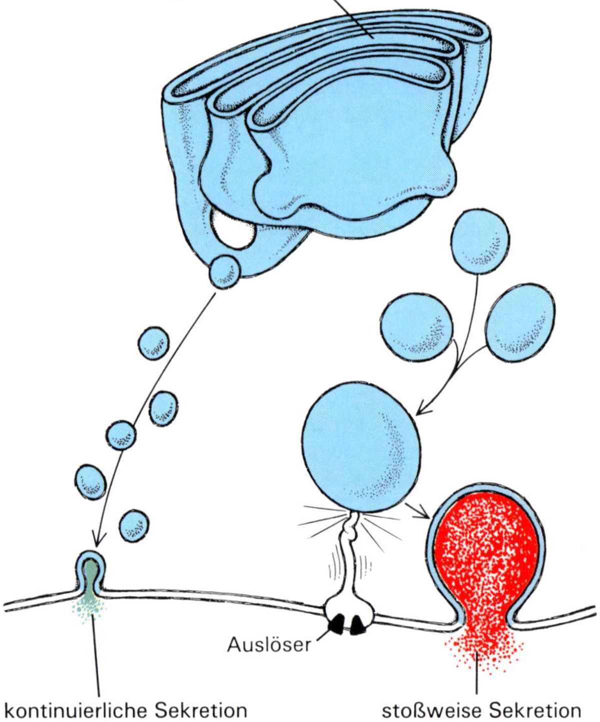

Bei der kontinuierlichen Sekretion werden neu entstandene Produkte immer sofort nach außen abgegeben. Dagegen speichert ein stoßweise arbeitender Sekretionsapparat die Substanzen so lange, bis ein bestimmtes Signal ihre Entladung auslöst.

Manchmal, wenn besonders strenge Sicherheitsvorkehrungen erforderlich sind, steht zwischen dem auslösenden Schritt und der endgültigen Fertigstellung eine ganze Kaskade von Reaktionen, in denen Vorstufen aktiviert werden. Typisches Beispiel einer solchen Kaskade ist die Blutgerinnung. Sie erfolgt, wenn das lösliche Blutprotein Fibrinogen proteolytisch in das sogenannte Fibrin ungewandelt wird, das sich zu einem unlöslichen Netzwerk zusammenlagert. Das umwandelnde Enzym Thrombin kommt inaktiv, als Prothrombin, im Blut vor. Wenn ein Gewebe verletzt wird, setzen seine Zellen bestimmte Substanzen frei, die das Prothrombin aktivieren; allerdings geschieht dies über eine komplexe Kette einzelner proteolytischer Ereignisse. Auch die Aktivierung des Enzyms Fibrinolysin, das Blutgerinnsel auflöst, erfolgt über eine derartige Reaktionskaskade. Ein anderes, besonders eindrucksvolles Beispiel für einen solchen Mechanismus bietet die Aktivierung des Komplements, jenes hochwirksamen Vernichtungssystems, das von Antikörpern gebrandmarkte Zellen angreift (siehe Kapitel 3). Es besteht aus mindestens neun verschiedenen, im Blut zirkulierenden Proteinmolekülen, von denen manche aus mehr als einer Untereinheit aufgebaut sind. Wenn sich eine der Komponenten an den Fc-Teil eines gebundenen Immunglobulin-Moleküls anheftet, löst dies eine ganze Kette miteinander verknüpfter Reaktionen aus. Sie führen letztlich dazu, daß auf der mit Antikörpern bedeckten Zelle eine ausgeklügelte bohrerartige Struktur entsteht, die ein tödliches Loch in die Plasmamembran schneidet. Dieses und ähnliche Beispiele erwecken den Eindruck, daß die Anzahl der Schritte, die zwischen dem auslösenden Ereignis und dem endgültigen Ergebnis liegen, eine direkte Funktion der Gefahr ist, die von einer zufälligen Auslösung des Mechanismus ausgeht. Proteolytische Kaskaden sind das Prinzip, nach dem in der Natur mehrfach gesicherte, ,,fehlerfreie" Systeme konstruiert werden.

Die Cytonauten tauchen in einen tiefen, riesigen Raum ein, nachdem sie sich mühsam gegen den Sekretionsstrom vorwärtsgekämpft haben. Sie befinden sich jetzt in einer Zisterne des endoplasmatischen Reticulums, deren Wände mit Büscheln wachsender Polypeptidketten bedeckt sind.

Eine geheimnisvolle Spinnwerkstatt

Normalerweise sind die Fabriken, in denen die Zellen ihre Exportprodukte herstellen, für auswärtige Besucher nicht zugänglich. Der Golgi-Apparat, in dem wir – von den Lysosomen kommend – gelandet sind, liegt schon etwa in der Mitte der Produktionsstrecke. Wenn wir den Herstellungsprozeß von Anfang an verfolgen wollen, müssen wir uns stromaufwärts kämpfen. Diese regelwidrige Reise ist nicht einfach und führt uns durch zahlreiche enge Höhlen und gewundene Tunnel. Doch der Ausflug in die zelluläre Höhlenforschung ist bald beendet, denn plötzlich tauchen wir in eine gewaltige, tiefe Schlucht ein. Sie gehört zum endoplasmatischen Reticulum (ER).

Das lateinische Wort Reticulum bedeutet (kleines) Netz – eine Bezeichnung, die die zweidimensionale Sichtweise der Morphologen widerspiegelt, die dieses System in Querschnitten als ein Filigran dünner Linien wahrnahmen. Die Linien wurden später als senkrecht zu ihrer Ebene geschnittene Membranen identifiziert. Dreidimensionale Rekonstruktionen zeigten dann, daß diese Membranen große abgeflachte Säcke, sogenannte Zisternen, bilden, die bis auf die dauerhaften oder vorübergehenden Verbindungen zu anderen Zisternen oder zum Golgi-Apparat völlig geschlossen sind.

Von innen betrachtet scheinen die flachen Membranwände der ER-Zisternen genau wie die Plasmamembran oder die Wände von Endosomen und Lysosomen aufgebaut zu sein: aus einer Lipid-Doppelschicht und Proteinen. Sie sind jedoch dünner, glatter und flexibler; sie haben eine andere Phospholipid-Zusammensetzung, und Cholesterin scheint in ihnen gar nicht vorzukommen. Da ihre Proteine kaum Kohlenhydrat-Seitenketten tragen, fehlt den Membranen des endoplasmatischen Reticulums die typische ,,Borstigkeit" der Plasmamembran. Statt dessen sind sie mit Büscheln zarter, seidiger Fäden überzogen, die ihnen einen samtenen Schimmer verleihen. Dieses Schimmern ist kein rein optischer Effekt, sondern spiegelt eine Bewegung wider: Die Seidenfäden wachsen nämlich. Sie tun dies mit sichtbarer Geschwindigkeit: Pro Sekunde werden sie etwa einen Nanometer länger, was bei unserer millionenfachen Vergrößerung mehr als fünf Zentimetern pro Minute entspricht. Sie wachsen stetig, bis sie zwischen 50 und 200 Nanometer lang sind; dann fallen sie von der Membran ab und werden fortgeschwemmt. Uns umspült eine See aus wogender Seide.

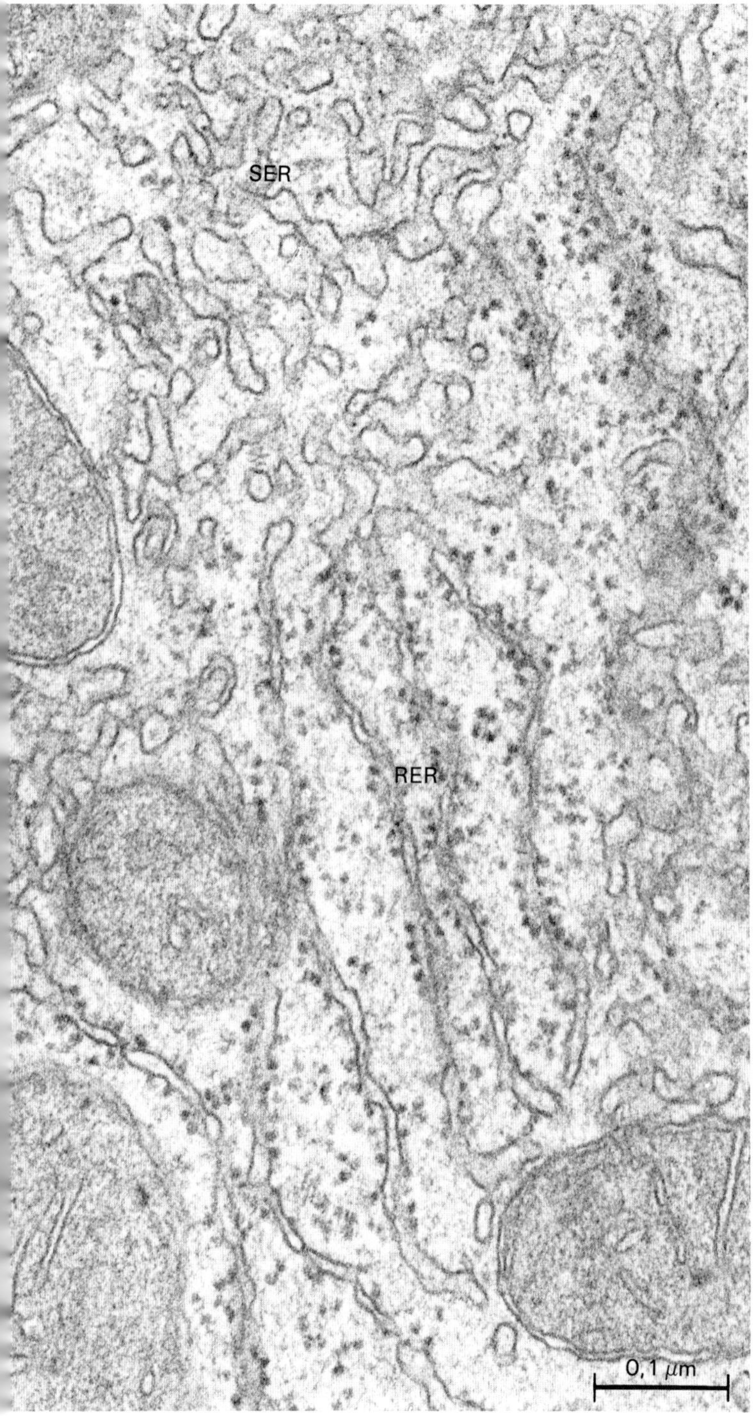

Die elektronenmikroskopische Aufnahme eines Dünnschnitts durch eine Rattenleberzelle zeigt das endoplasmatische Reticulum. Die schmalen, langgestreckten Membranprofile, die auf der Cytoplasma-Seite dicht mit dunklen Partikeln (Ribosomen) besetzt sind, entsprechen Querschnitten durch Zisternen des rauhen endoplasmatischen Reticulums (RER). Die kleineren, unregelmäßig geformten, glatten Profile gehören zum glatten (englisch *smooth*) endoplasmatischen Reticulum (SER). RER und SER gehen ineinander über. Die großen Strukturen sind Mitochondrien.

Was wir hier miterleben, ist die Produktion von Exportproteinen. Die Seidenfäden, die aus der umgebenden Membran herauswachsen, sind Polypeptidketten. Jeweils zehn bis 20 dieser Fäden reihen sich in einer geschwungenen Linie nebeneinander auf, wobei ihre Länge von Faden zu Faden kontinuierlich zunimmt. Innerhalb einer solchen Reihe wachsen zwar alle gleich schnell, doch mit einem Phasenunterschied, der dem Abstand zwischen ihnen proportional ist.

Ungefähr alle 15 Sekunden erreicht der hinterste Faden einer Reihe seine volle Länge und fällt ab; gleichzeitig schiebt sich vorne irgendwo die Spitze eines neuen Fadens durch die Membran. Während so die einzelnen Fäden aus der Membran herauswachsen, bewegt sich die ganze Reihe allmählich vorwärts. Wie ein seltsamer, behaarter Hundertfüßler wandert sie über die Membranoberfläche. Hunderte solcher geisterhaften Wesen malen ständig wechselnde Arabesken auf die umgebenden Wände. Es ist ein unvergeßliches Erlebnis.

Wenn wir uns die wachsenden Fäden einmal dort näher anschauen, wo sie in unsere Höhle eintauchen, erkennen wir, daß sie von jenseits der Membran durch schmale Tunnel angeliefert werden, die die Lipid-Doppelschicht durchziehen und aus Proteinen bestehen. Am äußersten Ende jedes Tunnels können wir noch vage die Umrisse einer knolligen Wurzel erkennen. Sie ist ungefähr 25 Nanometer dick (2,5 Zentimeter bei unserer Vergrößerung) und scheint der Ort zu sein, an dem der Faden gesponnen wird. Hinter jeder Reihe von wachsenden Fäden liegt also – durch die Membran von uns getrennt – eine entsprechende Reihe solcher Wurzelknollen. Noch ein weiteres Detail können wir durch die Membran hindurch erspähen: ein blasses, dünnes Band, das zwischen den Knollen jeder Reihe ausgespannt ist oder, genauer gesagt, mit der beträchtlichen Geschwindigkeit von 250 Nanometern pro Minute (25 Zentimeter bei unserer Vergrößerung) durch sie hindurchgleitet. Es bewegt sich synchron zu dem Wachstum der Fäden und zu der seitlichen Verschiebung der Punkte, an denen sie aus der Membran auftauchen. Tatsächlich ist das Band mit seiner Kette von Knollen der eigentliche Hundertfüßler hinter jener Geistergestalt, von der wir nur die wachsenden Haare sehen. Dieser verborgene Dämon heißt Polyribosom oder kurz Polysom.

Ribosomen, die wir in Kapitel 15 eingehend untersuchen werden, sind kleine Partikel, die in allen Lebewesen der Welt die Orte der Proteinsynthese darstellen. Ihre Aufgabe ist es, einzelne Aminosäuren zu Polypeptidketten aneinander-

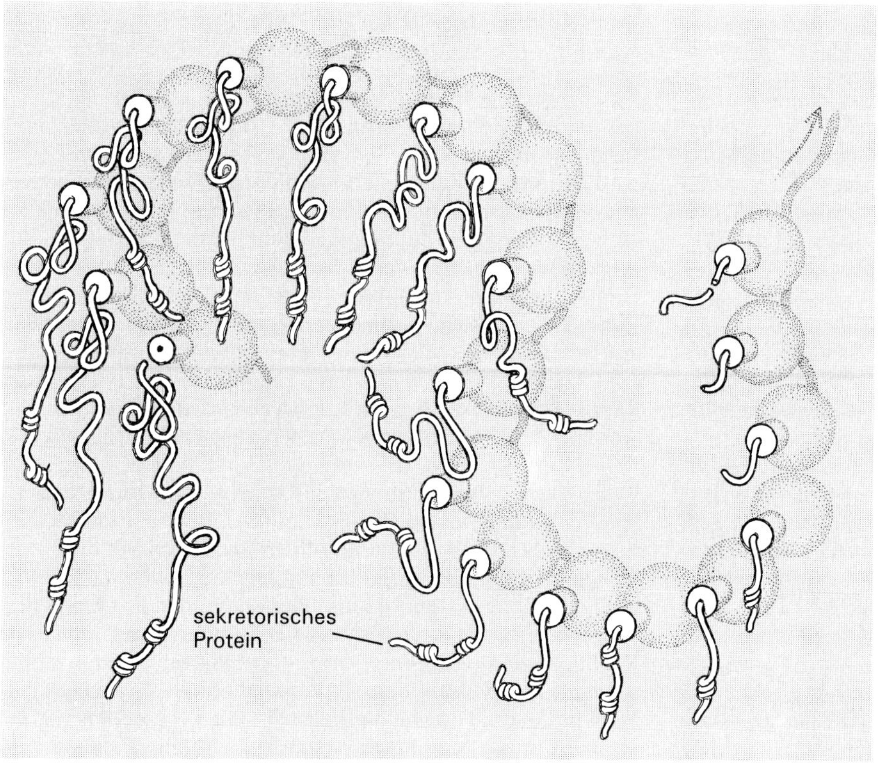

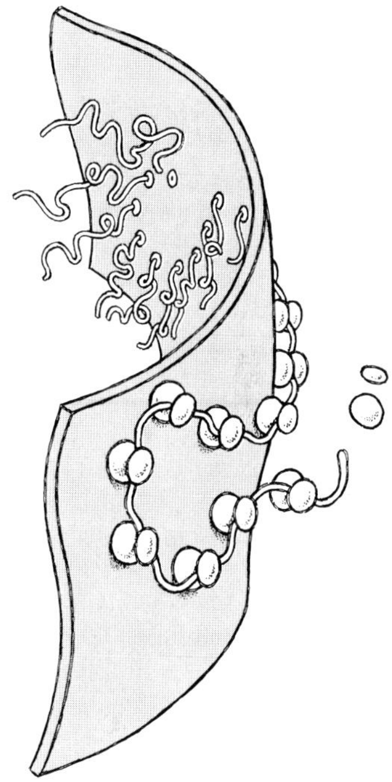

Aus der Wandung des endoplasmatischen Reticulums wachsen sekretorische Proteine hervor. Der Pfeil zeigt die Richtung an, in die sich der aus Ribosomen und mRNA (Boten-RNA) bestehende ,,Hundertfüßler'' fortbewegt. Undeutlich kann man die Schatten der Ribosomen und der mRNA durch die Membran hindurch erkennen.

zufügen. Die Instruktionen über die richtige Reihenfolge erhalten sie von spezifischen Botenmolekülen, den Boten- oder ,,messenger RNAs'', kurz mRNAs. Das sind Ribonucleinsäure-Stränge (englisch *ribonucleic acid*, daher RNA), die Stücke genetischer Information tragen, die zuvor von der Desoxyribonucleinsäure, abgekürzt DNA (von *deoxyribonucleic acid*), abgelesen worden sind. Die mRNAs sind dünne, fadenartige Moleküle, die durch die Ribosomen laufen wie ein Tonband durch einen Cassettenrecorder. Aber anstatt immer nur ein Ribosom zu informieren, durchlaufen sie zehn oder mehr Ribosomen gleichzeitig und verknüpfen sie dadurch zu einem gemeinsamen Strang, dem Polysom. Man stelle sich ein Tonband vor, das durch mehrere Cassettenrecorder läuft, die alle an eigene Lautsprecherboxen angeschlossen sind. Aus jeder Box wird dann dieselbe Musik ertönen, jedoch zeitversetzt wie in einem Kanon oder einer Fuge; die Verzögerung ist dem Abstand zwischen den Cassettenrecordern proportional. Während der letzte in der Reihe gerade mit der Ouvertüre beginnt, ist der erste bereits bei der Koda. Fast dasselbe passiert bei den Polysomen, nur wird die Information auf dem Band in eine spezifische Aminosäuresequenz und nicht in Töne übertragen. Alle Ribosomen eines Polysoms lesen den gleichen Text, synthetisieren also dasselbe Polypeptid. Sie produzieren es gleich schnell, aber phasenversetzt: Je weiter sie das Band schon abgelesen haben, desto länger ist der bereits synthetisierte Polypeptidstrang. Polypeptide wachsen an der Wurzel (also am Ribosom), nicht an der Spitze. Wenn man zwei am selben Polysom wachsende Ketten miteinander vergleicht, stellt man daher fest, daß die kürzere Kette mit dem Endstück der längeren identisch ist.

Wenn wir das Cytosol besuchen (in Kapitel 15), werden wir Gelegenheit haben, all dies aus nächster Nähe zu betrachten. Unseren jetzigen Aufenthaltsort können wir aber dazu nutzen, eine Frage zu beantworten, über die in Fachkreisen viel spekuliert worden ist. Bestehen alle Fäden, die aus den Wänden einer bestimmten Zisterne herauswachsen, aus dem gleichen Polypeptid? Oder sind sie verschieden, aber für denselben Zielort bestimmt? Oder stellen sie eine völlig zufällige Mischung dar? Das Problem, unterschiedliche Produkte an verschiedene Orte zu verteilen, hätten die Zellen einfach mit getrennten Produktionsstätten lösen können – so wie es in unseren chemischen Fabriken normalerweise geschieht. Aber anscheinend arbeitet die zelluläre Exportindustrie nach einem anderen Prinzip. Sie wirft alle ihre Produkte in einen Topf und sortiert sie später.

Verarbeitung und Transport

Neu synthetisierte Polypeptidketten sind meist nur das Rohmaterial der Sekretionsprodukte; sie müssen noch in erheblichem Umfang verarbeitet, zurechtgestutzt und verziert werden, ehe die Zellen sie verschicken können. Manche Polypeptide erhalten große Kohlenhydrat-Seitenketten mit bis zu zehn oder mehr Zuckermolekülen (Glykosylierung). Andere werden – manchmal bis zum Mehrfachen ihres Eigengewichts – mit Lipiden verknüpft, wie etwa die in der Leber produzierten Plasma-Lipoproteine. Alle Polypeptidketten müssen in die richtige Konformation gefaltet werden, ein Prozeß, der manchmal durch chemische Bindungen, meist Disulfidbrücken (—S—S—), besiegelt wird. Schließlich werden viele Moleküle noch proteolytisch zurechtgestutzt.

Einige dieser Veränderungen – Glykosylierungen zum Beispiel – beginnen bereits, bevor die Synthese der Polypeptidketten beendet ist. Andere finden statt, während die Moleküle im Sekretionsstrom abwärtsdriften und an Membranen entlanggleiten, die mit entsprechenden Enzymen ausgestattet sind. Stets laufen dabei komplexe biochemische Reaktionen ab, von denen wir aber von unserem Beobachtungspunkt innerhalb der ER-Zisterne oft nur die letzten Schritte sehen. Die Hauptarbeit wird auf der cytoplasmatischen Seite der Membranen geleistet, wo Bausteine und Energie reichlich vorhanden sind; der Innenraum des ER dient mehr als Sammelkanal und Endmontageband. Diese Organisationsform ähnelt der einer Autofabrik, wo Motoren, Gehäuse, Chassis, Räder und andere Teile in getrennten Werkstätten hergestellt und auf dem Montageband dann von möglichst wenig Arbeitskräften zusammengesetzt werden.

Das gilt nicht nur für die Polypeptidketten, die, wie wir bereits wissen, auf der Cytosol-Seite der Membranen von den Ribosomen synthetisiert und fertig in die ER-Zisternen abgegeben werden. Auch Lipidkomponenten und Kohlenhydrat-Seitenketten entstehen im Cytosol und werden dann durch die Membran transportiert. Daß die Kohlenhydrate hindurchgelangen, ist verblüffend, denn Zucker sind bekanntlich hydrophil und können Lipid-Doppelschichten nicht ohne weiteres durchdringen. Heute weiß man, daß ein hydrophobes Trägermolekül, das Dolichol, sich an diesem Prozeß beteiligt, aber es ist unklar, wie es arbeitet. Wir werden näher darauf eingehen, wenn wir allgemeine Biosynthesemechanismen betrachten (in den Kapiteln 8 und 13).

Die Reaktionen in den Hohlräumen des ER sind zwar zahlenmäßig begrenzt, aber durchaus hochspezifisch und selektiv. Jedes Polypeptid wird in charakteristischer und reproduzierbarer Weise bearbeitet. Das mag selbstverständlich erscheinen, da eine zufällige, wahllose Verarbeitung nur zum Chaos führen könnte, doch es besitzt noch eine tiefere Bedeutung. Wenn das Polypeptid A, nicht aber das Polypeptid B, eine bestimmte Veränderung erfährt, kann das nur darauf beruhen, daß das beteiligte Enzym etwas ,,erkennt'', also in einer katalytisch wirksamen Weise bindet, was in A, nicht aber in B vorkommt. Dieses Etwas muß – zumindest anfangs – die Aminosäuresequenz sein. Ein nachfolgender Schritt, etwa die Anheftung eines bestimmten Zuckers, kann dann auch durch den vorhergehenden dirigiert werden. Doch die erste Instruktion muß immer von der nackten Polypeptidkette kommen, in deren Struktur sich eine genetische Botschaft niederschlägt. Diese Botschaft legt folglich nicht nur die strukturellen und funktionellen Eigenschaften des neu entstehenden Polypeptids fest, sondern auch die ganze Kette von Ereignissen, durch die das Molekül weiter verarbeitet und verändert, innerhalb der Zelle und aus ihr heraus geleitet, mit anderen Molekülen kombiniert, in einen bestimmten Zellbereich eingebaut oder anderweitig behandelt wird. Mit anderen Worten: Gene bestimmen die gesamte vierdimensionale Geschichte von Proteinmolekülen. Wir werden noch mehrfach auf diesen überaus wichtigen Punkt zurückkommen (siehe Kapitel 15).

Jetzt aber müssen wir den sekretorischen Proteinen auf ihrer Reise folgen. Während wir uns weiter fortbewegen, sehen wir, wie der seidenartige Besatz auf der Membranoberfläche immer dünner wird. Die Polypeptidbüschel werden spärlicher und verschwinden schließlich ganz. Offenbar kriechen also auf der cytoplasmatischen Membranseite keine Polysomen mehr umher. Den Unterschied kann man auch im elektronenmikroskopischen Schnittbild sehen. Polysomen sind darin als dunkle, an den Membranaußenseiten aufgereihte Punkte zu erkennen, die der Membran eine rauhe Oberfläche verleihen. Membranen ohne Polysomen dagegen sehen glatt aus. Die beiden Teile des ER werden dementsprechend als rauhes endoplasmatisches Reticulum (RER) und als glattes endoplasmatisches Reticulum (SER, vom englischen *smooth*) bezeichnet. Wie schon angedeutet, gehen sie fließend ineinander über. Doch im glatten ER selbst ändert sich die Szenerie dann beträchtlich. Wir stoßen an das Ende der geräumigen ER-Höhlen und nähern uns den gewundenen, engen Gängen, die wir – stromaufwärts – schon einmal passiert haben. Diesmal bewegen wir uns in der erlaubten Richtung und werden bald den Golgi-Apparat erreichen.

Die Form der Verbindungselemente zwischen ER und Golgi-Apparat ist nicht leicht zu durchschauen. Manchmal haben wir den Eindruck, daß wir uns durch enge, verschlungene Gänge hindurchwinden, dann wieder scheinen wir in kleinen, geschlossenen Kapseln transportiert zu werden. Mit anderen Worten: Es ist unklar, ob eine dauerhafte, röhrenförmige Verbindung existiert oder nur eine vorübergehende, die von Vesikeln geschaffen wird, welche mit dem Seifenblasentrick von Fusion und Spaltung die Sekretionsprodukte von einem Kompartiment ins andere schaffen. Die Frage wird in der Wissenschaft noch diskutiert, und die Antwort mag von Zelle zu Zelle unterschiedlich ausfallen. Einmal mehr zeigt sich hier die Schwierigkeit, aus zweidimensionalen Querschnitten ein dreidimensionales Bild zu rekonstruieren. Ein Schnitt durch eine vielfach gewundene Röhre sieht nämlich genauso aus wie ein Schnitt durch eine Reihe geschlossener Vesikel: Bei beiden entsteht eine Folge ringartiger Profile.

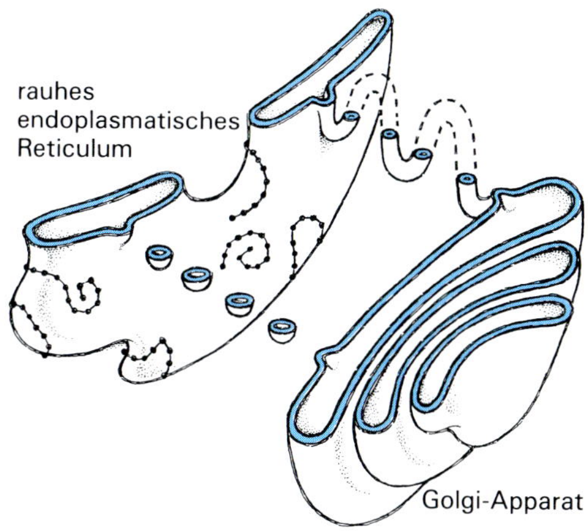

Endoplasmatisches Reticulum und Golgi-Apparat können dynamisch (durch hin und her pendelnde Vesikel) oder statisch (über gewundene Röhren) miteinander verbunden sein. Die beiden Möglichkeiten lassen sich in Dünnschnitten nicht voneinander unterscheiden.

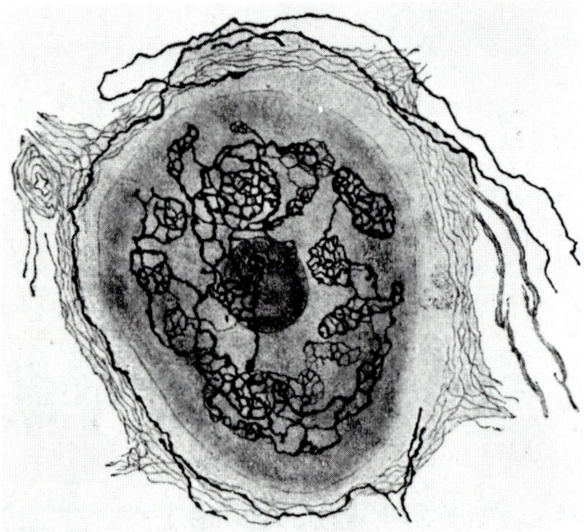

Der ,,innere Netzapparat'' (*apparato reticolare interno*), wie ihn Camillo Golgi Anfang dieses Jahrhunderts gezeichnet hat.

Verpackung und Auslieferung

Unser neuer Aufenthaltsort ist nach dem italienischen Histologen Camillo Golgi benannt, der dieses System um die Jahrhundertwende in Nervenzellen entdeckte, die er mit bestimmten Schwermetallsalzen behandelt hatte. Er nahm es als feines Netzwerk wahr und nannte es den ,,inneren Netzapparat''.

Die genaue dreidimensionale Gestalt des Golgi-Apparats wird noch erforscht. Sie hat zwar bestimmte Charakteristika, aber im Detail variiert die Struktur dieses Systems von Zelle zu Zelle, und über seine exakten Grenzen ist man sich nicht klar. Der Golgi-Apparat stellt einen auswuchernden Komplex kleiner und großer membranumschlossener Höhlungen dar und macht etwa denselben unordentlichen Eindruck – auch wenn sich dahinter eine bemerkenswerte Ordnung verbirgt –, den man von Lagerhäusern und Verpackungsstationen kennt.

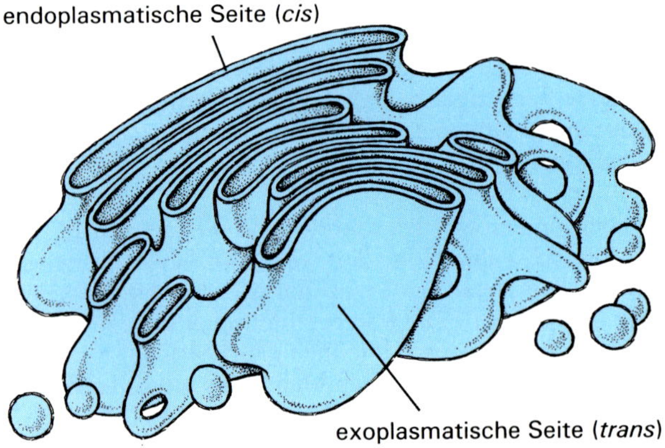

Dreidimensionale Darstellung eines Diktyosoms.

Der kennzeichnende und größte Bestandteil des Golgi-Apparats ist das Diktyosom (vom griechischen *diktyon* für Netzwerk), das nach der Vorstellung benannt wurde, die Camillo Golgi von dem System hatte. Natürlich ist der Golgi-Apparat genausowenig ein Netzwerk wie das ER – er sieht nur im Querschnitt so aus. Ein Diktyosom besteht aus etwa einem halben Dutzend ausgedehnter, flacher Membranzisternen, die dicht übereinandergeschichtet sind, und ähnelt einem Stapel

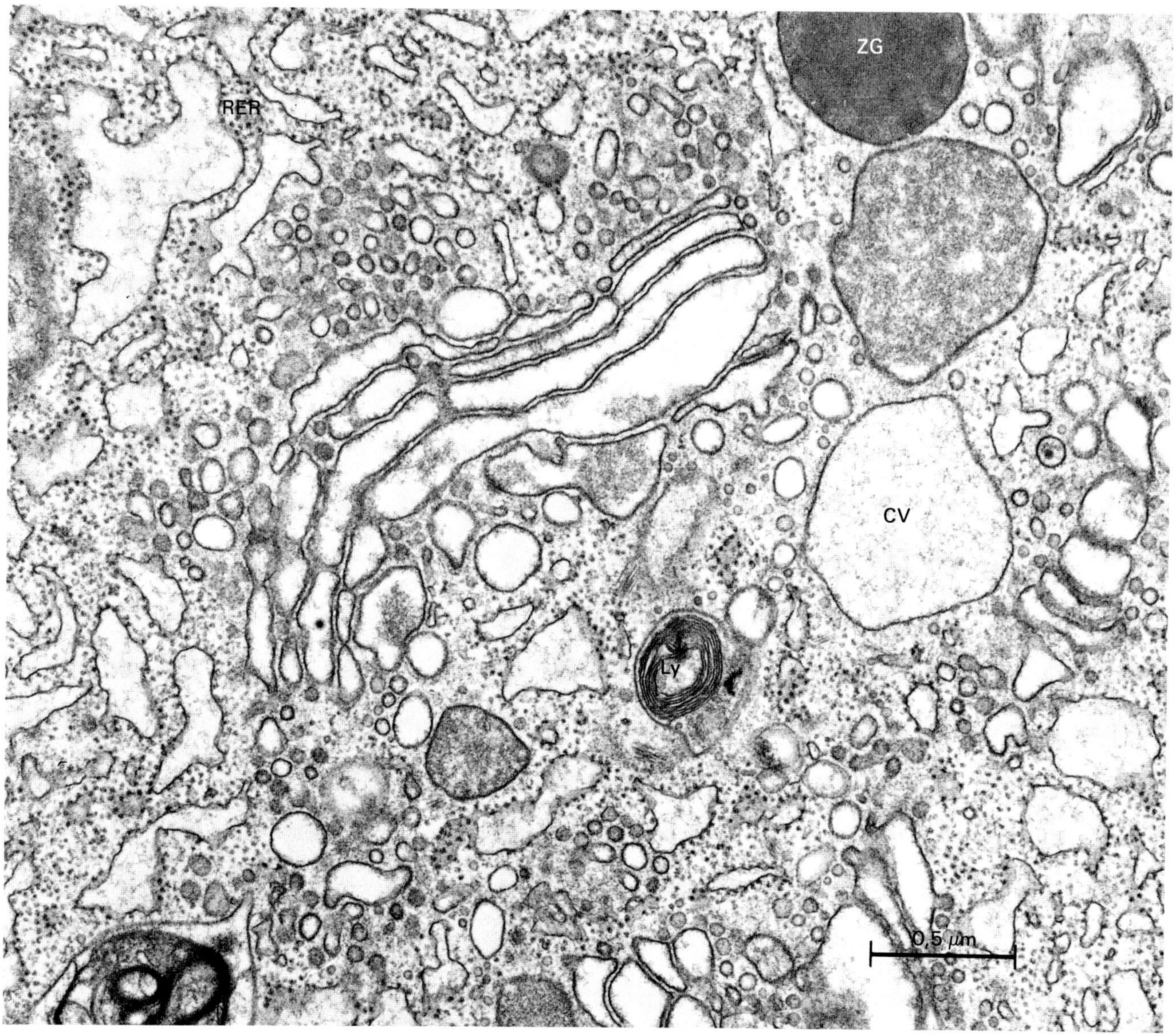

Diese elektronenmikroskopische Aufnahme verdeutlicht die Stellung des Golgi-Apparats in einer Zelle des exokrinen Pankreas der Ratte. In der Bildmitte sieht man einen typischen Diktyosomenstapel. Hinter seiner *cis*- oder endoplasmatischen Seite (links) liegen die Membranen des rauhen endoplasmatischen Reticulums (RER), an die sich SER-Elemente und zum Golgi-Apparat führende Vesikel anschließen. Auf der *trans*- oder exoplasmatischen Seite des Stapels ist das Zellplasma mit unterschiedlich großen Vesikeln angefüllt, darunter drei große Vakuolen, die zeigen, wie eine kondensierende Vakuole (CV, englisch *condensing vacuole*) zu einem sogenannten Zymogen-Granulum (ZG) heranreift. Das kleine Vesikel mit den geknäuelten Membranen im Inneren ist ein Lysosom (Ly).

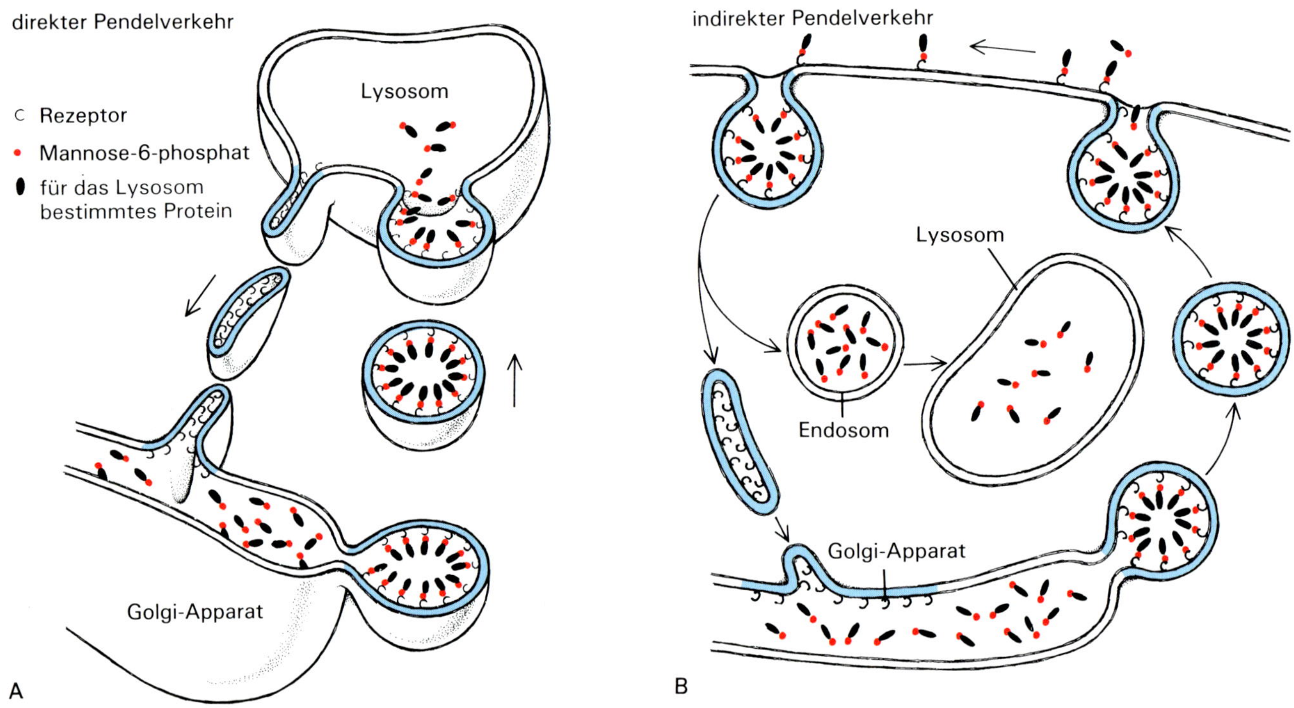

Selektiver Transport von lysosomalen Enzymen aus dem Golgi-Apparat in die Lysosomen.

A. Bestimmte strukturelle Eigenschaften machen lysosomale Enzyme zu geeigneten Substraten von Enzymsystemen, die die Bindung von Mannose-6-phosphat-Gruppen katalysieren. Die Membranen des Golgi-Apparats tragen in Ausstülpungen (die wahrscheinlich außen von einem Stachelsaum umgeben sind) zahlreiche Mannose-6-phosphat-Rezeptoren. Sind diese Rezeptoren beladen, schnüren sich die Membranausstülpungen als Vesikel ab, die zu den Lysosomen wandern. Im dortigen sauren Milieu lösen sich die Enzyme dann ab, und die freien Rezeptoren werden wieder zum Golgi-Apparat zurücktransportiert.

B. Auf einer alternativen Route gelangen die mit Hydrolasen besetzten Rezeptoren zunächst zur Zelloberfläche, von wo sie durch Endocytose ins Zellinnere zurückkehren. In den sauren Endosomen lösen sich die Enzyme und begleiten den Endosomeninhalt in die Lysosomen, während die freien Rezeptoren wieder dem Golgi-Apparat zugeführt werden.

großer, doppelwandiger Teller. Dieser Vergleich stimmt auch insofern, als das Diktyosom eine konkav und eine konvex gekrümmte Seite besitzt. Wir befinden uns gegenwärtig in der ersten Zisterne auf der konvexen Seite des Stapels, in der Nähe des ER. Die Wände unterscheiden sich hier kaum von denen des glatten ER. Doch wenn wir von einer Höhlung zur nächsten wandern – auf die konkave Seite des Stapels zu –, werden die Membranen dicker und gröber. Die Lipid-Doppelschichten enthalten zunehmend mehr Cholesterin und die Membranproteine mehr Kohlenhydrat-Seitenketten. Offenbar wird unsere Umgebung der Plasmamembran immer ähnlicher. In dieser Polarität spiegelt sich die Verpackungsfunktion des Golgi-Apparats wider. Die Sekretionsprodukte, die ihn durchqueren, gelangen aus ER-ähnlichen Behältern allmählich in solche, die wie die Plasmamembran aufgebaut sind. Dieses Umpacken ist wahrscheinlich die Voraussetzung, damit überhaupt eine exocytotische Entladung durch Fusion mit der Plasmamembran erfolgen kann.

Wie die Sekretionsprodukte im einzelnen durch den Golgi-Apparat bewegt werden, ist heftig umstritten. Einige Forscher glauben, daß gefüllte Golgi-Zisternen als Ganzes von einer Position im Stapel zur nächsten wandern, wobei sich ihre Membranen fortwährend verändern, und daß sie schließlich in Vesikel zerfallen, die die Sekretionsprodukte zu ihren Bestimmungsorten transportieren. Die Anhänger dieses dynamischen Modells schreiben jedem Golgi-Apparat eine Bildungs- und eine Reifungsseite zu. Andere Forscher betrachten die Golgi-Stapel eher als statische Gebilde, die über dauerhafte Verbindungen oder mittels Vesikeltransport durchquert werden; dabei könnten unterschiedliche Sekretionsprodukte verschiedene Wege einschlagen und müßten nicht unbedingt alle Zisternen eines Diktyosoms passieren. Im Rahmen dieses Konzepts wählte man für die beiden Seiten des Golgi-Stapels die rein topologischen Bezeichnungen *cis* und *trans* (bezogen auf das ER). Um Verwechslungen mit *cis*- und *trans*-Membranverschmelzungen zu vermeiden, werden wir von endoplasmatischer und exoplasmatischer Seite reden.

Alles in allem kommt die statische Betrachtungsweise der Wahrheit wahrscheinlich näher als die dynamische. Der Übergang von der endoplasmatischen zur exoplasmatischen Seite, der die Polarität des Golgi-Systems bedingt, ist nicht so fließend, wie es das dynamische Modell fordert. Vielmehr gehören tiefgreifende und ziemlich abrupte Veränderungen dazu, bei denen beispielsweise ganze Gruppen von Enzymen durch andere ersetzt werden. Alle verfügbaren Informationen deuten darauf hin, daß die Golgi-Membranen selbst nicht derart stark umgebaut werden, zumindest nicht mit einer Geschwindigkeit, die auch nur annähernd mit der vergleichbar wäre, mit der die Produkte das System durchlaufen. Folglich können – im Widerspruch zur dynamischen Theorie – Behälter und Inhalt nicht zusammen transportiert werden.

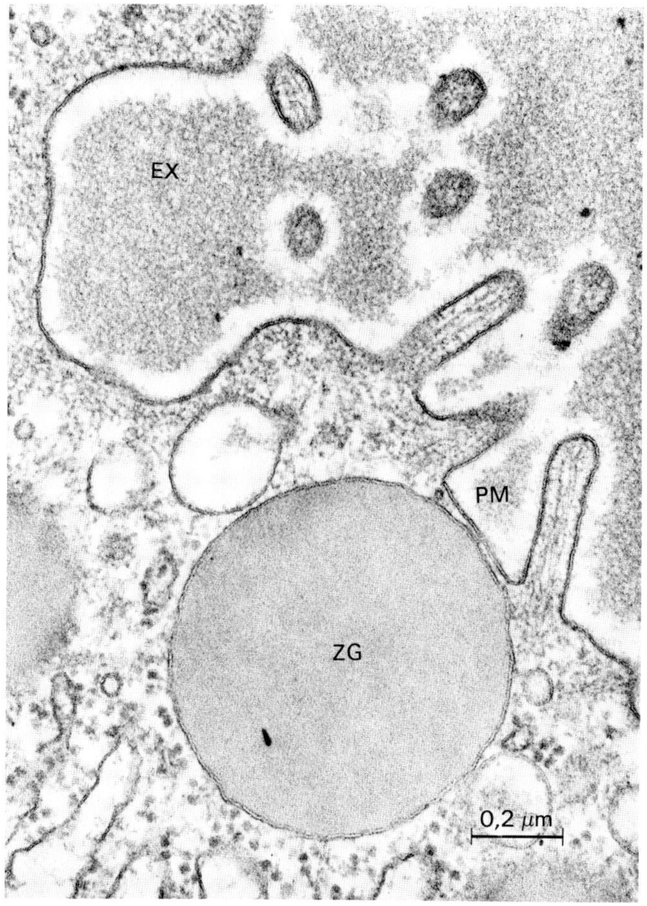

Die exocytotische Entladung von Sekretgranula im exokrinen Pankreas. Ein Zymogen-Granulum (ZG) nähert sich der Plasmamembran (PM). Wenn die beiden Membranen durch eine *cis*-Verschmelzung fusionieren, entsteht eine exocytotische Einbuchtung (EX).

Die sekretorischen Proteine, die den Golgi-Apparat passieren, erfahren dort noch einmal eine intensive Bearbeitung. So werden manche Oligosaccharid-Seitenketten, die im ER angeschweißt worden waren, gestutzt und mit neuen Zukkermolekülen versehen; außerdem können Enzyme Phosphatgruppen und Fettsäuren anlagern (Phosphorylierung und Acylierung) sowie weitere proteolytische Spaltungen vornehmen.

Eine zweite wichtige Aufgabe des Golgi-Apparats besteht darin, die verschiedenen Produkte zu sortieren. Wie dies geschieht, ist nur für die sauren Hydrolasen näher bekannt, die dem lysosomalen Verdauungssystem zugeführt werden.

Die – teilweise noch hypothetische – Rekonstruktion der Ereignisse ergibt folgenden Ablauf (siehe die Zeichnung auf der linken Seite). Im Golgi-Apparat erhalten die lysosomalen Enzyme zunächst eine charakteristische Erkennungsmarke: An einige ihrer Oligosaccharid-Seitenketten werden Mannose-6-phosphat-Gruppen angehängt. Das dafür verantwortliche Enzym markiert nur die lysosomalen Hydrolasen, keine anderen Glykoproteine; es spricht auf eine spezifische Struktur an – wahrscheinlich eine Aminosäuresequenz oder einen bestimmten Typ von Sequenzen –, die für alle Hydrolasen charakteristisch ist. Erkannt werden die Mannose-6-phosphat-Etiketten dann von spezifischen Bindungsstellen, die auf der Innenseite bestimmter Golgi-Membranbereiche gehäuft auftreten. Diese Rezeptoren fischen die lysosomalen Enzyme aus dem Gemisch sekretorischer Proteine heraus. Die beladenen Membranbereiche schnüren sich daraufhin als Vesikel ab und wandern gezielt auf die Lysosomen (oder Endosomen) zu, mit denen sie schließlich verschmelzen. Das saure Milieu dort bewirkt, daß sie die gebundenen Enzyme freigeben. Leere Vesikel werden vermutlich wieder zum Golgi-Apparat zurückgebracht.

Dieser bemerkenswerte Sortiermechanismus ist nicht perfekt; einige lysosomale Enzyme folgen dem Hauptsekretionsstrom und werden nach außen abgegeben. Wenn sie das richtige Etikett tragen, können diese Moleküle aber wieder geborgen werden, denn auf den Plasmamembranen vieler Zellen kommen Mannose-6-phosphat-Rezeptoren vor, wie wir in Kapitel 5 kurz erwähnt haben. Es wird sogar die Möglichkeit diskutiert, daß überhaupt die meisten der im Golgi-Apparat beladenen Rezeptoren über die Zelloberfläche zu den Lysosomen gelangen, obwohl mit ziemlicher Sicherheit eine direkte intrazelluläre Route existiert. Jedenfalls kann es über den extrazellulären Transportweg auch unter normalen Umständen zu einer echten Sekretion lysosomaler Enzyme kommen. Gehäuft tritt sie wahrscheinlich in bestimmten pathologischen Situationen auf, wenn der Enzymtransport zu den Lysosomen nicht richtig funktioniert. Allerdings haben solche Lecks weniger dramatische Folgen als die lysosomale Entladung (Defäkation), weil etliche lysosomale Hydrolasen, darunter die besonders gefährlichen Kathepsine (Proteasen), als inaktive Proenzyme entstehen, die erst in den Lysosomen aktiviert werden.

Bei der Verpackung der Sekretionsprodukte muß neben dem Bestimmungsort auch die Art der Auslieferung – ob kontinuierlich oder stoßweise – festgelegt werden. Bei kontinuierlicher Sekretion strömen die Produkte unaufhörlich vom Golgi-System nach außen; sie werden dabei in kleinen Vesikeln transportiert, die sich vom Golgi-Apparat abspalten, und durch Exocytose in den extrazellulären Raum abgegeben. Bei stoßweise erfolgender Sekretion reichern sich die Produkte zunächst in großen ,,kondensierenden'' Vakuolen an; daraus entstehen dann die reifen Sekretionsvesikel oder Sekretgranula: große, prall gefüllte, von einer Membran umgebene Strukturen, die das typischste Merkmal stimulierbarer Drüsenzellen darstellen (siehe das Photo auf der vorigen Seite). Die Granula geben ihren Inhalt ebenfalls durch Exocytose nach außen ab, aber nur auf ein entsprechendes

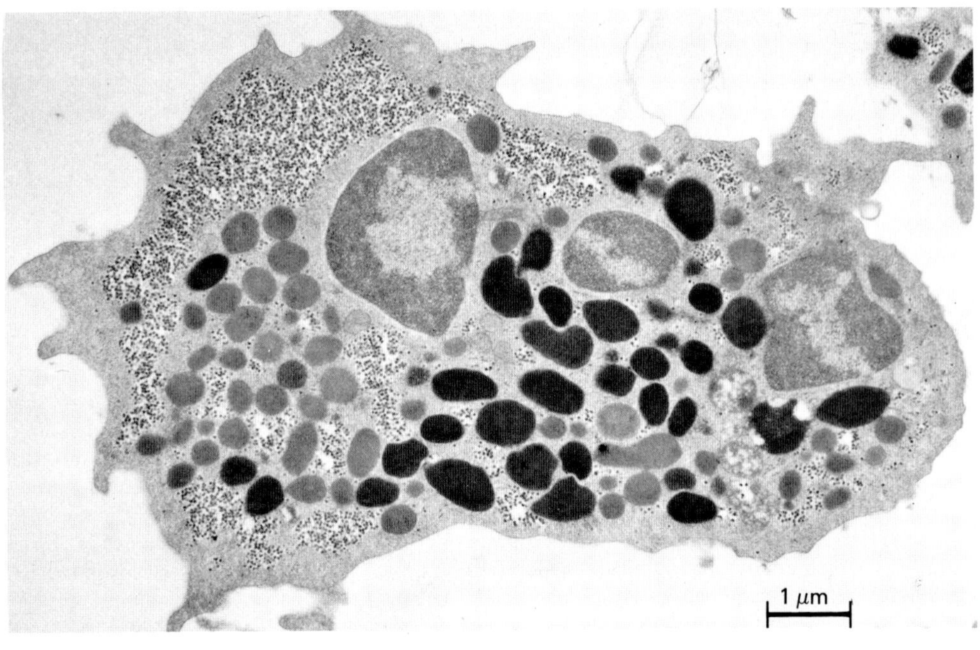

Elektronenmikroskopische Aufnahme eines neutrophilen polymorphkernigen Leukocyten (Granulocyten) des Kaninchens. Die größeren, dunklen Granula werden als azurophil bezeichnet und sind mit den Lysosomen anderer Zellen verwandt. Die kleineren, weniger dichten, sogenannten spezifischen Granula sind keine Lysosomen. Beide Typen werden massenhaft in phagocytotische Vakuolen entladen.

Signal hin, das oft aus einer komplizierten Kette nervöser und hormonaler Reize besteht, die mit der lokalen Ausschüttung von Acetylcholin enden. Dieser Botenstoff bindet an einen Rezeptor auf der Zelloberfläche (siehe Kapitel 13), und die resultierende Konformationsänderung bewirkt – möglicherweise, weil jetzt Calcium-Ionen einströmen –, daß die Sekretgranula exocytotisch entladen werden. Wenn keine Stimulation erfolgt, die Zelle aber weiterhin Sekretgranula produziert, beginnen diese statt mit der Plasmamembran mit Lysosomen zu verschmelzen; dadurch werden überflüssige Sekretionsprodukte durch Krinophagie (siehe Kapitel 5) zerstört.

Lysosomale Hydrolasen werden im allgemeinen kontinuierlich zu den Lysosomen transportiert. Es gibt jedoch eine verblüffende Ausnahme: die polymorphkernigen Leukocyten, auch Granulocyten genannt. Diese weißen Blutzellen produzieren und speichern lysosomale Hydrolasen über mehrere Zellgenerationen, in deren Verlauf sie sich aus den Stammzellen des Knochenmarks entwickeln und differenzieren. Das gleiche geschieht mit Lysozym und einigen anderen bakterientötenden Stoffen. Die Leukocyten reichern solche Substanzen in zwei verschiedenen Typen großer cytoplasmatischer Granula an. Diese sogenannten azurophilen und spezifischen Granula verbleiben so lange inaktiv im Zellplasma, bis geeignete, mit Antikörpern „gewürzte" (opsonisierte) Bakterien oder andere Partikel die Zelle dazu verführen, sich mit solchen Fremdkörpern vollzustopfen (siehe Kapitel 4). Auf diesen Reiz hin ergießt sich der Inhalt der Granula massiv in die phagocytotischen Vakuolen. Dadurch wird die Beute abgetötet und verdaut (siehe Kapitel 5). Wir wissen bereits, daß sich Leukocyten, im Gegensatz zu anderen phagocytotisch aktiven Zellen, nicht mehr von solchen Tätigkeiten erholen. Ihre extreme Spezialisierung zeigt sich darin, daß die Sekretion nicht nur kontrolliert (stoßweise) erfolgt, sondern auch nur ein einziges Mal stattfindet. Wenn der phagocytotische Freßakt beendet ist, stirbt die Zelle.

Die Geburt einer Membran

Soweit wir wissen, entstehen Membranen niemals *de novo*. Sie gehen immer aus bereits vorhandenen Membranen hervor, in die zusätzliche Bausteine eingebaut werden. Dieser Prozeß ist möglicherweise fast so alt wie die Evolution. Jede Generation gibt – meist über die weibliche Eizelle – an die nächste einen Grundstock vorgefertigter Membranen weiter, aus denen sich durch direkte oder indirekte Anlagerung alle anderen Membranen des Organismus entwickeln.

Der wichtigste Ort der Membranbiosynthese ist das ER, wie wir noch feststellen werden, wenn wir dessen Cytosol-Seite untersuchen (siehe Kapitel 13). Die meisten Phospholipide und das Cholesterin entstehen hier und außerdem viele integrale Membranproteine, die genau wie die sekretorischen Proteine an ER-gebundenen Ribosomen synthetisiert werden, dann aber nicht in die Zisternen abfallen, sondern dank hydrophober Sequenzen in der Lipid-Doppelschicht hängenbleiben. Doch nicht alle ER-Proteine entstehen auf diese Weise. Einige werden im Cytosol von freien Riboso-

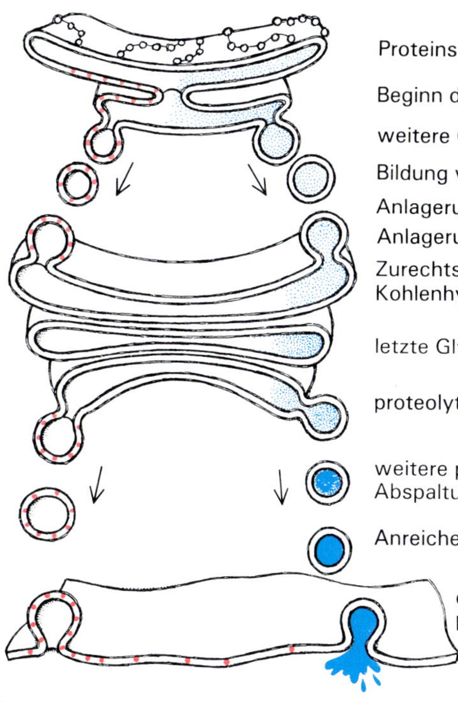

Der Sekretionsweg. Die rechte Seite des Diagramms zeigt, wie sekretorische Proteine nach der Synthese an membrangebundenen Ribosomen in der Zelle weitertransportiert und bearbeitet werden, bis sie schließlich durch Exocytose nach außen gelangen. Links ist zu sehen, wie im ER synthetisierte integrale Plasmamembranproteine auf dem gleichen Weg zu ihrem Bestimmungsort gelangen wie sekretorische Proteine.

men synthetisiert und erst danach in die Membranen eingebaut. Andererseits werden viele Nicht-ER-Membranproteine im ER produziert und dann von dort zu ihren endgültigen Aufenthaltsorten transportiert. Dabei wandern sie mit den Sekretionsprodukten mit – jedoch nicht wie diese in den Membranhohlräumen, sondern in den Membranen selbst. Sie bewegen sich durch seitliche Diffusion entlang zusammenhängender Membranflächen und sammeln sich in den Bereichen, die für den Vesikeltransport der Sekretionsprodukte zuständig sind. So reisen sie von einem Membranbereich zum nächsten, bis sie ihren Bestimmungsort im Golgi-Apparat, in der Plasmamembran, den Lysosomen oder woanders erreicht haben. Wie die Sekretionsprodukte werden auch solche neu synthetisierten Membranproteine oft noch während des Transports intensiv bearbeitet. Ein gutes Beispiel bieten die vielen Glykoproteine, die so charakteristisch ihre Oligosaccharid-Seitenketten von der Zelloberfläche baumeln lassen. Sie gelangen vom ER über den Golgi-Apparat hierher und erhalten ihre Kohlenhydrat-Komponenten, während sie diese Kompartimente passieren.

Der Kreis schließt sich

Auf welchem Weg wir den Golgi-Apparat verlassen, hängt davon ab, welche Erkennungsmarken wir tragen. Da wir nicht in die Lysosomen zurückkehren wollen, werden wir Mannose-6-phosphat-Etiketten meiden. Alle anderen Ausgänge führen jedoch aus der Zelle heraus, und so wählen wir die Route, die uns am meisten Platz bietet: die stoßweise erfolgende Sekretion. Doch was wir nun erleben, ist alles andere als angenehm. Nachdem wir in eine kondensierende Vakuole eingedrungen sind, müssen wir einem fast unerträglichen Druck standhalten. Er entsteht dadurch, daß Wasser aus der Vakuole herausgepumpt wird und sich die Sekretionsprodukte um uns herum bis zu einem nahezu festen Zustand verdichten. In dieser äußerst unangenehmen Lage müssen wir dann verharren; ständig wächst dabei die Angst, daß Krinophagie, die Verschmelzung unserer Sekretionsvakuole mit einem Lysosom, unsere Flucht doch noch vereiteln und uns wieder in das lysosomale Kompartiment zurückwerfen

Angstvolle Reise. Von Giorgio de Chirico.

könnte. Unsere Befreiung schließlich ist gewaltsam, denn Sekretgranula entladen sich explosionsartig. Zunächst schubsen und stoßen sich die Granula, die unweigerlich zum Zellrand gezogen werden, gegenseitig hin und her; oft verschmelzen sie auch mit anderen Granula, die ihnen im Weg sind. Wenn sie schließlich die Zelloberfläche erreichen, öffnen sich dort tiefe Spalten, aus denen Massen von Sekretionsprodukten ausgeschleudert werden. Für einen Außenstehenden sieht dies wie die plötzliche Eruption einer ganzen Vulkankette aus – wie ein regelrechtes ,,Zellbeben''. Uns hilflose Begleiter der Sekretionsprodukte versetzt die Exocytose noch einmal in Panik. Glücklicherweise ist der Schrecken nur kurz und in der Freude über die zurückgewonnene Freiheit schnell vergessen. Wir schwimmen wieder in den sanften extrazellulären Gewässern und schauen noch einmal zurück auf die weite, bewegte Zellmembran, auf ihre Narben, ihre verschlungenen Auswüchse und wogenden Schleier. Wir haben den Kreis geschlossen: Durch Endocytose sind wir in die Zelle hineingelangt, haben uns dann durch eine endlose Folge von Kammern und Korridoren gewunden und sind durch Exocytose herausgeführt worden.

Es war eine faszinierende, wenn auch etwas irreal anmutende Reise, wie eine Wanderung durch einen surrealistischen Irrgarten. Überall leere Wände, endlose Membranflächen, die immer fest geschlossen waren und auf quälende Weise undurchsichtig blieben. Dahinter lagen, unserem Auge verborgen, riesige Maschinenparks, die – nach ihren Produkten zu urteilen – von ungeheurer Komplexität sein müssen. So gesehen, haben wir die Zelle bisher noch gar nicht richtig betreten. Wir müssen versuchen, diese immerwährende Membranabschirmung zu überwinden. Bevor wir das tun, wollen wir aber noch einen letzten, zusammenfassenden Blick auf das intrazelluläre Membransystem werfen.

Das Vakuom

Zu Beginn dieses Jahrhunderts prägten französische Cytologen den Begriff Vakuom, um das komplexe System von Vakuolen und Granula zu beschreiben, das sie bei tierischen wie pflanzlichen Zellen gleichermaßen beobachtet hatten. Nach ihrer Vorstellung bestand das Vakuom aus verschiedenartigen cytoplasmatischen Strukturen, zu denen sie auch den Golgi-Apparat, nicht aber die Mitochondrien zählten, die ein eigenes System, das Chondriom, bildeten. Diese Unterscheidung war erstaunlich weitsichtig, und der Name Vakuom, der sich niemals allgemein durchsetzen konnte, verdient es, wieder aufgegriffen zu werden. Der Begriff Vakuolensystem, der heute manchmal im gleichen Sinne verwendet wird, ist nicht so eindeutig, da er lange nur für die Importabteilung des ganzen Systems galt.

Import und Export, einschließlich der dazugehörigen Verarbeitungsschritte, bilden die Hauptfunktionen des Vakuoms. Wenn wir jedoch seine anatomische und funktionelle Organisation betrachten, überrascht uns am meisten, daß das System quer durch den Golgi-Apparat in zwei getrennte Bereiche oder Domänen aufgeteilt ist.

Auf der *cis*-Seite des Golgi-Apparats, die wir als endoplasmatische Seite bezeichnen, liegt das ER, die endoplasmatische Domäne. Sie ist auf die Produktion sekretorischer Proteine ausgerichtet und besitzt eine deutliche Polarität: von den Ribosomen-Bindungsstellen im RER zu den Verbindungselementen zwischen SER und Golgi-Apparat. Abgesehen von dieser Asymmetrie sind die ER-Membranen, die auch etliche Stoffwechselsysteme beherbergen, welche nicht zur Sekretion gehören (siehe Kapitel 13), weitgehend gleichförmig aufgebaut. Der Transport durch diesen Teil des Vakuoms ist einfach und erfolgt nur in einer Richtung: Das ER gibt seinen Inhalt offenbar ohne nennenswerten Rückfluß an den Golgi-Apparat ab. Alles deutet darauf hin, daß die Sekretionsprodukte eine wirkungsvolle ,,Einbahn-Schleuse'' durchlaufen, auch wenn ihr Transport wahrscheinlich auf einen zweispurigen Pendelverkehr der beteiligten Membranen angewiesen ist. Das bedeutet außerdem, daß die Einfuhr in die Zelle an der Golgi-Grenze endet. Tatsächlich gelangen endocytotisch aufgenommene Substanzen nicht in die endoplasmatische Domäne hinein. Wir selbst sind nur deshalb dorthin gekommen, weil wir die Schleuse gewaltsam stromaufwärts passiert haben.

Der zelluläre Containerverkehr.
Der Golgi-Apparat dient als zentrale Verladestation und als Verbindung zwischen endoplasmatischer und exoplasmatischer Domäne: (1) Pendelverkehr zwischen ER und Golgi-Apparat; (2) sekretorischer Pendelverkehr zwischen Golgi-Apparat und Plasmamembran; (2′) Abzweigung für die Krinophagie; (3) Pendelverkehr zwischen Golgi-Apparat und Lysosom; (3′) alternative Route vom Golgi-Apparat zum Lysosom, über die Plasmamembran und ein Endosom; (4) endocytotischer Pendelverkehr zwischen Plasmamembran und Endosom; (4′) alternativer endocytotischer Weg am Endosom vorbei zum Lysosom; (5) Bergung von Plasmamembranmaterial: (5a) durch Rückführung vom Endosom („Erbrechen"), (5b) durch Diacytose, (5c) über den Golgi-Apparat, (5d) über ein Lysosom; (6) Weg vom Endosom zum Lysosom; (7) Abtrennung durch Autophagie.

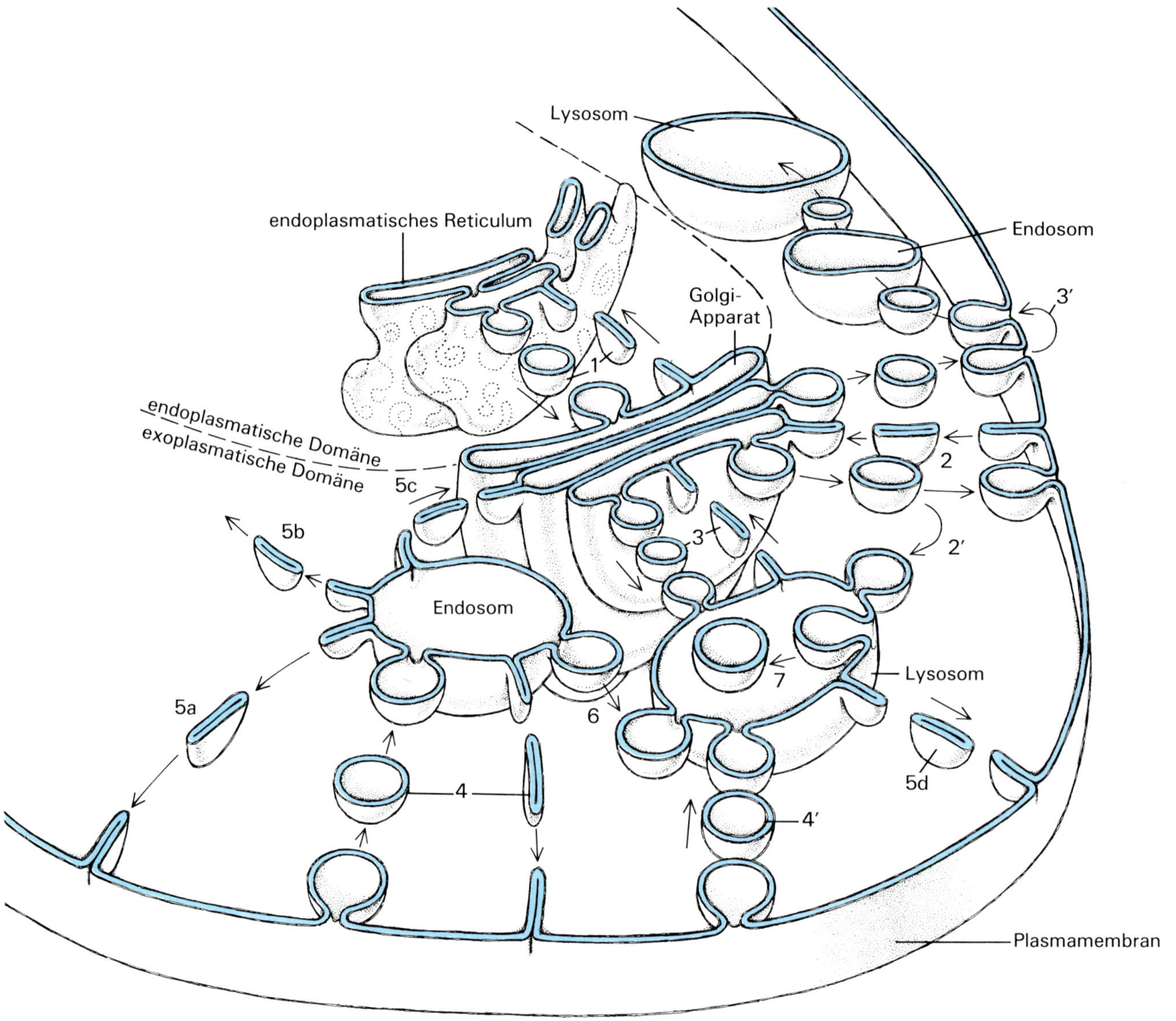

Auf der entgegengesetzten Seite des Golgi-Apparats ist alles ganz anders. Wir bezeichnen diesen Bereich als die exoplasmatische Domäne des Vakuoms – ein zwar ungebräuchlicher, aber sehr nützlicher Begriff, in den wir auch die *trans*-Seite des Golgi-Apparats mit einbeziehen. Diese Domäne setzt sich aus zahlreichen Vesikeln, Vakuolen und Granula aller Größen und Formen zusammen, die durch ein komplexes Netz von Transportwegen mit dem Golgi-Apparat, untereinander und mit dem Raum außerhalb der Zelle verknüpft sind. Die Membranen, die diese Strukturen umgeben, haben einige gemeinsame Eigenschaften, die sie auch mit der Plasmamembran teilen. So sind sie dicker als endoplasmatische Membranen (etwa zehn Nanometer gegenüber sieben Nanometern), hauptsächlich weil ihre Innenseiten viel mehr Oligosaccharid-Seitenketten tragen. Außerdem kennzeichnet sie ein relativ hoher Gehalt an bestimmten Phospholipiden wie Sphingomyelin sowie an Cholesterin. Ihre Proteinzusammensetzung ist dagegen alles andere als homogen. In dieser Hinsicht läßt sich auch die Plasmamembran in verschiedene Bereiche unterteilen.

Der Verkehr in diesem Teil des Vakuoms ist außerordentlich dicht und läuft in alle Richtungen. Der Hauptsekretionsweg führt vom Golgi-Apparat zur Zelloberfläche, an der die Produkte entladen werden – entweder kontinuierlich, über ein stetiges Tröpfeln kleiner Vesikel, oder stoßweise, wenn die Produkte zuerst in kondensierenden Vakuolen angereichert und in Sekretgranula zwischengelagert werden. Ein wichtiger Seitenweg bringt saure Hydrolasen vom Golgi-Apparat zu den Lysosomen. Wenn die Sekretionsbahnen überfüllt sind, wird zusätzlich die Abzweigung zur Krinophagie geöffnet, über die überschüssige Produkte aus den Sekretgranula in die Lysosomen gelangen.

Phagocytose, rezeptorgekoppelte Endocytose und vielleicht noch andere Endocytose-Formen stellen die Einfuhrwege dar. Sie führen meist zu den Lysosomen, doch können sich unterwegs – besonders beim Durchgang durch die Endosomen – Seitenwege abspalten, die die Lysosomen umgehen; das eingeschlossene Material wird dann entweder dorthin zurückgeschafft, wo es hergekommen ist („zelluläres Erbrechen"), quer durch die Zelle zu einem anderen Extrazellulärraum transportiert (Diacytose) oder in Speichergranula überführt.

Dieses Netzwerk verschiedener Transportwege wird noch komplizierter, wenn man neben den Bewegungen der Produkte auch die ihrer Behälter betrachtet. Der Umfang dieses Containerverkehrs wurde bis vor wenigen Jahren unterschätzt. Man nahm allgemein an, das Membranmaterial, das sich bei der Exocytose in die Plasmamembran einfügt, werde durch Endocytose in die Zelle zurückgeholt, dann bei der Endosom-Lysosom-Verschmelzung in die Lysosomenmembran eingebaut und schließlich durch Autophagie-Prozesse ins Innere des Lysosoms überführt und verdaut. Ferner glaubte man, daß am ER ständig neue Membranen synthetisiert würden, um im Golgi-Apparat das Material zu ersetzen, das bei Endocytose-Vorgängen an die Plasmamembran verloren geht. Nach diesem Konzept, der sogenannten „Membranfluß"-Theorie (englisch *membrane flow*), die auch das dynamische Funktionsmodell für den Golgi-Apparat mit einschließt (siehe Seite 86), durchläuft neu synthetisiertes Membranmaterial nur einen einzigen Export-Import-Zyklus und wird danach zerstört. Mit anderen Worten: Zellen benutzen Wegwerfverpackungen.

Das Konzept wurde unhaltbar, als man das ganze Ausmaß des Containerverkehrs entdeckte. Eine Drüsenzelle kann beispielsweise mit jeder sekretorischen Entladung ihre Plasmamembranoberfläche verdoppeln, und Makrophagen nehmen pro Stunde bis zum Zweifachen ihrer Membranoberfläche in sich auf. Solche Umsatzraten liegen um mindestens eine Zehnerpotenz über denen der Membranbausteine. Die Zelle kann daher unmöglich mit Einwegbehältern auskommen; sie muß wiederverwendbare Container einsetzen.

Die einzelnen Wege des Membran-Recyclings werden noch erforscht. Wahrscheinlich gehören mehrere direkte Pendelverkehrslinien, aber auch einige verschlungene Pfade dazu. Der Verkehrsknotenpunkt liegt in einer Zellregion, die manchmal als GERL (Golgi-ER-Lysosom) bezeichnet wird. Heute weiß man, daß Endosomen eine zentrale Komponente dieses Systems sind. Überraschenderweise stört das schnelle und komplizierte Recycling der Behälter kaum den grundsätzlich nur in eine Richtung verlaufenden Transport ihres Inhalts – auch wenn hin und wieder etwas „verschlabbert" wird, wie wir gesehen haben (siehe Kapitel 4). Offensichtlich verfügt die Zelle über wirksame Mechanismen, um leere Behälter zu verfrachten, die vermutlich in Form flacher Vesikel vorliegen. Das saure Milieu im Endosom-Lysosom-Bereich der exoplasmatischen Domäne trägt höchstwahrscheinlich entscheidend dazu bei, daß Membranen ihre Liganden abwerfen, bevor sie selbst wieder zurückgewonnen werden.

Noch erstaunlicher ist es, daß die Zelle überhaupt die hoch strukturierte Organisation des Vakuoms aufrecht erhalten kann. Obwohl ununterbrochen Membranen unterschiedlicher Zusammensetzung miteinander verschmelzen, ,,schmuggeln sich'' die Membrankomponenten kaum einmal durch laterale Diffusion über die Verbindungsstellen hinweg. Scharfe Sprünge in der Membranzusammensetzung werden dadurch erhalten oder sogar neu geschaffen, beispielsweise dann, wenn sich mit Liganden besetzte Rezeptoren zusammenfinden, wie es für selektive Transportvorgänge typisch ist. Alle Sortierprozesse – ob sie nun auf der Zelloberfläche, in den Endosomen, im Golgi-Apparat oder vielleicht noch anderswo ablaufen – sind an Membranbereiche gebunden, die ganz bestimmte Rezeptoren tragen. Wahrscheinlich sorgen die Elemente des Zellskeletts für die nötige Ordnung (siehe Kapitel 12 und 13).

Nachdem wir uns jetzt einen guten Überblick über das Vakuom verschafft haben, verstehen wir auch unser Gefühl besser, während der ganzen bisherigen Reise noch nicht so richtig in die Zelle eingedrungen zu sein. Besonders in der exoplasmatischen Domäne haben wir eine außerordentlich wechselhafte Szenerie erlebt: Ein Membranstückchen, das sich eben noch an der Zelloberfläche befand, konnte schon im nächsten Moment ein Teil des Endosom-Lysosom-Systems geworden sein, etwas später dann im Golgi-Apparat auftauchen und schließlich wieder an der Zelloberfläche erscheinen – und alles innerhalb weniger Minuten. Die Permeasen, Pumpen und anderen Transportsysteme der Plasmamembran setzen ihre Arbeit vermutlich in den intrazellulären Vesikeln fort und katalysieren dort zwischen Cytosol und Vesikelinhalt die gleichen Austauschreaktionen wie vorher zwischen Cytosol und extrazellulärem Medium. (Die Wirkung kann jedoch verschieden sein; man denke an die Protonenpumpe.) In der exoplasmatischen Domäne des Vakuoms sind wir funktionell erst halbwegs in der Zelle drinnen – oder halbwegs aus ihr heraus. Das gilt auch für die meisten Inhaltsstoffe, die entweder gerade durch Endocytose hereingebracht worden sind oder bald durch Exocytose hinausgeschafft werden. In der endoplasmatischen Domäne befinden wir uns insofern schon etwas tiefer in der Zelle, als uns die Schleuse des Golgi-Apparats davor schützt, daß extrazelluläre Objekte hier eindringen. Andererseits aber ist der ER-Inhalt unabänderlich für den Transport in die exoplasmatische Domäne bestimmt und wird meistens auch noch an die Umgebung der Zelle abgegeben. Das verleiht den ER-Hohlräumen so etwas wie einen ,,prä-extrazellulären'' Charakter.

Der Export bei Prokaryonten und der Ursprung eukaryontischer Zellen

Der Besitz eines Vakuoms ist charakteristisch für Eukaryontenzellen. Die meisten Bakterien besitzen keine nennenswerten intrazellulären Membranen. Und doch sind Eukaryonten – vor etwa einer Milliarde Jahren – aus Prokaryonten entstanden. Die Untersuchung der Exportmaschinerie prokaryontischer Zellen kann uns eine Vorstellung davon vermitteln, wie sich jene folgenschwere Umwandlung vollzogen haben könnte, auf der die Existenz aller Pflanzen und Tiere der Erde beruht.

Die meisten Bakterien geben an ihre Umgebung Proteine ab, darunter vor allem hydrolytische Exoenzyme, die Verdauungsfunktionen ausüben. Daß diese Exoenzyme von Polysomen synthetisiert und ausgeschleust werden, die auf der Innenseite der Plasmamembran sitzen, ist interessant und aufschlußreich zugleich; denn in eukaryontischen Zellen werden neu entstehende Exportproteine in ähnlicher Weise durch die Membranen des endoplasmatischen Reticulums transportiert. Die Ähnlichkeit reicht sogar bis in Details des molekularen Mechanismus (siehe Kapitel 15), was eine Abstammung des rauhen ER der Eukaryonten von der Plasmamembran ihrer prokaryontischen Vorfahren sehr wahrscheinlich macht. Vermutlich ist das ER durch mehrfache Plasmamembranabschnürungen, die sich im Inneren der Zelle fortentwickelten, entstanden. Weil solche Prozesse flexible Oberflächen voraussetzen, ist anzunehmen, daß unseren unbekannten entfernten Vorfahren eine starre äußere Wand fehlte. Solche nackten Bakterien (Protoplasten) können experimentell durch Behandlung mit Lysozym hergestellt werden und kommen gelegentlich auch natürlich vor (L-Formen). Sie sind sehr verletzlich, aber man kann sich vorstellen, daß ihnen die flexiblen Oberflächen unter bestimmten Umständen trotzdem einen immensen Evolutionsvorteil verschaffen konnten, der ihre erhöhte Verwundbarkeit wieder wettmachte. Wenn sich nämlich Teile ihrer Plasmamembran einfalteten und sogar – wie bei der Endocytose – als intrazelluläre Vesikel abschnürten, blieben die von den membrangebundenen Polysomen synthetisierten Exoenzyme darin gefangen und konnten auf jedes extrazelluläre Material einwirken, das mit den Vesikeln aufgenommen worden war. Bei dieser einfachsten Form intrazellulärer Verdauung hätten die Verdauungsvakuolen Eigenschaften von

Endosomen, Lysosomen und rauhem ER in sich vereinigt. Weil solch eine Errungenschaft selbst in dieser primitiven und zufälligen Form einen entscheidenden Evolutionsvorteil bedeutet hätte, wäre wohl auch jede Mutation begünstigt gewesen, die zu ihrer Weiterentwicklung beitragen konnte. Vorher vermochten die Zellen die Aktivität ihrer Exoenzyme nur durch extrazelluläre Verdauung auszunutzen, und wenn sie keine andere Ernährungsweise kannten, mußten sie praktisch zwangsläufig inmitten ihrer Nahrung leben – wie Maden im Speck. Nun aber stand es ihnen frei, sich die Welt zu erschließen und ihre Beute aktiv zu verfolgen, denn sie konnten sich jetzt von phagocytierten Bakterien und anderem eingeschlossenen Material ernähren. Möglicherweise leitete diese Entwicklung eine Emanzipation der Zellen ein.

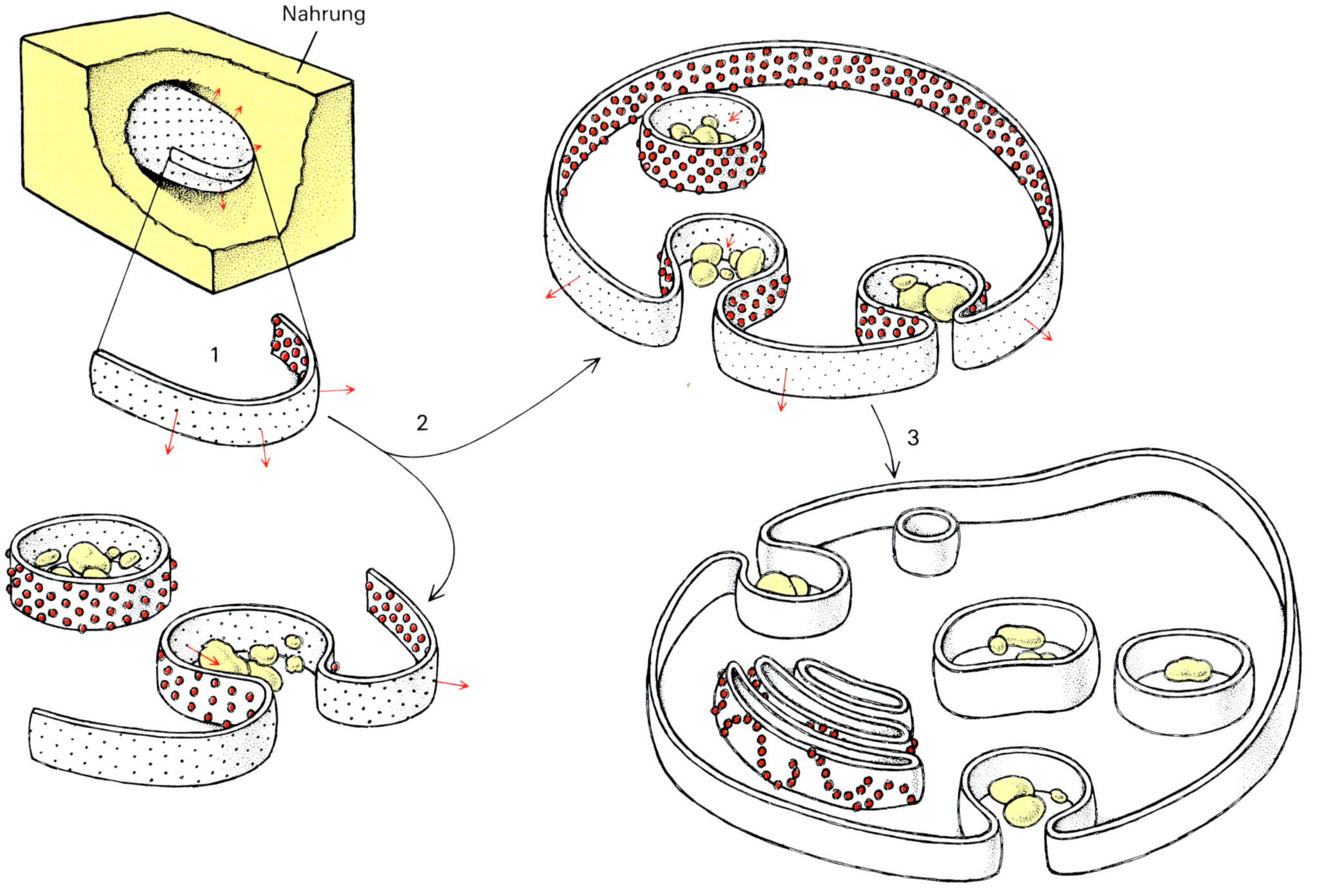

Hypothetisches Schema der Entwicklung primitiver phagocytotischer Zellen aus prokaryontischen Vorfahren.
1. Wie viele heute lebende heterotrophe Bakterien war wohl auch die mutmaßliche Bakterien-Ahnenzelle in ihrer Ernährung auf die extrazelluläre Verdauung angewiesen und baute ihre Nahrung mit Exoenzymen ab, die von plasmamembrangebundenen Ribosomen synthetisiert und nach außen abgegeben wurden.
2. Aus Einstülpungen der Plasmamembran einer wandlosen Bakterienform konnten primitive intrazelluläre Verdauungsvakuolen entstehen. In ihnen wurden aufgenommene Nahrungspartikel (primitive Endocytose) durch die eingeschlossenen Exoenzyme abgebaut.
3. Die Differenzierung des intrazellulären Membransystems führte schließlich zur Ausbildung unterschiedlicher Membrandomänen; membrangebundene Ribosomen blieben fortan auf bestimmte Bereiche des endoplasmatischen Reticulums beschränkt. Die Zellen wurden beträchtlich größer.

Eine zweite wichtige Konsequenz der vermuteten Veränderungen ist die Möglichkeit eines gesteigerten Zellwachstums. Zellen sind vom Austausch mit ihrer Umgebung abhängig, und die dafür verfügbare Oberfläche begrenzt ihr Wachstum. Wir haben in Kapitel 3 bereits die Bedeutung von Mikrovilli und anderen Plasmamembranfortsätzen kennengelernt. Die Entwicklung eines intrazellulären Vakuolensystems, das über Endocytose-Prozesse direkt mit der Außenwelt verbunden ist und von Membranen begrenzt wird, die der Plasmamembran ähneln und alle notwendigen Transportsysteme enthalten, konnte die Austauschkapazität der Zellen gewaltig steigern. Und dies wiederum ermöglichte eine beträchtliche Größenzunahme. Vielleicht hat sich gleichzeitig auch das Cytomembransystem zunehmend aufgegliedert: Die Ribosomen gelangten in die tieferen Teile des Systems, und die oberflächennahen Elemente entwickelten sich zur Plasmamembran und zu den glattwandigen Teilen des Vakuoms, die wir von den heutigen Eukaryontenzellen kennen.

Nach dieser Hypothese erfolgte der entscheidende Evolutionsschritt von der Prokaryonten- zur Eukaryontenzelle über eine große, primitive, phagocytotisch aktive Zelle (Phagocyt). Was tatsächlich passierte, werden wir wahrscheinlich nie erfahren. Aber es ist interessant, daß die populärste Theorie darüber, wie Eukaryonten so wichtige Organellen wie Mitochondrien und Chloroplasten erlangt haben, die Existenz ebensolcher primitiver Phagocyten voraussetzt (siehe Kapitel 9 und 10). Und falls die Hypothese stimmt, wäre unsere Vorstellung vom Vakuom als ein System, das die Grenze zwischen Zelle und Umgebung bis in Tausende intrazellulärer Nischen hinein ausdehnt, direkt in der Evolutionsgeschichte begründet.

Route II

Das Cytosol und die cytoplasmatischen Organellen

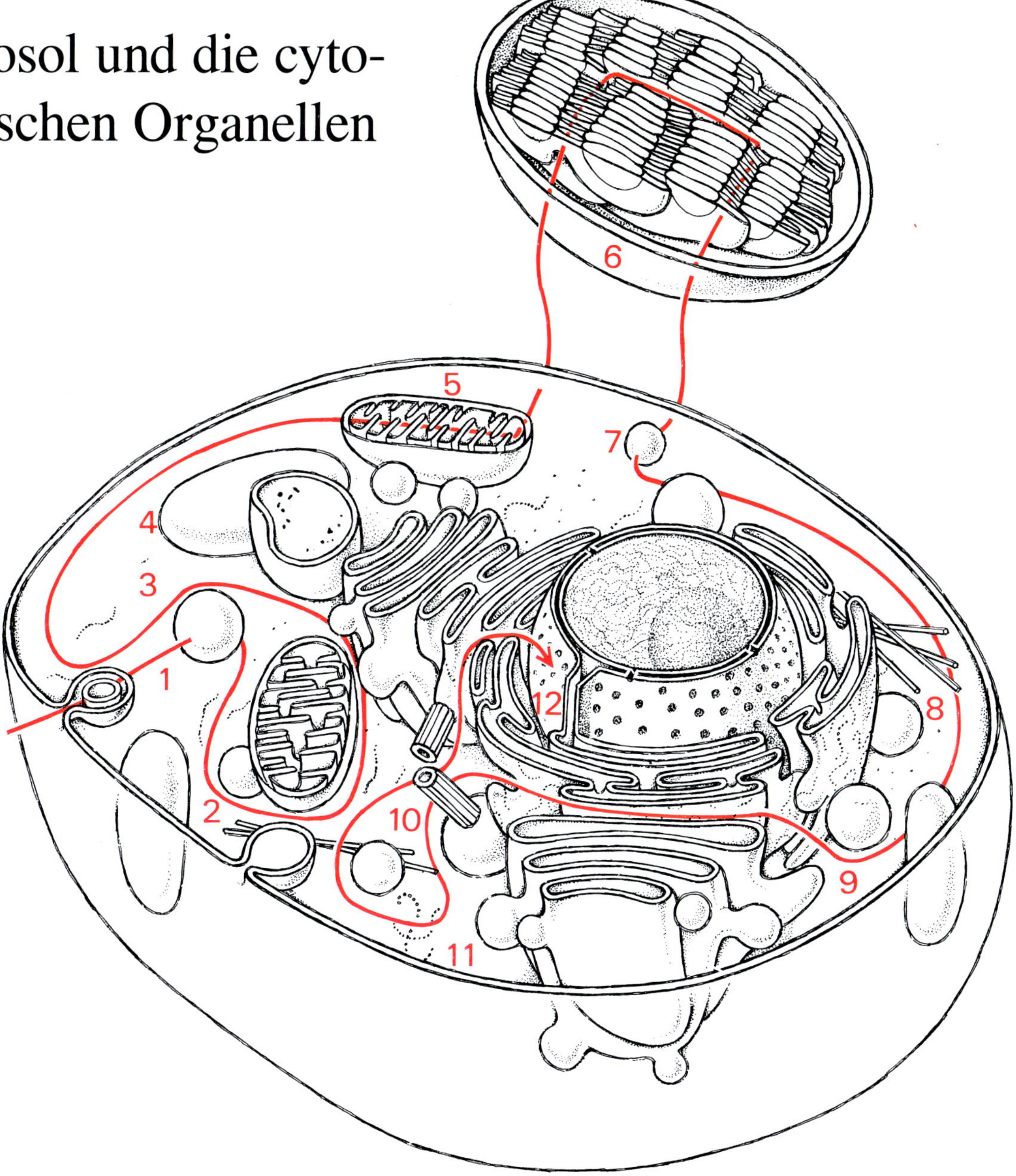

1) In einer Virushülle gelangen wir über ein Endosom ins Cytosol.
2) Wir erkunden das Cytosol und seine vielfältigen Komponenten.
3) Wir beobachten die anaerobe Glykolyse und machen uns mit der Elektronenübertragung und der Energiegewinnung durch Phosphorylierung vertraut.
4) Bei der Besichtigung der Biosynthesefabriken lernen wir die Gruppenübertragung kennen.
5) Wir besuchen die Mitochondrien und inspizieren ihre Protonentransportturbinen.
6) Auf einem Abstecher in die Pflanzenwelt lernen wir, wie Chloroplasten das Sonnenlicht ausnutzen.
7) Wir besichtigen die Peroxisomen und einige andere ,,Mikrokörperchen''.
8) Eine Weile halten wir uns an den verschiedenen Elementen des Skeletts und des Bewegungsapparats der Zelle auf.
9) Auf dem Rückweg durch das Cytosol widmen wir uns besonders den cytoplasmatischen Seiten der Membranen.
10) Zurückblickend erfassen wir das Cytosol als Zentrum der Stoffwechselregulation.
11) Wir betrachten die Proteinsynthese an den Ribosomen.
12) In Kernnähe warten wir, bis sich bei der Mitose die Kernhülle öffnet.

Kapitel 7

Das Cytosol: Glykolyse, Elektronenübertragung und Energiegewinnung ohne Sauerstoffzufuhr

Auf den ersten Blick scheint es so großen Wesen wie uns – selbst bei millionenfacher Verkleinerung – nicht möglich zu sein, durch die Plasmamembran hindurchzukommen, ohne die Zelle irreparabel zu schädigen. Doch zahlreiche Beispiele beweisen das Gegenteil. So kann man bei etlichen Infektionskrankheiten beobachten, daß sich die Erreger – Viren, Bakterien oder sogar parasitische Protozoen – frei im Plasma lebender Zellen des Patienten aufhalten und entwikkeln. Da sie von außen gekommen sind, müssen sie es also geschafft haben, die Plasmamembran zu durchdringen, ohne die Wirtszelle zu töten.

Der Vorhang wird aufgerissen

Die Methoden, mit denen Eindringlinge die Zellmembran durchbrechen und ins Plasma gelangen, sind unterschiedlich, doch stets beginnen sie mit einem Betrug, der an das Trojanische Pferd erinnert. Der angreifende Mikroorganismus verhält sich zunächst wie eine wehrlose Beute und läßt sich widerstandslos in ein endocytotisches Vesikel einschließen. Wenn die vertrauensselige Wirtszelle sich dann anschickt, ihren Fang in das lysosomale Säurebad abzuladen, enthüllt der listige Eindringling seine geheime Waffe – gewöhnlich ein membranauflösendes Enzym oder Toxin, das die endocytotische Vakuole von innen aufreißt und den gefangenen Mikroorganismus befreit, bevor er vernichtet werden kann.

Einige Viren – beispielsweise die Grippe-(Influenza-)Erreger – benutzen eine noch raffiniertere Technik, die schon angebahnt wird, sobald sich die Viruspartikel bereit machen, von ihrer ursprünglichen Wirtszelle aus benachbarte Zellen zu infizieren. Wenn sie ihren Wirt verlassen, umhüllen sie ihre aus Nucleinsäure und Proteinen bestehenden Körper (Nucleocapside, siehe Kapitel 18) mit einem besonderen Plasmamembranstück, das zuvor unter ihrer eigenen Regie zusammengesetzt worden war. Treffen die Viren dann auf eine andere Zelle, so lassen sie sich wie üblich als wehrlose Beute einfangen und – in diesem Falle – sogar ins Säurebad werfen. Jetzt kommt die Überraschung: Irgendwie bewirkt die umgebende Säure, daß die Virushülle mit der Membran der Vakuole verschmilzt und dabei ihren infektiösen Insassen in das Zellplasma hinausschleudert. Höchstwahrschein-

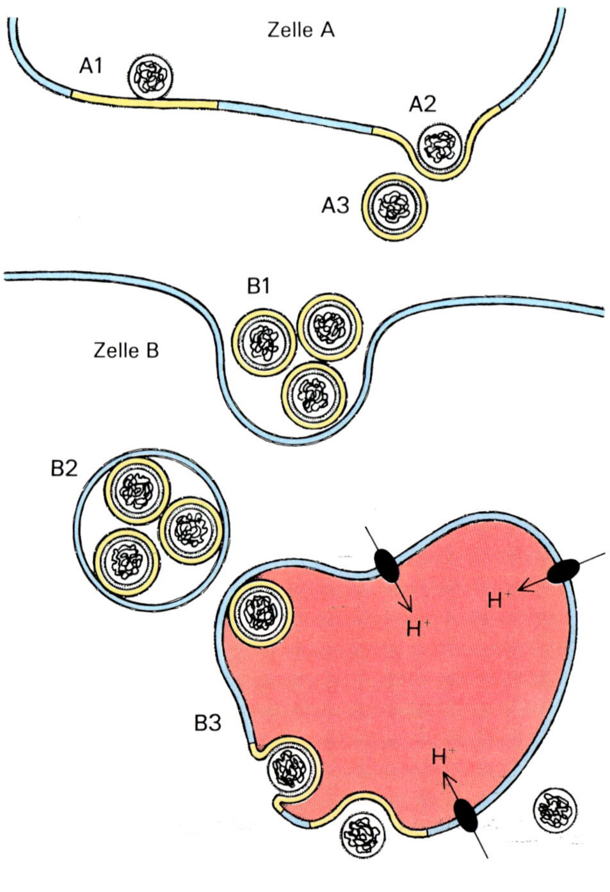

Wie manche membranumhüllte Viren von Zelle zu Zelle wandern.
A1. In die Plasmamembran der infizierten Zelle A hat sich ein Membranstück eingeschoben, das unter der Regie des Virus entstanden ist. Ein neugebildetes virales Nucleocapsid legt sich an diese Stelle an.
A2. Das Nucleocapsid drückt das virale Membranstück nach außen, so daß eine Knospe entsteht.
A3. Die Knospe schnürt sich von der Zelle ab, und ein membranumschlossenes Virus wird frei.
B1. Viruspartikel werden von der Zelle B in einer endocytotischen Einstülpung gefangen.
B2. Die endocytotische Einbuchtung schließt sich und bildet ein mit Viren beladenes Endosom.
B3. Protonenpumpen säuern das Innere des Endosoms an. Die Säure bewirkt, daß die virale Membran mit der Endosomenmembran verschmilzt und das freie Nucleocapsid ins Zellplasma ausgestoßen wird.

lich geschieht das in den Endosomen, bevor diese mit den Lysosomen verschmelzen.

Wieder einmal brauchen wir, um sicher in die Zelle zu gelangen, nichts anderes zu tun, als uns eines der phantastischen Werkzeuge der Mikroorganismen auszuleihen. Wir können zwischen einem chemischen Membranöffner und einem automatischen, säureaktivierbaren Ausstoßmechanismus wählen. Wir wollen letzteren nehmen, denn dann müssen wir von uns aus nichts unternehmen, was etwa durch falsche Wahl des Zeitpunktes schiefgehen könnte. Außerdem werden wir uns an jene aufregenden früheren Erlebnisse erinnert fühlen, als wir mit einem andersartigen lysosomenfesten Mantel erstmals in die tiefen Höhlungen des zellulären Vakuolensystems eintauchten.

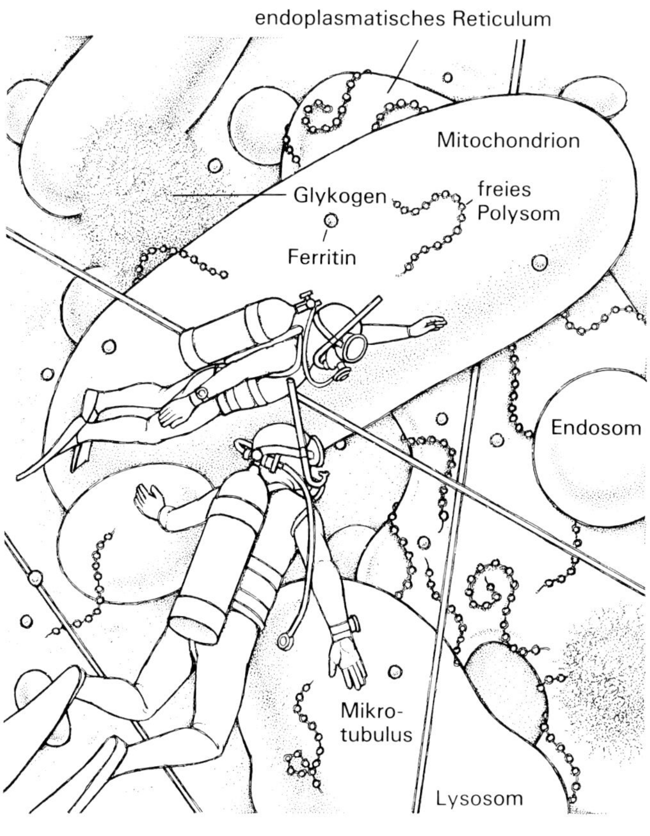

Hinter den Kulissen

Unser virales Transportmittel hat wie geplant funktioniert, und wir befinden uns jetzt mitten im Zellplasma. Vor uns erblicken wir viele seltsame Objekte, und es wird eine Weile dauern, bis wir sie alle im einzelnen untersucht haben. Doch zunächst einmal wollen wir uns einen allgemeinen Überblick verschaffen.

Zunächst mag es uns so vorkommen, als stünden wir hinter einer Theaterbühne und schauten auf die Rückseite der Kulissen und die vielen Seile und Rollen, mit denen sie bewegt werden. All jene bläschenartigen Strukturen, die wir bisher nur von innen gesehen haben – Endosomen, Lysosomen, die Hohlräume des endoplasmatischen Reticulums, die Golgi-Zisternen und -Vesikel, die Sekretgranula –, erblicken wir jetzt von außen. Es sind Tausende großer und kleiner Ballons, deren Formen von prall gefüllten Kugeln hin zu schlaffen Säcken reichen. Bis auf die gelegentlich auftauchenden ockerbraunen Lysosomen schimmern sie alle milchig weiß oder korallenfarben, und im Halbdunkel des Zellplasmas glühen sie wie Opale. Ihre Oberflächen sind meistens glatt wie Seide, nur dort nicht, wo sie von umherkriechenden Polysomen aufgerauht werden oder wo sich unter einem Gitterwerk aus Clathrinfasern kleine kegelförmige oder rundliche Hügel aufwölben. Wir werden im weiteren Verlauf unserer Reise noch auf diese faszinierenden Anhängsel zurückkommen.

Manche der größeren Membransäcke, die zum endoplasmatischen Reticulum und zum Golgi-Apparat gehören, sind durch ein Gewirr röhrenförmiger Strukturen miteinander verbunden und bilden wuchtige, nahezu unbewegliche Systeme, bei denen allein Oberflächenänderungen die heftigen inneren Vorgänge verraten. Andere Membranbläschen treiben im Sog von Plasmaströmungen träge dahin oder springen – wie von einer unsichtbaren Feder gezogen – ruckartig vorwärts („saltatorische" Bewegung). Zwischen ihnen huschen Schwärme kleiner Vesikel umher, darunter viele Stachelsaumvesikel. Häufig kommt es in diesem Verkehrsgewühl zu Zusammenstößen. Sie bleiben meist ohne Folgen, denn die Stoßpartner lösen sich gewöhnlich voneinander, ohne auch nur im geringsten beschädigt zu sein. Gelegentlich gibt es aber auch Verschmelzungen oder Spaltungen, die kleine, begrenzte Explosionen auslösen, deren Schockwellen das Zellplasma erzittern lassen.

Zwischen diesen bereits vertrauten Teilen der Import-Export-Maschinerie liegen hier und da dicke, ovale Körper, die rötlich gefärbt sind und in einem auffälligen Kontrast zu ihrer Umgebung stehen. Sie entsprechen in Größe und Form einem großen Bakterium und befinden sich in ständiger Bewegung: Mit dem rastlosen Automatismus von Teenagern in einer Discothek verdrehen sie sich, zucken zusammen und rempeln benachbarte Strukturen an. Manchmal spalten sie sich in mehrere Teile auf oder vereinigen sich zu eigentümlichen, polypenartigen Strukturen. Es handelt sich um Mitochondrien, die Zentren der Energieerzeugung in der Zelle (siehe Kapitel 9).

In einigen Zellen, beispielsweise in Leber und Niere, finden wir noch einen weiteren Typ membranbegrenzter Granula: die Peroxisomen. Sie sind etwas kleiner als Mitochondrien, mattgrün gefärbt und treten – vielleicht, weil sie miteinander verbunden sind – immer in Gruppen auf.

Wenn wir anstelle einer tierischen Zelle eine pflanzliche bereisen würden, bekämen wir ein ähnliches, allerdings noch vielseitigeres und farbenprächtigeres Schauspiel geboten. Zusätzlich zu den Komponenten, denen wir bereits begegnet sind, würden wir nämlich noch die leuchtend grünen Photosynthesezentren, die Chloroplasten, antreffen (siehe Kapitel 10). Außerdem könnten wir auf eine oder mehrere der zahlreichen membranumschlossenen Vakuolen und Granula stoßen, in denen Pflanzen Stärke und Öl sowie all die wunderbaren Farbpigmente speichern, die ihre Blüten zieren. Wir sollten uns daran erinnern, daß solche Pracht kein ausschließliches Vorrecht der Pflanzenwelt ist. Auch wenn wir Menschen in dieser Hinsicht eher langweilige Tiere sind, bei denen fast alle Farbeffekte auf einem einzigen schwarzen Farbstoff beruhen (dem Melanin, das in den Melanosomen verpackt ist), so können es viele andere Tierarten – Vögel, Schmetterlinge, Fische – doch durchaus mit den schönsten Blumen aufnehmen.

All diese verschiedenen „Behälter" nehmen insgesamt mehr als die Hälfte des Zellvolumens ein. Der Raum zwischen ihnen ist mit einer zähen, gelatineartigen Masse gefüllt, dem Cytosol (Zellsaft), das die Grundsubstanz der Zelle darstellt. Dieses Kompartiment wird nach außen durch die Plasmamembran und nach innen durch die Membranhülle um den Zellkern begrenzt. Dazwischen können wir uns frei bewegen; nur die cytoplasmatischen Organellen müssen wir umgehen oder uns, wenn sie dicht zusammengedrängt sind, auch einmal zwischen ihnen hindurchzwängen, so wie wir es in einem mit bunten Ausstellungsstücken vollgestopften Luftfahrtmuseum tun würden.

Aber ganz so frei, wie es dieser Vergleich vermuten läßt, sind wir doch nicht. Viele andere Hindernisse schränken unsere Bewegungen zusätzlich ein. Eine Sorte haben wir bereits kennengelernt und werden sie in einem späteren Kapitel noch eingehend untersuchen: die Ribosomen. Sie treten gewöhnlich in Ketten mit zehn bis 20 einzelnen Partikeln auf, welche von einem Boten-RNA-(mRNA-)Strang zusammengehalten werden. Bisher haben wir solche Polysomen nur auf der Oberfläche von ER-Membranen gesehen. Viele schwimmen jedoch auch frei im Cytosol umher und verrichten dort ihre Arbeit. Mit ihren feinen Fäden aus wachsenden Polypeptidketten stellen sie tückische Fallen dar, ähnlich dem unsichtbaren Seetang, in dem sich Schwimmer verfangen können.

In einigen Bereichen der Zelle – etwa bei den glatten Verbindungselementen zwischen ER und Golgi-Apparat – stoßen wir auf nahezu undurchdringliche Hindernisse, die aus dichten Klumpen schneeweißer, etwa ribosomengroßer Partikel bestehen. Wenn wir sie durch unsere molekulare Lupe betrachten, sehen sie allerdings ganz anders aus als Ribosomen. Jedes Partikel stellt eine baumartige, weitverzweigte Struktur mit Tausenden von Ästen dar, die alle aus kettenförmig aneinander gekoppelten Glucosemolekülen aufgebaut sind. Es handelt sich um riesige Makromoleküle des stärkeähnlichen Polysaccharids Glykogen, das manchmal auch als tierische Stärke bezeichnet wird. Glykogenbäume neigen dazu, sich zu kleineren Gehölzen zu vereinigen, die sich wiederum zu recht ausgedehnten Wäldern zusammenschließen. Im Elektronenmikroskop sind sie leicht als Aggregate kleiner, dichter Partikel zu erkennen, die manchmal „Glykogen-Seen" (englisch *glycogen lakes*) genannt werden.

Als weiteres Hindernis steht uns das Eisenspeicherprotein Ferritin im Weg, ein kompaktes, dunkelbraunes Teilchen. Obwohl es viel kleiner als Glykogen und im Elektronenmikroskop kaum zu erkennen ist, dürfte eine Kollision damit nicht ganz ungefährlich sein: Es besteht etwa zu einem Viertel aus purem Eisenhydroxid. Hier und da stellen sich uns außerdem große Fettspeichertropfen mit wasserabstoßenden Oberflächen entgegen.

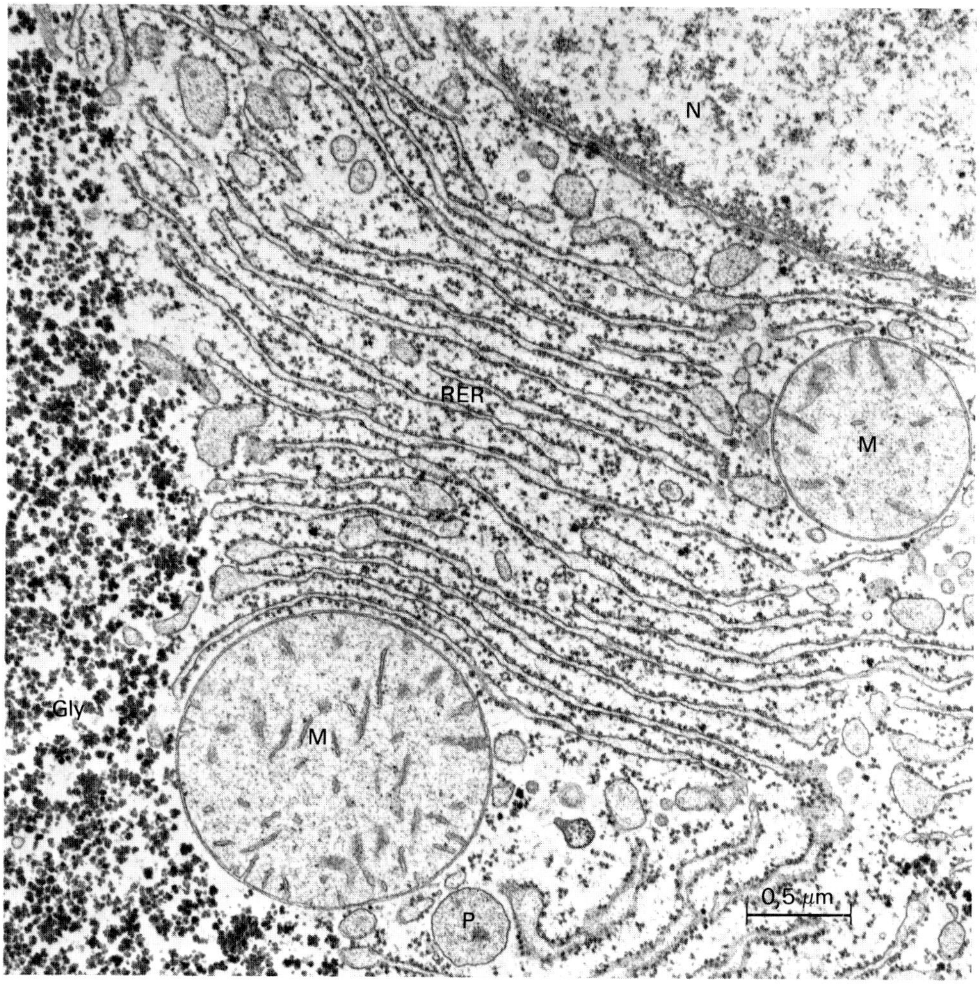

Elektronenmikroskopische Aufnahme eines Schnitts durch die Leberzelle einer neugeborenen Ratte. Oben rechts ist ein Teil des Zellkerns (Nucleus, N) mit der Kernhülle (siehe Kapitel 16) zu erkennen. Man beachte die Poren in der Kernhülle und die Ribosomen auf ihrer cytoplasmatischen Seite. Das kernnahe Zellplasma wird hauptsächlich von parallel angeordneten Zisternen des rauhen endoplasmatischen Reticulums (RER) eingenommen. Die aufgeblähten Enden dieser Zisternen sind mit Sekretionsprodukten gefüllte Übergangsstrukturen, die sich vermutlich gerade abschnüren. Man kann auch Querschnitte durch ähnliche vesikelartige Elemente erkennen. Zwischen den ER-Zisternen sieht man zwei Mitochondrien (M) und ein Peroxisom (P). Das dunkle Material auf der linken Seite besteht aus Glykogenpartikeln (Gly), die einen ,,Glykogen-See'' bilden.

Schließlich ist das Cytosol an vielen Stellen noch von einem beeindruckenden Gewirr aus Balken und Kabeln durchzogen, die von Mikrofilamenten und Mikrotubuli gebildet werden. Diese Elemente sind stets zu einem ziemlich starren Gerüst verknüpft, das verschiedene Zellbestandteile miteinander verbindet und auch die Gestalt der Zelle weitgehend bestimmt. Es sorgt außerdem für ihre Anheftung an Nachbarzellen und für andere extrazelluläre Verankerungen. Das Gerüstwerk ist jedoch keineswegs statisch. Ständig werden einzelne Teile abgebaut und in neuer Form wieder zusammengesetzt. Andere gleiten – von kleinen molekularen Motoren angetrieben – aneinander vorbei. Die Bewegungen innerhalb der Zelle und die der Zelle selbst beruhen im wesentlichen auf solchen Veränderungen. In Kapitel 12 werden wir uns mit diesen verschiedenartigen Strukturen, den ,,Muskeln und Knochen'' unserer Zellen, eingehender beschäftigen.

Wenn man von all diesen Partikeln und Filamenten absieht, mit denen das Cytosol vollgestopft ist, bleibt immer noch eine beträchtliche Materialmenge übrig – mindestens ein Drittel des gesamten Zellgewichts. Es besteht aus wasserlöslichen Komponenten und bildet das eigentliche Cytosol. Über die innere Architektur dieses Kompartiments in der lebenden Zelle wird heftig diskutiert. Manche Forscher glauben, daß es sich einfach um eine konzentrierte Lösung zufällig verteilter Moleküle handelt. Andere sehen das Cytosol dagegen als ein hochorganisiertes System an, in dem alle Bestandteile durch spezifische Wechselwirkungen miteinander verknüpft oder durch ein Netzwerk sogenannter „Mikrotrabeculae" festgelegt sind. Wieder andere halten reversible Übergänge zwischen beiden Zuständen für möglich, ein Konzept, das unter der Bezeichnung „Sol-Gel-Transformation" bis in die frühen Tage der Kolloidchemie zurückgeht. Sehr wahrscheinlich steckt in jeder Betrachtungsweise ein Körnchen Wahrheit, und der wirkliche Zustand ist ein Kompromiß. Doch insgesamt überwiegt wohl die Zufälligkeit, nicht die Ordnung. Ganz offensichtlich dringt das Cytosol in alle Spalten und Winkel der Zelle ein, die nicht bereits von etwas anderem besetzt sind; es bildet das eigentliche Füllmaterial, die wahre Grundsubstanz der Zelle. Aber es ist beileibe keine reaktionsträge Füllmasse, sondern ein fieberhaft pulsierendes Wirtschaftszentrum, in dem einige der wichtigsten Lebensprozesse abgewickelt werden, besonders solche auf dem Energiesektor. Das Cytosol ist dafür zwar nicht der einzige Ort und in vielen Zellen nicht einmal der wichtigste, aber – historisch gesehen – wahrscheinlich der älteste. Wir können daher von ihm viel über das Leben an sich erfahren.

Energie, das ewige Problem

Leben ist ein aktiver Zustand, in dem ununterbrochen irgendwelche Arbeit verrichtet werden muß. Betrachten wir einmal die grundlegenden Eigenschaften alles Lebendigen: Wachstum und Vermehrung. Damit eine neue Zelle entsteht, müssen Tausende von Proteinen, Nucleinsäuren, Kohlenhydraten, Fetten und anderen komplizierten Molekülen synthetisiert werden, und zwar entweder praktisch aus dem Nichts oder aus relativ einfachen Grundbausteinen. Dazu benötigen die Zellen Energie; sie müssen sie nicht nur aus der Umgebung aufnehmen, sondern auch in chemische Arbeit umsetzen können. Zudem bewegen sich lebende Organismen, erzeugen Elektrizität, bauen ihre Umgebung um und senden manchmal sogar Licht aus – alles energieverbrauchende Prozesse. Wenn wir die Mitochondrien und Chloroplasten besuchen, werden wir sehen, daß die Evolution für das Energieproblem der Zellen einige ausgefeilte Lösungen entwickelt hat. Doch es handelt sich dabei um späte Erfindungen, die erst nach über einer Milliarde von Jahren ausgereift waren. Das Leben aber florierte auch schon vor dieser Zeit. Wie wurde es mit Energie versorgt?

Wir vermuten, daß das Leben früher von denselben oder ähnlichen Systemen abhing, wie wir sie heutzutage im Cytosol finden. Zu beweisen ist dies nicht, denn wir können die Zeit nicht zurückdrehen. Auch Fossilienfunde vermögen uns nicht zu verraten, wie jene frühen Lebensformen ihr Tagewerk verrichteten. Aber sie zeigen uns immerhin, daß bereits vor 3,2 Milliarden Jahren eine Mikrobe namens *Eobacterium isolatum* existierte, die – nach den Abdrücken zu urteilen, die sie in südafrikanischem Gestein hinterlassen hat – unseren heutigen Bakterien vermutlich sehr ähnlich war. In Grönland sind sogar Spuren eines noch älteren Mikroorganismus, *Isuasphaera*, gefunden worden, die 3,8 Milliarden Jahre zurückreichen. Es gilt als nahezu sicher, daß die Erdatmosphäre in jener grauen Vorzeit kaum Sauerstoff enthielt, der – wie man allgemein annimmt – überwiegend durch die Photosynthese entstanden ist. *Isuasphaera*, *Eobacterium* und viele ihrer Nachfahren müssen daher ihren Energiebedarf durch anaerobe Mechanismen gedeckt haben – durch Prozesse also, die ohne (griechische Verneinung = *a*) Luft (griechisch *aêr*) das Leben (*bios*) aufrecht erhalten können. Nun finden wir im Cytosol eukaryontischer Zellen und im Zellsaft der meisten heute lebenden Bakterien tatsächlich einen anaeroben energieliefernden Mechanismus: die Glykolyse. Deshalb vermuten wir, daß dieses System – vielleicht sogar fast unverändert – von jenen frühen Lebensformen, die vor etwa vier Milliarden Jahren die Erde zu besiedeln begannen, auf uns übergegangen ist.

Die Glykolyse trägt tatsächlich den Stempel der Primitivität; dazu gehört, daß sie ein recht einfaches System ist. So betrachtet, bietet das Cytosol eine gute Einführung in die Mechanismen biologischer Energieversorgung. Damit sich unser Besuch aber wirklich lohnt, brauchen wir eine stärkere Brille als bisher. Dabei geht es nicht so sehr darum, komplexe molekulare Strukturen zu erkennen – die sollen auf das absolut Nötige beschränkt bleiben –, sondern mehr darum, bestimmte Schlüsselprinzipien zu begreifen, ohne die man die Lösungen, die das Leben für seine Energieprobleme gefunden hat, nicht verstehen kann.

Dieser Abschnitt unserer Exkursion hat noch einen zweiten historischen Aspekt. Wir folgen gewissermaßen den Spuren

Anaerobe Gärungen werden von lebenden Mikroorganismen verursacht. Diese von Louis Pasteur angefertigte Zeichnung zeigt, was er durch das Mikroskop in einem Tröpfchen gärenden Zuckerrübensaftes sah.

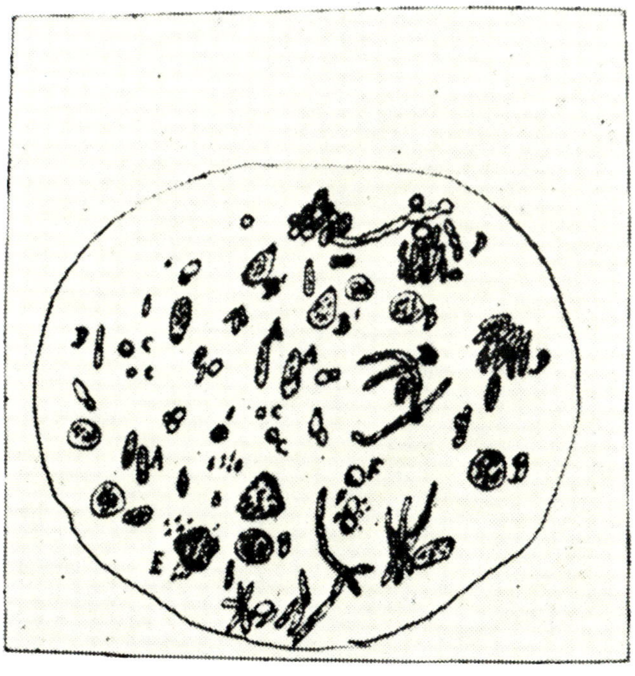

jener Forscher, die die Grundprinzipien der Bioenergetik entdeckt haben; die anaerobe Glykolyse ist nämlich so etwas wie die Wiege der dynamischen Biochemie. Man könnte sogar sagen, daß sie die gesamte Entwicklung der menschlichen Zivilisation beeinflußt hat. Als Gärung (Fermentation) wurde sie bereits vor vielen Jahrtausenden entdeckt und von unseren frühen Vorfahren dazu benutzt, Sauerteig, Käse und alkoholische Getränke herzustellen. Diese uralten Techniken blieben rein empirisch, bis sich 1856 ein Herr Bigo, Alkoholbrenner in der französischen Stadt Lille, plötzlich vor dem Ruin sah. Aus unerklärlichen Gründen war der Inhalt aller Fässer, in denen er Zuckerrüben vergor, sauer geworden; sie lieferten Milchsäure statt Alkohol. Bigo wandte sich hilfesuchend an einen jungen Chemiker aus Paris, der kurz zuvor Mitglied der Universität von Lille geworden war und dem man einige brillante Arbeiten nachsagte. Der junge Mann sagte zu, und tatsächlich gelang es ihm, Bigos Betrieb zu retten. Er machte dabei eine Entdeckung, die die Welt veränderte: Anaerobe Gärungen sind das Werk lebender Mikroorganismen. Sein Name: Louis Pasteur. Jahrzehnte später, 1897, fand der deutsche Chemiker Eduard Buchner heraus, daß schon ein ,,Preßsaft" aus Hefe – übrigens nichts anderes als das Cytosol der Hefezellen – genügte, um Zucker in Alkohol zu verwandeln. Buchner zeigte damit, daß die Funktion der Mikroorganismen bei der alkoholischen Gärung rein chemischer Natur ist und nicht etwa, wie noch Pasteur glaubte, auf einer speziellen Kraft lebendiger Organismen beruht. Außerdem ermöglichte er es, das Glykolysesystem des Cytosols chemisch zu analysieren, und löste dadurch eine ungeheure Entwicklung aus, der wir unsere heutigen eingehenden Kenntnisse des Stoffwechsels (Metabolismus) verdanken.

Der Begriff Metabolismus leitet sich vom griechischen Wort für Veränderung ab (wörtlich: ,,das Herumwerfen" von *ballein* für werfen). Er umfaßt die Gesamtheit der chemischen Veränderungen, die in lebenden Organismen stattfinden. Man teilt ihn in Anabolismus (von *ana* für aufwärts) und Katabolismus (von *kata* für abwärts) ein. Zum Anabolismus gehören alle Prozesse, die Energie verbrauchen und thermodynamisch als endergonisch (vom griechischen *endon* für innen und *ergon* für Arbeit) bezeichnet werden. Seine Hauptfunktion ist die Biosynthese. Die Reaktionen des Katabolismus liefern Energie und werden daher exergonisch (von *exo* für außen) genannt. Notwendigerweise unterstützt der Katabolismus sowohl den Anabolismus als auch alle anderen Formen der Arbeit, die lebende Organismen leisten (ausgenommen jene Reaktionen, die direkt von einer äußeren Energiequelle – meistens Licht – gespeist werden).

Als Buchner seine Entdeckungen machte, waren nur die Gesamtbilanzen einiger Stoffwechselwege bekannt, die Mechanismen aber noch völlig fremd. Die Glykolyse ist der erste metabolische Prozeß, dessen Mechanismus aufgeklärt werden konnte. Es dauerte immerhin 40 Jahre, und viele der bedeutendsten Wissenschaftler der Welt hatten sich beteiligt, bis diese Meisterleistung vollbracht war, die bis heute zu den denkwürdigsten und weitreichendsten Detektivarbeiten aller Zeiten gehört. Dabei brachte sie gerade ein Dutzend chemischer Reaktionen ans Licht – weniger als ein Hundertstel der Stoffwechselprozesse, die in den darauffolgenden 40 Jahren erkannt wurden. Die Aufklärung des Glykolysewegs ist deshalb so wichtig, weil sie eine Premiere darstellte. Damals kannte man von diesem Prozeß nur den Ausgangspunkt, den einfachen Zucker Glucose, und die Endprodukte – Milchsäure bei der einen Variante, Ethanol und CO_2 bei der anderen; selbst der scharfsinnigste organische Chemiker hätte nicht vorhersagen können, auf welch erstaunlichen Umwegen die natürliche Umwandlung abläuft. Jeder einzelne Schritt war eine Überraschung, und sie alle zu identifizieren, erforderte enorm viel Geduld und Beharrlichkeit – besonders mit den geradezu erbärmlich primitiven Hilfsmitteln jener Tage: einigen Reagenzgläsern, einem Bunsenbrenner, einer Waage und einem Lichtmikroskop. Doch als der Stoffwechselweg aufgeklärt war, wirkte er wie ein Leuchtfeuer, das sämtliche nachfolgenden Entdeckungen erhellte. Von diesem Licht wollen auch wir uns leiten lassen.

Die Glykolyse, eine energieliefernde Schlange

Hefezellen verwandeln Zucker in zwölf aufeinanderfolgenden chemischen Schritten in Ethylalkohol (Ethanol). Diese bilden eine Reaktionskette, eine Art metabolische Schlange:

$$\text{Glucose} \xrightarrow[1]{} \text{A} \xrightarrow[2]{} \text{B} \dashrightarrow \text{J} \xrightarrow[11]{} \text{K} \xrightarrow[12]{} \text{Ethanol} + CO_2$$

Denselben Stoffwechselweg benutzen bis zum zehnten Schritt auch Milchsäurebakterien wie die Lactobazillen (die Bigos Fässer verunreinigt hatten) und unsere Muskeln, wenn sie sich plötzlich stark anstrengen müssen. Erst bei Schritt 11 zweigen sie vom Weg der Hefe ab und bilden aus dem Zwischenprodukt J (Brenztraubensäure) anstelle von CO_2 und Alkohol Milchsäure.

Milchsäuregärung und alkoholische Gärung unterscheiden sich also nur am Ende der Kette. Vorher folgen sie der gleichen universellen Route, dem Glykolyseweg. Er ist nicht als sichtbarer Pfad im Cytosol ausgelegt; die Schlange besitzt

In dem chaotischen Durcheinander der Moleküle A, B, ..., J und K sucht sich jedes Enzym sein passendes Substrat und wandelt es in das nächste Zwischenprodukt der Stoffwechselkette um. Die Spezifität der Enzyme bringt Ordnung in das Chaos.

also keinen wirklichen Körper. Wenn wir unsere stärksten chemischen Brillengläser aufsetzen, sehen wir nichts als ein chaotisches Durcheinander der Moleküle A, B, ... , J und K, die zudem noch mit vielen Zwischenprodukten anderer Stoffwechselwege gemischt sind. Was sie untereinander verbindet und der Schlange ihre Realität verleiht, sind die Pfeile zwischen den einzelnen Stoffwechselprodukten, von denen jeder ein spezifisches Enzym (siehe Kapitel 2) anzeigt, das die entsprechende chemische Umwandlung katalysiert. Die dynamische Ordnung der zwölf Enzyme, die an der Glykolyse beteiligt sind, folgt automatisch aus der Natur ihrer Substrate und Produkte. Die Reaktion, bei der D aus C entsteht, muß sich unmittelbar an die Umwandlung von B in C anschließen und der von D in E vorausgehen. Ein echter physikalischer Kanal ist also gar nicht nötig, um die Moleküle zu ihrem Ziel zu führen. Das scheinbare Chaos, das wir sehen, birgt einen hohen Ordnungsgrad; aus den Eigenschaften der vorhandenen Enzyme ergibt sich eine dynamische Organisation.

Diese Lehre aus der Glykolyse läßt sich verallgemeinern. Hinter jeder der mehreren tausend chemischen Reaktionen, die in lebenden Zellen ablaufen, steht ein Enzym. Was heute fast wie eine Binsenweisheit klingt, wurde erst erkannt, als man begann, die für die alkoholische Gärung bei Hefen verantwortliche Glykolysekette zu enträtseln. Die Enzymologie, das Studium der Enzyme, hat unser Verständnis des Lebens sowie der Chemie gewaltig bereichert und liefert noch heute wichtige praktische Ergebnisse, die darauf beruhen, daß man aus natürlichen Quellen gewonnene Enzyme industriell nutzt. Angesichts der begrenzten Möglichkeiten unserer Expedition können wir aber nur gelegentlich auf diesen bedeutenden Zweig der Biochemie zu sprechen kommen. Wir sollten aber stets daran denken, daß alle wie auch immer gearteten Aktivitäten, die wir in der Zelle beobachten, auf der katalytischen Beteiligung von Enzymen beruhen.

Enzyme werden oft von Hilfssubstanzen, sogenannten Cofaktoren oder Coenzymen, unterstützt. In der Glykolyse erfordern zwei dieser Cofaktoren unsere besondere Aufmerksamkeit. Da ist einmal das Nicotinamid-adenin-dinucleotid oder NAD. Biochemiker haben, wie wir noch sehen werden, eine große Vorliebe für Abkürzungen. Aber sie können das auch rechtfertigen, denn die meisten Substanzen, mit denen sie zu tun haben, sind zu kompliziert, um sie jedesmal ausführlich darzustellen. NAD gehört dazu; um seine chemische Struktur wollen wir uns jetzt überhaupt nicht kümmern. (Alle Interessierten seien auf Anhang I verwiesen.) Es sollte jedoch erwähnt werden, daß der Nicotinamid-Teil des Moleküls ein Vitamin ist, der sogenannte PP-Faktor (für *pellagra preventive*, ,,der Pellagra vorbeugend''). Mangel an diesem Vitamin bewirkt Pellagra, eine früher in Südeuropa und Amerika weit verbreitete, ernährungsbedingte schwere Krankheit, bei der es zu Hautverfärbungen, Verdauungsstörungen und Nervenschädigungen kommt. Das ist übrigens kein Einzelfall. Die meisten Vitamine wirken entweder als Coenzyme oder als Teile von Coenzymen, was erklärt, warum ein Organismus ohne sie nicht leben kann. Wir werden die Funktion von NAD bald kennenlernen.

Der andere Cofaktor, den wir betrachten müssen, ist das Adenosintriphosphat oder ATP. Wir werden später nicht umhin können, auf seine chemische Struktur einzugehen, doch im Augenblick brauchen wir bloß zu wissen, daß es mit Hilfe von Wasser in Adenosindiphosphat (ADP) und anorganisches Phosphat (P_i, das ,,i'' steht für *inorganic*) gespalten (hydrolysiert) werden kann. Umgekehrt entsteht ATP (unter Zufuhr von Energie) durch Kondensation von ADP und P_i, wobei Wasser abgespalten wird:

$$\mathrm{ATP} + \mathrm{H_2O} \underset{\text{endergonisch}}{\overset{\text{exergonisch}}{\rightleftharpoons}} \mathrm{ADP} + \mathrm{P_i}$$

Die entscheidende Funktion des ATP in der Glykolyse wurde erkannt, als man herausfand, daß der Abbau von Glucose mit der Bildung von ATP gekoppelt ist: Für jedes Glucosemolekül, das in Milchsäure oder Ethanol umgewandelt wird, werden zwei Moleküle ADP zu ATP phosphoryliert. Diese Koppelung ist obligatorisch. Wenn keine ATP-Synthese stattfinden kann, etwa wenn ADP fehlt, stoppt die Glykolyse.

Die wahre Bedeutung dieses erstaunlichen Phänomens trat zutage, als man die Energetik des Prozesses untersuchte. Die Glucosegärung setzt Energie frei, und zwar etwa 47 Kilokalorien (kcal) pro Mol umgesetzter Glucose. Andererseits verbraucht die Bildung von ATP aus ADP und P_i freie Energie: etwa 14 Kilokalorien pro Mol neues ATP. Von den 47 Kilokalorien, die der Abbau von Glucose freisetzt, werden also $2 \times 14 = 28$ oder 60 Prozent für die Bildung von ATP benutzt und gehen daher nicht als Wärme verloren. Die Glykolyse liefert die Energie für die ATP-Synthese; die Koppelung der beiden Prozesse dient also der Energieerhaltung.

Wieder einmal stand die Glykolyse hier am Anfang. Als man später andere katabolische Prozesse entdeckte, erwies sich, daß auch sie mit der Bildung von ATP einhergehen. Nicht nur die Glykolyse, sondern der gesamte Katabolismus treibt die ATP-Synthese an; die Koppelung ist ein universeller Energieerhaltungsmechanismus.

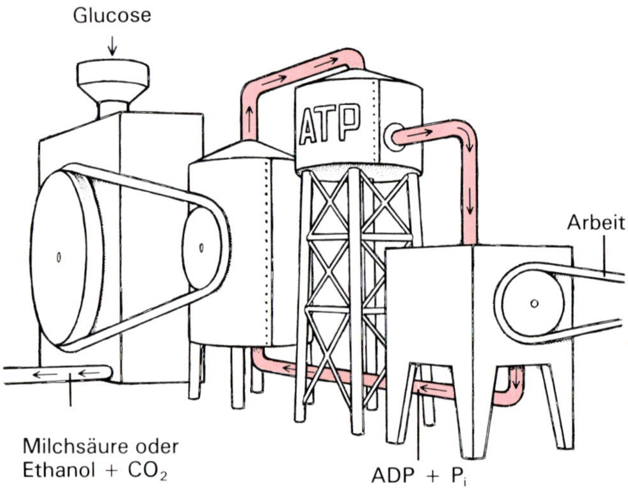

Eine obligatorische Koppelung zwingt die Zelle dazu, 60 Prozent der Energie, die bei der anaeroben Glykolyse frei wird, für die Produktion von ATP aus ADP und P_i zu verwenden. Die ATP-Spaltung wiederum treibt verschiedene Formen biologischer Arbeit an.

Was aber geschieht mit dem ATP? Wozu ist seine Synthese gut? Diese Frage wurde – zumindest andeutungsweise – Anfang der dreißiger Jahre dieses Jahrhunderts beantwortet, als man entdeckte, daß Muskeln, die nach der Behandlung mit einem Gift (Monojodessigsäure) keine Glykolyse mehr durchführen konnten, trotzdem noch fähig waren, Arbeit zu leisten, indem sie gespeicherte „phosphatgebundene" Energie verbrauchten. Die chemische Reaktion, die direkt mit der Muskelkontraktion verknüpft ist, wurde schließlich als Hydrolyse von ATP in ADP und P_i identifiziert. Damit hatte man im ATP das noch fehlende Bindeglied zwischen Glykolyse und Muskelarbeit gefunden. Die Glykolyse treibt die ATP-Bildung an und die ATP-Spaltung die Muskelarbeit:

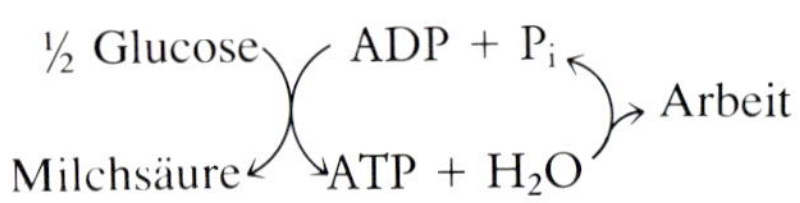

Das war eine großartige Entdeckung, die uns dem Verständnis des Lebens einen gewaltigen Schritt näherbrachte. Denn nicht nur Muskelarbeit wird durch ATP angetrieben, sondern nahezu jede von lebenden Organismen geleistete Arbeit. Man braucht bloß an der Oberfläche einer beliebigen biologischen Maschinerie zu kratzen – sei es eine Ionenpumpe in einer Membran, eine kontraktile Faser in einer Geißel, ein Lichtgenerator in einem Glühwürmchen oder eine der zahllosen Synthesereaktionen, mit denen lebende Organismen ihre Bestandteile aufbauen: Fast immer kommt ATP als Quelle der benötigten Energie zum Vorschein. Es ist der Hauptbrennstoff des Lebens, und die Funktion des Katabolismus liegt darin, ATP nachzuliefern:

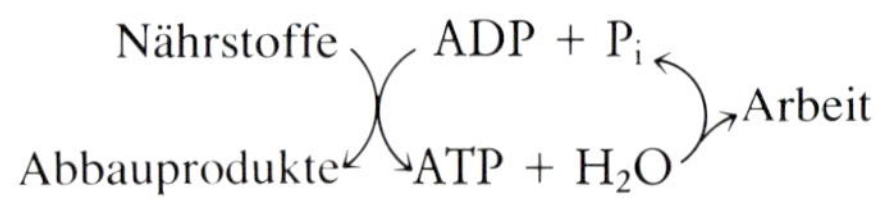

Verdeutlichen läßt sich diese Beziehung am besten durch das historische Beispiel der anaeroben Hefepilze. Wenn diese kleinen Organismen wachsen und sich vermehren, vollbringen sie wahre Wunderwerke an chemischer Technologie und Informationsübertragung, um neue kleine Hefezellen zu erzeugen, die den Ursprungszellen gleichen. Ihre einzige Energiequelle ist dabei die Umwandlung von Zucker in Alkohol. Zwischen der Primärenergie und den Tausenden von energieverbrauchenden Prozessen steht das ATP, gerade so, wie die Elektrizität zwischen der Verbrennung von Kohle und Erdöl und den Wundern der modernen Technik vermittelt. Dem ATP werden wir auf unserer Expedition immer wieder begegnen.

Die letzte Lektion, die wir von der Glykolyse lernen, betrifft den Mechanismus der Koppelung. Dazu müssen wir uns die Anatomie unserer Glykolyseschlange näher anschauen. Dieser Teil der Reise mag sich für einige unserer Begleiter etwas schwierig gestalten, doch leider gibt es keinen einfacheren Weg. Die Zelle ist nun einmal eine chemische Maschine, und ohne die grundlegenden physikalisch-chemischen Konzepte kann man nicht verstehen, wie sie arbeitet. (Um all denen zu helfen, die einen Auffrischungskurs brauchen, sind im Anhang mehrere Grundbegriffe zusammenfassend erläutert.)

Verbrennung ohne Luft

Chemisch betrachtet werden in der Glykolyse einfach Glucosemoleküle halbiert und ihre atomaren Bestandteile ohne Gewinn oder Verlust von Materie umgeordnet:

$$C_6H_{12}O_6 \longrightarrow 2\ CH_3\text{—}CHOH\text{—}COOH$$

Glucose Milchsäure oder

$$C_6H_{12}O_6 \longrightarrow 2\ CH_3\text{—}CH_2OH + 2\ CO_2$$

Glucose Ethanol

Wenn man die Atome auf beiden Seiten der Pfeile zählt, findet man jeweils gleich viele Kohlenstoff-, Wasserstoff- und Sauerstoffatome. Vom Kopf bis zum Schwanz nimmt die glykolytische Schlange weder zu noch ab. Zwischendurch aber vollführt sie einige ziemlich trickreiche Krümmungen, die alle mit der einen zentralen Aufgabe zu tun haben: ATP zu bilden. Erreicht wird dies durch einen komplizierten Prozeß, die oxidoreduktive Phosphorylierung (in den Reaktionsschritten 6 und 7).

Die fünf vorhergehenden Schritte dienen dazu, das Glucosemolekül für diese zentrale Reaktion vorzubereiten. Das ist eine recht mühsame und auch kostspielige Aufgabe, denn es gilt, ein aus sechs Kohlenstoffatomen bestehendes Glucosemolekül in zwei Moleküle einer phosphorylierten Verbindung aus drei Kohlenstoffatomen umzuwandeln, nämlich in Glycerinaldehydphosphat. Die beiden dafür benötigten Phosphatgruppen liefert das ATP, was zu einer scheinbar paradoxen Situation führt: Eine Reaktion, in der ATP entstehen soll, beginnt damit, daß sie ATP verbraucht. Das ist jedoch nicht ungewöhnlich. Viele Nährstoffe müssen unter Energieverbrauch aktiviert werden, bevor sie sich abbauen lassen – eine weitere Aufgabe, die dem ATP als ,,Mädchen für alles'' in der Zelle aufgebürdet ist. Natürlich wird die anfängliche Energieinvestition später mit Zinsen zurückgezahlt. Sonst wäre sie tatsächlich nutzlos.

Mit der Bildung von Glycerinaldehydphosphat kommen wir zur Schlüsselreaktion der Glykolyse, der Oxidation dieser Verbindung zu Phosphoglycerinsäure und der damit gekoppelten Kondensation von ADP und P_i zu ATP. Wir wollen hier nicht die Details dieser Reaktion betrachten, da sie uns in eine ziemlich komplizierte Chemie hineinführen würden. Aber ein Aspekt verdient unsere Aufmerksamkeit, nämlich die Frage, was das Wort Oxidation eigentlich bedeutet. Uns allen ist die Redensart vertraut, daß wir Energie gewinnen, indem wir unsere Nahrung ,,verbrennen''. Doch die Analogie zu einer Art Verbrennungsmaschine, die dieses Bild beschwört, ist irreführend und muß korrigiert werden. Formal wird Glycerin*aldehyd*phosphat (oder Phosphoglycerin*aldehyd*) dadurch in Phosphoglycerin*säure* umgewandelt, daß die Aldehydgruppe (CHO) ein weiteres Sauerstoffatom erhält und damit in eine Carbonsäuregruppe (COOH) übergeht. Insofern ähnelt sie tatsächlich den Oxidationen, die bei Verbrennungen stattfinden. Aber anders als bei einer echten Verbrennung kommt das zusätzliche Sauerstoffatom nicht aus dem Luftsauerstoff, denn der existiert hier gar nicht. Die Glykolyse ist ein anaerober Prozeß, der ohne jeden Sauerstoff ablaufen kann. Wir haben es also mit einer ,,Verbrennung ohne Luft'' zu tun.

Wenn aber das vom Glycerinaldehydphosphat aufgenommene Sauerstoffatom nicht aus dem Luftsauerstoff stammt, woher dann? Die Antwort lautete: aus *Wasser*, allerdings nicht aus dem des umgebenden Mediums. Es kommt von einem Wassermolekül, das bei der glykolysegekoppelten Kondensation von ADP und P_i entsteht und in chemisch gebundener Form direkt in die Oxidationsreaktion eingeht. Wir deuten dies in Formeln dadurch an, daß wir H_2O in Klammern setzen; dann können wir die Reaktion wie folgt schreiben, wobei R für die Phosphoglycerylgruppe steht:

$$ADP + P_i \longrightarrow ATP + (H_2O)$$
$$R\text{—}CHO + (H_2O) \longrightarrow R\text{—}COOH + 2\ H$$

Diese Gleichung zeigt uns, daß der Oxidationsschritt eigentlich eine Abspaltung von Wasserstoff darstellt, eine Dehydrogenierung. Aber auch hier müssen wir wieder aufpassen. Der bei dieser Reaktion abgetrennte Wasserstoff bildet nicht etwa Wasserstoffgas (H_2), das ein stabiles zweiatomiges Molekül ist. Vielmehr entsteht das reaktive Wasserstoffatom H, das niemals in freier Form vorkommt, sondern immer von Trägermolekülen transportiert oder ausgetauscht wird, und zwar entweder als H-Atom oder in Form eines nackten Elektrons (e^-), mit dem es in folgendem Reaktionsgleichgewicht steht:

$$H \rightleftharpoons e^- + H^+$$

Im wäßrigen Medium sind die am Gleichgewicht beteiligten Protonen oder Wasserstoffionen (H^+) stets verfügbar, weil Wasser immer teilweise dissoziiert (in Ionen gespalten) vorliegt:

$$H_2O \rightleftharpoons H^+ + OH^-$$

Wir können daher die oxidative Reaktion der Glykolyse auch als Abgabe von Elektronen beschreiben:

$$R\text{—}CHO + (H_2O) \longrightarrow R\text{—}COOH + 2\,e^- + 2\,H^+$$

Was für die Glykolyse gilt, trifft auch auf die meisten anderen Oxidationsreaktionen zu, die in lebenden Organismen stattfinden. Gewöhnlich laufen biologische Oxidationen ohne direkte Beteiligung von Sauerstoff ab, indem Elektronen oder Wasserstoffatome abgespalten werden; dieser Reaktionstyp stammt zweifellos noch aus jenen fernen Urzeiten, als das Leben entstand, und hat sich in den Hunderten von Millionen Jahren, in denen es keinen atmosphärischen Sauerstoff gab, weiterentwickelt. Wenn ein oxidiertes Molekül wie in unserem Beispiel Sauerstoff aufnimmt, so stammen die zusätzlichen Sauerstoffatome aus dem Wasser oder aus wasserproduzierenden Reaktionen.

Der Luftsauerstoff, ohne den aerobe Organismen wie wir ja offenbar nicht leben können, wird gebraucht, um die Elektronen aufzunehmen, die bei den oxidativen Reaktionen freigesetzt werden:

$$\tfrac{1}{2}\,O_2 + 2\,e^- + 2\,H^+ \longrightarrow H_2O$$

Das Endergebnis entspricht dem einer gewöhnlichen Verbrennung, aber der Mechanismus ist verschieden. Das läßt sich leicht mit Hilfe des schweren Sauerstoffisotops ^{18}O nachweisen, das man mit einem Massenspektrographen von dem vorherrschenden Isotop ^{16}O unterscheiden kann. Wenn man Glucose in einem Ofen in Gegenwart von $^{18}O_2$ verbrennt, findet man das schwere Isotop in dem entstehenden CO_2 wieder; offenbar verbindet sich der Kohlenstoff der Glucose mit dem atmosphärischen Sauerstoff. Wenn Glucose dagegen in einem lebenden Organismus, der $^{18}O_2$ einatmet, verbrannt wird, erscheint das Isotop nicht in dem ausgeatmeten CO_2, sondern in H_2O. Dieser scheinbar unbedeutende Unterschied markiert in Wirklichkeit die Grenze zwischen Leben und Tod. Kein Organismus gewinnt biologisch verwertbare Energie durch eine Oxidation vom Typ der Verbrennung.

Demgegenüber existieren unzählige Mechanismen, die Energie durch Elektronentransport erzeugen. Immer wieder werden wir auf diesen wichtigen Prozeß zurückkommen. Man beachte, daß es durchaus biologische Reaktionen gibt, in denen Sauerstoff angelagert wird. Man nennt solche Reaktionen Oxygenationen, um sie von Oxidationen zu unterscheiden. Sie sind nicht direkt an oxidativen Energiegewinnungsprozessen beteiligt.

Die Umkehrung einer Oxidation – die Aufnahme von Wasserstoffatomen oder Elektronen – nennt man Reduktion. Weil Elektronen und Wasserstoffatome in wäßrigen Medien nicht frei zirkulieren können, tritt die eine Reaktion nie ohne die andere auf. Elektronen können nicht abgegeben werden, wenn kein Molekül sie aufnehmen kann; für jede oxidierte Substanz wird eine andere reduziert. Die Reaktionen sind immer Reduktions-Oxidations-Reaktionen (Redoxreaktionen) oder Elektronenübertragungsreaktionen. Die Enzyme, die solche Übertragungen katalysieren, nennt man Oxidoreduktasen oder Elektronentransferasen.

Im zentralen Oxidationsschritt der Glykolyse dient NAD^+, die oxidierte Form des Cofaktors NAD, als Elektronenakzeptor; daß es an dieser wie an zahllosen anderen Stoffwechselreaktionen beteiligt ist, verdankt es seiner Fähigkeit, Elektronen zu übertragen:

$$NAD^+ + 2\,e^- + H^+ \longrightarrow NADH$$

Die vollständige Elektronenübertragungsreaktion kann man daher schematisch wie folgt schreiben:

$$R\text{—}CHO + (H_2O) + NAD^+ \longrightarrow R\text{—}COOH + NADH + H^+$$

An eben diese Reaktion ist die Bildung von ATP gekoppelt (von dem, wie wir uns erinnern, das verborgene Wassermolekül stammt). Wie immer der Mechanismus dieser Koppelung aussehen mag, die Übertragung eines Elektronenpaars von Glycerinaldehydphosphat auf NAD^+ muß erstens genügend Energie freisetzen, um die Synthese eines ATP-Moleküls zu ermöglichen, und zweitens so eingeschränkt sein, daß sie nur stattfindet, wenn auch gleichzeitig ATP gebildet werden kann.

Formal läßt sich das System mit einem elektrochemischen Energiewandler vergleichen, der einen Elektronenfluß in

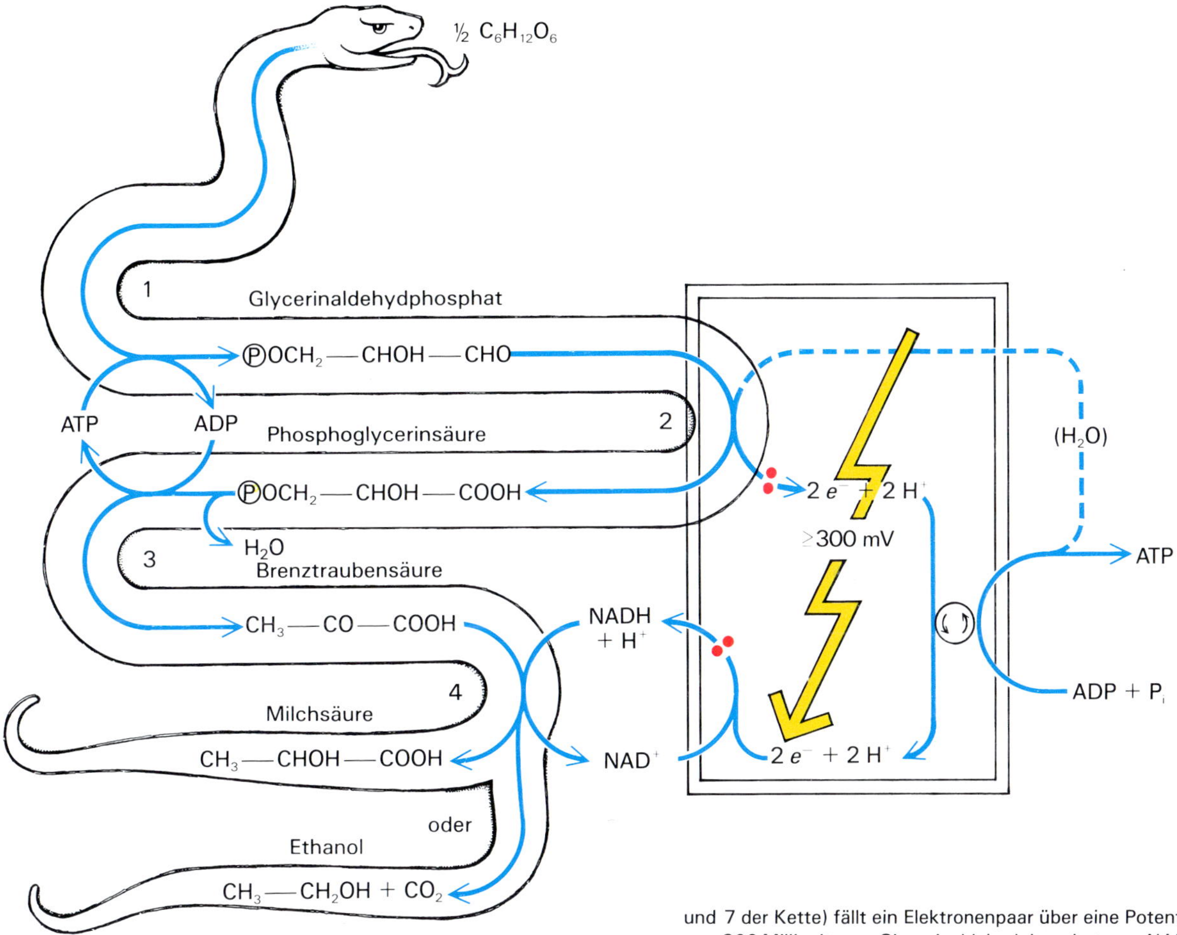

Die glykolytische Schlange. Ihr Körper ist hier soweit aufpräpariert, daß der elektrochemische ATP-Syntheseapparat sichtbar wird, mit dem sie ein Elektronenkreislauf verbindet. Bei Windung 2 (den Reaktionen 6 und 7 der Kette) fällt ein Elektronenpaar über eine Potentialdifferenz von 300 Millivolt vom Glycerinaldehydphosphat zum NAD^+ herab; damit gekoppelt ist die Kondensation von ADP und P_i zu ATP. Bei Windung 4 (Reaktion 11 in der Milchsäuregärung, Reaktion 12 in der alkoholischen Gärung) wird das Elektronenpaar von NADH wieder an den Hauptkörper der Schlange zurückgegeben.

chemische Arbeit umsetzt. Wir können daher auch die folgende allgemeine Theorie der Elektrizität darauf anwenden: Die größtmögliche Arbeit (gemessen in Joule), die von einer elektrischen Maschine geleistet werden kann – wegen unvermeidlicher Wärmeverluste ist der wirkliche Wert stets niedriger –, entspricht dem Produkt aus der hindurchgeschickten Elektrizitätsmenge (einer Ladung in Coulomb) und der Potentialdifferenz des elektrischen Generators (einer Spannung in Volt).

Im vorliegenden Fall kennen wir die geleistete Arbeit. Um ein Mol ATP aus ADP und P_i zu synthetisieren, werden 14 Kilokalorien (58600 Joule) benötigt. Auch die Elektrizitätsmenge, die durch das System hindurchgeht, ist bekannt: Pro Molekül gebildetes ATP sind es zwei Elektronen oder pro Mol ATP zwei Elektronenäquivalente oder Faradays ($2 \times 96500 = 193000$ Coulomb). Wenn wir die Arbeit durch die Elektrizitätsmenge teilen, erhalten wir die Mindestspannung unserer Elektrizitätsquelle: etwa 0,3 Volt oder 300 Millivolt (mV). Die Elektronenübertragung zwischen Glycerinaldehydphosphat und NAD^+ muß demnach über eine Potentialdifferenz von mindestens 300 Millivolt erfolgen, denn sonst könnte sie nicht die ATP-Synthese antreiben. (Weitere theoretische Grundlagen finden sich in Anhang II.)

Natürlich ist die Glykolyseschlange nicht wie ein üblicher elektrischer Generator aufgebaut. Sie besitzt keinen Ausgang, in den man ein Voltmeter einstöpseln könnte, um unsere Schlußfolgerungen zu überprüfen. Aber sie hat einen Elektronendonator (Glycerinaldehydphosphat) und einen Elektronenakzeptor (NAD^+). Damit die Übertragung stattfinden kann, muß der Akzeptor eine größere Affinität (Anziehungskraft) für Elektronen besitzen als der Donator. Diese Affinität läßt sich messen; sie wird Oxidations-Reduktions-Potential oder Redoxpotential genannt und in Volt ausgedrückt. Jedes Redoxpaar (zum Beispiel Glycerinaldehydphosphat/Phosphoglycerinsäure; NADH/NAD^+) hat ein charakteristisches Redoxpotential. Die vorausgegangene Berechnung zeigt dann folgendes: Wenn die Übertragung eines Elektronenpaars die Bildung eines Moleküls ATP aus ADP und P_i ermöglichen soll, muß die Potentialdifferenz der beiden Donator-Akzeptor-Paare mindestens 300 Millivolt betragen. Das trifft auf die beiden in der Glykolyse beteiligten Redoxpaare tatsächlich zu.

Nachdem die Glykolyseschlange ihre Hauptarbeit, die ATP-Synthese, verrichtet hat, muß sie noch ihr Werk vollenden und die Bilanzen ausgleichen. Das ist die eigentliche Aufgabe der letzten Schritte der Kette. Drei Rechnungen sind noch zu bezahlen: erstens für das Phosphat, das am Anfang vom ATP an die Kette geliefert worden war; zweitens für das Wasser, das bei dem Oxidationsschritt hinzukam und das zusätzliche Sauerstoffatom für die Phosphoglycerinsäure stellte; drittens für die Elektronen, die an derselben Stelle die Kette verlassen hatten. Die Fehlbeträge werden wie folgt ausgeglichen. Zunächst spaltet sich ein Wassermolekül ab. Dann wird die Phosphatgruppe wieder auf ADP übertragen, um das anfangs investierte ATP zurückzugewinnen. Und schließlich gibt das NADH seine Elektronen zurück; als Akzeptor dient bei der Milchsäuregärung Brenztraubensäure:

$$CH_3\text{—}CO\text{—}COOH + NADH + H^+ \longrightarrow CH_3\text{—}CHOH\text{—}COOH + NAD^+$$

Bei der alkoholischen Gärung tritt als Elektronenakzeptor das Decarboxylierungsprodukt der Brenztraubensäure, der Acetaldehyd, auf (Decarboxylierung bedeutet CO_2-Abspaltung). Er wird zu Ethanol reduziert:

$$CH_3\text{—}CO\text{—}COOH \longrightarrow CH_3\text{—}CHO + CO_2$$
$$CH_3\text{—}CHO + NADH + H^+ \longrightarrow CH_3\text{—}CH_2OH + NAD^+$$

Diese abschließenden Elektronenübertragungen erfolgen über sehr geringe Potentialdifferenzen und ohne Energiegewinn. Sie sind nur nötig, um das System in sich geschlossen zu halten. Wenn man der Schlange den Schwanz abschneidet und einen anderen Akzeptor anbietet, der die Elektronen vom NADH aufnimmt, so produziert das System noch genausogut ATP wie vorher, nur ist es jetzt ein oxidatives System mit Brenztraubensäure als Endprodukt:

$$\underset{\text{Glucose}}{C_6H_{12}O_6} \longrightarrow 2\ \underset{\text{Brenztraubensäure}}{CH_3\text{—}CO\text{—}COOH} + 4\,e^- + 4\,H^+$$

Oxphos: Energiespender des Lebens

Die Glykolyseschlange besitzt einige Merkmale, die allgemein bedeutsam sind und für den gesamten Energiestoffwechsel gelten. Die wichtigste Verallgemeinerung betrifft die Produktion von ATP. Diese Grundeinheit der Energiewährung entsteht überall durch einen elektrochemischen Prozeß, in dem die Phosphorylierung von ADP an eine Elektronenübertragung über eine elektrische Potentialdifferenz gekoppelt ist. Es gibt offenbar keine Ausnahme von dieser Regel. Tiere, Pflanzen, Pilze, Bakterien – schlichtweg alle Lebewesen einschließlich des Menschen – beziehen ihr ATP aus solchen gekoppelten Reaktionen. Wie man erwarten kann, gibt es sehr viele verschiedene Reaktionen dieses Typs, und ihre Chemie ist oft sehr kompliziert. Damit wir nicht in alle Einzelheiten gehen müssen, aber trotzdem in etwa verstehen können, wie die von uns besuchten Energiezentren der Zelle arbeiten, werden wir Systeme, die oxidoreduktive Phos-

Eine Oxphos-Einheit ist ein universeller Energiegenerator. Sie erhält von einem reduzierten Donator (D) ein Paar Elektronen und gibt es an einen oxidierten Akzeptor (A) ab, der sich auf einem mindestens 300 Millivolt niedrigeren Potentialniveau befindet. Dabei schließen sich ADP und P_i unter Wasserabspaltung zu ATP zusammen. Umgekehrt kann durch ATP-Hydrolyse ein Elektronenpaar bis zu 300 Millivolt emporgehoben werden.

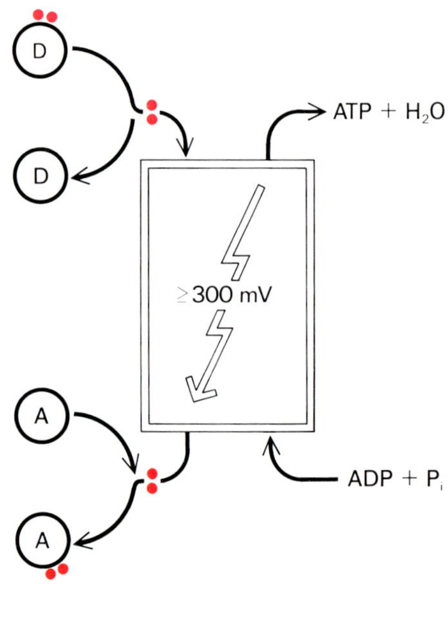

phorylierungen katalysieren, als Oxphos-Einheiten bezeichnen und sie schematisch – wie in der Abbildung unten auf dieser Seite – durch einen Blitz in einem Kasten darstellen. Es sei darauf hingewiesen, daß diese Terminologie und das Symbol nicht zum Standardvokabular der Biochemie gehören. Sie werden hier nur eingeführt, um uns auf unserer Expedition zu helfen.

Eine Oxphos-Einheit besteht im wesentlichen aus einem elektrochemischen Energiewandler, der die Bildung eines ATP-Moleküls aus ADP und P_i an den Sturz zweier Elektronen über einen Potentialunterschied von 300 Millivolt koppelt. Die Elektronen werden durch einen Donator (D) in die Oxphos-Einheit eingespeist, der dabei vom reduzierten in den oxidierten Zustand übergeht. Am anderen Ende nimmt sie ein Akzeptor (A) auf, der sich von der oxidierten in die reduzierte Form umwandelt. Ob Protonen die Elektronen begleiten oder nicht, hängt von der Natur der beteiligten Moleküle ab.

In der Glykolyse bilden Glycerinaldehydphosphat und Phosphoglycerinsäure das Donatorpaar und NAD^+ und NADH das Akzeptorpaar. Aber das ist nur ein Fall unter vielen. Andere Systeme benutzen andere Donatoren, andere Akzeptoren oder auch beides. Daher existieren zahlreiche verschiedene Oxphos-Einheiten mit vielen unterschiedlichen Arbeitsweisen. Wir werden etlichen davon auf unserer Reise begegnen. Einige – beispielsweise die in der Glykolyse – beziehen ihre Elektronen aus den Substraten des Stoffwechsels, weshalb man hier von Substrat- oder Substratketten-Phosphorylierungen spricht. Viele andere Oxphos-Einheiten, darunter die wichtigsten überhaupt, die in Mitochondrien und Chloroplasten vorkommen, werden durch Elektronen gespeist, die vom NADH oder anderen Elektronenüberträgern stammen. Sie katalysieren sogenannte Elektronentransportketten-Phosphorylierungen und arbeiten mit ganz anderen Mechanismen als die, die für die Substratketten-Phosphorylierungen verantwortlich sind. Wir werden diese Mechanismen in den Kapiteln 9 und 10 näher untersuchen.

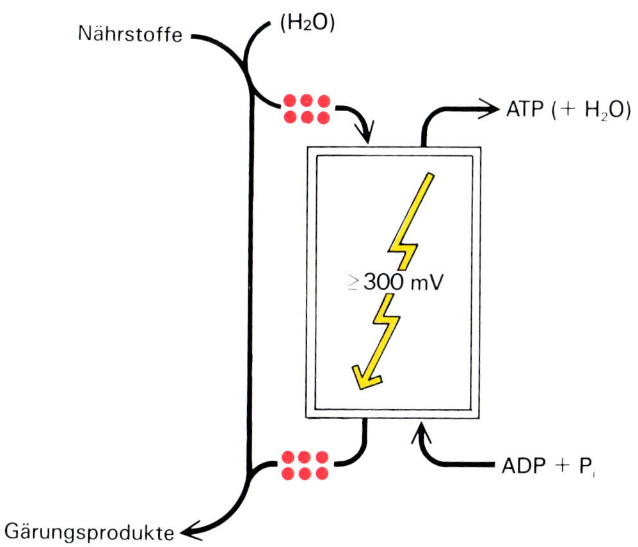

Bei der anaeroben Gärung genügt ein einziger Materiestrom, um Elektronenfluß und ATP-Bildung in den Oxphos-Einheiten aufrecht zu erhalten, denn der Elektronenakzeptor geht im Stoffwechsel aus dem Elektronendonator hervor. Bei der Glykolyse beispielsweise (siehe die „Schlange" auf Seite 109) entsteht aus Glycerinaldehydphosphat Brenztraubensäure (oder Acetaldehyd).

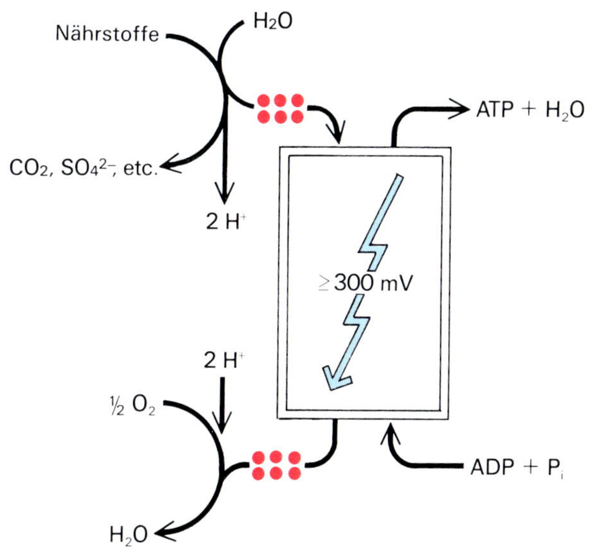

Aerobe heterotrophe Organismen unterstützen den Elektronenfluß und die ATP-Bildung mit zwei Materieströmen. Der eine speist die Elektronen aus der Nahrung in die Einheiten ein; in ihm werden Nährstoffe mit Hilfe von Wasser zu Stoffwechselendprodukten oxidiert. Der andere Strom wird von Sauerstoff aufrecht erhalten und dient dazu, Elektronen aus den jeweils letzten Oxphos-Einheiten aufzunehmen.

Oxphos-Einheiten werden durch den Fluß von Elektronen angetrieben. Um arbeiten zu können, müssen sie an eine Elektronenquelle und an einen Elektronensammler angeschlossen sein. Es ist eine Eigenart der Glykolyse und anderer anaerober Gärungen, daß ein einziger Materiestrom ihren Elektronenfluß aufrecht erhält. Bei ihnen bringt nämlich die Stoffwechselkette auch den endgültigen Elektronenakzeptor hervor. Der Hauptvorteil derartiger metabolischer Systeme besteht darin, daß sie aus ihrer Umgebung nichts anderes benötigen als einen geeigneten Nährstoff – beispielsweise Glucose. Doch es handelt sich um enorm verschwenderische Prozesse, da die Endprodukte der Gärung, etwa Milchsäure oder Ethanol, noch sehr energiereich sind. Wie wir später sehen werden, bleiben mehr als 90 Prozent der potentiellen Energie der Glucose ungenutzt, wenn diese Substanzen die Zellen verlassen. Doch das muß nicht so sein und kommt auch tatsächlich nur relativ selten vor. Gewöhnlich werden die abgegebenen Elektronen nämlich direkt oder indirekt von einem fremden Elektronenakzeptor aufgefangen. Die Zellen brauchen dann keine noch wertvollen Stoffe auszustoßen und können Substrate viel weiter abbauen. Allerdings ist jetzt ein doppelter Materiestrom nötig, um den Elektronenfluß aufrecht zu erhalten.

In der Natur gibt es zahlreiche Substanzen, die als Elektronenakzeptoren dienen können – unter anderem das Sulfat-Ion, SO_4^{2-} (das geradewegs bis zur Stufe von elementarem Schwefel, S, oder von Schwefelwasserstoff, H_2S, reduziert werden kann), das Eisen(III)-Ion, Fe^{3+} (das leicht in zweiwertiges Eisen, Fe^{2+}, übergeht), das Nitrat-Ion, NO_3^- (das sich bis zum Nitrit-Ion, NO_2^-, oder weiter bis zum Ammoniak, NH_3, reduzieren läßt), weiterhin CO_2 (das bis hin zum Methan, CH_4, reduziert werden kann) und sogar das einfache Proton H^+ (aus dem Wasserstoffgas, H_2, entsteht). Der am weitesten verbreitete und wirksamste Elektronenakzeptor ist der molekulare Sauerstoff, O_2, der zu Wasser, H_2O (oder gelegentlich zu Wasserstoffperoxid, H_2O_2), reduziert wird.

Diese und viele andere Substanzen werden von Organismen, die passende Enzyme entwickelt haben, als Elektronenakzeptoren eingesetzt. Ihrer Reduktion sind mannigfaltige Erscheinungen des Lebens zuzuschreiben, beispielsweise der Gestank von Schwefeldämpfen, die Umwandlung eisenhaltigen Schlicks, die Rückgewinnung atmosphärischen Stickstoffs und die geheimnisvollen Ausdünstungen, die als Irrlichter über die Oberfläche von Mooren und Sümpfen huschen. Die Bakterien, die für diese Phänomene verantwortlich sind, und die unzähligen Organismen, die wie der Mensch Sauerstoff benötigen, haben eine versteckte Gemeinsamkeit: Sie halten ihre energieliefernden metabolischen Oxidationen mit exogenen Elektronenakzeptoren aufrecht.

An dieser Stelle ist eine weitere Verallgemeinerung angebracht. Nicht nur Glucose, sondern alle möglichen Nährstoffe, mit denen Organismen ihren Energiebedarf decken, dienen als Elektronenlieferanten für die ATP-erzeugenden Oxphos-Einheiten. Für heterotrophe Lebewesen, also für solche, die von den Biosyntheseprodukten anderer Organismen leben (vom griechischen *heteros* für anders und *trophê* für Nahrung), gibt es keine andere Quelle metabolischer Energie. Autotrophe Organismen (vom griechischen *autos* für selbst) speisen ebenfalls Elektronen in Oxphos-Einheiten ein, allerdings aus anderen Quellen.

Das „Verbrennen" von Nahrung zur Energiegewinnung bedeutet in Wirklichkeit, Nährstoffe abzubauen und unter Wasserverbrauch mit Sauerstoff anzureichern, um Elektronen zu gewinnen, die in ATP-erzeugende Oxphos-Einheiten eingeschleust und letztlich von Sauerstoff (oder anderen Akzeptoren) aufgefangen werden.

Wenn wir die Mitochondrien besuchen, werden wir sehen, wie genial das Leben diesen Elektronenfluß auszubeuten versteht. Bis zu vier aufeinanderfolgende Oxphos-Einheiten schalten sich in den Reaktionsweg von metabolisch erzeugten Elektronen ein, die oft über Kaskaden mit einer Potentialdifferenz von einem Volt oder mehr hinabstürzen. Bis zu 80 Prozent der Energie, die durch die Oxidation der Nährstoffe frei wird, können auf diese Weise erhalten und für die Bildung von ATP eingesetzt werden. Wir kommen darauf in Kapitel 9 noch genauer zurück.

Die Elektronenkaskade. Jedes Reservoir enthält ein Redoxpaar. Die Verbindungen zwischen den Reservoiren werden von elektronenübertragenden Enzymen hergestellt. Die Höhe der Reservoire legt Fließrichtung und Fallhöhe der Elektronen fest. Viele Elektronenfälle mit einer Höhe von 300 Millivolt oder mehr werden für energieliefernde Maschinen (Oxphos-Einheiten) ausgenutzt. ▶

Elektronenfluß: Ein allgemeiner Überblick

Nicht immer werden Elektronen über ATP-erzeugende Oxphos-Einheiten ausgetauscht. Oft erfolgt ihre Übertragung nur über kleine Potentialdifferenzen, also mit geringen Änderungen der freien Energie. Gelegentlich stürzen sie auch große Potentialdifferenzen hinab, ohne daß die Zelle die freigesetzte Energie nutzen kann. So gesehen, ähneln Elektronen in biologischen Systemen den Flüssen auf der Erde. Genau wie Wasserfälle sind auch steil abfallende Elektronenfälle selten, und nicht jeder ist an ein Kraftwerk angeschlossen.

Dieses hydrodynamische Bild ist nützlich, sofern wir nur daran denken, daß Elektronen in lebenden Zellen nicht wirklich so fließen wie in einem elektrischen Leiter; sie werden vielmehr in einzelnen Schritten zwischen reduzierten Donatoren und oxidierten Akzeptoren ausgetauscht. Bei einer solchen Übertragung wird der Donator oxidiert und kann dann seinerseits für einen anderen Donator mit einem höheren Redoxpotential als Akzeptor dienen. Andererseits wird der reduzierte Akzeptor oft für einen Akzeptor mit niedrigerem Potential zum Donator. So stürzen die Elektronen von einem Überträger zum nächsten, bis sie ihren endgültigen Akzeptor – gewöhnlich Sauerstoff – erreicht haben.

Elektronen strömen also nicht wie Flüsse auf mehr oder weniger stark geneigten Ebenen abwärts, sondern fallen über eine Serie von abrupten, unterschiedlich hohen Stufen hinab. Das Elektronenflußsystem lebender Zellen ähnelt daher weniger einem natürlichen Wasserstraßennetz als vielmehr den künstlichen Anlagen aus miteinander verbundenen Reservoiren, mit denen die Baumeister des 17. Jahrhunderts die Gärten der Reichen schmückten. Doch anstatt das Gelände zum ästhetischen Vergnügen auszunutzen, zielte die natürliche Selektion darauf ab, Energie zu gewinnen: In das Gefälle wurden nämlich möglichst viele Stufen eingebaut, die gerade so hoch sind, daß sie eine Oxphos-Einheit antreiben können.

Das hydrodynamische Modell hilft uns, einen bedeutenden, aber bisher nur nebenbei erwähnten Aspekt der Elektronenübertragung zu verstehen, nämlich das absolute Potentialniveau, auf dem Elektronen entweder abgegeben oder aufgenommen werden. In unserem Bild entspricht dies der Höhe der einzelnen Wasserreservoire über dem Meeresspiegel. Wenn man sie kennt, kann man aus der Höhendifferenz zweier Bassins sowohl die Fließrichtung präzise voraussagen als auch die maximale Arbeit, die eine bestimmte Menge Wasser leisten kann, wenn sie vom höheren zum niedrigeren Reservoir hinabfällt. (Umgekehrt läßt sich auch die Arbeit berechnen, die mindestens aufgebracht werden muß, um diese Wassermenge von unten auf das höhere Niveau hinaufzupumpen.)

Der Höhe entspricht bei den Elektronenreservoiren das Oxidations-Reduktions-Potential der jeweiligen Redoxpaare (in Volt). Wenn wir diese Werte kennen, können wir unmittelbar die entsprechenden Energieänderungen berechnen, wie es in Anhang II erklärt ist. Noch bequemer läßt sich die potentielle Energie von Elektronen abschätzen, wenn man direkt das Ergebnis einer solchen Berechnung – also die freie Energie der Reaktion – angibt, und zwar für den Fall, daß ein Paar Elektronenäquivalente unter Bildung von Wasser auf Sauerstoff übertragen wird. Wir wählen Sauerstoff, weil er bei allen aeroben Organismen als endgültiger Elektronenakzeptor dient. Nehmen wir als Beispiel das Redoxpaar NADH/NAD$^+$ und betrachten die Reaktion

$$NADH + H^+ + \tfrac{1}{2}\, O_2 \longrightarrow NAD^+ + H_2O$$

Die freie Energie dieser Reaktion, also $\Delta G_{Ox(NADH/NAD^+)}$, ausgedrückt in Kilokalorien pro Paar Elektronenäquivalente, ist ein direktes Maß für die Arbeit, die maximal geleistet werden kann, wenn Elektronen aus dem NAD-Reservoir direkt bis zur Stufe von Wasser hinunterfallen. (Für die meisten Organismen bildet Wasser das energetische Nullniveau.) Diese freie Energie entspricht dem Elektronen(übertragungs)potential (nicht zu verwechseln mit dem Redoxpotential) des NADH/NAD$^+$-Paars.

Wie alle Änderungen der freien Energie variieren auch Elektronenpotentiale mit dem Zustand des Systems (siehe Anhang II). In unserem Beispiel legen die Konzentrationen von NADH und NAD$^+$, die Wasserstoffionenkonzentration (pH), der Sauerstoffpartialdruck und die Temperatur den exakten Wert von $\Delta G_{Ox(NADH/NAD^+)}$ fest. Verständlicherweise vermögen wir solche feinen Abstufungen nicht vorzunehmen, und meist fehlen uns dazu auch die nötigen Informationen. Aber wir können versuchen, die Bedingungen, die in lebenden Zellen herrschen, wenigstens näherungsweise zu bestimmen. Die so abgeschätzten ΔG_{Ox}-Werte werden wir ,,physiologische" Elektronenpotentiale nennen, wobei die Anführungszeichen uns daran erinnern sollen, daß wir mit Näherungswerten arbeiten, die auch unter absolut normalen Bedingungen gewissen Schwankungen unterworfen sind.

In der Glykolyse beträgt das ,,physiologische" Elektronenpotential ungefähr –63 Kilokalorien für jedes Paar Elektro-

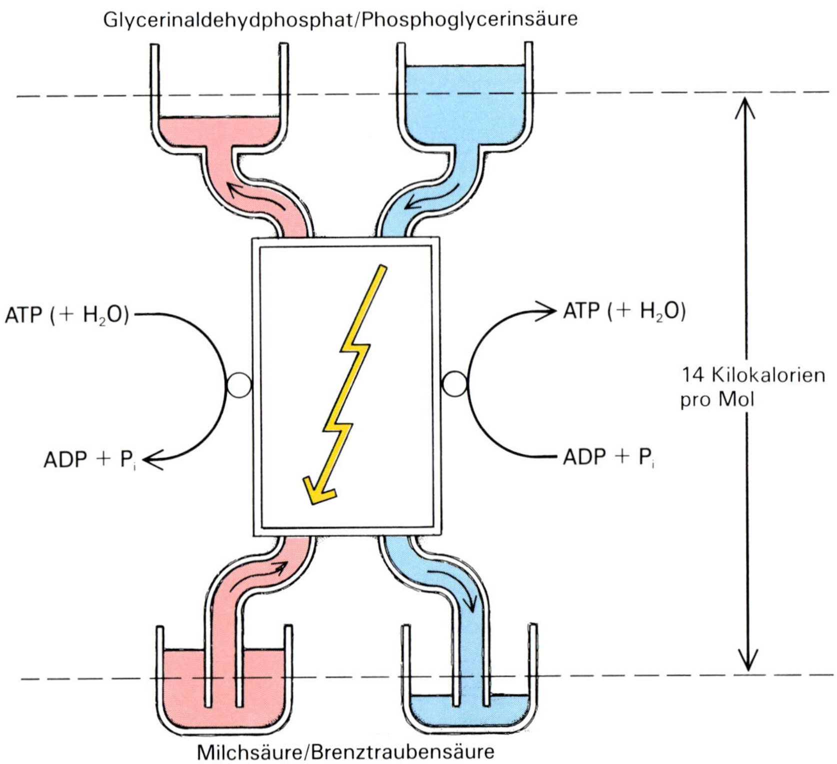

Graphische Darstellung des Elektronenflusses durch die Glykolysekette. Unter ,,physiologischen" Bedingungen (gestrichelte Linien) befindet sich das System im Gleichgewicht. Die rechte Seite des Bildes (blau) stellt eine Situation dar, in der ein erhöhtes Elektronenpotential des Glycerinaldehydphosphat/Phosphoglycerinsäure-Paars einem verringerten Potential des Milchsäure/Brenztraubensäure-Paars gegenübersteht: Die Elektronen fließen dadurch abwärts, und damit gekoppelt entsteht ATP. Zu Potentialverschiebungen kann es kommen, wenn sich bei einem Redoxpaar das Konzentrationsverhältnis zwischen reduzierter und oxidierter Form verändert. Die linke Seite des Bildes (rot) stellt die umgekehrte Situation dar, in der – unterstützt durch die ATP-Hydrolyse – ein aufwärts gerichteter Elektronenfluß begünstigt wird.

nenäquivalente, das vom Glycerinaldehydphosphat/Phosphoglycerinsäure-Paar auf Sauerstoff übertragen wird. Für Elektronenäquivalent-Paare, die vom NADH/NAD^+-Paar oder auch vom Ethanol/Acetaldehyd- oder vom Milchsäure/Brenztraubensäure-Paar zum Sauerstoff kommen, liegt das Potential bei −49 Kilokalorien. Diese Werte, die mit negativen Vorzeichen angegeben sind, um die exergonische Natur der Reaktionen zu kennzeichnen (siehe Anhang II), zeigen, daß die Glykolyse nahe am thermodynamischen Gleichgewicht arbeitet. Zwischen Glycerinaldehydphosphat und NAD^+ beträgt die Potentialdifferenz pro Paar Elektronenäquivalente 14 Kilokalorien – gerade genug, um die Bildung eines Mols ATP anzutreiben. Zwischen NADH und Acetaldehyd oder Brenztraubensäure ist die Potentialdifferenz vernachlässigbar gering. Das bedeutet, daß sich das System leicht umkehren läßt und daß die Richtung des Elektronenflusses von kleinen Potentialverschiebungen abhängt. Wenn die Glykolyse katabolisch arbeitet, wie es in diesem Kapitel besprochen wurde, liegt der Spiegel des oberen Elektronenreservoirs etwas höher oder der des unteren etwas tiefer als angegeben, so daß die Elektronen abwärts fließen und die ATP-Synthese antreiben können. Wenn aber die Niveaus der Elektronenreservoire sich in umgekehrter Richtung verändern und gleichzeitig ATP zur Verfügung gestellt wird, fließen die Elektronen aufwärts, und die Glykolyse hat eine anabolische Funktion. Das geschieht beispielsweise in der Leber, wenn Kohlenhydrate aus Nicht-Kohlenhydraten synthetisiert werden (Gluconeogenese), und in Pflanzen (mit NADP statt mit NAD), in denen ein lichtgetriebener Mechanismus das nötige ATP bereitstellt (siehe Kapitel 10).

Man beachte, daß die Kosten für die ATP-Synthese genausowenig konstant sind wie alle anderen „physiologischen" Werte der freien Energie. Ihre Schwankungen sind von den intrazellulären Konzentrationen an ATP, ADP und anorganischem Phosphat abhängig. Wenn beispielsweise die Konzentration an ATP ab- und die an ADP zunimmt, wie es bei schwerer körperlicher Arbeit vorkommen kann, sind für die ATP-Bildung weniger als 14 Kilokalorien pro Mol nötig; entsprechend ändern sich die Gleichgewichtsbedingungen der glykolytischen Oxphos-Einheit. In den Kapiteln 9 und 14 werden wir sehen, daß auf derartigen Wechselwirkungen ein fundamentaler Regulationsmechanismus beruht.

Kapitel 8

Das Cytosol: Gruppenübertragung und Biosynthese

Wohin fließt das ATP, das aus den Oxphos-Einheiten herausströmt? Diese Frage ist nicht leicht zu beantworten, denn ATP-Moleküle folgen mannigfachen unsichtbaren Wegen: Sie diffundieren Hunderte von Konzentrationsgradienten hinab, bis sie Stellen in der Zelle erreichen, wo Arbeit geleistet und ATP verbraucht wird. Einige Wege führen zu Membranen, in denen ATP-Moleküle bestimmte Transportvorrichtungen wie beispielsweise die Natrium-Kalium-Pumpe antreiben. Andere enden an kontraktilen Fasern, die mechanische Arbeit verrichten. Die meisten aber münden im Cytosol, wo ATP mit verschiedenen anderen Molekülen ,,aneinandergerät''. Die Zweikämpfe führen dazu, daß sich das fremde Molekül ein Stück des ATP aneignet. Gewöhnlich hält diese Verbindung nicht lange an und wird in einem neuen Zusammenstoß wieder gelöst. Solche Affären können sich noch ein- oder zweimal wiederholen, doch schließlich endet der molekulare Gruppenaustausch damit, daß zwei der Bausteine, aus denen die Zelle ihre Bestandteile zusammensetzt, fest miteinander verknüpft werden.

Auf den Spuren des ATP

Die meisten Wege des ATP im Cytosol – woher immer sie kommen oder wie verschlungen sie auch sein mögen – führen auf dieselbe zentrale biologische Funktion zu, die Biosynthese. Wenn wir diesen Wegen nachgehen, erhalten wir die Antwort auf eine bereits im vorigen Kapitel kurz erwähnte Schlüsselfrage: Wie schafft es die Zelle, Tausende unterschiedlicher Verbindungen herzustellen, wobei ihre einzige Energiequelle die Spaltung von ATP zu ADP und P_i ist, also jener universelle Prozeß, der durch die Oxphos-Einheiten wieder rückgängig gemacht wird? Wir wollen dieses Problem im folgenden etwas genauer definieren.

Biosynthesereaktionen sind meistens Kondensationen, bei denen zwei molekulare Bausteine unter Wasserabspaltung verknüpft werden:

$$X—OH + Y—H \longrightarrow X—Y + H_2O$$

Die Symbole X und Y stehen dabei für die verschiedensten Moleküle, darunter Aminosäuren, die sich zu Proteinen zusammenfügen, Einfachzucker, die zu Polysacchariden und anderen Kohlenhydratkomponenten vereinigt werden, Mononucleotide, die sich zu Nucleinsäuren aneinanderlagern, Fettsäuren, die mit Glycerin (englisch *glycerol*) und anderen Alkoholen Lipide bilden, und ein ganzer Schwarm stärker spezialisierter Moleküle. Damit sie sich korrekt zusammenlagern, muß zweierlei vorhanden sein: Information und Energie.

Biosynthetische Montagen erfolgen nicht aufs Geratewohl. Stets muß die richtige Sorte X mit der richtigen Sorte Y verbunden werden. Die korrekte Auswahl der Biosynthesepartner ist gewöhnlich durch die Spezifität der beteiligten Enzyme gewährleistet. Die Enzyme selbst werden nach Informationen produziert, die von den Genen kommen. Diese schließen den Kreis, weil sie auch für ihre eigene Verdoppelung die Information bereitstellen. Wir wollen den genetischen Aspekt des Problems hier nicht weiter verfolgen, weil wir am Ende unserer Expedition das Netzwerk der Informationsübertragung im Zellplasma und die steuernden Datenstationen im Kern noch genau untersuchen werden.

Biosynthesereaktionen benötigen Energie, weil wasserabspaltende (dehydrierende) Kondensationen in wäßrigen

Medien nicht spontan ablaufen. Der gewaltige Wasserüberschuß treibt das Gleichgewicht einer solchen Reaktion nämlich weit in die Gegenrichtung, zur Hydrolyse hin. Um den Prozeß umzukehren, muß Arbeit geleistet und daher dem System aus irgendeiner äußeren Quelle freie Energie zugeführt werden. In lebenden Zellen stammt diese Energie letztlich immer aus der Hydrolyse von ATP, die, wie erwähnt, etwa 14 Kilokalorien pro Mol liefert:

$$ATP + H_2O \longrightarrow ADP + P_i$$

Je nach Reaktionstyp werden pro neu gebildetem X—Y-Molekül ein oder mehrere Moleküle ATP verbraucht. Die Gesamtbilanz der freien Energie ist dabei immer negativ, wie es die Gesetze der Bioenergetik fordern (siehe dazu Anhang II), meistens sogar so stark, daß biosynthetische Prozesse unter allen Bedingungen praktisch irreversibel sind. Die entscheidende Frage lautet jedoch: Wie wird die Energie von der einen auf die andere Reaktion übertragen? Zuerst ATP zu spalten und danach mit der freigesetzten Energie X und Y zu verbinden, ist nicht möglich. Denn aus der direkten Hydrolyse von ATP können wir nichts anderes als Wärme gewinnen – also bloß eine ungeordnete Molekülbewegung, die unter den Bedingungen in lebenden Zellen nicht zum Antrieb spezifischer Prozesse eingesetzt werden kann. Die ATP-Spaltung und die Bildung von X—Y müssen *gekoppelt* sein, so daß die eine Reaktion den Motor der anderen darstellt. Das Geheimnis dieser Koppelung liegt in einem einfachen Gebot: Breche niemals eine Bindung für sich alleine auf, sondern tausche sie immer – durch den Mechanismus der Gruppenübertragung – gegen eine andere aus.

Die Gruppenübertragung: Der zweite Energiespender des Lebens

Gruppenübertragungen sind das Herzstück der Biosynthese. Sie treten in den verschiedensten, oft hochkomplizierten Formen auf, beruhen aber alle auf einem erstaunlich einfachen Grundprinzip. Es besteht im wesentlichen darin, daß eine chemische Gruppe oder ein Radikal von einem Donator auf einen Akzeptor übertragen wird. Wir stellen einen solchen Prozeß folgendermaßen dar:

$$A—B + C \rightleftharpoons [A\cdots B\cdots C] \rightleftharpoons A + B—C$$

Dabei stehen A, B und C jeweils für eine bestimmte Molekülgruppierung; B ist die Gruppe, die übertragen wird. Das Schema zeigt, daß eine solche Übertragung über ein instabiles dreigliedriges (ternäres) Zwischenprodukt (in eckigen Klammern) verläuft, in dem die betreffende Gruppe vorübergehend sowohl mit dem alten als auch mit dem neuen Partner verbunden ist. Auf molekularer Ebene haben wir hier ein typisches Beispiel jener ewig wiederkehrenden Dreiecksbeziehung vor uns: A und B bilden ein glückliches Paar, bis C daherkommt und mit B davonzieht, nachdem man sich eine konfuse Zeit lang den Partner geteilt hat. Es paßt zu der miesen Rolle von C, daß man die Reaktion auch als Angriff von C auf B oder als ,,Lyse" (Spaltung) von A—B durch C beschreibt. (Bei der Hydrolyse beispielsweise ist Wasser das angreifende Molekül.) Das zurückbleibende Opfer der Attacke, A, wird als Abgangsgruppe bezeichnet. Die Rollen kehren sich um, wenn die Reaktion von rechts nach links erfolgt: Dann ist A der Angreifer oder das lytische Agens und C die Abgangsgruppe. B wird in beiden Richtungen übertragen, daher ist der Begriff Gruppenübertragung oder Gruppentransfer die geeignetste Bezeichnung für solche Reaktionen.

Bei Menschen spielen sich solche Dramen unter zwei Voraussetzungen ab. Erstens müssen die handelnden Personen die Möglichkeit haben, ausreichend enge Kontakte miteinander aufzunehmen. Zweitens muß B zu C eine größere Zuneigung oder Affinität haben als zu A, so daß die Bindung zwischen B und C stärker ist als die zwischen B und A. Ähnliches gilt für Gruppenübertragungsreaktionen – wenn man den weiten Abstand zwischen der Welt der Menschen und der der Moleküle gebührend berücksichtigt.

Zwei Bedingungen müssen für eine Gruppenübertragung erfüllt sein: Erstens muß ein Enzym (eine Transferase) vorhanden sein, das das Molekül A—B und den Angreifer C so eng zusammenbringt, daß B übertragen werden kann; und zweitens muß B zu C eine höhere Affinität haben als zu A (das Gruppenübertragungspotential der B—C-Bindung muß also niedriger sein als das der A—B-Bindung).

Die Gelegenheit zur Kontaktaufnahme ergibt sich bei Molekülen aus den kinetischen Bedingungen. Im allgemeinen muß sich ein spezifisches gruppenübertragendes Enzym, eine Transferase, daran beteiligen; es bringt A—B und C (oder B—C und A) so nahe zusammen, daß die vorhandene Bindung destabilisiert und ein ternäres Zwischenprodukt gebildet werden kann. Zellen besitzen Hunderte solcher Gruppentransferasen. Zusammen mit den Elektronentransferasen machen sie über 90 Prozent der gesamten Enzymausstattung lebender Organismen aus.

Die zweite Voraussetzung ist thermodynamischer Natur. Wenn die Bindung zwischen B und C stärker ist als die zwischen A und B, muß für die Spaltung von B—C mehr Arbeit aufgewendet werden als für die Spaltung von A—B. Genausogut kann man sagen, daß mehr freie Energie verloren geht, wenn sich B an C koppelt, als wenn es sich mit A verbindet.

Auf der Energieskala liegt die B-Gruppe also in der Paarung B—C tiefer als in A—B; wenn möglich, wird sie auf das niedrigere Niveau hinabfallen. Es ist wie bei den Menschen: Eine enge Beziehung zu einer Person schützt einen nicht unbedingt davor, mit einem anderen Partner eine noch engere einzugehen. In der Welt der Moleküle stellt allerdings die Stärke der beiden Bindungen nicht den einzigen wirksamen Faktor dar. Auch die relative Häufigkeit der vier Parteien (A—B, C, A und B—C) ist wichtig. Molekulare Seitensprünge sind Massenereignisse, an denen sich zahlreiche Individuen beteiligen. Eine Bindung, die zehn Angreifern zu widerstehen vermag, kann von 10000 gebrochen werden, da sich die Konzentration auf das chemische Potential auswirkt (siehe Anhang II, Seite 424).

Die meisten biologischen Gruppenübertragungen beruhen auf einem Mechanismus, der als nucleophiler Angriff bezeichnet wird. Das bedeutet, daß das angreifende Atom oder Molekül eine besondere Affinität zu positiv geladenen chemischen Gruppen besitzt. (Auch der Atomkern oder Nucleus ist positiv geladen.) Elektrophile Angriffe sind dagegen selten, wenn man von ihrer extremsten Form, der Übertragung eines nackten Elektrons, einmal absieht.

Nucleophile Angriffe werden gewöhnlich von negativ geladenen Ionen oder ihren protonierten Gegenstücken vorgetragen. Im ersten Fall ist die Reaktion besonders einfach:

$$A\text{—}B + C^{\ominus} \rightleftharpoons [A^{\ominus} \cdots\cdot B^{\oplus} \cdots\cdot C^{\ominus}] \rightleftharpoons A^{\ominus} + B\text{—}C$$

Falls protonierte Moleküle an der Reaktion beteiligt sind, werden – wie bei der Elektronenübertragung – Protonen mit dem Medium ausgetauscht:

$$A\text{—}B + CH \underset{H^+}{\longleftrightarrow} [A^{\ominus} \cdots\cdot B^{\oplus} \cdots\cdot C^{\ominus}] \underset{H^+}{\longleftrightarrow} AH + B\text{—}C$$

Das instabile ternäre Zwischenprodukt hat bei beiden Reaktionstypen die gleiche Struktur. Es besteht aus zwei negativ geladenen Gruppen, die darum wetteifern, mit dem positiven Radikal B^+ ein Elektronenpaar zu teilen:

$$[A^{\ominus}\!:\cdot\cdot B^{\oplus}\cdot\cdot\!:C^{\ominus}]$$

Wie wir gesehen haben, gewinnt dabei die Gruppe, mit der das Radikal das niedrigere Energieniveau erreicht. Wie es hilft, wenn man die von Elektronen besetzten Energieniveaus kennt, so ist es offensichtlich auch nützlich zu wissen, welche Energiestufen eine bestimmte chemische Gruppe in ihren verschiedenen Verbindungen einnimmt. Denn daraus läßt sich sowohl die Richtung vorhersagen, in der diese Gruppe zwischen zwei beliebigen Partnern spontan übertragen wird, als auch die maximale Arbeitsleistung abschätzen, die diese Übertragung erbringen kann (was zugleich der Arbeit entspricht, die man mindestens braucht, um die Übertragung umzukehren).

Das Energieniveau, das eine übertragbare Gruppe in einer gegebenen Verbindung einnimmt, bestimmt man am günstigsten über die freie Energie der Hydrolyse (ΔG_{Hy}) dieser Verbindung. Darunter versteht man die Energie, die frei wird, wenn die Gruppe durch Wasser oder auch durch ein Hydroxylion (OH^-) angegriffen und abgetrennt wird, zum Beispiel:

$$A{-}B + H_2O \longrightarrow AH + B{-}OH$$

$$\text{oder} \quad B{-}C + OH^- \longrightarrow CH + B{-}O^-$$

Die freien Energien dieser Hydrolysereaktionen bezeichnet man als Gruppenübertragungspotentiale; wir wollen sie im folgenden kurz Gruppenpotentiale nennen. Wenn man sie für „physiologische", also annähernd für die in lebenden Zellen herrschenden Bedingungen berechnet, geben Gruppenpotentiale recht genau die Energieniveaus übertragbarer Gruppen wieder, so wie es Elektronenpotentiale für übertragbare Elektronenpaare tun. In beiden Fällen beziehen wir die Niveaus auf die offensichtliche natürliche Grundlinie: auf H_2O (oder OH^-) als Akzeptor bei den Gruppenpotentialen und auf O_2 (das zu H_2O wird) bei den Elektronenpotentialen. (Man beachte die zentrale Rolle des Wassers.)

Entsprechend der obigen Übereinkunft stellen die „physiologischen" Werte von $\Delta G_{Hy(A-B)}$ und $\Delta G_{Hy(B-C)}$ die Gruppenpotentiale der B-Gruppe in den Verbindungen A—B beziehungsweise B—C dar. Wie in Anhang II (auf Seite 433) erklärt wird, läßt sich die „physiologische" freie Energie der Übertragung von B zwischen A—B und C unmittelbar aus der Differenz beider Gruppenpotentiale berechnen:

$$\Delta G_{\text{Übertragung}} = \Delta G_{Hy\,(A-B)} - \Delta G_{Hy\,(B-C)}$$

Falls das (negative) Potential von A—B (als Absolutwert) größer ist als das von B—C, wird das ΔG der Übertragung negativ: B fällt vom höheren Energieniveau in A—B auf das niedrigere in B—C; seine Übertragung von A—B nach C kann spontan erfolgen. Im umgekehrten Fall ist der Transfer endergonisch: Es muß freie Energie zugeführt werden, um B vom niedrigeren Niveau in A—B auf das höhere in B—C zu heben.

Mit Gruppenpotentialen lassen sich auch die freien Energien gekoppelter Biosynthesereaktionen leicht ermitteln. Wenn beispielsweise unter Wasserabspaltung ein Molekül X—Y entsteht (wie in der allgemeinen Reaktion auf Seite 116) und dafür *n* Moleküle ATP zu ADP und P_i hydrolysiert werden müssen, dann gilt – unabhängig vom Mechanismus der Kopplung – folgende Beziehung:

$$\Delta G_{\text{Biosynthese}} = n\,\Delta G_{Hy\,(ATP \to ADP)} - \Delta G_{Hy\,(X-Y)}$$
$$= n\,(-14) - \Delta G_{Hy\,(X-Y)}$$

Wie zuerst von Fritz Lipmann, einem der Begründer der modernen Bioenergetik, betont wurde, lassen sich die in natürlichen Substanzen vorkommenden Bindungen grob in zwei Kategorien einteilen: energiereiche Bindungen, die durch eine Schlangenlinie (~) dargestellt werden, und energiearme Bindungen, die man mit einer einfachen Linie (—) kennzeichnet. Die endständige Phosphatbindung des ATP ist das Musterbeispiel einer energiereichen Bindung. Viele Bindungen, die man in Naturstoffen findet (Ester-, Amid-, Peptid-, Glykosidbindungen), sind energiearm und haben physiologische Gruppenpotentiale von etwa −6 bis −8 Kilokalorien pro Mol. Der Unterschied zwischen den beiden Bindungstypen macht es möglich, daß die ATP-Hydrolyse biosynthetische Zusammenlagerungen antreiben kann. Wie dies genau geschieht, läßt sich so beantworten: mit der Hilfe von Janus.

Janus, das Zwischenprodukt mit zwei Gesichtern

Die alten Römer hatten einen Gott namens Janus – nach ihm ist der Monat Januar benannt –, von dem sie glaubten, er habe zwei Gesichter: eines, das in die Vergangenheit, und eines, das in die Zukunft schaue. Die Biochemie hat ihn als koppelnden Geist der Biosynthesen wiederentdeckt. Er tritt auf, wenn ein Sauerstoff enthaltender Baustein (X—OH oder X—O$^-$) einen nucleophilen Angriff auf ATP oder ähnliche energiereiche Moleküle vorträgt, die wir hier einfach als A—B bezeichnen wollen, um uns nicht in komplexe Chemie begeben zu müssen. Die Speerspitze des Angriffs ist dabei jeweils das Sauerstoffatom:

$$A{-}B + H{-}O{-}X \longrightarrow H{-}A + B{-}O{-}X$$

In dieser Reaktion wird das B$^+$-Radikal (die B-yl-Gruppe) von A—B auf X—O$^-$ übertragen. Doppelgesichtig ist B—O—X deshalb, weil es sich auch an der Übertragung eines X$^+$-Radikals (einer X-yl-Gruppe) beteiligen kann, beispielsweise, wenn es durch den Baustein Y—H oder Y$^-$ angegriffen wird:

$$B{-}O{-}X + H{-}Y \longrightarrow X{-}Y + B{-}O{-}H$$

Man beachte nun, was passiert, wenn man beide Reaktionen hintereinander ablaufen läßt:

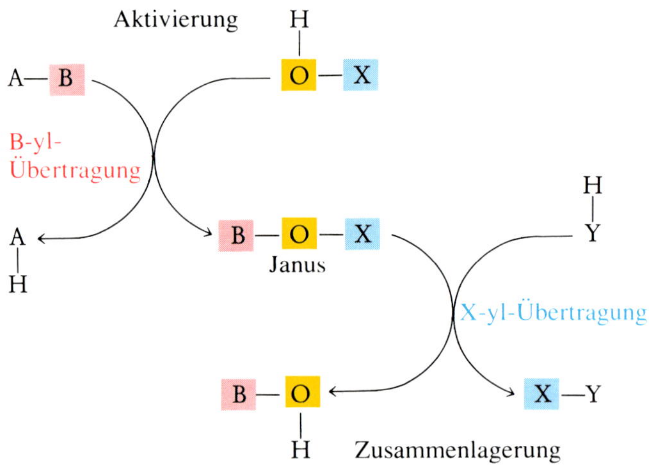

Die Halbreaktion auf der linken Seite des Diagramms liest sich so (man folge den nach links gerichteten Pfeilen):

$$A{-}B \longrightarrow A{-}H + B{-}OH$$

Die Halbreaktion rechts ergibt:

$$X{-}OH + Y{-}H \longrightarrow X{-}Y$$

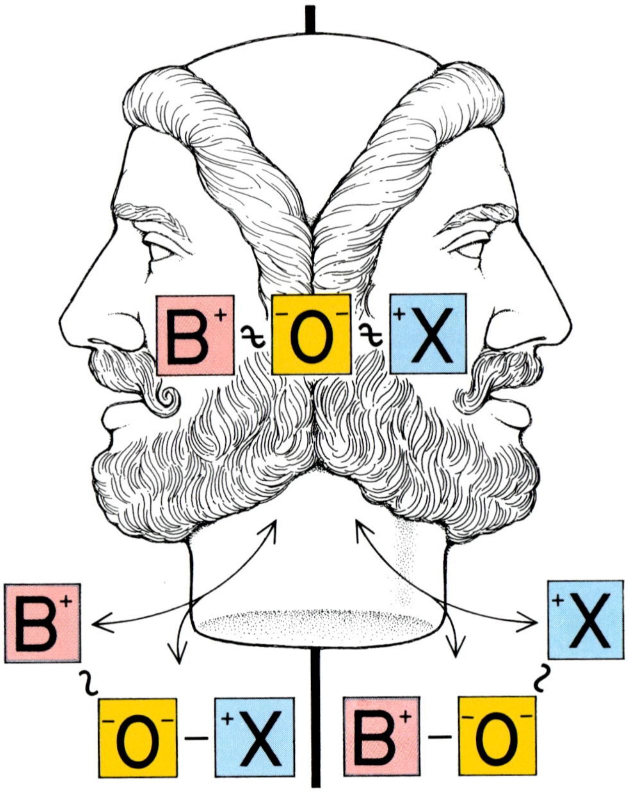

Janus, das doppelgesichtige Zwischenprodukt, besteht aus zwei übertragbaren Gruppen, die durch ein zentrales Sauerstoffatom verbunden sind. Bei einem Angriff von der linken Seite gibt es die B$^+$-Gruppe ab, bei einem von rechts die X$^+$-Gruppe. Die jeweils andere Gruppe bleibt mit dem zentralen Sauerstoff zurück.

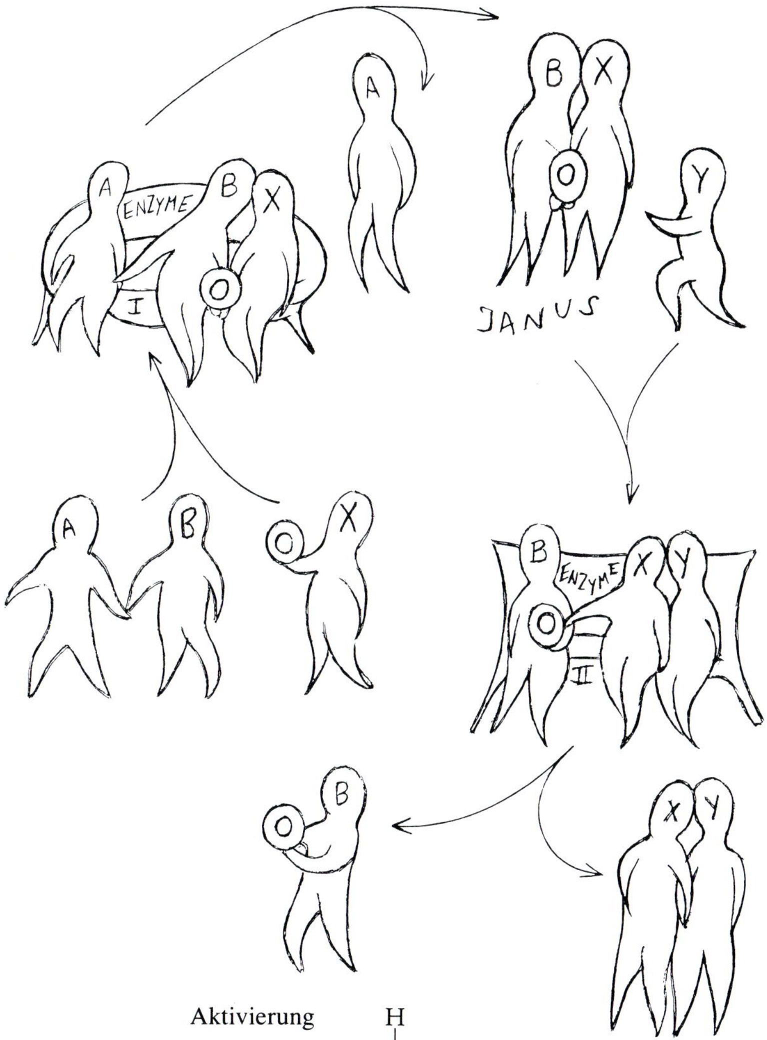

Zweifache Gruppenübertragung. In der ersten Reaktion wird B durch den Sauerstoff anbietenden Angreifer X von A getrennt. Doch dann betritt der neue Angreifer Y die Szene und löst X von B, das mit dem Sauerstoff, durch den es angelockt worden war, zurückbleibt. Das B—O—X-Zwischenprodukt ist der doppelgesichtige Janus. Er besteht aus den zwei übertragbaren Gruppen, die an den Reaktionen I und II beteiligt sind, und dem sie verbindenden Sauerstoffatom, das während der Übertragung seinen Besitzer wechselt.

Wir beobachten also die Hydrolyse von A—B und die Bildung von X—Y durch eine wasserabspaltende Kondensation. Wasser selbst tritt aber nirgendwo auf. Es wird in versteckter Form über das zentrale Sauerstoffatom des Janus-Moleküls übertragen; gleichzeitig bleibt ein mehr oder weniger großer Teil des Gruppenpotentials von A—B in der X—Y-Bindung erhalten. Janus dient also sowohl als Überbringer gruppengebundener Energie wie auch als Träger verborgenen Wassers; er ist Hermes und Neptun in einem, wenn man so frei mit der Mythologie umgehen darf.

Man kann diesen Mechanismus experimentell direkt nachweisen, wenn man der Zelle X—OH-Moleküle zuführt, die mit dem schweren Sauerstoffisotop ^{18}O markiert sind, und anschließend die Reaktionsprodukte mit einem Massenspektrographen analysiert. Das ^{18}O-Isotop findet sich in der Verbindung B—OH wieder und nicht in Wasser, wie man erwarten würde, wenn die Reaktion eine echte wasserabspaltende Kondensation wäre.

Das ist also der Grundmechanismus der Biosynthese. Er tritt in vielen Verkleidungen auf, beruht aber stets auf hintereinandergeschalteten Gruppenübertragungen mit doppelgesichtigen Zwischenprodukten. Wichtigstes anatomisches Kennzeichen eines solchen Zwischenproduktes sind die beiden übertragbaren Gruppen, die ein zentrales Sauerstoffatom miteinander verbindet. Wenn man von links herangeht, bietet es eine energiereiche B-yl-Gruppe an, die an einen X—O$^-$-Träger gebunden ist. Genausogut kann man es – von rechts aus – als eine von einem B—O$^-$-Träger angebotene X-yl-Gruppe ansehen.

Gemäß diesem allgemeinen Schema erfolgen Biosynthesereaktionen immer in mindestens zwei, durch Janus verbundenen Schritten. Der erste besteht darin, daß eine Gruppe von einem Energiedonator (ATP oder ein verwandtes Molekül) übertragen wird. Er dient dazu, die X-yl-Gruppe von ihrem energetischen Nullniveau (X—OH) auf die energiereiche

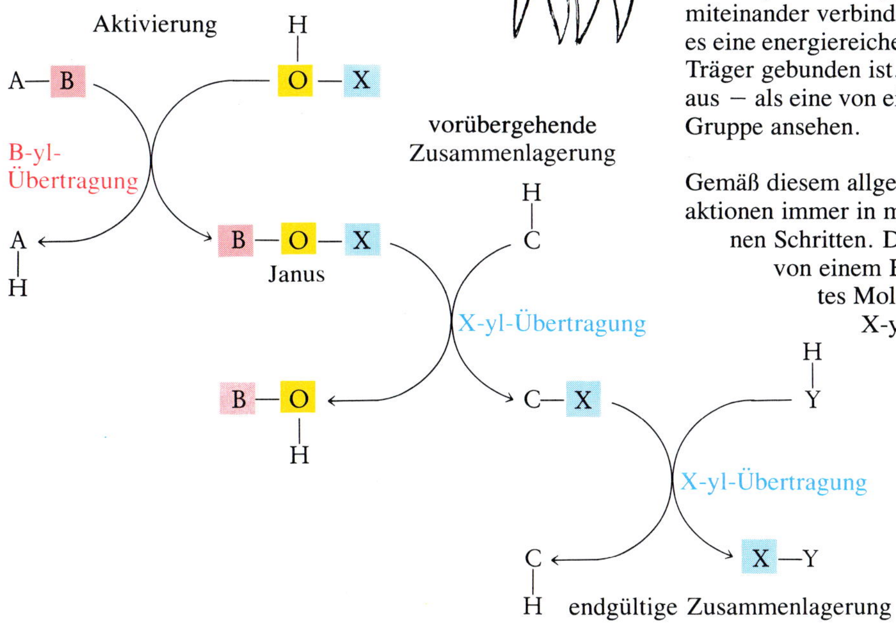

Stufe anzuheben, die sie im Janus-Molekül einnimmt. Diesen Schritt nennt man Aktivierung. Der abschließende Schritt ist die Zusammenlagerung, bei der die X-yl-Gruppe auf ihren natürlichen Akzeptor Y übertragen wird; sie verläuft vom energiereichen Aktivierungszustand abwärts zum niederen X—Y-Niveau.

Es gibt eine wichtige Variante dieses grundlegenden Zweischritt-Mechanismus, bei der das Janus-Zwischenprodukt die aktivierte Gruppe an ein Trägermolekül weitergibt, das seinerseits die Gruppe auf den endgültigen Akzeptor der Biosynthese überträgt. Die Folge dieser Reaktionen ist auf der vorigen Seite dargestellt.

In solchen Dreischritt-Reaktionen bleibt die X-yl-Gruppe auch im Trägermolekül auf einem relativ hohen Energieniveau. So erfolgt der eigentliche Energieabfall erst im endgültigen Zusammenlagerungsschritt (im Schema unten dargestellt), wie es sich für einen Prozeß gehört, in dem ein stabiles Produkt entstehen soll. Die Zelle arbeitet also ganz ähnlich wie ein Baumeister, der sein Baumaterial zunächst mit einem Kran weit nach oben zieht, dann in der Horizontalen schwenkt und schließlich auf die richtige Stelle hinabläßt.

Vielfach werden Aktivierung und Zusammenlagerung vom selben Enzym katalysiert. Bei dieser Art von konzertierter Aktion bleibt das Janus-Zwischenprodukt an das Enzym gebunden. Man nennt solche bifunktionalen Enzyme Synthetasen oder Ligasen (vom lateinischen *ligare* für binden). Ohne sie wären viele Biosyntheseprozesse sehr ineffektiv oder könnten überhaupt nicht stattfinden. Janus-Moleküle sind nämlich oft so instabil, daß sie ungebunden nicht lange überleben würden. Und häufig besitzen sie so hohe Gruppenpotentiale, daß sie – mit der gekoppelten Spaltung des Gruppendonators A—B als einziger Energiequelle – gar nicht in genügend hohen Konzentrationen gebildet werden könnten, um wirkungsvoll von einem Enzym zu einem zweiten, räumlich getrennten zu diffundieren. Solche Schwierigkeiten lassen sich überwinden, wenn die Zwischenprodukte enzymgebunden bleiben und strategisch so günstig plaziert werden, daß sie sofort nach ihrer Bildung in den exergonischen Zusammenlagerungsprozeß eingehen können.

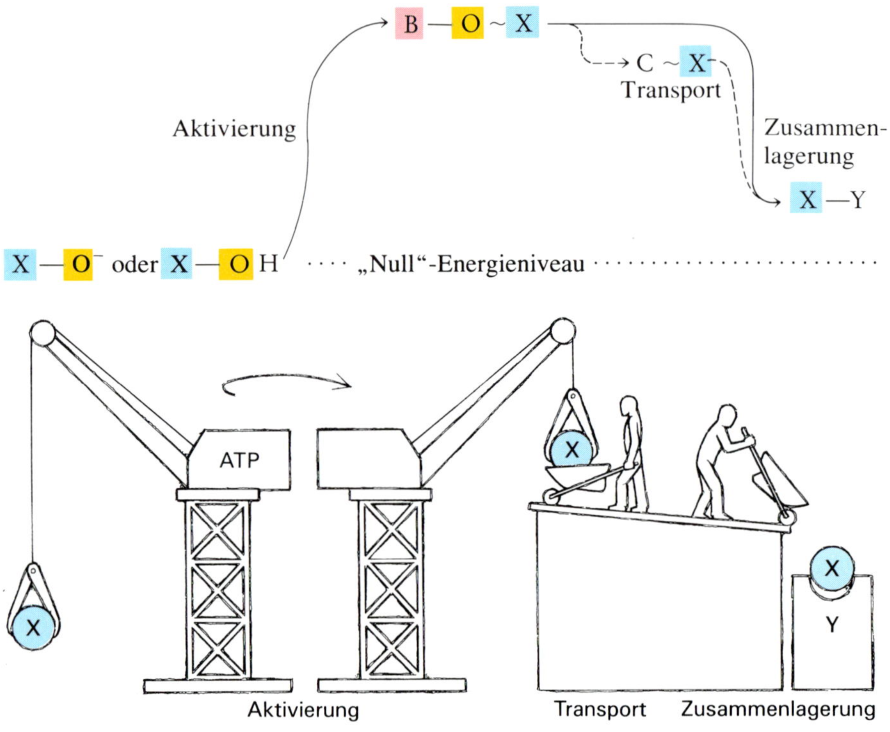

In Biosyntheseprozessen dient der Aktivierungsschritt dazu, den Baustein X mit Hilfe von ATP auf ein hohes Energieniveau (Gruppenpotential) zu heben. Im Zusammenlagerungsschritt wird die Gruppe auf ihren endgültigen Akzeptor Y übertragen, wobei das Potential stark abfällt. Manchmal gelangt die aktivierte Gruppe auch zunächst unter geringem Potentialverlust auf ein Trägermolekül, das sie dann an den endgültigen Akzeptor Y abgibt.

Andererseits ist es für die Zelle oft sehr nützlich und manchmal sogar unumgänglich, daß die beiden Teilschritte der Biosynthese an verschiedenen Orten stattfinden. Die Aktivierung, die Energie und die Beteiligung von ATP erfordert, erfolgt gewöhnlich im Cytosol oder an Stellen, die eng mit dem Cytosol verbunden und genausogut mit ATP versorgt sind, wie beispielsweise die Cytosolseite einer Membran. Dagegen ist der Zusammenlagerungsschritt oft von einer exakten Informationsübertragung abhängig, die eher auf einem strukturierten Substrat gewährleistet wird, wie es die Ribosomen bei der Proteinsynthese (siehe Kapitel 15) und die Chromosomen bei der Nucleinsäuresynthese (siehe Kapitel 16 und 17) darstellen. Die räumliche Trennung beider Schritte ermöglicht außerdem eine Zentralisierung. X-yl-Gruppen können in einer einzigen Reaktion aktiviert und anschließend in gebrauchsfertiger Form zu den verschiedensten Montageplätzen transportiert werden. Die Zellen arbeiten sogar noch wirtschaftlicher: Oft nutzen sie nämlich die Transportphase dazu, die X-yl-Gruppe auf unterschiedliche Weise umzubauen oder sonstwie zu bearbeiten, so daß eine einzige Aktivierungsreaktion ausreicht, um verschiedene Biosynthesebausteine (die chemisch auseinander hervorgehen) auf ein höheres Energieniveau zu heben.

Wenn Zusammenlagerung und Aktivierung voneinander getrennt sind, braucht die Zelle stabile Transportformen der aktivierten Bausteine; der Aktivierungsschritt muß zudem genügend exergonisch sein, damit sie in ausreichend hohen Konzentrationen produziert werden. Etliche Janus-Zwischenprodukte erfüllen diese Forderungen selbst, und ihr $B—O^-$-Teil überträgt die X-yl-Gruppe. In anderen Fällen sind dazu spezielle Trägermoleküle erforderlich. Fast ausnahmslos wird dabei der Baustein von einem einzelnen ligaseähnlichen Enzym sowohl aktiviert als auch an den Träger gebunden. Mehrere wichtige Coenzyme wirken als Gruppenüberträger.

Nicht nur Biosynthesen setzen Aktivierungsprozesse voraus. Überall im Stoffwechsel findet man Reaktionen, in denen die Substrate anfangs aktiviert werden müssen. Das gilt auch für zahlreiche katabolische Reaktionen, wie in Kapitel 7 bereits für die Glykolyse gezeigt wurde. Gruppenüberträger sind also auch so etwas wie Haken, an denen gebundene Moleküle den entsprechenden modifizierenden Enzymen übergeben werden.

Doch nun ist es an der Zeit, die nackten Knochen der schematischen Abstraktionen mit etwas chemischem Fleisch zu versehen. Wir haben uns bei der Organisation dieser Expedition bemüht, chemische Details so weit wie möglich zu umgehen. Es gibt aber eine Grenze, wo man eine im wesentlichen chemische Maschinerie ohne die Sprache der Chemie nicht mehr richtig verstehen kann. Wer den nächsten Teil unserer Tour als allzu mühselig empfindet, sollte dennoch nicht verzagen. Selbst wenn er vieles überspringt, wird er später wieder ohne größere Schwierigkeiten mitmachen können. Für jene aber, die über ein besseres biochemisches Grundwissen verfügen, mag der Überblick über die Biosynthese, den wir im folgenden anbieten, vergnüglich und vielleicht sogar lehrreich sein. Es sollte also jeder mitkommen und bei der Gruppe bleiben.

Die Energiequelle der Gruppenübertragungen

In der Abkürzung ATP steht A für Adenosin. Das ist ein Nucleosid, also die Verbindung einer Base – im vorliegenden Fall Adenin – mit dem Kohlenstoffatom Nummer 1 von Ribose, einem Zucker aus fünf Kohlenstoffatomen. (Man bezeichnet solche Zucker als Pentosen, siehe Anhang I.) Drei weitere wichtige Basen gehen ähnliche Nucleosidverbindungen mit Ribose ein: Guanin, das wie Adenin zur Gruppe der Purine gehört, sowie Cytosin und Uracil, die beide Pyrimidine sind. Die entsprechenden Nucleoside nennt man Guanosin (G), Cytidin (C) und Uridin (U).

Mit der Struktur der Basen werden wir uns näher befassen, wenn wir die Anatomie der Nucleinsäuren und die genetische Sprache behandeln. Jetzt aber wollen wir uns auf das andere Ende des Nucleosidmoleküls konzentrieren, an dem sich das Kohlenstoffatom Nummer 5 der Ribose befindet (das mit 5′ bezeichnet wird, um es vom Kohlenstoffatom 5 der Base zu unterscheiden). An diesem C-Atom sitzt eine Hydroxylgruppe (—OH), die in den meisten natürlich vorkommenden Nucleosidverbindungen eine Phosphorylgruppe trägt (in ionisierter Form $—PO_3^{2-}$; von Phosphatgruppe spricht man, wenn man das verbindende Sauerstoffatom mit einbezieht: $—O—PO_3^{2-}$). Solche Nucleosidmonophosphate nennt man Nucleotide; sie werden als Adenyl-, Guanyl-, Cytidyl- und Uridylsäure oder abgekürzt als AMP, GMP, CMP und UMP bezeichnet, wobei MP für Monophosphat steht.

An die endständige Phosphorylgruppe der Nucleotide können durch eine Bindung, wie sie in Pyrophosphorsäure vorkommt (Pyrophosphatbindung), ein oder zwei weitere Phosphorylgruppen angehängt werden. Dadurch entstehen die Nucleosiddiphosphate ADP, GDP, CDP und UDP beziehungsweise die Nucleosidtriphosphate ATP, GTP, CTP und UTP.

Wenn wir das Nucleosid durch das Symbol N (für A, G, C oder U) wiedergeben und seine 5′-Hydroxylgruppe besonders hervorheben, ergibt sich zusammenfassend:

N—OH — Nucleosid (N)

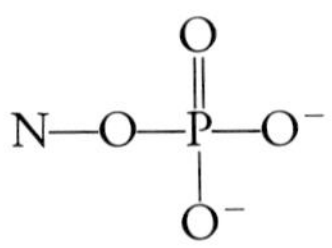

Nucleosid-monophosphat (NMP)

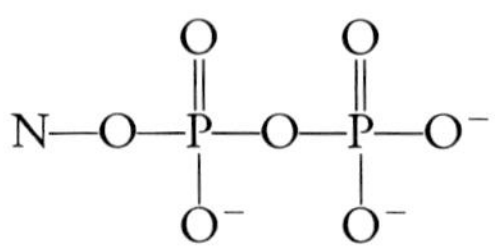

Nucleosid-diphosphat (NDP)

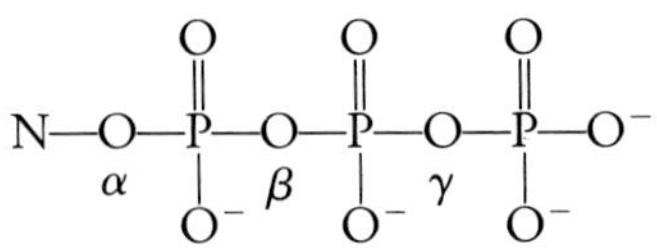

Nucleosid-triphosphat (NTP)

Die NTPs sind wahre ,,Super-Janus''-Moleküle mit drei Doppelgesichtern. Die drei Sauerstoffatome der Phosphorylbindungen (α, β, γ) trennen je ein Paar übertragbarer Gruppen. Daher können NTPs – zumindest theoretisch – sechs verschiedenartigen nucleophilen Angriffen ausgesetzt sein, die wir als α_p, α_d, β_p, β_d, γ_p und γ_d bezeichnen

Base	Nucleosid	Nucleosid-monophosphat	Nucleosid-diphosphat	Nucleosid-triphosphat
Adenin	Adenosin (A)	Adenylsäure (AMP)	ADP	ATP
Guanin	Guanosin (G)	Guanylsäure (GMP)	GDP	GTP
Cytosin	Cytidin (C)	Cytidylsäure (CMP)	CDP	CTP
Uracil	Uridin (U)	Uridylsäure (UMP)	UDP	UTP

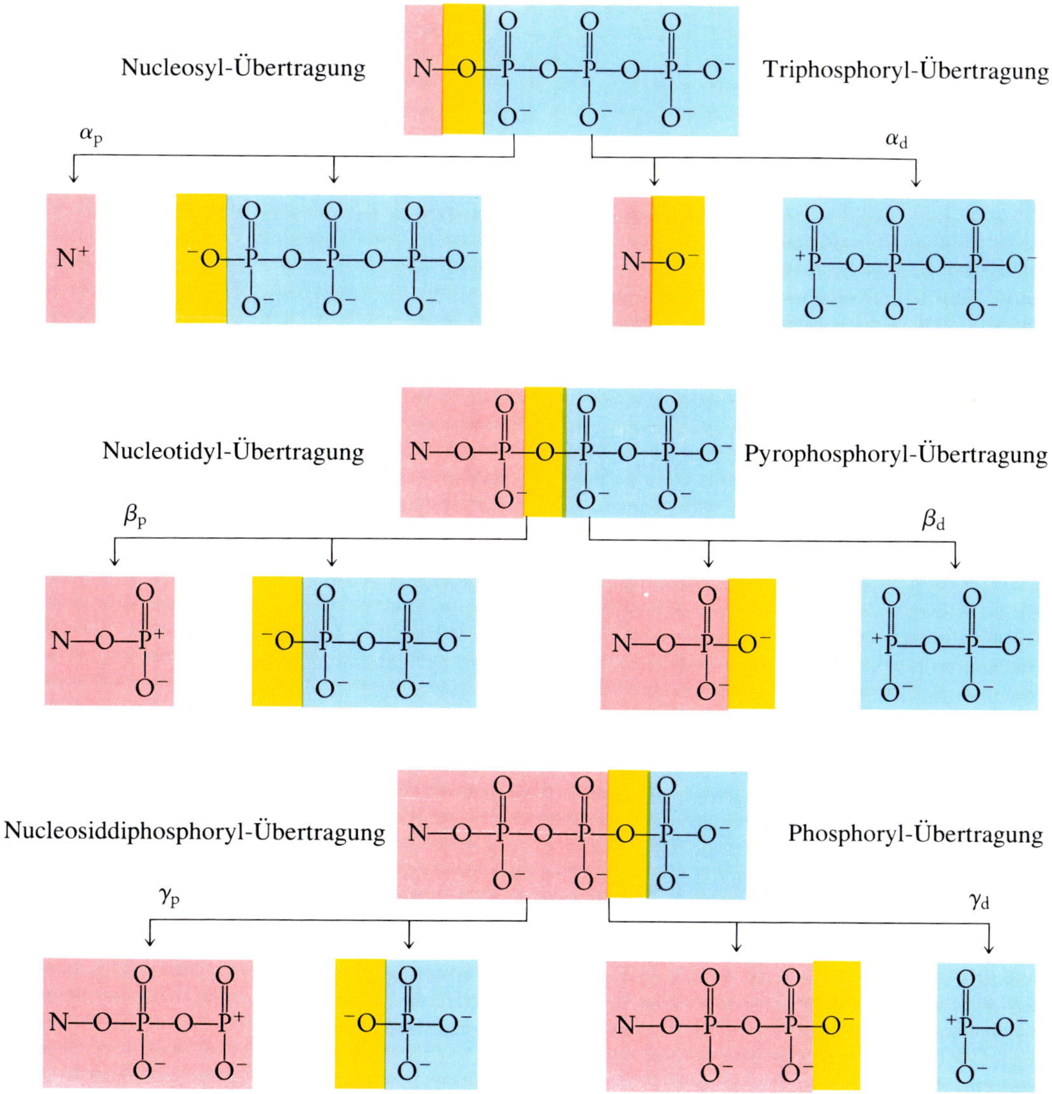

Schematische Darstellung der sechs theoretisch möglichen Gruppenübertragungsreaktionen mit ATP oder anderen NTPs. Entscheidend ist, welches der drei Sauerstoffatome zwischen den Phosphorylgruppen (α, β oder γ) als zentraler Janus-Sauerstoff fungiert.

wollen; dabei stehen α, β und γ für die jeweils angegriffene Bindung und die Indices p und d für proximal (dem Nucleosid N zugewandt) und distal (von N abgewandt): ▶

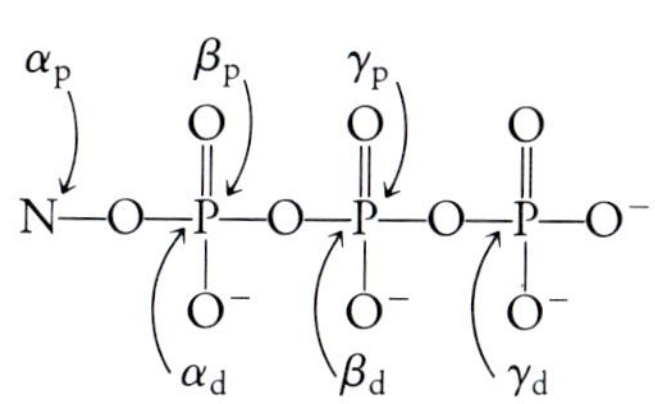

Diese Möglichkeiten (die im Schema auf der vorigen Seite ausführlich dargestellt sind) werden in sehr unterschiedlichem Maße genutzt. Von einigen seltenen α_p- oder β_d-Attakken abgesehen, gehören alle biosynthetischen Angriffe auf NTPs entweder zum β_p- oder γ_d-Typ. Soweit wir wissen, kommen α_d- oder γ_p-Angriffe überhaupt nicht vor.

Die meisten biosynthetischen Prozesse lassen sich als reguläre Zweischritt- oder Dreischritt-Mechanismen beschreiben, die auf einer der genannten Angriffsmöglichkeiten beruhen. Natürlich wird auf solch einem umfangreichen Gebiet das Grundthema gelegentlich abgewandelt. Doch wie in der Musik kann es derjenige, der aufmerksam darauf achtet, leicht wiedererkennen. Eine scheinbar untypische Variante liegt vor, wenn ein NTP in einem abschließenden Zusammenlagerungsprozeß als gruppenliefernder Janus auftritt. Solche Einschritt-Mechanismen widersprechen aber der Zweischritt-Regel nur äußerlich. Die vom NTP abgegebene Gruppe muß auch hier zuerst aktiviert werden – durch Gruppenübertragung von einem anderen NTP, durch die Wirkung einer Oxphos-Einheit oder durch beides –, bevor sie exergonisch übertragen werden kann. Der Aktivierungsschritt stimmt dann mit der Reparaturphase eines normalen Zwei- oder Dreischritt-Mechanismus überein (siehe unten).

Die Gruppenpotentiale, die bei den verschiedenartigen Angriffen auf NTPs ins Spiel kommen, sind nicht gleichwertig. Wie bereits erwähnt, liegt die ,,physiologische'' freie Energie der Hydrolyse der γ-Bindung des ATP in der Größenordnung von −14 Kilokalorien pro Mol. Dasselbe Gruppenpotential haben alle endständigen Phosphorylgruppen von NTPs und NDPs. Wesentlich größer ist dagegen die ,,physiologische'' freie Energie der Hydrolyse der β-Bindung. Das liegt zum Teil daran, daß die freie Energie der Hydrolyse unter Standardbedingungen höher liegt (um etwa 3 Kilokalorien pro Mol); viel wichtiger ist aber, daß die meisten Zellen hochaktive Pyrophosphatasen enthalten, die freies anorganisches Pyrophosphat (PP_i) sofort hydrolysieren. Der Hydrolyse der β-Bindung folgt also fast immer die Hydrolyse des entstandenen Pyrophosphats:

$$NTP + H_2O \longrightarrow NMP + PP_i \qquad \Delta G_{Hy\,(\beta\text{-Bindung})}$$
$$PP_i + H_2O \longrightarrow 2\,P_i \qquad \Delta G_{Hy\,(PPi)}$$

$$NTP + 2\,H_2O \longrightarrow NMP + 2\,P_i \qquad \Delta G_{Hy\,(gesamt)}$$

Zum gleichen Endergebnis kommt man, wenn erst die γ-Bindung und dann die β-Bindung hydrolysiert wird. Von diesen Reaktionen kennen wir die ,,physiologischen'' freien Energien:

$$NTP + H_2O \longrightarrow NDP + P_i \qquad -14 \text{ Kilokalorien pro Mol}$$
$$NDP + H_2O \longrightarrow NMP + P_i \qquad -14 \text{ Kilokalorien pro Mol}$$

$$NTP + 2\,H_2O \longrightarrow NMP + 2\,P_i \qquad -28 \text{ Kilokalorien pro Mol}$$

Ob wir mit der β-Bindung oder mit der γ-Bindung beginnen – die Änderung der freien Energie, die mit der Hydrolyse der beiden Bindungen einhergeht, muß gleich sein. Nach den Grundregeln der physikalisch-chemischen Buchhaltung gilt:

$$\Delta G_{Hy\,(\beta\text{-Bindung})} = -28 - \Delta G_{Hy\,(PPi)}$$

Die ,,physiologische'' freie Energie der Hydrolyse der β-Bindung von NTPs hängt demnach davon ab, welchen Wert $\Delta G_{Hy(PPi)}$ annimmt – also davon, wie nahe die Pyrophosphatasen die Konzentrationen von PP_i und P_i am Gleichgewichtszustand halten. Das ist zwar nicht genau bekannt, aber angesichts der hohen Aktivität dieser Enzyme erscheint es vernünftig anzunehmen, daß ein Zustand aufrecht erhalten wird, der sehr nahe am Gleichgewicht liegt – daß also gilt: $\Delta G_{Hy(PPi)} \approx 0$. Folglich werden wir als ,,physiologische'' freie Energie der Hydrolyse der β-Bindung den (maximalen) Wert von −28 Kilokalorien pro Mol annehmen. Es ist in diesem Zusammenhang erwähnenswert, daß einige Mikroorganismen durchaus keine sehr niedrige Pyrophosphatkonzentration aufrecht erhalten, sondern statt dessen sogar ihren Zellhaushalt auf Pyrophosphat ausrichten. Anscheinend ist die bei solchen β-Mechanismen durch Pyrophosphatasen zusätzlich freigesetzte Energie nicht lebensnotwendig.

Für die α-Bindung liegt die ,,physiologische'' freie Energie der Hydrolyse bei NMPs in der Größenordnung von −7 Kilokalorien pro Mol. Aus den gerade erwähnten Gründen (Hydrolyse von PP_i) werden bei NDPs −21 Kilokalorien pro Mol und bei NTPs (für die wir unsere Argumentation auf PPP_i ausdehnen) −35 Kilokalorien pro Mol erreicht.

In der folgenden Tabelle sind die Gruppenpotentiale zusammengefaßt, die wir bei unseren weiteren Analysen benutzen werden. Wir wollen uns hier daran erinnern, daß diese Werte ziemlich großen Schwankungen unterworfen sind, die von den in der Zelle herrschenden Bedingungen abhängen (siehe Anhang II). Sie können uns aber helfen, die wichtigsten energetischen Merkmale von Biosynthesemechanismen zu verstehen.

Hydrolysereaktion	,,physiologisches'' ΔG_{Hy} (in Kilokalorien pro Mol)
$NTP \longrightarrow NDP + P_i$	−14
$NDP \longrightarrow NMP + P_i$	−14
$NMP \longrightarrow N + P_i$	− 7
$NTP \longrightarrow NMP + PP_i\ (2\ P_i)$	−28
$NTP \longrightarrow N + PPP_i\ (3\ P_i)$	−35
$NDP \longrightarrow N + PP_i\ (2\ P_i)$	−21
$PP_i \longrightarrow 2\ P_i$	~0
$PPP_i \longrightarrow PP_i + P_i\ (3\ P_i)$	~0

Eine Bindung in einem NTP-Molekül, die für Biosynthesearbeiten gespalten worden ist, muß wieder repariert werden. Wenn es sich um die γ-Bindung von ATP handelt, übernimmt eine Oxphos-Einheit die Reparatur. Andere Bindungen werden auf Kosten einer oder mehrerer γ-Bindungen von ATP repariert; dabei wirken transphosphorylierende (Phosphorylgruppen übertragende) Enzyme mit, die folgende Reaktionen katalysieren:

$$ATP + N \longrightarrow ADP + NMP$$

$$ATP + NMP \rightleftharpoons ADP + NDP$$

$$ATP + NDP \rightleftharpoons ADP + NTP$$

Die erste Reaktion ist irreversibel, weil die ,,physiologische'' freie Energie der Hydrolyse für die γ-Bindung von ATP viel höher liegt als für die α-Bindung von NMP. Die anderen beiden Reaktionen sind dagegen frei umkehrbar, da in ihnen Bindungen gleichen Energieinhalts ausgetauscht werden. Die Kosten solcher Übertragungsreaktionen übernehmen die Oxphos-Einheiten, die damit letztlich die gesamte Energierechnung zu zahlen haben. Man beachte jedoch, daß diese Rechnung nur denjenigen Teil der biosynthetischen Arbeit umfaßt, der auf Gruppenübertragungen beruht und der zwar oft, aber nicht immer der wichtigste oder sogar der einzige ist. Auch andere Prozesse, besonders Elektronenübertragungen von energiereichen Donatoren, können daran beteiligt sein. Biosynthetische Reduktionen sind vor allem in autotrophen Organismen wichtig (siehe Kapitel 10).

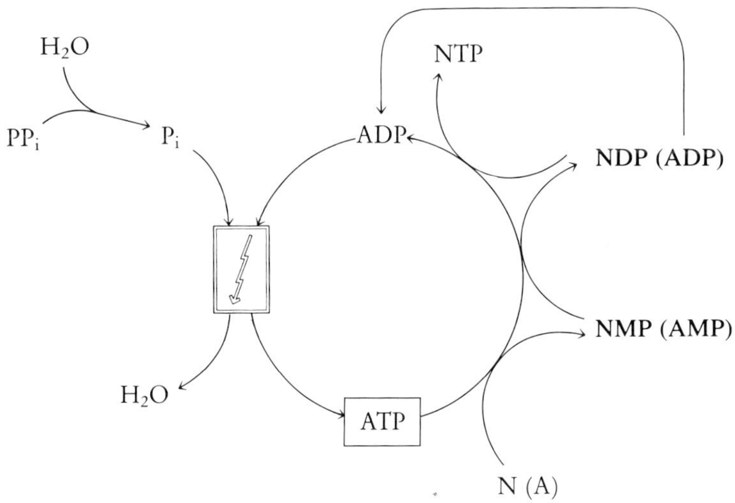

zentraler Reparaturmechanismus

Wenn wir die verschiedenen Reparaturreaktionen zusammenfassen, ergibt sich das oben dargestellte Ablaufschema, das wir von jetzt ab als zentralen Reparaturmechanismus bezeichnen wollen. Er übernimmt es auch, solche in biosynthetischen Einschritt-Prozessen übertragenen Bausteine wie P_i oder NMP zu aktivieren. PP_i läßt sich übrigens nicht als solches einbauen, sondern muß erst hydrolysiert werden. (Das gleiche gilt für PPP_i, das im Diagramm nicht aufgeführt ist, weil es, wenn überhaupt, nur äußerst selten vorkommt und sehr schnell abgebaut wird.)

Ein freiwilliger Ausflug

Wir sind auf unserer Reise an einem Punkt angekommen, wo wahrscheinlich viele Teilnehmer eine wohlverdiente Ruhepause einlegen wollen. Doch vielleicht möchten einige gerne ihr neu erworbenes Wissen ausprobieren. Für diese unternehmungslustigeren Touristen ist ein Abstecher arrangiert worden, der von den anderen ausgelassen werden kann. Er wird uns sozusagen quer durch ein Lehrbuch der Biochemie führen und helfen, ein paar einfache Grundmuster hinter der enormen Komplexität und unendlichen Vielfalt chemischer Mechanismen zu erkennen, mit denen lebende Zellen Tausende von Substanzen herstellen, die wir meistens nicht einmal mit den modernsten Techniken synthetisieren können. Während dieser Exkursion werden beteiligte Bausteine systematisch in ionisierter Form ($X—O^-$ und Y^-) dargestellt, es sei denn, sie sind erwiesenermaßen protoniert. Wenn nötig, ist die Bewegung von Protonen angegeben. Die genaue chemische Struktur der verschiedenen Moleküle wird nicht gezeigt; sie kann in Anhang I nachgeschlagen werden.

Einschritt-Prozesse. Bei diesen Reaktionen wird ein Teil eines NTPs auf einen endgültigen Biosyntheseakzeptor übertragen. Die abgegebene Gruppe stammt von einem Vorläufermolekül, meist von P_i oder einem NMP, das man als den $X—O^-$-Baustein unseres allgemeinen Zweischritt-Schemas ansehen kann. Es ist durch den eben beschriebenen zentralen Reparaturmechanismus aktiviert und in das NTP eingebaut worden. Der Gruppendonator NTP hat den Charakter eines doppelgesichtigen Janus-Zwischenprodukts.

Reaktionen mit γ_d-Angriff. Hier ist das beteiligte NTP fast immer ein ATP; man kann es als NDP-Molekül ansehen, das eine Phosphorylgruppe trägt und abgibt:

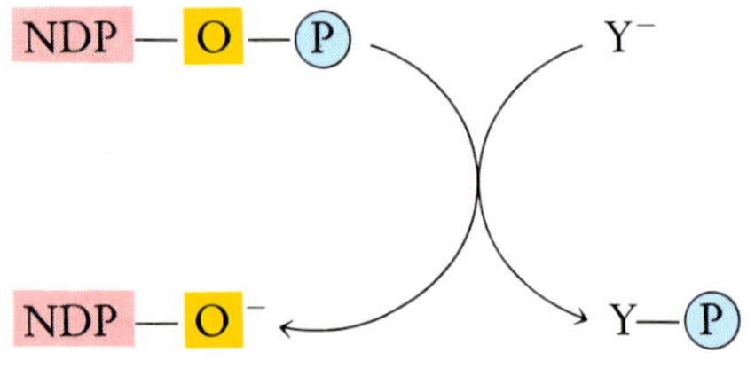

Die meisten Phosphatgruppen, die in so unterschiedlichen Substanzen wie Nucleosidphosphaten, mehreren Coenzymen, Nucleinsäuren, Phospholipiden und zahlreichen Metaboliten enthalten sind, werden durch diesen Reaktionstyp in ihre Verbindungen eingebaut. Ausnahmen sind die mittels einer Oxphos-Einheit angehängte endständige Phosphorylgruppe von ATP selbst und einige Reaktionen, bei denen anorganisches Phosphat bereits bestehende Bindungen angreift (Phosphorolyse).

Die Kosten dieser biosynthetischen Übertragung lassen sich leicht berechnen:

$$\Delta G_{\text{Biosynthese}} = -14 - \Delta G_{\text{Hy (Y—P)}}$$

Gewöhnliche Phosphatester, einschließlich der NMPs, haben „physiologische" Gruppenpotentiale von etwa −6 bis −8 Kilokalorien pro Mol. Bei ihrer Synthese gehen also an freier Energie zwischen 8 und 6 Kilokalorien pro Mol verloren, was ausreicht, um die Reaktion praktisch irreversibel zu machen. Einige andere Phosphatverbindungen haben jedoch „physiologische" Gruppenpotentiale von ungefähr −14 Kilokalorien pro Mol; bei ihnen ist die Transphosphorylierung mit ATP frei reversibel ($\Delta G \approx 0$). Dazu zählen alle NDPs und NTPs, die, wie wir gesehen haben, ihre Phosphorylgruppen frei mit ATP austauschen. Dank dieser Reaktionen werden entstehende NDPs und NMPs sofort zu NTPs reaktiviert und können so in neue Biosyntheseprozesse eingehen (siehe oben). Andererseits setzen Zellen, die – etwa bei beginnender Muskelkontraktion – dringend ATP benötigen, oft ihre NTPs und NDPs (einschließlich ADP) ein, um durch umgekehrte Transphosphorylierungsreaktionen das verbrauchte ATP wiederherzustellen. Die Hauptlast dieser ATP-Erneuerung fällt jedoch einer anderen Gruppe energiereicher Verbindungen zu, den Phosphagenen, die sich durch eine Amidophosphatbindung auszeichnen. Das Phosphagen der Wirbeltiere ist das Kreatinphosphat, das durch eine γ_d-Phosphorylgruppenübertragung von ATP aus Kreatin entsteht:

$$\text{ATP} + \text{Kreatin} \rightleftharpoons \text{ADP} + \text{Kreatin} \sim \text{P}$$

Das Gleichgewicht dieser Reaktion begünstigt die Bildung von ATP. Nur wenn das Konzentrationsverhältnis von ATP zu ADP genügend hoch ist – etwa in Zellen, die keinen besonderen energetischen Belastungen ausgesetzt sind –, verläuft die Reaktion bevorzugt von links nach rechts, und das Kreatinphosphat-Reservoir wird aufgefüllt. Sobald die Zellen ATP verbrauchen und der ADP-Spiegel steigt, verschiebt sich das Gleichgewicht wieder nach links. Dann dient das Kreatinphosphat dazu, ATP aus ADP zu regenerieren. Die Zelle hilft sich so über den Zeitraum, der vergeht, bis die Oxphos-Einheiten voll arbeiten (siehe Kapitel 14).

Enzyme, die γ_d-Transphosphorylierungsreaktionen von ATP katalysieren, nennt man Phosphokinasen oder einfacher Kinasen (vom griechischen *kinein* für bewegen). Sie sind an vielen Biosyntheseprozessen und am Energiestoffwechsel beteiligt, dienen aber außerdem häufig dazu, katabolische Reaktionen anzustoßen. Bei solchen Reaktionen wurden sie auch entdeckt: Glucose muß nämlich durch eine ,,Hexokinase" aktiviert werden, ehe sie in die Glykolysekette eintreten kann (siehe Kapitel 7). In den Kapiteln 13 und 18 werden wir einer speziellen Gruppe von Phosphokinasen begegnen, die an Proteinen angreifen. Sie kontrollieren mehrere wichtige regulatorische Prozesse, darunter solche, die die Zellteilung steuern, und wirken daher möglicherweise auch bei der unkontrollierten Vermehrung von Krebszellen mit.

Reaktionen mit β_d-Angriff. Bei diesem seltenen Reaktionstyp überträgt der NMP-Teil des NTPs eine Pyrophosphorylgruppe (die zuvor durch den zentralen Reparaturmechanismus aus P_i zusammengesetzt und aktiviert worden ist):

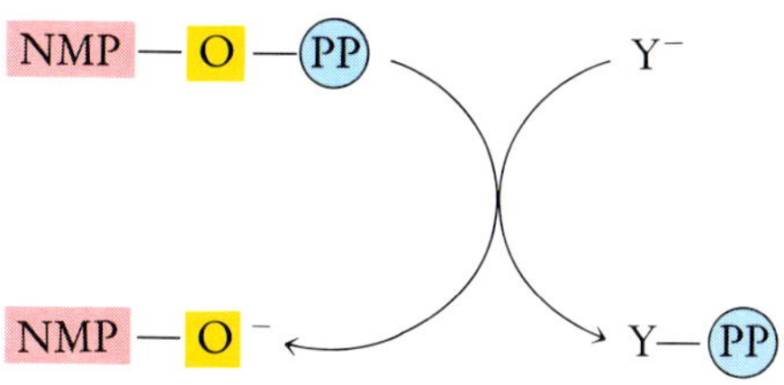

Als wichtigster Akzeptor der Pyrophosphorylgruppe gilt das Thiamin oder Vitamin B_1, das übrigens das zuerst entdeckte Vitamin ist. Thiaminpyrophosphat (TPP) dient als wichtiges Coenzym in Decarboxylierungsreaktionen (in denen CO_2 abgespalten wird). Um eine Pyrophosphorylgruppe aus P_i zu bilden, sind volle 28 Kilokalorien pro Mol notwendig. Ein Teil dieser Energie wird im TPP gespeichert und erst bei der hydrolytischen Abspaltung der PP-Gruppe abgegeben. Es besteht jedoch eine beträchtliche Differenz – in der Größenordnung von −8 bis −10 Kilokalorien pro Mol – zwischen der freien Energie der Hydrolyse der Pyrophosphatbindung, die PP im ATP-Molekül an AMP koppelt, und der der Esterbindung, durch die PP im TPP-Molekül mit Thiamin verknüpft ist. Sie reicht vollkommen aus, um diese Pyrophosphorylgruppenübertragung gänzlich irreversibel zu machen.

Reaktionen mit β_p-Angriff. Hier kann man das NTP als aktivierte NMP-yl-Gruppe ansehen, die von einem Pyrophosphat-Trägermolekül angeboten wird (wie es im anschließenden Schema gezeigt ist). Die Energie aus der Pyrophosphatasereaktion geht in den Übertragungsschritt ein, so daß für die Bildung der NMP—Y-Bindung annähernd 28 Kilokalorien pro Mol zur Verfügung stehen.

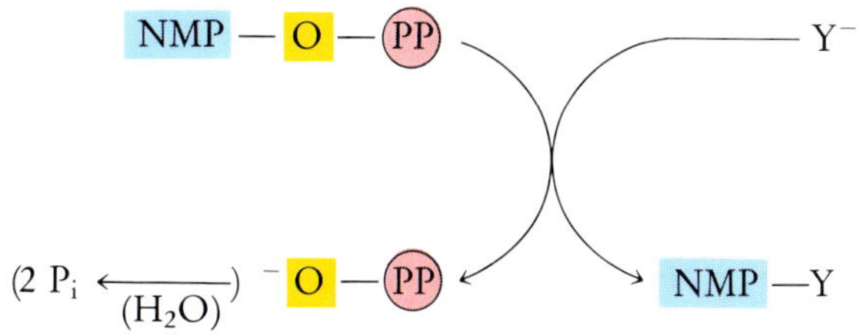

Die meisten Reaktionen, in denen Nucleotidylgruppen in stabile Biosyntheseprodukte eingebaut werden, verlaufen über solche β_p-Transnucleotidylierungen. Die fundamentalen Prozesse, durch die RNA (siehe Kapitel 16) und DNA (siehe Kapitel 17) zusammengesetzt werden, gehören ebenso dazu wie Reaktionen, die an der Synthese von NAD und anderen AMP-haltigen Coenzymen wie NADP, FAD und Coenzym A (siehe Seite 139) beteiligt sind, die alle AMP enthalten. Ähnlich wie die Phosphorylierung spielt auch die Adenylylierung eine wichtige Rolle bei der Regulation einiger Enzymproteine.

In einer besonderen Form der β_p-Übertragung wird die Nucleotidylgruppe von der eigenen 3′-Hydroxylgruppe angegriffen. In der wichtigsten derartigen Reaktion katalysiert das Enzym Adenylatcyclase die Bildung von 3′5′-cyclischem AMP (cAMP), das in der Zelle Hormonwirkungen vermittelt (siehe Kapitel 13):

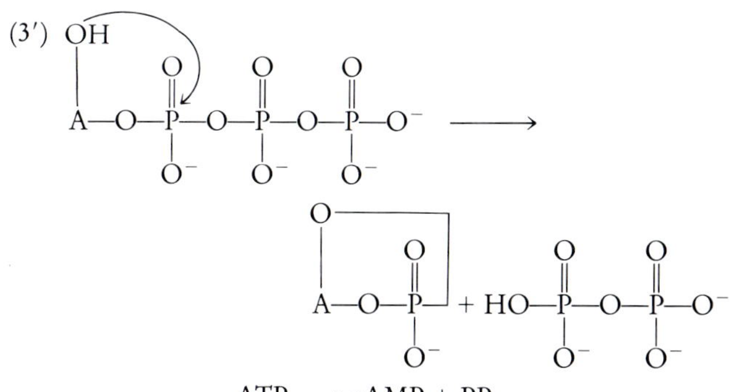

$$ATP \longrightarrow cAMP + PP_i$$

Die Bindungen, die durch β_p-Transfer entstehen, sind oft energiereich. Trotzdem ist die Übertragung dank der Pyrophosphatase irreversibel.

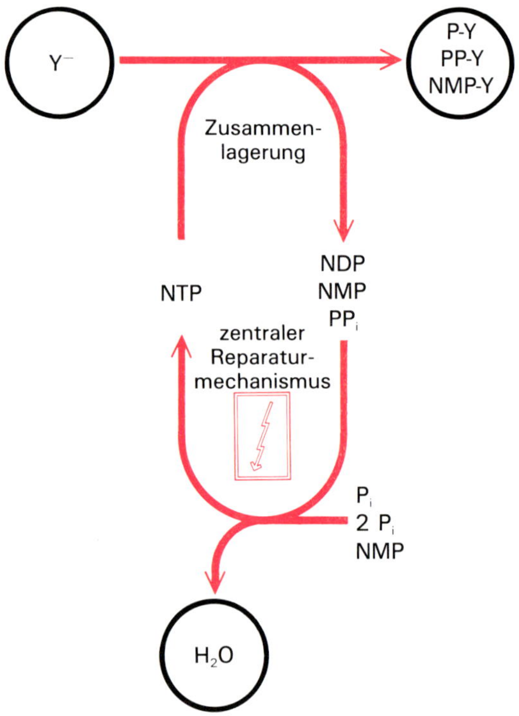

Zusammenfassung der Einschritt-Biosynthesereaktionen. Als Bausteine dienen anorganisches Phosphat oder Mononucleotide. Sie werden durch den zentralen Reparaturmechanismus zu NTP aktiviert und anschließend – als Phosphoryl-, Pyrophosphoryl- oder Nucleotidylgruppe (γ_d, β_d oder β_p) – auf den endgültigen Akzeptor übertragen.

Zweischritt-Prozesse. Die Reaktionen dieser Kategorie stimmen mit dem Grundmuster der schrittweisen Gruppenübertragung überein. Katalysiert werden sie entweder von einem einzelnen Enzym des Ligase-Typs, wobei dann ein enzymgebundenes Janus-Zwischenprodukt beteiligt ist, oder von zwei verschiedenen, oft räumlich voneinander getrennten Enzymen. In diesem Fall transportiert das Janus-Zwischenprodukt die X-yl-Gruppe vom Ort der Aktivierung zu dem der Zusammenlagerung; als Träger dient dabei die vom aktivierenden NTP gelieferte Gruppe mit dem vom X—O⁻-Baustein stammenden Sauerstoffatom.

Reaktionen mit γ_d-Angriff. Bei diesen Reaktionen tritt im Janus-Zwischenprodukt P_i als Träger der X-yl-Gruppe auf:

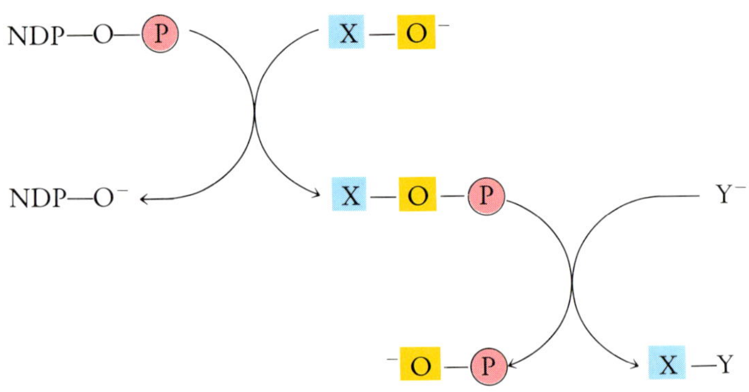

insgesamt: $NTP + X{-}O^- + Y^- \longrightarrow X{-}Y + NDP + P_i$

In vielen solchen Reaktionen ist der X—O⁻-Baustein eine Carbonsäure und das doppelgesichtige Zwischenprodukt das entsprechende Acylphosphat (als Acylgruppe bezeichnet man die Gruppe R—CO—):

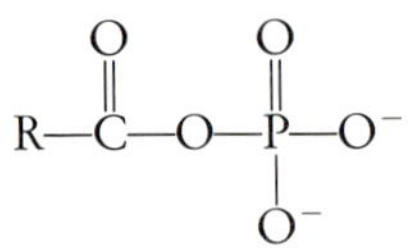

Derartige Verbindungen sind häufig instabil. Außerdem stellen sie wie viele Anhydride (Substanzen, die durch wasserabspaltende Kondensation aus zwei Säuren entstehen) energiereiche Verbindungen dar, deren Gruppenpotentiale dem der γ-Pyrophosphatbindung der NTPs vergleichbar sind (Pyrophosphat ist das Anhydrid zweier Phosphorsäuremoleküle). Dies wirkt sich jedoch nicht hinderlich aus, weil die Reaktionen von Ligasen katalysiert werden. Da normalerweise ATP als Energielieferant dient, bezeichnet man diese Enzyme als ADP-bildende Ligasen und unterscheidet sie damit von den AMP-bildenden Ligasen, die wir bei jenen Reaktionen kennenlernen werden, die die Energie der β-Bindung ausnutzen.

Häufig dient Ammoniak (NH_3) oder eine primäre Aminogruppe ($R{-}NH_2$) als endgültiger Akzeptor der aktivierten Acylgruppe. Die Amidbindung, die dadurch entsteht,

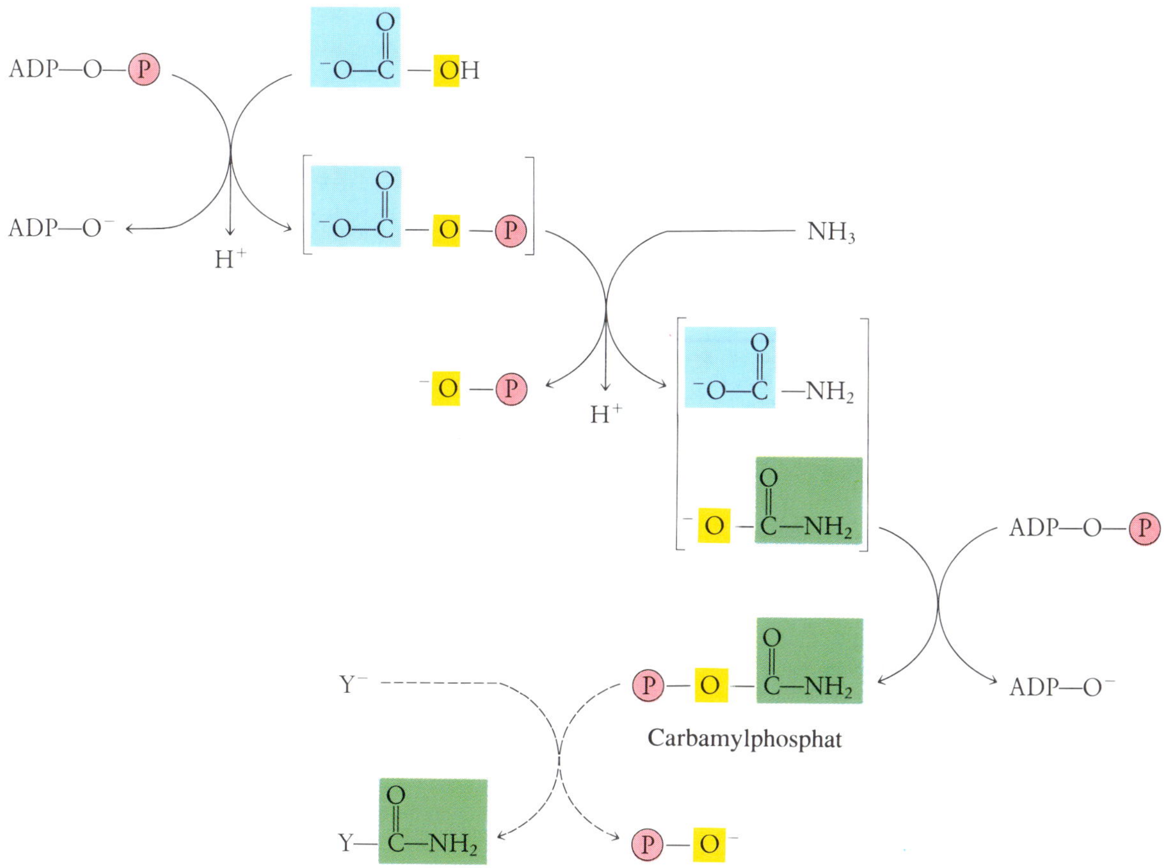

insgesamt: 2 ATP + Bicarbonat + Ammoniak + Y^- → Carbamyl—Y + 2 ADP + 2 P_i + 2 H^+

(—CO—NH—) hat eine relativ niedrige „physiologische" freie Energie der Hydrolyse, nämlich etwa zwischen −6 und −8 Kilokalorien pro Mol. Die Gesamtreaktion ist also ausgeprägt exergonisch und damit irreversibel. Beispiele für γ_d-abhängige, abgestimmte Zweischritt-Prozesse sind die Synthesen von Asparagin und Glutamin aus Asparagin- beziehungsweise Glutaminsäure (siehe Kapitel 2) sowie die des Tripeptids Glutathion aus Glutaminsäure, Cystein und Glycin. Auch die Carbaminsäurederivate (R—CO—NH_2), die als Zwischenprodukte bei der Synthese der Aminosäure Arginin, des Harnstoffs und der Pyrimidinbasen auftreten, werden so gebildet. Diese Reaktionen weisen jedoch gegenüber den erstgenannten einen interessanten Unterschied auf: Aktivierung und Zusammenlagerung sind hier von zwei unterschiedlichen Enzymen katalysiert und durch ein frei zirkulierendes Janus-Zwischenprodukt, das Carbamylphosphat, miteinander verbunden. Die thermodynamischen Hindernisse, die einem solchen Mechanismus entgegenstehen, werden durch einen fein abgestimmten Prozeß überwunden. Das Substrat des Aktivierungsschrittes, nämlich Carbamat, entsteht zunächst als enzymgebundenes Produkt einer Kondensation von Bicarbonat und Ammoniak − ebenfalls durch einen γ_d-Zweischritt-Mechanismus. Wir haben es also mit zwei aufeinanderfolgenden γ_d-Zweischritt-Prozessen zu tun. Die ersten drei Reaktionen dieser Kette werden von einem einzigen Enzym mit drei Funktionen katalysiert, der Carbamylphosphat-Synthetase; dabei entstehen zwei instabile, enzymgebundene Zwischenprodukte (die im Reaktionsschema auf der vorigen Seite in eckigen Klammern dargestellt sind): Carboxylphosphat, das Janus-Produkt der ersten Aktivierung, und Carbamat, das Produkt der ersten Zusammenlagerung und gleichzeitig das Substrat des zweiten Aktivierungsschritts. Der zweite Zusammenlagerungsschritt (gestrichelte Pfeile) wird von einem anderen Enzym katalysiert.

Um die energiearme Amidbindung im Carbamat und die energiereiche Bindung seines Anhydrids mit Phosphorsäure zu knüpfen, werden zwei γ-Bindungen oder 28 Kilokalorien pro Mol verbraucht; dem steht ein Gewinn von insgesamt etwa 20 bis 22 Kilokalorien pro Mol gegenüber. Der Gesamtprozeß ist stark exergonisch, weil im enzymgebundenen Carbamat die Energie erhalten bleibt. Das gleiche gilt für die anschließende Übertragung der Carbamylgruppe auf ihren Biosyntheseakzeptor, bei der sie von einem hohen auf ein niedriges Gruppenpotential herabfällt.

Manchmal stellt das Endprodukt X—Y einer γ_d-Zweischritt-Reaktion selbst eine energiereiche Verbindung dar – beispielsweise einen Thioester (den eine —CO—S-Bindung kennzeichnet). Dann ist der Gesamtprozeß frei reversibel und kann auch dazu dienen, durch die Spaltung der X—Y-Bindung aus NDP und P_i neues NTP herzustellen:

$$\mathrm{R{-}\overset{\displaystyle O}{\overset{\|}{C}}{-}S{-}R'} + \mathrm{NDP} + \mathrm{P_i} \rightleftharpoons \mathrm{R{-}\overset{\displaystyle O}{\overset{\|}{C}}{-}O^-} + \mathrm{R'{-}SH} + \mathrm{NTP}$$

Derartige Reaktionen spielen bei manchen Substratketten-Oxphos-Einheiten eine große Rolle; die Thioesterbindung entsteht dort durch die oxidative Kondensation des Thiols R′—SH mit einem Aldehyd (R—CH=O):

$$\mathrm{R{-}\overset{\displaystyle O}{\overset{\|}{C}}{-}H} + \mathrm{R'{-}SH} \rightleftharpoons \mathrm{R{-}\overset{\displaystyle O}{\overset{\|}{C}}{-}S{-}R'} + 2\ e^- + 2\ \mathrm{H^+}$$

Wenn wir beide Reaktionen zusammenfassen, sehen wir, daß der Aldehyd zur entsprechenden Säure oxidiert wird und, damit gekoppelt, ein NTP entsteht. Genau dasselbe geschieht in der Oxphos-Einheit der Glykolysekette (siehe Kapitel 7):

$$\mathrm{R{-}\overset{\displaystyle O}{\overset{\|}{C}}{-}H} + \mathrm{NDP} + \mathrm{P_i} \rightleftharpoons \mathrm{R{-}\overset{\displaystyle O}{\overset{\|}{C}}{-}O^-} + \mathrm{NTP} + 2\ e^- + 2\ \mathrm{H^+}$$

In anderen Substratketten-Oxphos-Einheiten ist das Substrat der Oxidation eine Alpha-Ketosäure, die sich in ähnlicher Weise oxidativ mit einem Thiol zu einem Thioester verknüpft; gleichzeitig wird dabei CO_2 abgespalten (Decarboxylierung):

$$\mathrm{R{-}\overset{\displaystyle O}{\overset{\|}{C}}{-}COO^-} + \mathrm{R'{-}SH} \rightleftharpoons \mathrm{R{-}\overset{\displaystyle O}{\overset{\|}{C}}{-}S{-}R'} + \mathrm{CO_2} + 2\ e^- + \mathrm{H^+}$$

In diesen Reaktionen wirkt das R′—SH-Thiol bei der Koppelung katalytisch. Thioester sind Zwischenprodukte ganz besonderer Art: Sie vermitteln zwischen elektronengekoppelter und gruppengekoppelter Energie und können auf Kosten der einen wie der anderen Energieform gebildet werden.

Reaktionen mit einem Pseudo-γ_p-Angriff. Bei der Synthese von Glykogen, jenem baumartig verzweigten Polymer aus Tausenden von Glucosemolekülen (siehe Kapitel 2 und 7), werden auf die Enden der wachsenden Zweige („endständiges Wachstum", siehe Seite 135) aktivierte Glucosyleinheiten übertragen. Als Trägermolekül dient dabei UDP:

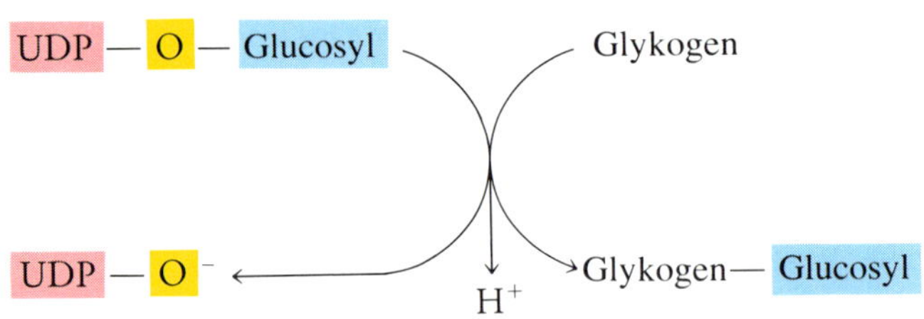

Diese Reaktion kann als Musterbeispiel für Saccharidsynthesen dienen, ob es sich nun um Disaccharide, um Oligosaccharid-Seitenketten von Glykoproteinen und Glykolipiden oder um Polysaccharide handelt. Stets erhält der Akzeptor das aktivierte Zuckermolekül von einem NDP, das je nach Art des Zuckers UDP, ADP, GDP oder CDP sein kann. Das Molekül gelangt entweder – wie bei der Glykogensynthese

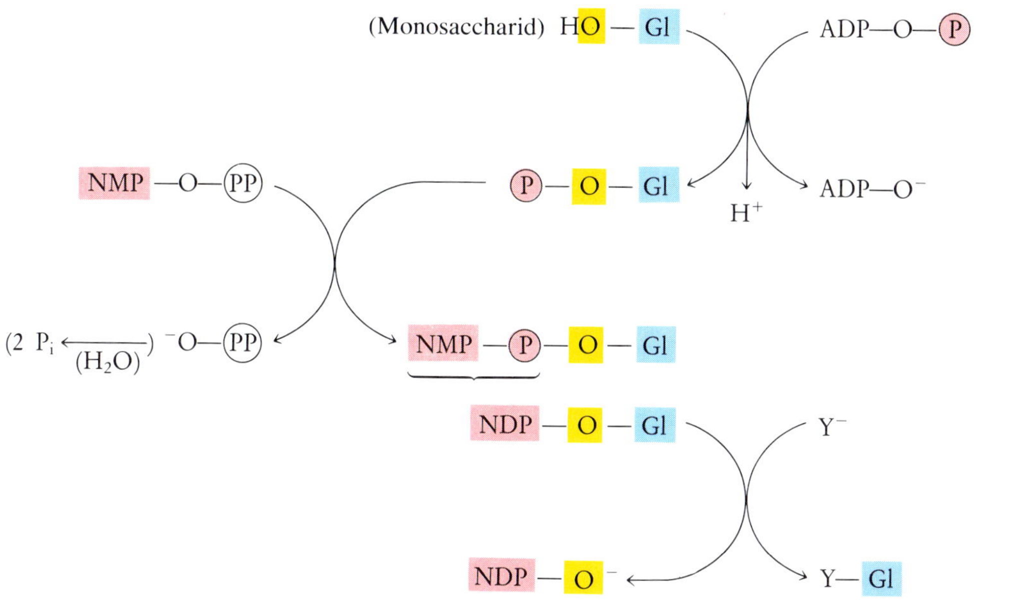

insgesamt: ATP + NTP + Monosaccharid + Y^- ⟶ Glykosyl—Y + ADP + NDP + PP_i (2 P_i)

– direkt auf den endgültigen Akzeptor der Biosynthese oder wird durch ein fettlösliches Trägermolekül, das Dolichol-mono- oder -diphosphat, übertragen, wie es bei einigen im ER stattfindenden Glykosylierungsreaktionen geschieht (siehe Kapitel 6). Die NDP-Träger dienen außerdem auch als „Haken", an denen die aktivierten Zuckerbausteine an andere Enzyme weitergereicht werden. So unterliegen an UDP gebundene Glucosemoleküle vielfältigen metabolischen Veränderungen.

Interessanterweise haben NDP-Zucker genau die Struktur, die man von einem Janus-Zwischenprodukt erwarten würde, das durch eine γ_p-Übertragung (Trans-NDP-ylierung) auf ein freies Zuckermolekül entsteht:

NTP + Zucker ⟶ NDP-Zucker + P_i

Die Natur wählt jedoch einen anderen Weg: NDP-Zucker werden durch einen β_p-Transfer mit Glykosylphosphat als Akzeptor hergestellt. Das Glykosylphosphat wiederum entsteht – direkt oder indirekt – durch eine γ_d-Transphosphorylierung von ATP, wie es in der Reaktionsfolge oben auf dieser Seite zu sehen ist.

Man beachte den „doppelt doppelgesichtigen" Charakter des Janus-Zwischenprodukts. Wenn es entsteht, besitzt es eine NMP-yl- und eine Glykosyl-phosphoryl-Seite. Im Zusammenlagerungsschritt verwandelt es sich in ein Molekül mit einer NDP-yl- und einer Glykosyl-Seite. Wegen der Hydrolyse von PP_i kostet jede Glykosidbindung (mit einer freien Energie von 6 bis 8 Kilokalorien pro Mol) zwei γ-Bindungen oder 28 Kilokalorien pro Mol – doppelt soviel wie bei einem einfachen Zweischritt-γ_p-Mechanismus. Warum dieser in der Evolution nicht gewählt worden ist, werden wir wohl nie erfahren. Vielleicht hat der Zufall ihm nie eine Chance gegeben. Oder er besitzt Nachteile, die wir nicht erkennen.

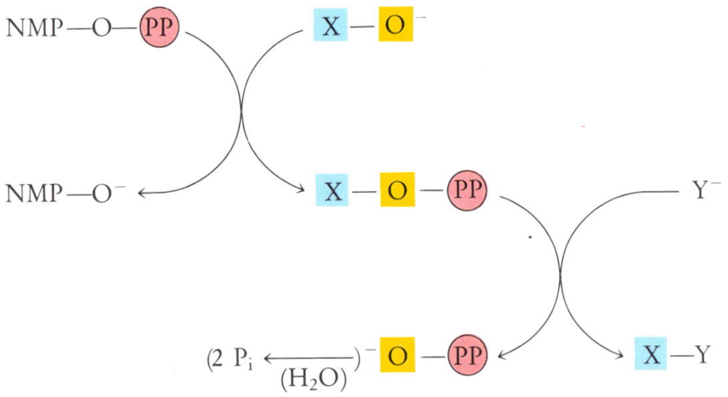

insgesamt: NTP + X—O^- + Y^- → X—Y + NMP + PP_i (2 P_i)

Reaktionen mit β_d-Angriff. Bei diesen sehr seltenen Reaktionen bildet Pyrophosphat den Träger der X-yl-Gruppe im Janus-Zwischenprodukt; das entsprechende Reaktionsschema ist oben dargestellt.

An Energie stehen für die Synthese von X—Y insgesamt 28 Kilokalorien pro Mol zur Verfügung. Man beachte aber, daß viel davon im doppelgesichtigen Zwischenprodukt erhalten bleibt und daß erst der Zusammenlagerungsschritt von der niedrigen PP_i-Konzentration profitiert, der durch die Pyrophosphatase-Aktivität aufrecht erhalten wird. Darin unterscheidet sich dieser Prozeß von β_p-Mechanismen (vergleiche das Schema auf Seite 136).

Der wichtigste X—O^--Baustein in β_d-Zweischritt-Reaktionen ist 5-Phosphoribose, jenes Molekül, das übrigbleibt, wenn man von einem Mononucleotid hydrolytisch die Purin- oder Pyrimidinbase abspaltet. Einige Mononucleotide lassen sich durch einen typischen β_d-Zweischritt-Mechanismus wiederherstellen, in dem Phosphoribosylpyrophosphat (PRPP) als Janus-Zwischenprodukt auftritt. Guanin beispielsweise wird so – wie unten auf dieser Seite gezeigt – mit 5-Phosphoribose zu GMP verbunden. Die Wiederverwertung freier Basen ist nicht die einzige Aufgabe des PRPP. Es kommt auch bei der Synthese der Aminosäuren Histidin und Tryptophan und des Purinrings als Zwischenprodukt vor.

Ein anderes bedeutendes Janus-Molekül mit der Struktur X—O—PP ist Isopentenylpyrophosphat, eine Vorstufe von zahlreichen wichtigen fettlöslichen Molekülen, darunter die elektronenübertragenden Chinone (siehe Kapitel 9 und 10), die Vitamine A, D, E und K, Sterine (Sterole) und Steroide, Carotinoide, Terpenoide, Latex (Kautschuk), ätherische Öle und viele andere Substanzen, die zur Klasse der sogenannten Isoprene gehören:

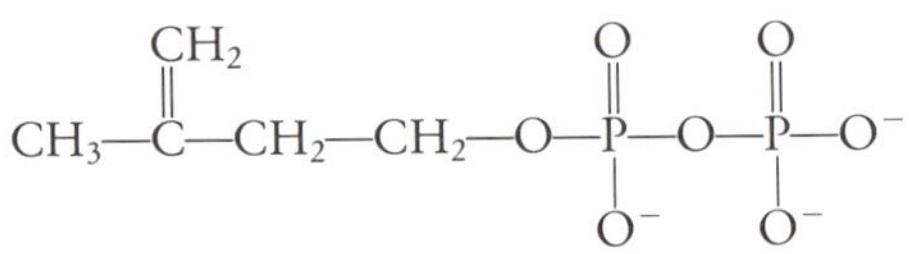

Isopentenylpyrophosphat

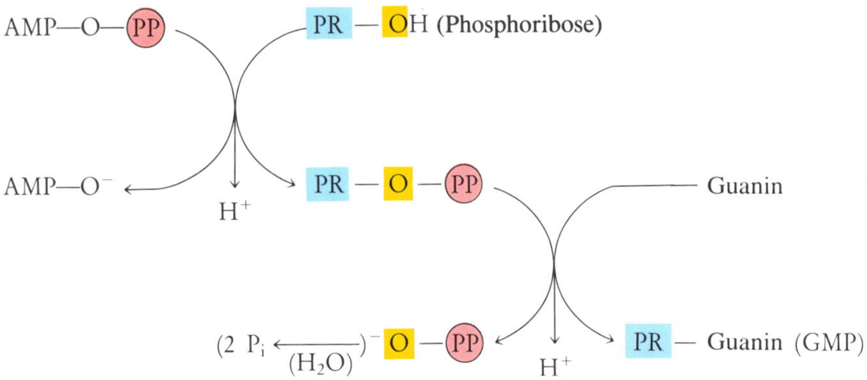

insgesamt: ATP + PR + Guanin → GMP + AMP + PP_i (2 P_i)

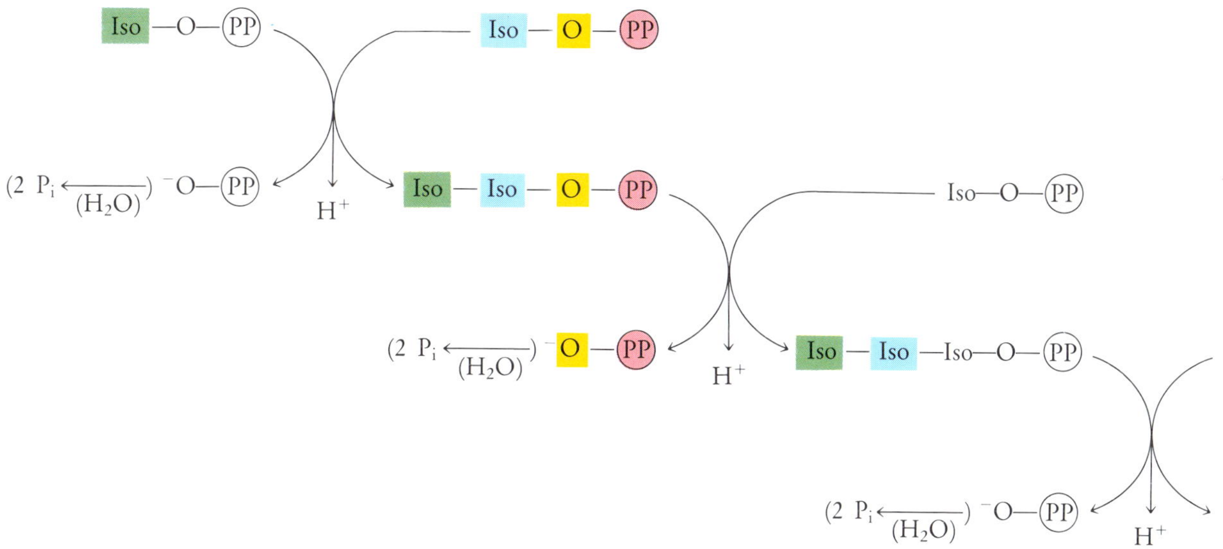

Diese wichtige Substanz entsteht nicht durch β_d-Pyrophosphoryltransfer, sondern durch einen komplizierten Mechanismus mit zwei γ_d-Phosphorylgruppenübertragungen. Wir haben es hier also mit einem Pseudo-β_d-Mechanismus zu tun. Er hat mit dem authentischen β_d-Mechanismus gemein, daß der Zusammenlagerungsschritt durch die Wirkung der Pyrophosphatase angetrieben wird, und verdient deshalb, hier besprochen zu werden.

Gewöhnlich lagern sich die aus fünf Kohlenstoffatomen bestehenden Grundeinheiten nach und nach – jeweils unter Freisetzung anorganischen Pyrophosphats – zu einer Kette zusammen. Bei jedem Übertragungsschritt dient das endständige Kohlenstoffatom des Isopentenylpyrophosphats als Akzeptor, auf den die wachsende Kette übertragen wird. Diese Reaktionsfolge ist oben schematisch dargestellt. Sie ist ein typisches Beispiel für Kettenverlängerungen durch ,,kopfseitiges Wachstum''. Hierhin gehören auch die Fettsäuresynthese (siehe Seite 141) und die Proteinsynthese (siehe Kapitel 15). Solche Mechanismen sind dadurch gekennzeichnet, daß das doppelgesichtige Produkt der Aktivierungsreaktion zunächst als Akzeptor für den bereits fertiggestellten Kettenabschnitt und anschließend als Gruppendonator dient. Beim endständigen Wachstum dagegen überträgt das Janus-Zwischenprodukt seine Gruppe sofort auf die wachsende Kette. Als Beispiel dafür haben wir die Polysaccharidsynthese kennengelernt.

Reaktionen mit β_p-Angriff. Dies ist wahrscheinlich der meistbenutzte Biosynthesemechanismus überhaupt. Er läuft – mit NMP—O—X als Janus-Zwischenprodukt – nach folgendem Schema ab:

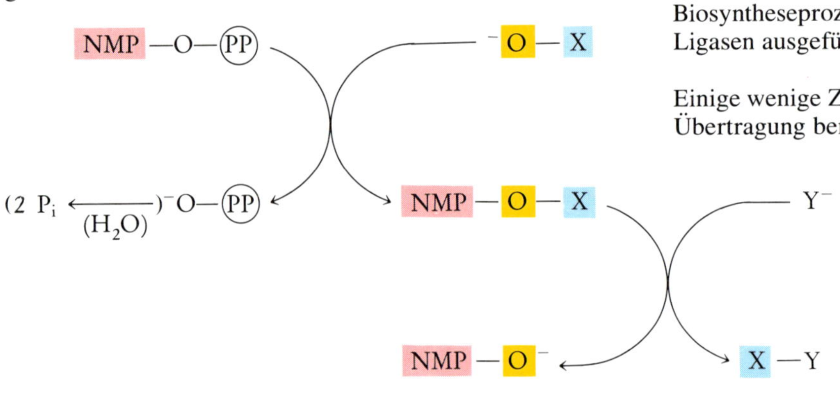

insgesamt: $NTP + X—O^- + Y^- \rightarrow X-Y + NMP + PP_i\ (2\ P_i)$

Der Vorteil dieses Mechanismus liegt darin, daß er die volle Energie der β-Bindung – bis zu 28 Kilokalorien pro Mol – für die Aktivierung nutzen kann. Die entstehenden Janus-Zwischenprodukte sind oft instabile Moleküle, die ans Enzym gebunden bleiben. Aktivierung und Zusammenlagerung werden von einer einzelnen Ligase katalysiert. Als Energiespender verwenden diese Enzyme ebenso ATP wie jene ADP-bildenden Ligasen, die ähnliche, wenn auch von der Spaltung der γ-Bindung angetriebene Reaktionsfolgen katalysieren (siehe oben). Ein wichtiges Enzym dieser Gruppe ist die DNA-Ligase, die entscheidend an der DNA-Synthese mitwirkt (siehe Kapitel 17). Auch viele andere Biosyntheseprozesse werden von solchen AMP-bildenden Ligasen ausgeführt.

Einige wenige Zweischritt-Reaktionen, die auf einer β_p-Übertragung beruhen, arbeiten mit zwei unterschiedlichen Enzymen. Die beiden Einzelschritte sind durch ein stabiles Janus-Zwischenprodukt verbunden, in dem die aktivierte X-yl-Gruppe von einem NMP-Träger transportiert wird. Wie wir uns vielleicht erinnern, entstehen so auch die NDP-Zucker; sie verhalten sich aber beim Zusammenlagerungsschritt anders. Dem normalen Schema folgende Janus-Zwischenprodukte dieser Klasse entstehen durch β_p-Übertragung zwischen CTP und verschiedenen phosphorylierten Bau-

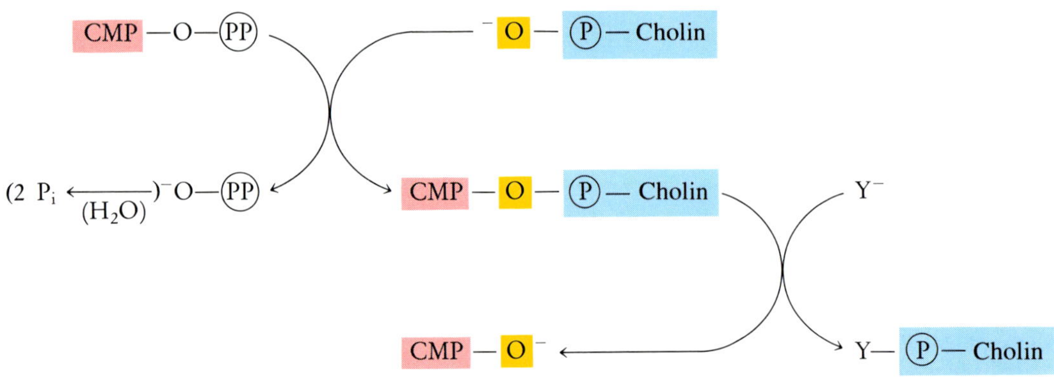

insgesamt: $CTP + \text{Phosphocholin} + Y^- \rightarrow Y—\text{Phosphocholin} + CMP + PP_i\ (2\ P_i)$

steinen, die wie Phosphatidsäure, Phosphocholin und Phosphoethanolamin für die Phospholipidsynthese verwendet werden. Diese Verbindungen haben die Struktur CDP—R und werden auch so genannt (CDP-Cholin beispielsweise). Anders als die NDP-Zucker treten sie im anschließenden Zusammenlagerungsschritt jedoch nicht als R-Donatoren auf, sondern verhalten sich weiter als Zwischenprodukte mit einer CMP-yl- und einer R-Phosphoryl-Seite, wie es auf Seite 136 unten dargestellt ist.

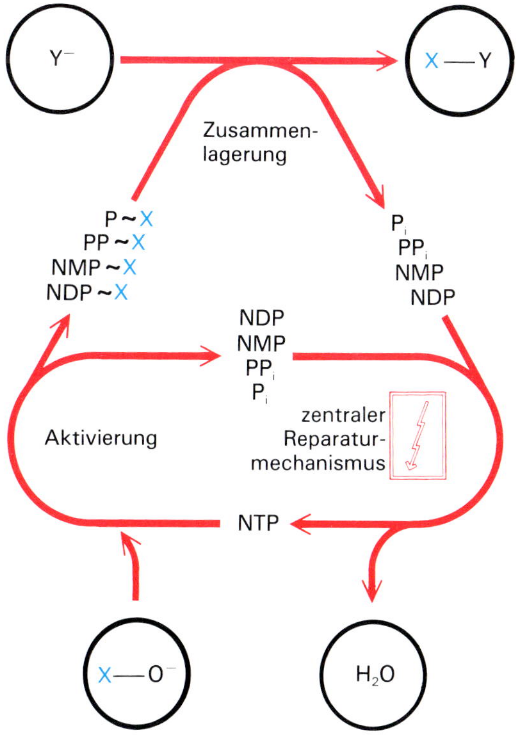

Zusammenfassung der Zweischritt-Biosynthesereaktionen. Ein sauerstoffhaltiger Baustein (X—O⁻) wird durch ein NTP zu einem Janus-Zwischenprodukt aktiviert, in dem er an eine Phosphoryl-, Pyrophosphoryl-, Nucleotidyl- oder eine Nucleosid-diphosphoryl-Gruppe (γ_d, β_d, β_p oder Pseudo-γ_p) gebunden ist. Nach der Übertragung des aktivierten Bausteins auf seinen Akzeptor werden die Überreste des verwendeten NTPs durch den zentralen Reparaturmechanismus wieder vereinigt.

Dreischritt-Prozesse. Reaktionen dieses Typs beginnen regelmäßig mit einem ligasekatalysierten Zweischritt-Mechanismus. Von den bereits beschriebenen Prozessen dieser Art unterscheiden sie sich dadurch, daß die aktivierte Gruppe nicht an einen Biosynthesebaustein, sondern an ein Trägermolekül angehängt wird. Die endgültige Montage erfolgt erst in einem dritten Schritt, in dem der Träger die Gruppe an ihren Biosyntheseakzeptor abgibt.

Reaktionen mit γ_d-Angriff. Zwei wichtige Gruppen-Trägermolekül-Komplexe werden nach dem allgemeinen Schema von γ_d-Zweischritt-Gruppenübertragungen von ADP-bildenden Ligasen zusammengesetzt. Einer davon ist das Carboxybiotin, das ganz ähnlich wie Carbamat gebildet wird, nämlich mit einem enzymgebundenen Carboxylphosphat als Janus-Zwischenprodukt. In verschiedenen Carboxylierungsreaktionen dient es dann als Donator einer aktivierten Carboxylgruppe. Das Schema unten zeigt die Reaktionsfolge.

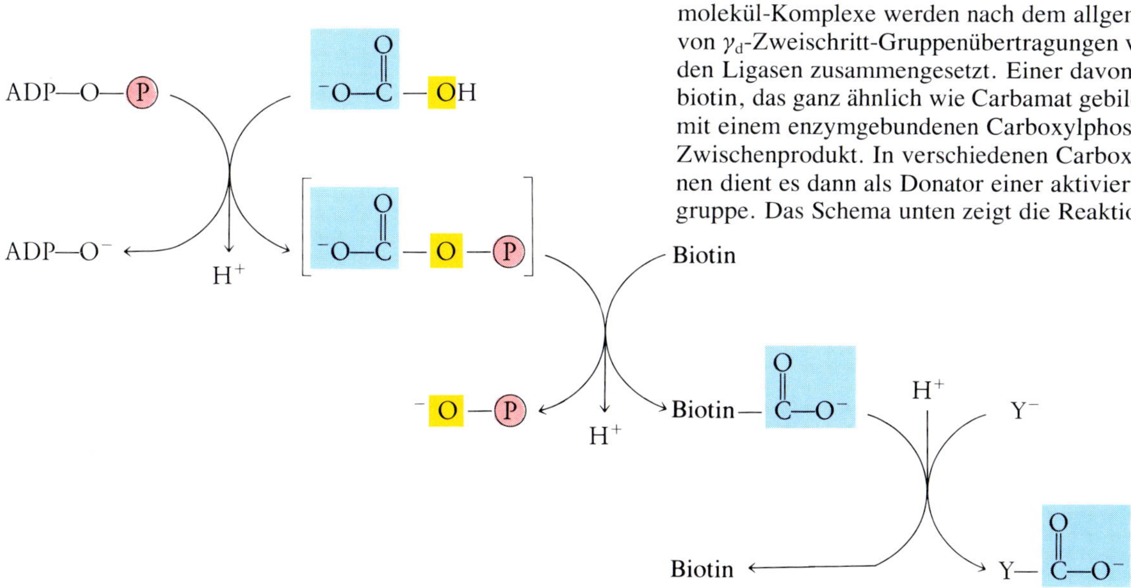

$$\text{insgesamt: ATP + Bicarbonat + Y}^- \rightarrow \text{Y—C(=O)—O}^- \text{ + ADP + P}_i$$

Das Biotin oder Vitamin H, das in dem Dreischritt-Prozeß als Katalysator wirkt, ist ein Molekül von historischem Interesse. Sein Name erinnert an eine denkwürdige frühe Entdekkung auf dem Gebiet der Ernährung durch Eugène Wildiers, einen belgischen Biochemiker. Wildiers hatte einen Wuchsfaktor für Hefezellen gefunden und war von der lebensspendenden Kraft dieses Faktors so beeindruckt, daß er ihn Bios nannte. Um an dieses Ereignis zu erinnern, wurde später einem Vitamin der Name Biotin gegeben. Es übt seine Trägerfunktion in einem Multienzymkomplex aus, der die Ligase und die Carboxylase enthält. Das an einen beweglichen Polypeptidarm gebundene Biotin ist dafür zuständig, zwischen den aktiven Zentren der beiden Enzyme die Carboxylgruppen zu übertragen.

In einem ähnlichen Dreischritt-Mechanismus, jedoch mit enzymgebundenem Formylphosphat als Janus-Zwischenprodukt, wird Formiat (das Salz der Ameisensäure, H—CO—O$^-$) an einen Träger namens Tetrahydrofolat (THF) gebunden. THF ist ein Derivat des Vitamins Folsäure (vom lateinischen *folium* für Blatt), das zu den geheimnisvollen Inhaltsstoffen von Popeyes Spinat zählt und für seine antianämischen (der Blutarmut entgegenwirkenden) Eigenschaften bekannt ist. THF überträgt die aktivierte Formylgruppe nicht nur auf verschiedene Formyltransferasen, sondern bietet sie auch etlichen modifizierenden Enzymen an, die sie in eine Methenyl- (—CH=), Methylen- (—CH_2—), Hydroxymethyl- (—CH_2—OH), Methyl- (—CH_3) oder Formiminogruppe (—CH=NH) umwandeln können. Jede dieser Gruppen nimmt an verschiedenen Übertragungsreaktionen teil. Wir haben es also mit einem sehr vielseitigen Coenzym zu tun, das als Überträger und als ,,Haken'' für die aktivierte Gruppe dient. Zu den vielen Substanzen, deren Bildung von THF abhängt, zählen die Aminosäure Methionin (siehe Seite 142), die Purinbasen und die Pyrimidinbase Thymin, die in der DNA vorkommt (siehe Kapitel 15).

Reaktionen mit β_p-Angriff. Zwei wichtige biologische Prozesse laufen nach diesem Mechanismus ab. Beide haben eine Carbonsäure (R—CO—O$^-$) als X—O$^-$-Baustein, benutzen ATP als Energielieferanten und stellen – mit Hilfe einer AMP-bildenden Ligase und über ein enzymgebundenes Acyl-AMP-Janus-Zwischenprodukt – einen stabilen, löslichen Acyl-Träger-Komplex her:

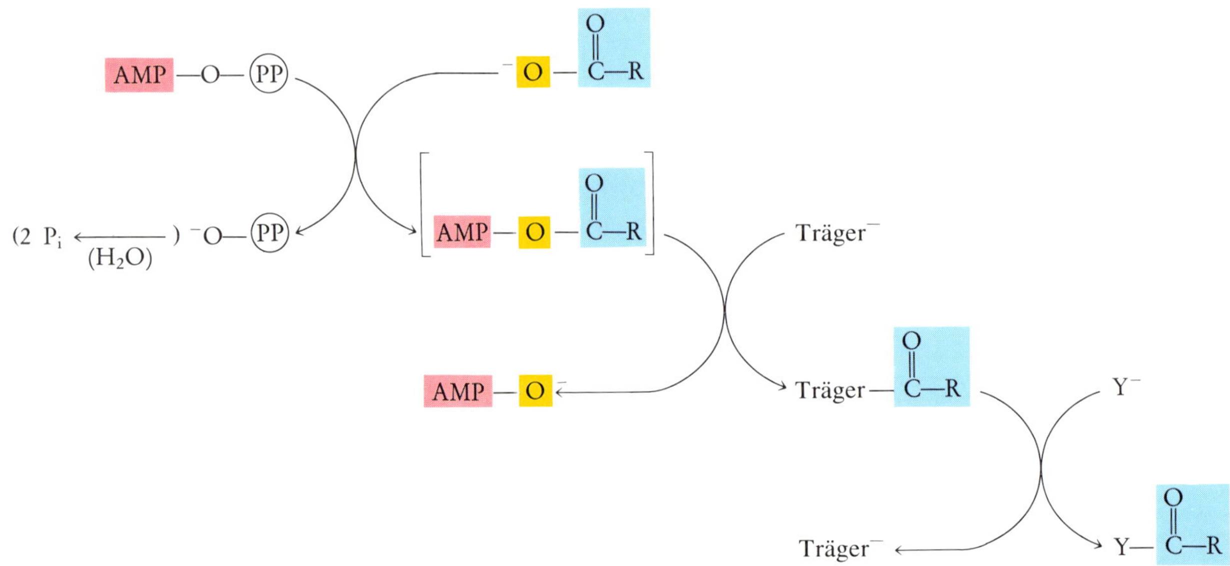

$$\text{insgesamt: ATP} + \text{R—}\overset{\overset{\displaystyle O}{\|}}{\text{C}}\text{—O}^- + \text{Y}^- \longrightarrow \text{Y—}\overset{\overset{\displaystyle O}{\|}}{\text{C}}\text{—R} + \text{AMP} + \text{PP}_i\ (2\ \text{P}_i)$$

Einer dieser Prozesse ist die Proteinsynthese, bei der die Aminosäuren als X—O$^-$-Bausteine und die entsprechenden Transfer-RNAs (tRNAs) als Träger dienen. Das gesamte Kapitel 15 wird diesem Vorgang gewidmet sein, so daß wir jetzt nicht weiter darauf eingehen werden. Wir wollen hier nur vorausschicken, daß Polypeptidketten „kopfseitig" wachsen (siehe Seite 135) und daß sich daher zwischen die beiden Zusammenlagerungsschritte des links wiedergegebenen Schemas noch ein weiterer Schritt schiebt, in dem der Träger—CO—R-Komplex (die Aminoacyl-tRNA) als Akzeptor der wachsenden Kette dient.

Der andere Biosyntheseprozeß, der nach dem Dreischritt-β_p-Mechanismus abläuft, nutzt verschiedene organische Säuren, etwa die in Lipiden enthaltenen Fettsäuren, als X—O$^-$-Bausteine und Coenzym A als Träger. Der Name dieses Coenzyms geht darauf zurück, daß es als Cofaktor von Acetylierungsreaktionen (also Übertragungen von Essigsäureresten) entdeckt wurde. Es ist ein Abkömmling des Vitamins Pantothensäure, einer universell verbreiteten Substanz (*pantothen* bedeutet auf griechisch „überall"), die eine Zeitlang eine zweifelhafte Publizität als Haarwuchsmittel genoß, weil Pantothensäuremangel bei Ratten vorzeitig zu grauen Haaren führt. Coenzym A ist ein kompliziert aufgebautes Molekül, das neben Pantothensäure noch mehrere andere Bestandteile, etwa AMP, enthält. Es besitzt an einem Ende eine reaktionsfreudige Thiolgruppe (—SH) und wird deshalb als CoA—SH abgekürzt. Acyl-CoA-Komplexe sind Thioester, also – wie wir gesehen haben – energiereiche Verbindungen mit „physiologischen" Gruppenpotentialen von ungefähr −14 Kilokalorien pro Mol. Trotzdem ist ihre Bildung stark exergonisch, da dafür 28 Kilokalorien pro Mol verbraucht werden.

Die wichtigsten Y—H-Akzeptoren für die von Coenzym A übertragenen Acylgruppen sind Alkohole:

$$\mathrm{CoA{-}S{-}\overset{\overset{\large O}{\|}}{C}{-}R + R'{-}OH \longrightarrow R'{-}O{-}\overset{\overset{\large O}{\|}}{C}{-}R + CoA{-}SH}$$

Die entstehenden Ester sind energiearm, so daß diese Übertragungsreaktion praktisch irreversibel ist. Zu den vielen so synthetisierten Molekülen zählen der Neurotransmitter Acetylcholin (Essigsäure plus Cholin; siehe Kapitel 13) und die verschiedenen Ester aus Fettsäuren und Glycerin, die in Neutralfetten und Phospholipiden vorkommen. Coenzym A ist außerdem an zahlreichen anderen überaus wichtigen Reaktionen beteiligt: Es überträgt aktivierte Acylgruppen, hält sie bei metabolischen Umwandlungen fest, und wirkt auch bei manchen Substratketten-Oxphos-Einheiten mit. (Man erinnere sich, welche Bedeutung Thioesterbindungen für deren Wirkungsweise besitzen.) Coenzym A ist ein Schlüsselelement der Zellmaschinerie.

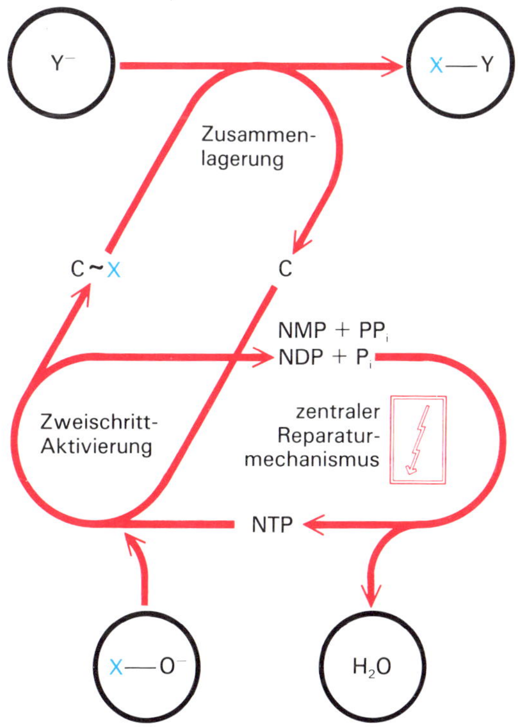

Zusammenfassung der Dreischritt-Biosynthesereaktionen. Ein Zweischritt-Mechanismus (siehe das Schema auf Seite 137) dient dazu, den aktivierten Baustein an einen Träger C zu binden, der ihn dann auf den endgültigen Akzeptor überträgt.

Ausnahmen bestätigen die Regel. Proteine, Nucleinsäuren, Neutralfette, Phospholipide, Polysaccharide, Steroide, Terpenoide, Nucleotide, Coenzyme, Aminosäuren, Purine, Pyrimidine: Die Liste der Substanzen, denen wir auf unserem kurzen Ausflug begegnet sind, liest sich wie ein biochemisches *Who's Who*. Offenbar fügt sich sehr viel in unser einfaches Schema ein. Es sollte niemanden überraschen, daß nicht alles hineinpaßt. Einige der Ausnahmen sind erwähnenswert.

Zunächst gibt es Übertragungsprozesse, die nicht auf einem direkten nucleophilen Angriff beruhen. Dazu gehören Transaminierungen und Transthiolierungen, bei denen echte Gruppenaustausche stattfinden. Weiterhin existieren mehrere Reaktionen, in denen die neu entstehende Bindung eine höhere freie Energie der Hydrolyse aufweist als die während der Biosynthese verbrauchte NTP-Bindung. Es ist interessant zu sehen, wo diese zusätzliche Energie herkommt, beziehungsweise, wie sie angeliefert wird. Erwartungsgemäß dient auch hier fast ausnahmslos die ATP-Hydrolyse als Energiequelle. Was die Mechanismen betrifft, so laufen die Reaktionen entweder über eine ,,Stärkung des Donators'' oder über eine ,,Stärkung des Akzeptors''.

Ein Beispiel für den ersten Typ ist die Sulfurylierung, eine Reaktion, durch die aus anorganischem Sulfat die Sulfatestergruppen der schwefelhaltigen Mucopolysaccharide und Sulfolipide gebildet werden. Eingeleitet wird sie durch eine typische β_p-Attacke von Sulfat auf ATP, aus der ein januskӧpfiges, frei lösliches Adenylylsulfat hervorgeht. Dieses Anhydrid besitzt jedoch – bei der in lebenden Zellen meist sehr niedrigen Konzentration an anorganischem Sulfat – eine überaus hohe freie Energie der Hydrolyse; selbst die ganze Kraft der 28 Kilokalorien pro Mol, die bei der Spaltung der β-Bindung von ATP frei werden, reicht nicht aus, um die Konzentration des Adenylylsulfats soweit anzuheben, daß es genügend schnell zu entfernten Syntheseorten diffundieren könnte. Daher kann es auch nicht als Donator der

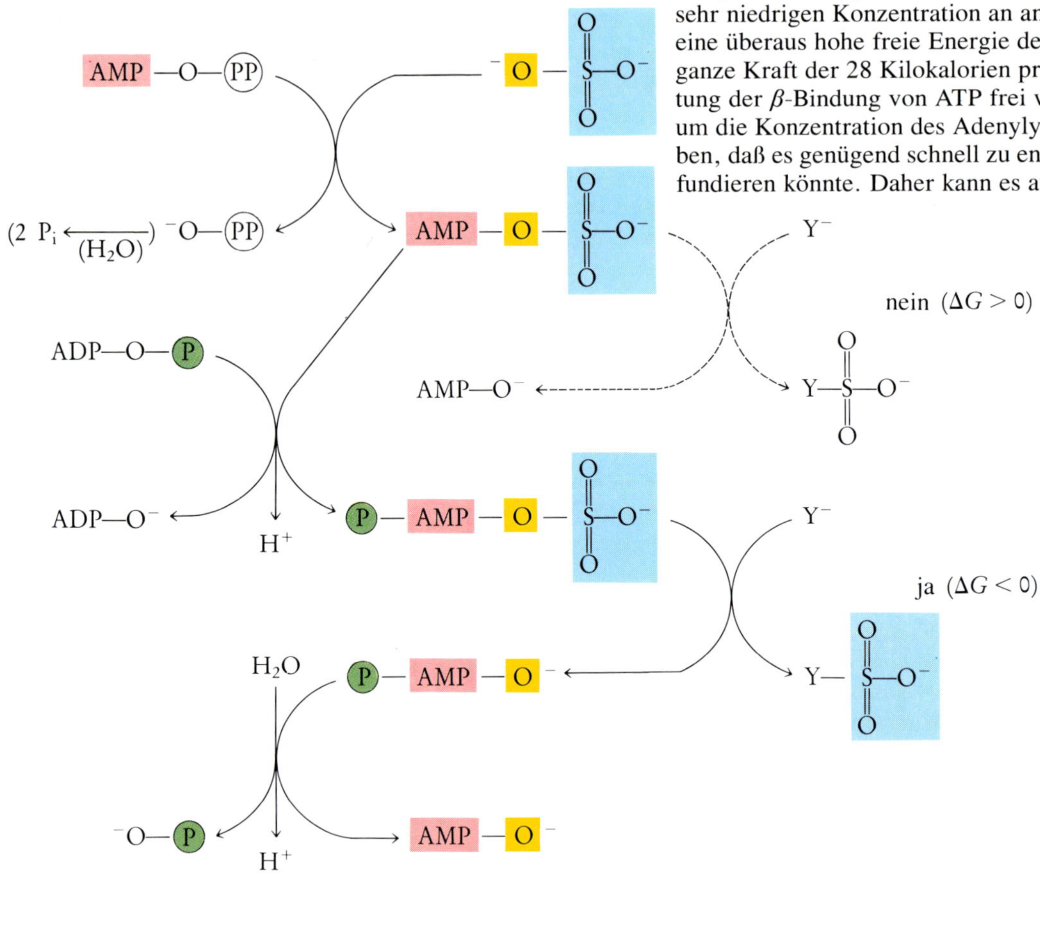

Sulfurylgruppe dienen (im Schema auf der vorigen Seite durch gestrichelte Pfeile angedeutet). Die Natur löst dieses Problem durch die Phosphorylierung der 3′-Hydroxylgruppe des Adenylylsulfats, eine Reaktion, die so stark exergonisch ist, daß die Konzentration des phosphorylierten Produkts die des Substrats um mindestens vier Zehnerpotenzen übersteigt. Das entstehende 3′-Phospho-adenylylsulfat kann nun Transportaufgaben erfüllen und in verschiedenen Synthesereaktionen als Sulfurylgruppendonator dienen. Wenn es seine Pflicht erfüllt hat, wird die 3′-Phosphatgruppe vom AMP abgespalten. Aufsummiert ergibt sich folgende Reaktion:

$$2\ ATP + SO_4^{2-} + Y^- \longrightarrow Y{-}SO_3^- + AMP + ADP + PP_i\ (2\ P_i) + P_i$$

Die Energiekosten belaufen sich demnach auf insgesamt 42 Kilokalorien pro Mol.

Beispiele für eine Stärkung des Akzeptors kommen in der Synthese der Fettsäuren und des Porphyrinringes sowie in einigen Aminierungsreaktionen vor. Jedesmal wird der Akzeptor vor der abschließenden Zusammenlagerungsreaktion mit einer Carboxyl- (—CO—O$^-$) oder Acylgruppe (—CO—R) ausgestattet, die bei der Endmontage wieder abfällt, wie es das Schema rechts oben zeigt; dadurch kommt die freie Energie der Decarboxylierung oder Deacylierung noch zu dem Potential der übertragenen Gruppe hinzu, um die Kosten der neuen Bindung zu decken.

Bei der Fettsäuresynthese ist der Donator ein Trägerprotein (ACP, vom englischen *acyl carrier protein*) mit der daran gebundenen, wachsenden Acylkette; als aktive Gruppe enthält das ACP ein Stück des Coenzyms A. Als Akzeptor dient Malonyl-ACP, das sich vom Malonyl-CoA ableitet, welches wiederum eine durch Carboxylierung (über einen biotinabhängigen γ_d-Mechanismus, siehe oben) aktivierte Form des Acetyl-CoA darstellt. Das Reaktionsschema ist rechts wiedergegeben.

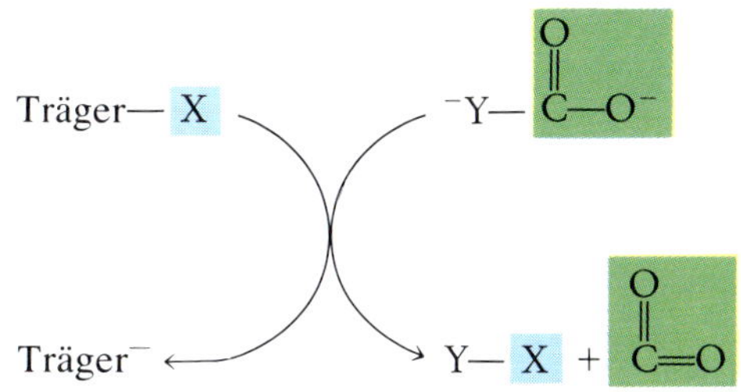

oder:

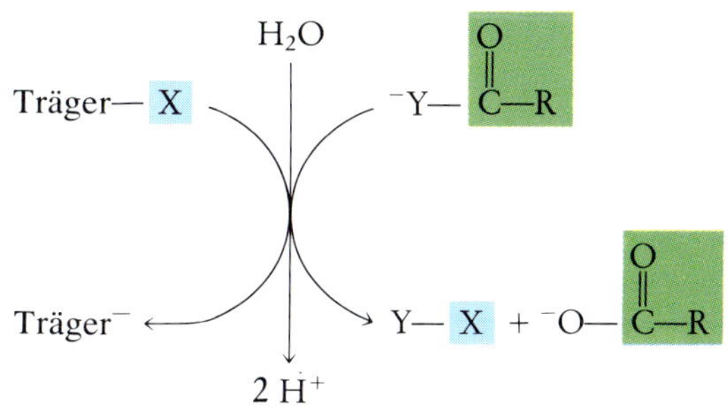

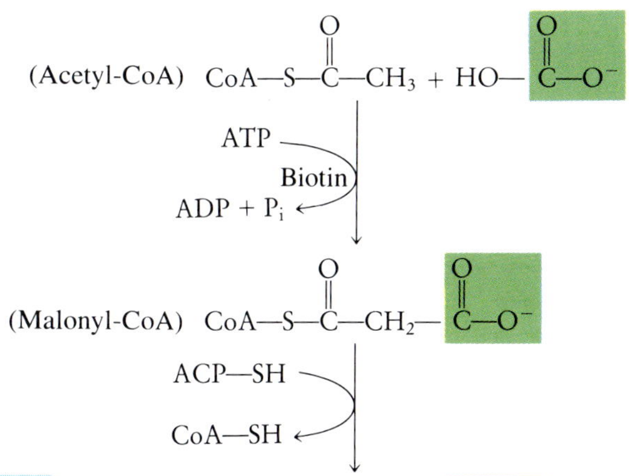

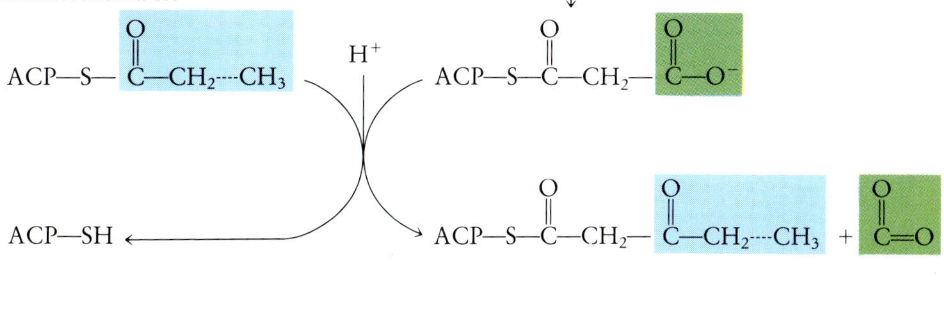

Man beachte, daß das Endprodukt der Zusammenlagerung (ein gegenüber dem Acyl-ACP-Donator um zwei Kohlenstoffatome verlängertes β-Keto-acyl-ACP) genau dem entspricht, was man bei einer direkten Übertragung der Acylgruppe auf Acetyl-ACP erhalten würde. Eine solche Reaktion kann jedoch unter normalen Umständen nicht stattfinden, weil das Potential der übertragenen Acylgruppe in dem β-Keto-acyl-Produkt wesentlich höher liegt als in dem Thioesterdonator. In lebenden Zellen kommt diese Reaktion (mit Coenzym A als Träger) zwar vor, aber nur in der Gegenrichtung als Teil des Fettsäureabbaus (Thiolyse des β-Keto-acyl-CoA-Derivats durch Coenzym A). Dadurch, daß der Acetyl-ACP-Akzeptor mit Mehrkosten von 14 Kilokalorien pro Mol carboxyliert wird, stattet ihn die Zelle mit 6 bis 8 Kilokalorien pro Mol zusätzlicher Energie aus, die genügen, um die Reaktion in die Richtung der Zusammenlagerung zu treiben. Man erkennt außerdem, daß in der Reaktionsfolge eine wachsende Kette an einen Baustein mit zwei Kohlenstoffatomen angehängt wird. Nach der Reduktion der β-Keto-Gruppe wiederholt sich dieser Vorgang und wechselt so oft mit den Reduktionsschritten ab, bis die Kette vollendet ist. Die Fettsäuresynthese ist ein weiteres Beispiel für kopfseitiges Wachstum.

Einen analogen Schritt gibt es bei der Bildung des Porphyrinringes, der in so wichtigen Molekülen wie dem Hämoglobin, den Cytochromen (siehe Kapitel 9) und den Chlorophyllen (siehe Kapitel 10) vorkommt. Hier ist der Donator Succinyl-CoA und der Akzeptor die Aminosäure Glycin, die sich in dieser Reaktion wie ein durch Carboxylierung aktiviertes Methylamin ($CH_3—NH_3^+$) verhält, wie man im Schema oben auf der nächsten Seite sieht. Das Produkt ist δ-Aminolevulinsäure, eine Vorstufe des Porphyrinringes.

In Aminierungsreaktionen (Einbau von NH_2-Gruppen), die sich wegen der niedrigen Ammoniakkonzentrationen in der Zelle fast immer als thermodynamisch ungünstig erweisen, wird Ammoniak als Akzeptor durch Glutamin (das Amid der Glutaminsäure) ersetzt, das, wie wir früher gesehen haben (Seite 131), durch einen typischen γ_d-Zweischritt-Prozeß entsteht. In diesen Aminierungsreaktionen wirkt das Glutamin wie ein durch Acylierung mit Glutaminsäure aktiviertes Ammoniakmolekül (siehe nächste Seite Mitte).

Bei einigen Aminierungsreaktionen tritt Asparaginsäure als aktivierte Form des Ammoniaks auf; der Reaktionsmechanismus unterscheidet sich von dem hier beschriebenen.

Um unseren Abstecher zu den biosynthetischen Sonderfällen zu beschließen, wollen wir noch den wichtigsten jener sehr seltenen Prozesse betrachten, die auf einem α_p-Angriff auf ATP beruhen (Transadenosylierungen). Angreifer ist die Aminosäure Methionin, die sich durch eine Thiomethylgruppe ($—S—CH_3$) auszeichnet. Ausnahmsweise greift aber in diesem Fall nicht ein Sauerstoffatom, sondern ein Schwefelatom an. Außerdem wird bei der anschließenden Zusammenlagerungsreaktion nicht das ganze aktivierte Molekül, sondern nur die endständige Methylgruppe übertragen. Diese kann leicht abgegeben werden, weil das Schwefelatom durch die Adenosylierung eine positive Ladung erhält. Das andere Produkt des α_p-Angriffs, anorganisches Triphosphat, tritt als solches nicht auf, sondern zerfällt durch Hydrolyse in anorganisches Phosphat und in Pyrophosphat, das wiederum von Pyrophosphatasen gespalten wird (siehe nächste Seite unten).

Dieser Prozeß ist für viele wichtige Methylierungsreaktionen verantwortlich, darunter auch die, welche die Nucleinsäuren betreffen (siehe Kapitel 16 bis 18). Wie man sieht, handelt es sich um ein sehr teures Geschäft, das volle 35 Kilokalorien pro Mol verbraucht. Und es beginnt noch nicht einmal ganz unten, also mit Methanol (CH_3OH) als Baustein, sondern setzt Methionin als Methylgruppendonator ein. Das Methionin selbst kann aus Homocystein wieder hergestellt werden, wobei Methyltetrahydrofolat als Methyldonator dient:

$$\text{Homocystein} + \text{THF}-CH_3 \rightarrow \text{Methionin} + \text{THF}$$

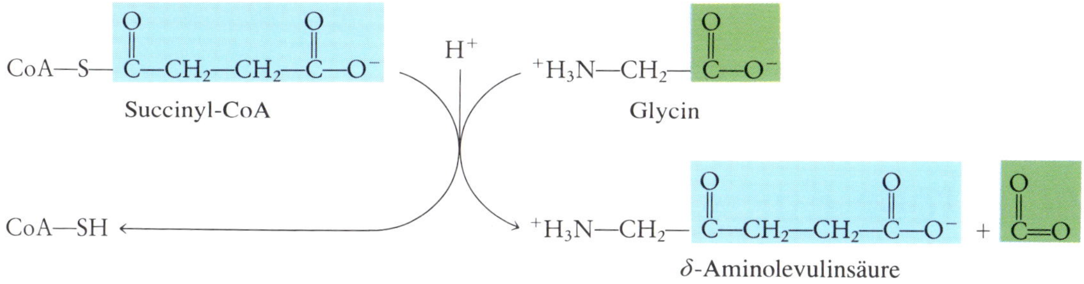
Succinyl-CoA
Glycin
CoA—SH
δ-Aminolevulinsäure

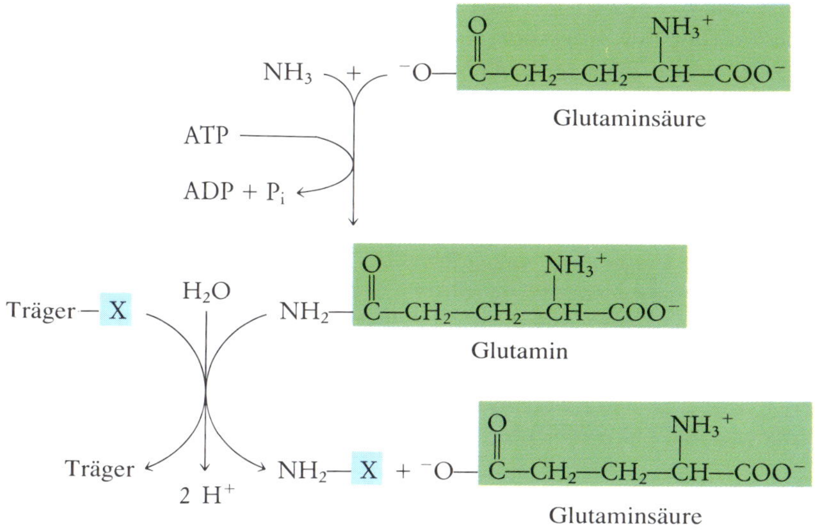
Glutaminsäure
ATP
ADP + Pi
Träger — X
Glutamin
Träger
2 H+
Glutaminsäure

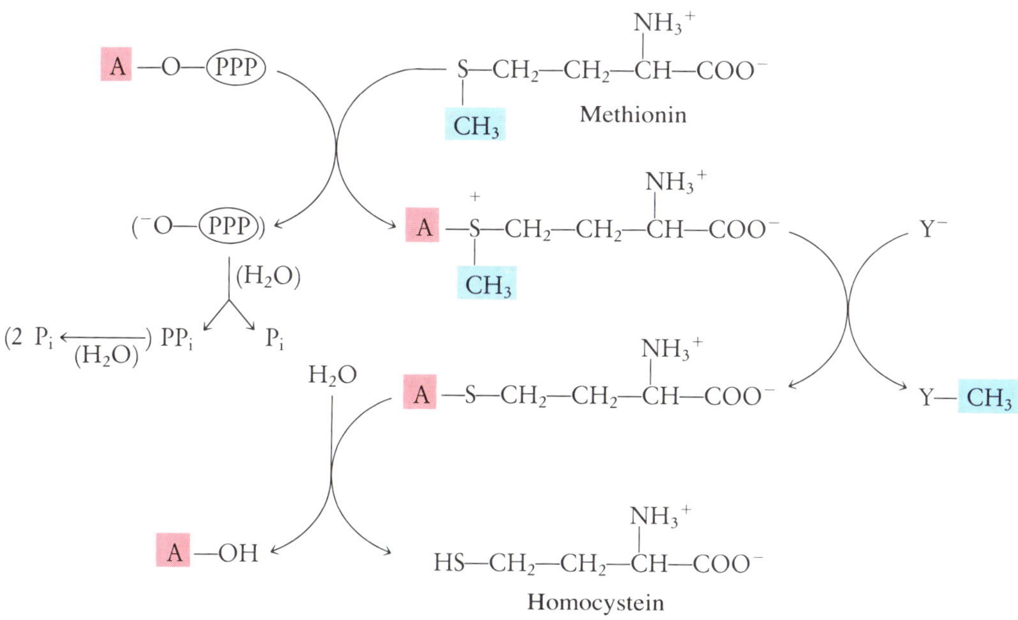
Methionin
Y−
Y— CH3
Homocystein

Kapitel 9

Die Mitochondrien: Atmung und aerobe Energiegewinnung

Luft ist für uns und die meisten anderen Organismen so wichtig, daß wir uns ein Leben ohne sie kaum vorstellen können. Doch wie in Kapitel 7 bereits erwähnt, begann das Leben in einer vermutlich fast sauerstofflosen Welt, und es hat sich jahrmillionenlang prächtig darin entfaltet. Erst nachdem vor etwa drei Milliarden Jahren ein fortschrittlicher Photosynthesemechanismus entwickelt worden war (siehe Kapitel 10), trat Sauerstoff in nennenswerten Mengen in der Atmosphäre auf und reicherte sich allmählich bis zu der heutigen Konzentration von 20 Prozent an.

Anfangs muß der Sauerstoff eine ernste Bedrohung für das Leben bedeutet haben, und wahrscheinlich sind damals zahlreiche Arten ausgestorben, die den streng anaeroben Organismen von heute ähnelten. Molekularer Sauerstoff kann nämlich auf verschiedene Weise mit reduzierenden biologischen Molekülen reagieren und dabei so hochgiftige Produkte wie das Superoxid-Ion O_2^- oder Wasserstoffperoxid H_2O_2 hervorbringen. Von den Organismen, die nicht in irgendeiner sauerstofflosen Nische Zuflucht fanden, überlebten nur jene, die schützende Enzyme wie Superoxid-Dismutase und Katalase (siehe Kapitel 11) entwickelt hatten. Einige gingen noch weiter: Indem sie ihre ATP-bildenden Oxphos-Einheiten an Sauerstoff als endgültigen Elektronenakzeptor anpaßten, gelang es ihnen, den Feind zu zähmen und sogar zum größten Verbündeten des Lebens zu machen. Ihre Nachfolger besiedeln heute fast die ganze Welt.

Die Zähmung des Sauerstoffs

Nach allem, was wir über aerobe Bakterien wissen, muß sich die Anpassung an den Sauerstoff schrittweise vollzogen haben. Sie gipfelte in einer der größten Errungenschaften der Natur, der phosphorylierenden Atmungskette: einer Folge von 15 oder mehr Elektronenüberträgern, die die gesamte Potentialdifferenz zwischen NADH und Sauerstoff (immerhin 1070 Millivolt) überspannen und dabei bis zu drei hintereinandergeschaltete Oxphos-Einheiten versorgen. Wir finden ein solches Elektronentransportsystem in der Plasmamembran einiger heute lebender Bakterien, und es ist zu vermuten, daß sie es von jenen entfernten Vorfahren geerbt haben, die es vor weit über einer Milliarde Jahren als erste erwarben. Praktisch dasselbe System kommt in der inneren der beiden Membranen vor, die die Mitochondrien umgeben. Mitochondrien sind jene klar abgegrenzten, etwa bakteriengroßen Körper, die man in nahezu allen eukaryontischen – tierischen wie pflanzlichen – Zellen zahlreich im Cytoplasma liegen sieht. Sie bilden die Hauptzentren der Atmung und der oxidativen Energiegewinnung. Wenn das bakterielle und das mitochondriale System tatsächlich miteinander zusammenhängen – was sehr wahrscheinlich ist –, lassen sich faszinierende Spekulationen anstellen.

In der populärsten Version dieses Dramas spielt ein primitiver Phagocyt die Hauptrolle, also eine jener hypothetischen, Bakterien verschlingenden Riesenzellen, in denen man das Bindeglied zwischen Prokaryonten und Eukaryonten sieht (siehe Kapitel 6). Eines Tages – so die Geschichte – nahm der gefräßige Phagocyt einige aerobe Bakterien auf, die er nicht töten und als Nahrung abbauen konnte. Die Bakterien ihrerseits brachten auch ihren Fänger nicht um, wie es viele pathogene Mikroorganismen tun, die von der Zelle nicht zerstört werden. Stattdessen gingen sie eine dauerhafte symbiontische Beziehung mit dem Phagocyten ein, die für beide Seiten vorteilhaft war. Ihre Nachkommen haben bis heute überlebt – in Form der Mitochondrien in eukaryontischen Zellen. Obwohl sie voll in ihre Wirtszellen integriert sind, was nach mehr als einer Milliarde Jahren des Zusammenlebens nicht überrascht, besitzen diese Organellen immer noch Reste eines für Bakterien typischen genetischen Systems und einige andere Spuren ihrer Herkunft. Im nächsten Kapitel werden wir sehen, daß die Chloroplasten der Pflanzenzellen vielleicht in gleicher Weise aus symbiontischen photosynthetischen Bakterien entstanden sind.

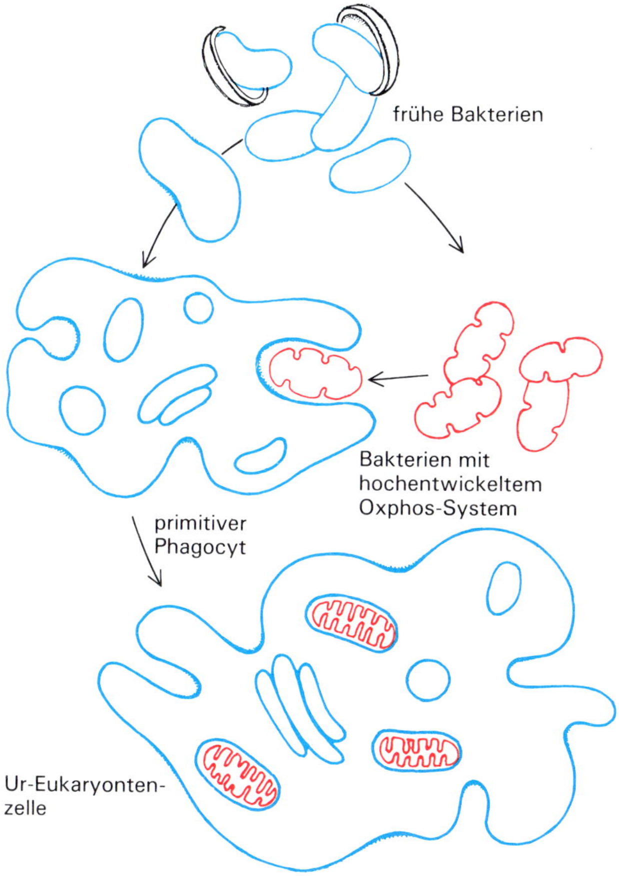

Nach der Endosymbionten-Hypothese über den Ursprung der Mitochondrien hat ein primitiver Phagocyt (siehe Kapitel 6) irgendwann einmal aerobe Bakterien eingeschlossen, die in ihrer Plasmamembran ein leistungsfähiges System der oxidativen Phosphorylierung besaßen. Diese Bakterien waren – durch Anpassung an die zunehmende Sauerstoffkonzentration – aus Photosynthese treibenden Vorfahren entstanden (siehe Kapitel 10). Nachdem der Phagocyt sie als Symbionten „adoptiert" hatte, entwickelten sie sich zu den Mitochondrien einer primitiven Eukaryontenzelle, die als Stammform aller tierischen und pflanzlichen Zellen anzusehen ist.

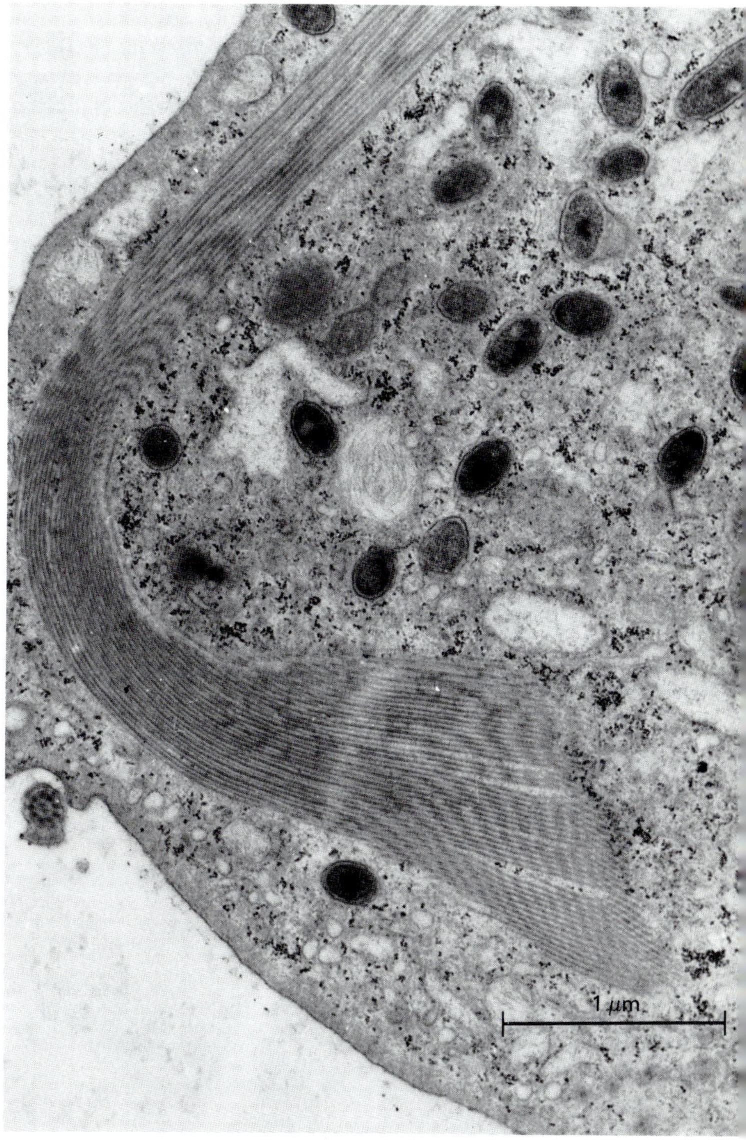

Diese elektronenmikroskopische Aufnahme zeigt Bakterien, die als Endosymbionten im Zellplasma des Einzellers *Pyrsonympha* leben, der selbst wiederum als Symbiont im Enddarm der Termite *Reticulitermes* vorkommt.

Vieles spricht für diese Endosymbionten-Hypothese, nicht zuletzt manche der phylogenetischen Stammbäume, die man aus molekularen Sequenzanalysen abgeleitet hat (siehe Kapitel 18). Doch Wissenschaftler sind eine mißtrauische Gesellschaft, besonders dann, wenn es darum geht, weit zurückliegende Ereignisse zu rekonstruieren. Einige halten es ebensogut für möglich, daß Mitochondrien aus Einfaltungen der Plasmamembran eines vergrößerten aeroben Bakteriums hervorgegangen sind – ähnlich, wie man es für das Vakuom annimmt (siehe Kapitel 6), nur mit einer andersartigen Differenzierung: Die abgeschnürten Vesikel hätten die phosphorylierende Atmungskette ins Zellinnere gebracht. Es gibt auch noch andere Möglichkeiten. So könnte man sich vorstellen, daß sich das bakterielle und das mitochondriale System tatsächlich unabhängig voneinander – in einer Art konvergenter (also ,,aufeinander zu laufender'') Evolution – entwickelt haben.

Es ist nicht Sache des Reiseleiters, eine Frage zu beantworten, die unter Fachleuten noch umstritten ist. Dennoch wollen wir – für all jene, die dem romantischen Reiz der Endosymbionten-Hypothese erlegen sind – auf einige der Eigenschaften von Mitochondrien (und Chloroplasten) eingehen, die für deren bakterielle Abstammung sprechen.

Modell eines einzigen riesigen Mitochondrions einer Hefezelle. Es wurde anhand von Serienschnitten rekonstruiert.

Liegende. Von Henry Moore.

Einige anatomische Details

Der Begriff Mitochondrion leitet sich von den griechischen Wörtern *mitos* für Faden und *chondros* für Korn ab und spielt auf die fädige Gestalt an, die die Mitochondrien in manchen Zellen haben. Andere Zellen besitzen stabartige, eiförmige oder fast kugelige Mitochondrien. Bisweilen sind sie zu bizarren kettenartigen Gebilden vereinigt, die, wie manche vermuten, vielleicht die gesamte Mitochondrienpopulation einer Zelle umfassen. Sie bilden dann seltsam gekrümmte, offene Strukturen, die der Bildhauer Henry Moore entworfen haben könnte. Auch die Größe der Mitochondrien ist unterschiedlich; was zelluläre Dimensionen betrifft, können sie aber mit einem Mikrometer oder mehr als ziemlich groß gelten. Wenn man diese Zahl mit einer Million multipliziert, erreicht man schon fast die Größe eines Menschen. Mit etwas Glück passen wir vielleicht gerade in ein Mitochondrion hinein, wenn wir unser Untersuchungsobjekt geschickt auswählen; Schmeißfliegen beispielsweise haben in ihren Flugmuskeln besonders geräumige Mitochondrien.

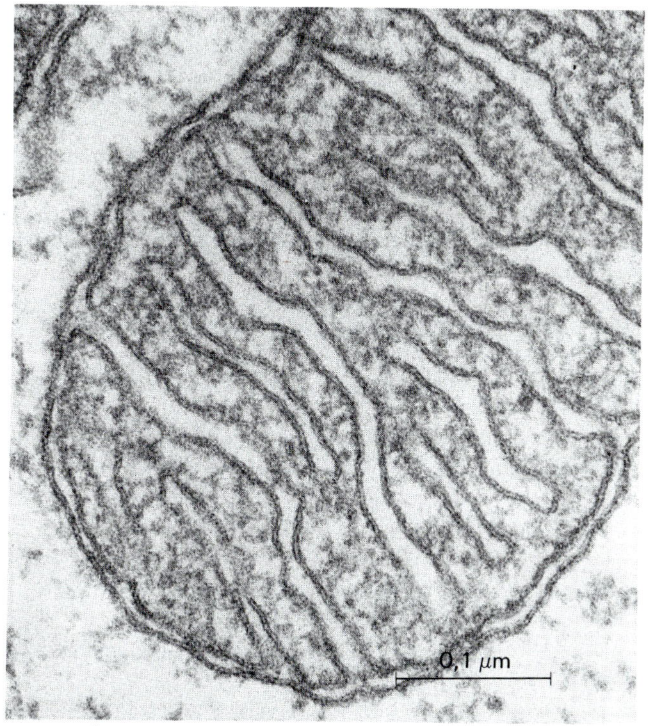

Dieser Dünnschnitt durch ein Mitochondrion einer Acinuszelle aus der Bauchspeicheldrüse eines Meerschweinchens zeigt die glatte, durchgehende äußere Membran und die innere Membran, die sich in zahlreichen kammartigen Falten, den ,,Cristae mitochondriales'', nach innen einstülpt.

Doch niemals werden wir hineingelangen, ohne Schaden anzurichten. Daher kommen wir nicht umhin, das Mitochondrion aufzuschneiden.

Von außen betrachtet, erscheinen Mitochondrien von einer dünnen, glatten, halbdurchsichtigen Hülle umgeben. Diese äußere Membran läßt eine hellrote innere durchschimmern, die von zahlreichen tiefen Spalten zerklüftet ist. Ihnen entsprechen von innen gesehen schmale Grate oder Cristae (das lateinische Wort *crista* bedeutet Kamm), die den Mitochondrienkörper mehrfach unvollständig unterteilen. Tatsächlich sind Cristae nichts anderes als Einfaltungen der durchgehenden, vollständig geschlossenen inneren Membran. Wir können dies nachweisen, indem wir die äußere Membran

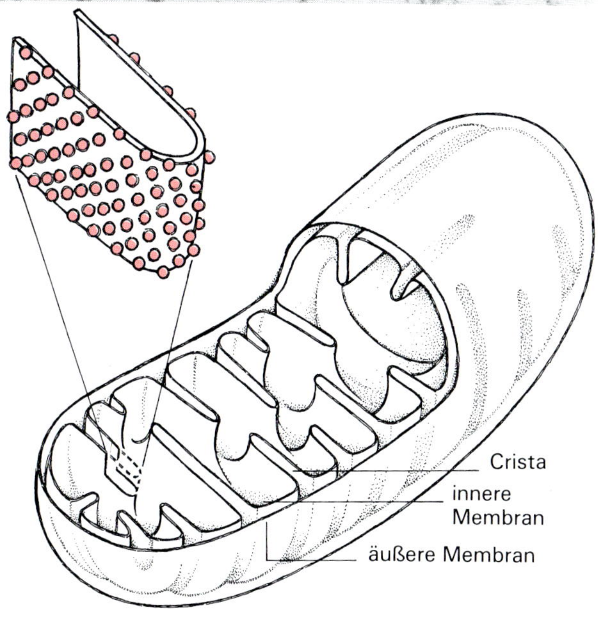

Die dreidimensionale Rekonstruktion der Mitochondrien-Anatomie veranschaulicht die Anordnung der Cristae. Die Vergrößerung zeigt, daß die Innenseite der inneren Membran mit kleinen Knöpfen übersät ist. (Siehe dazu die elektronenmikroskopische Aufnahme auf Seite 152.)

entfernen und ein osmotisches Ungleichgewicht herstellen, so daß das Mitochondrion Wasser aufnimmt. Es wird, ohne zu platzen, beträchtlich anschwellen und dabei seine innere Membran entfalten. Die Ausbildung von Cristae – die in bestimmten Zelltypen durch röhrenförmige Einstülpungen (Tubuli) ersetzt sind – dient dazu, die Membranoberfläche zu vergrößern, ohne das Mitochondrienvolumen zu erhöhen. Der Sinn einer solchen Vergrößerung wird offenkundig, wenn man erfährt, daß die innere Membran das Herzstück des zellulären Kraftwerks, der eigentliche Energiegenerator, ist; sie enthält die gesamte Atmungskette und die daran gekoppelten phosphorylierenden Systeme.

In der Evolution ist die innere Membran der Mitochondrien wahrscheinlich aus der Plasmamembran der mutmaßlichen endosymbiontischen Bakterien hervorgegangen. Die äußere Membran leitet sich dagegen vermutlich vom Vakuolensystem des ursprünglichen Wirtsphagocyten ab. So zeigt sie Verwandtschaftsbeziehungen zum endoplasmatischen Reticulum, mit dem sie beispielsweise ein spezielles Pigment, das Cytochrom b_5, gemeinsam hat.

Die Energetik mitochondrialer Oxidationen

Der Hohlraum, der von der eingefalteten inneren Mitochondrienmembran begrenzt wird, ist mit einer strukturlosen Flüssigkeit, der mitochondrialen Matrix, gefüllt. Dieser proteinreiche Saft besteht größtenteils aus katabolischen Enzymen, die sich am oxidativen Abbau sämtlicher wichtigen Nährstoffe beteiligen. Dazu gehören die Aminosäuren, die Proteine aufbauen, die Fettsäuren als Hauptbestandteile der Lipide sowie das Pyruvat (das Salz der Brenztraubensäure), das – wie wir gesehen haben – im Cytosol als Produkt der aeroben Glykolyse entsteht (siehe Seite 110). All die verschiedenen Stoffwechselwege münden in einen zentralen metabolischen Kreisverkehr, den sogenannten Krebs-Zyklus, den der deutsch-britische Biochemiker Sir Hans Krebs in den späten dreißiger Jahren dieses Jahrhunderts entdeckte.

Eine bunte Mischung exotischer Moleküle nimmt an den Umwandlungen im Krebs-Zyklus teil. Wir haben nicht vor, sie alle zu identifizieren, sondern beschränken uns auf die Endprodukte, die durchweg sehr einfache Substanzen sind: Wasser, Kohlendioxid, Ammoniak oder Harnstoff, anorganisches Sulfat – die gleichen oder fast die gleichen Verbindungen, die auch bei der Verbrennung in einem Ofen entstehen. Hier handelt es sich jedoch um einen erstaunlich kühlen Ofen, in dem Materie verbrannt wird, ohne viel Wärme abzugeben.

Das Paradox ist schnell erklärt (man erinnere sich an Kapitel 7): Die Nährstoffe verbinden sich nicht mit Sauerstoff, sondern mit Wasser, und geben Wasserstoffatome oder Elektronen an geeignete Akzeptoren ab. Diese Reaktionen finden bei der normalen Temperatur der Zelle statt und setzen gewöhnlich wenig Energie frei. In den seltenen Fällen, in denen doch eine beträchtliche Energiemenge abgegeben wird, führen die Reaktionen über eine Substratketten-Oxphos-Einheit, wie wir sie von der Glykolyse kennen.

Nehmen wir Glucose als Beispiel. Für jedes in der lebenden Zelle oxidierte Molekül dieses Zuckers werden insgesamt zwölf Paar Elektronen freigesetzt:

$$C_6H_{12}O_6 + 6\ H_2O \longrightarrow 6\ CO_2 + 24\ e^- + 24\ H^+$$

Zwei von diesen Paaren entstehen durch oxidative Glykolyse (entsprechend der Schlange in Kapitel 7, aber ohne Schwanzende):

$$C_6H_{12}O_6 \longrightarrow 2\ CH_3\text{—}CO\text{—}COOH + 4\ e^- + 4\ H^+$$

Die anderen zehn liefert der Krebs-Zyklus, in dem die beiden in der Glykolyse entstandenen Pyruvatmoleküle weiter oxidiert werden:

$$2\ CH_3\text{—}CO\text{—}COOH + 6\ H_2O \longrightarrow 6\ CO_2 + 20\ e^- + 20\ H^+$$

Wie wir gesehen haben, gehen in der Glykolyse die Elektronen durch eine Substratketten-Oxphos-Einheit auf NAD^+ über:

$$4\ e^- + 2\ H^+ + 2\ NAD^+ + 2\ ADP + 2\ P_i \longrightarrow 2\ NADH + 2\ ATP + 2\ H_2O$$

Im Krebs-Zyklus werden vier der fünf Elektronenpaare, die durch die Oxidation eines Moleküls Pyruvat entstehen, auf NAD^+ übertragen, eines davon über eine Substratketten-Oxphos-Einheit. Das fünfte wird an ein Flavin-Coenzym, das FAD (siehe unten), abgegeben. Für zwei Moleküle Pyruvat gilt also:

$$20\ e^- + 12\ H^+ + 8\ NAD^+ + 2\ FAD + 2\ ADP + 2\ P_i \longrightarrow 8\ NADH + 2\ FADH_2 + 2\ ATP + 2\ H_2O$$

Durch Addition beider Prozesse erhalten wir:

$$24\ e^- + 14\ H^+ + 10\ NAD^+ + 2\ FAD + 4\ ADP + 4\ P_i \longrightarrow 10\ NADH + 2\ FADH_2 + 4\ ATP + 4\ H_2O$$

Für die anaerobe Oxidation der Glucose mit den unmittelbar beteiligten Elektronenakzeptoren in lebenden Zellen ergibt sich demnach:

$$C_6H_{12}O_6 + 2\ H_2O + 10\ NAD^+ + 2\ FAD + 4\ ADP + 4\ P_i \longrightarrow 6\ CO_2 + 10\ NADH + 10\ H^+ + 2\ FADH_2 + 4\ ATP$$

Im aeroben Teil des Prozesses werden die Elektronen von den reduzierten Coenzymen auf Sauerstoff übertragen:

$$10\ NADH + 10\ H^+ + 2\ FADH_2 + 6\ O_2 \longrightarrow 10\ NAD^+ + 2\ FAD + 12\ H_2O$$

Die Energiebilanzen der anaeroben und aeroben Teilprozesse sind leicht berechenbar. Wir haben bereits bemerkt (siehe Kapitel 7), daß die ,,physiologische'' freie Energie der Oxidation (das Elektronenpotential) von NADH −49 Kilokalorien beträgt – bezogen auf ein Paar Elektronenäquivalente, das auf Sauerstoff übertragen wird. Wenn man berücksichtigt, daß der entsprechende Wert für $FADH_2$ etwa bei −37 Kilokalorien liegt, ergeben sich für den aeroben Teilprozeß insgesamt −564 ($10 \times 49 + 2 \times 37$) Kilokalorien pro Mol oxidierter Glucose.

Andererseits wissen wir aus kalorimetrischen Messungen, daß die ,,physiologische'' freie Energie der Oxidation von Glucose mit Sauerstoff als Elektronenakzeptor −686 Kilokalorien pro Mol entspricht. Also bleiben für den anaeroben Anteil −122 (686 − 564) Kilokalorien pro Mol übrig, von denen 56 (4×14) durch die Substratketten-Oxphos-Einheiten erhalten werden und 66 als Wärme verloren gehen.

Mit anderen Worten: Wenn lebende Zellen Glucose anstatt mit Sauerstoff mit ihren eigenen Elektronenfängern ,,verbrennen'', binden sie mehr als 90 Prozent der freien Energie, die mit Sauerstoff als Elektronenakzeptor abgegeben würde. Sie wird größtenteils in reduzierten Coenzymen, in geringerem Maße auch in ATP gespeichert. Bezogen auf das hydrodynamische Modell, das wir am Ende von Kapitel 7 vorgestellt haben, bedeutet das, daß bei der biologischen Oxidation von Glucose die freigesetzten Elektronen zunächst in ein energiereiches Reservoir überführt werden, das hoch über dem Wasser/Sauerstoff-Niveau liegt. In acht von zwölf Fällen erfolgt die Übertragung nur über geringe Höhenunterschiede, also mit kleinen Energieverlusten. Viermal sind die Stufen sehr groß; die Elektronenfälle werden hier aber von Oxphos-Einheiten ausgenutzt, die ATP liefern.

Nährstoff	Freie Energie der Oxidation (in Kilokalorien pro Mol)				
		davon aufgefangen in			
	insgesamt	NADH	$FADH_2$	ATP•	Wärme
Glucose	686	490	74	56	66
Palmitinsäure	2338	1519	555	84	180
Glutaminsäure	478	343	74	28	33

• ATP-Synthese durch Substratkettenphosphorylierung minus ATP-Verbrauch durch Substrataktivierung

Fettsäuren und Aminosäuren erfahren eine ähnliche ,,kalte Verbrennung'', wie die obenstehende Tabelle am Beispiel von Palmitinsäure und Glutaminsäure zeigt. Wenn die Zelle diese Verbindungen vollständig oxidiert, werden mehr als 90 Prozent der freien Energie der Verbrennung in energiereichen Cofaktoren gespeichert.

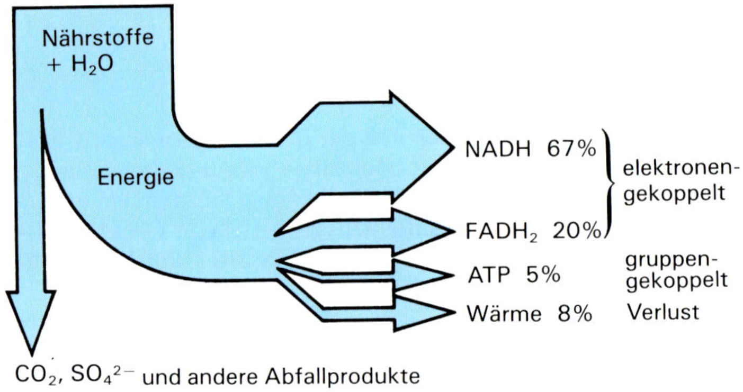

Anhand dieser Werte können wir besser verstehen, in welcher Not sich unsere frühen anaeroben Vorfahren befanden. NAD, FAD und die anderen elektronenübertragenden Coenzyme sind nämlich innerhalb der Zellen nur in katalytischen (also geringen) Mengen vorhanden. Deshalb können die Vorteile der kalten Verbrennung nur genutzt werden, wenn es für die in den Coenzymen gespeicherten Elektronen ein Ventil gibt. Fermentierende Organismen erfüllen diese Bedingung, indem sie die Elektronen wieder dem Substratfluß zuführen. Die Methode funktioniert zwar, aber die Energieausbeute ist sehr gering. So werden in der anaeroben Glykolyse, wie wir gesehen haben, pro Mol Glucose nur 47 Kilokalorien freigesetzt, also weniger als sieben Prozent der Energie, die bei vollständiger Oxidation verfügbar wäre. Die Zelle erhält dabei nicht mehr als zwei ATPs oder 28 Kilokalorien nutzbarer Energie.

Ein weiterer Nachteil der Gärung besteht darin, daß sie die Stoffwechselwege starren stöchiometrischen Zwängen unterwirft. Es können nämlich nur so viele Elektronen aus den Substraten freigesetzt werden, wie sich auch wieder in den Substratfluß zurückführen lassen. Solche Zwänge fallen weg, sobald die Möglichkeit besteht, die in Coenzymen gespeicherten Elektronen auf einen exogenen Akzeptor abzuladen. Dann kann jeder oxidierbare Nährstoff vollständig ausgenutzt werden. Das schafft eine größere Flexibilität und oft auch eine bessere Energieausbeute – jedenfalls vom Standpunkt der Zelle aus. Was die Weltenergiereserven angeht, ist es allerdings ungeheuer verschwenderisch, wenn Elektronen einfach ohne Energierückgewinnung abgegeben werden.

Nehmen wir noch einmal das Beispiel Glucose. Wir haben gesehen, daß Organismen, die anaerobe Gärung betreiben, durch die Substratketten-Phosphorylierung zwei ATPs pro Molekül oder 28 Kilokalorien pro Mol verbrauchter Glucose erhalten. Wie die Tabelle zeigt, verdoppelt sich dieser Wert bei vollständiger Oxidation. Aber für welchen Preis bei den Gesamtressourcen! Während bei der Gärung nur 47 der 686 verfügbaren Kilokalorien freigesetzt werden und der Rest in Form energiereicher Moleküle wie Milchsäure oder Ethanol

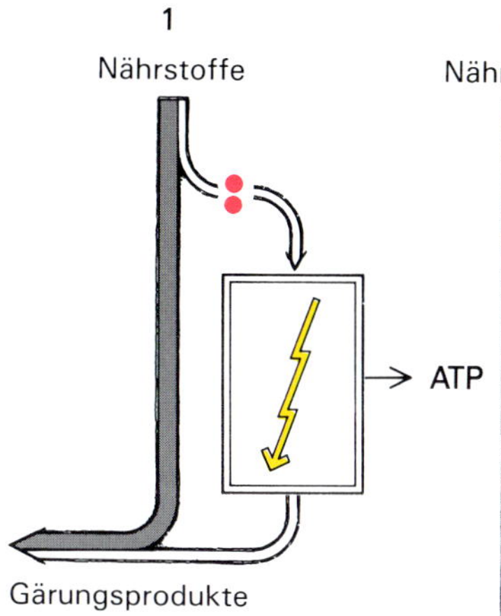

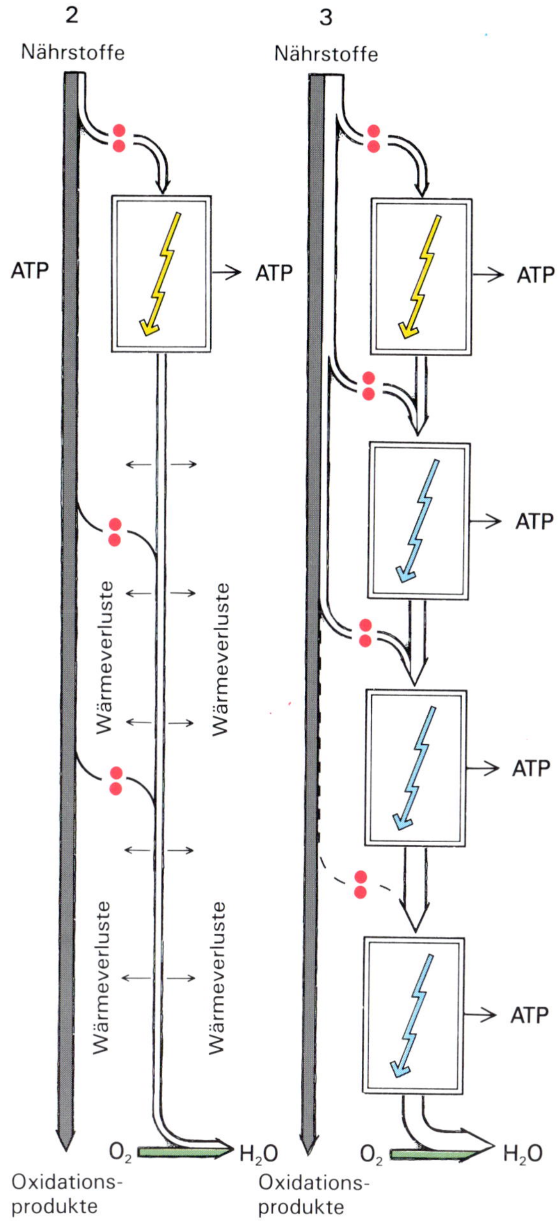

Das Problem der Elektronenableitung.
Lösung 1: Die Elektronen fließen in den Stoffwechselweg zurück und werden zusammen mit den Produkten der anaeroben Gärung ausgeschieden. Nachteilig ist dabei, daß sich die Nährstoffe nur wenig ausnutzen lassen und daß das System strengen stöchiometrischen Zwängen unterliegt.
Lösung 2: Die Elektronen werden direkt auf Sauerstoff (oder andere von außen kommende Akzeptoren) übertragen. Die Vorteile liegen in einer größeren Flexibilität und in der vollständigen Oxidation der Nährstoffe; die Ausbeute an nutzbarer Energie (ATP) ist jedoch sehr gering.
Lösung 3: Die Elektronen gelangen über die phosphorylierende Atmungskette zum Sauerstoff. Die Nährstoffe werden vollständig ausgenutzt, und die Energieausbeute ist hoch.

◀ Nährstoffe werden durch ,,kalte Verbrennung'' vollständig oxidiert; als Sauerstofflieferant dient Wasser. Weniger als zehn Prozent der dabei abgegebenen freien Energie gehen als Wärme verloren. Der Rest wird größtenteils in Form von Elektronen hohen Potentials in NADH und, in geringerem Maße, in reduzierten Flavoproteinen gespeichert. Ein kleiner Teil fließt in Substratketten-Oxphos-Einheiten, die ATP erzeugen.

wieder an die Umgebung zurückgeht, würden bei einer vollständigen, aber nicht weiter genutzten Oxidation die gesamten 686 Kilokalorien pro Mol Glucose wegen ,,lumpiger'' 28 Kilokalorien mehr vergeudet. Eine solche Verschwendung mag in einer Welt des Überflusses tragbar sein, aber sie wird unerschwinglich, wenn Nahrung knapp ist. Dennoch haben einige primitive aerobe Organismen möglicherweise so gelebt, und selbst in den höchstentwickelten Eukaryonten kommen solche Reaktionen noch vor (siehe Kapitel 11).

Der einzige Weg, den Energieverlust bei Oxidationen so gering wie möglich zu halten, besteht darin, die Energie zu nutzen, die beim Übergang der Elektronen von den reduzierten Coenzymen zum endgültigen Elektronenakzeptor frei wird. Dazu ist es erforderlich, in den Reaktionsweg der Elektronen Oxphos-Einheiten einzubauen. Im Laufe der Evolution sind viele verschiedene Systeme dafür entwickelt worden, die mit den unterschiedlichsten Elektronenakzeptoren arbeiten. Die besten Ergebnisse wurden mit Sauerstoff als endgültigem Akzeptor erzielt, ganz besonders, seit es die phosphorylierende Atmungskette in der perfekten Ausführung gab, in der wir sie heute in Mitochondrien und einigen aeroben Bakterien finden. Zellen, die mit diesen ,,Super-Energierettern'' ausgestattet sind, können mit einem einzigen Molekül Glucose bis zu 38 ATPs herstellen, womit sie nahezu 80 Prozent der bei der Oxidation freigesetzten Energie in nutzbarer Form zurückgewinnen.

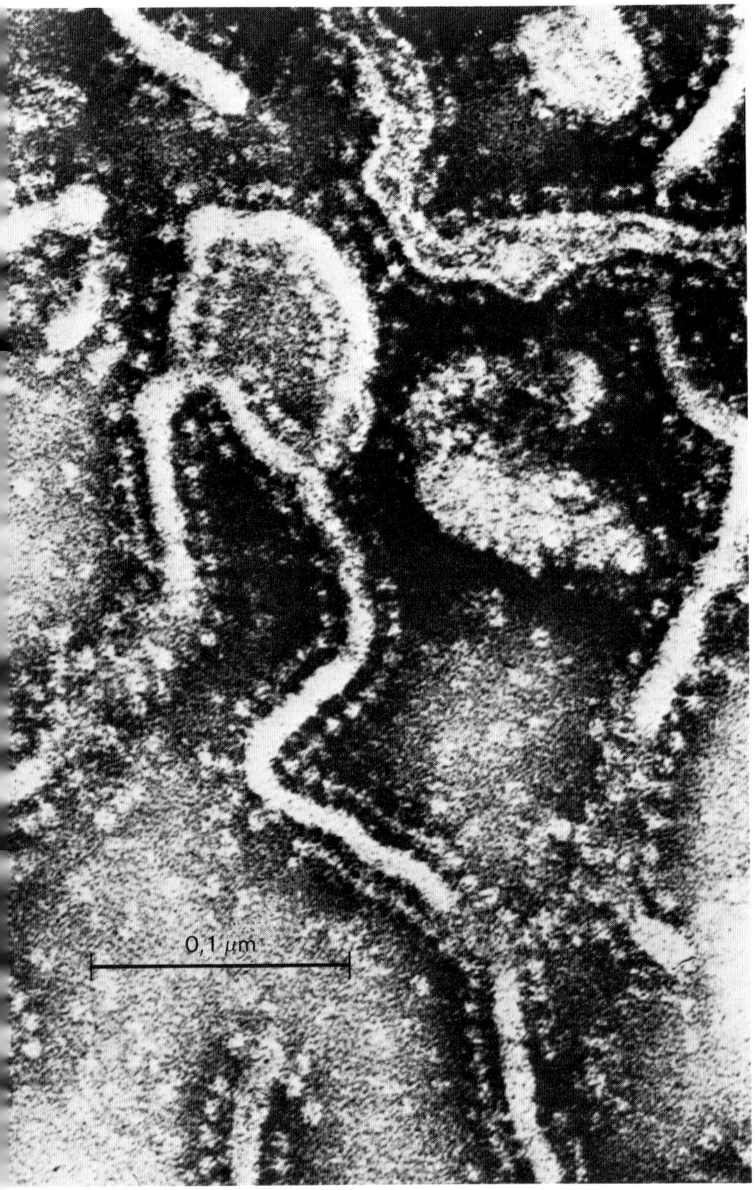

Hochauflösende elektronenmikroskopische Aufnahme der mitochondrialen Cristae. Das Präparat ist mit elektronendichtem Kalium-Phosphorwolframat negativ kontrastiert worden, wodurch die gestielten Knöpfchen, die in die mitochondriale Matrix hineinragen, klar hervortreten. Die Knöpfchen enthalten die ATP-getriebenen Protonenpumpen.

Die phosphorylierende Atmungskette

Die mitochondrialen Energiewandler liegen alle innerhalb der rötlichen, gefalteten Hülle, die die innere Mitochondrienmembran bildet. Dieses dünne Häutchen mißt nur sieben Nanometer im Querschnitt – bei unserer millionenfachen Vergrößerung wenig mehr als ein halber Zentimeter. Die außen glatte Membran ist auf der Innenseite mit kleinen Knöpfen bedeckt, die einen Durchmesser von etwa neun Nanometern (millionenfach vergrößert knapp ein Zentimeter) besitzen. Die Knöpfchen sind an kurzen, dünnen Stielen befestigt, so daß die Innenseite der Membran aussieht, als wäre sie mit lauter kleinen Pilzen bewachsen.

Um mehr erkennen zu können, benötigen wir wieder unser molekulares Vergrößerungsglas. Damit bietet sich uns der wahrhaft erstaunliche Anblick eines der größten Meisterwerke molekularer Ingenieurkunst. Die gesamte Membran ist mit winzigen Schaltkreisen bedeckt, von denen jeder aus 15 bis 20 verschiedenen Sorten von Elektronenüberträgern besteht. Diese sind so perfekt gekoppelt, daß sie einen sehr wirkungsvollen Elektronentransfer ermöglichen. Bis zu 100000 solcher Mikro-Schaltkreise können in einem einzigen Mitochondrion vorhanden sein.

Diese Schaltkreise, die man normalerweise als Atmungskette bezeichnet, enthalten etliche unterschiedliche Moleküle. Hervorzuheben sind die Flavin- und Häm-Komponenten (siehe Anhang I). Flavine (vom lateinischen *flavus* für gelb) bilden eine bemerkenswerte Klasse grün-gelber Pigmente, die sich von Riboflavin oder Vitamin B_2 ableiten. Die wichtigsten Flavinderivate sind das Flavinmononucleotid (FMN) und das Flavin-adenin-dinucleotid (FAD). Sie zeichnen sich vor allem dadurch aus, daß sie Wasserstoff übertragen können. In dieser Funktion dienen sie zahlreichen Flavoprotein-Dehydrogenasen als Coenzyme.

Häme (vom griechischen *haima* für Blut) sind nahe Verwandte der Chlorophylle, der grünen Photosynthesepigmente. Wie diese haben sie einen charakteristischen Porphyrinkern: ein ebenes, scheibenförmiges Molekül aus vier Pyrrolringen, die über Methenbrücken (—CH=) verbunden sind. Im Zentrum der Scheibe befindet sich ein Loch, das von den Elektronen von vier Stickstoffatomen umgeben ist. Wenn man dort ein Magnesiumion einfügt, erhält man ein Chlorophyllmolekül. Ersetzt man das Magnesium durch Eisen, ergibt sich ein Häm und gleichzeitig ein Elektronenüberträger, denn Eisen kann zwischen dem zweiwertigen Ferro- (Fe^{2+}) und dem dreiwertigen Ferrizustand (Fe^{3+}) hin und her wechseln:

$$\text{Häm—}Fe^{2+} \rightleftharpoons \text{Häm—}Fe^{3+} + e^{-}$$

In Verbindung mit Proteinen bilden Häme eine ganze Palette farbiger Moleküle, die blutrot bis erbsengrün aussehen. Sie dienen auf unterschiedliche Weise dazu, Sauerstoff nutzbar zu machen. Ihre bekannteste Funktion ist der Sauerstofftransport, wie er vom Hämoglobin, dem roten Blutfarbstoff, besorgt wird. In der Atmungskette sind die Hämoproteine durch mehrere Cytochrome vertreten, die so heißen, weil sie zu den ersten Pigmenten gehörten, die als typische Zellbestandteile entdeckt wurden.

Zusätzlich zu diesen beiden Hauptklassen von Elektronenüberträgern gibt es in der Atmungskette zweiwertige Phenole, die zu den entsprechenden Chinonen oxidiert werden, Eisen-Schwefel-Proteine, bei denen das elektronentragende Eisenion in einer Schale von Sulfhydrylgruppen (—SH) eingehüllt ist, proteingebundene Kupferionen und möglicherweise noch andere Komponenten. Es ist bemerkenswert und wichtig für die weitere Diskussion, daß einige dieser Moleküle ausschließlich als Elektronenüberträger dienen (die Hämo- und Metalloproteine), während andere stets Wasserstoffatome (also Elektronen in Verbindung mit Protonen) übertragen.

In jedem Mikro-Schaltkreis der Atmungskette sind die verschiedenen Moleküle so angeordnet, daß sie zusammen eine hochwirksame ,,Transportbrigade'' für Elektronen bilden. Das bedeutet erstens, daß sie nach absteigenden Elektronenpotentialen aufeinanderfolgen, so daß die Elektronen gleichmäßig von einer Komponente zur nächsten hinabgleiten können. Zweitens ist es erforderlich, daß sie zu ihren Partnern auf beiden Seiten so orientiert sind, daß sich zwischen den aktiven Zentren leicht Elektronen austauschen lassen; die geringen Lageverschiebungen aufgrund thermischer Vibration und Rotation müssen ausreichen, um den nötigen Kontakt herzustellen. Schließlich braucht das System geeignete Ein- und Ausgänge. Wie wir noch sehen werden, führt die wichtigste Zuleitung über ein Flavoprotein-Enzym, das Elektronen vom NADH aus der Matrix auf das obere Ende der Atmungskette überträgt. Außerdem existieren einige Nebeneingänge auf niedrigeren Energieniveaus. Der wichtigste Ausgang führt zum Sauerstoff, und zwar über ein kompliziertes System aus Cytochromen und Kupfer, das man Cytochromoxidase nennt. Es war ursprünglich von seinem Entdecker, dem deutschen Biochemiker Otto Warburg, als ,,Atmungsferment'' bezeichnet worden – ein höchst zutreffender Name, weil der größte Teil des in der Biosphäre veratmeten Sauerstoffs von diesem Enzym verarbeitet wird.

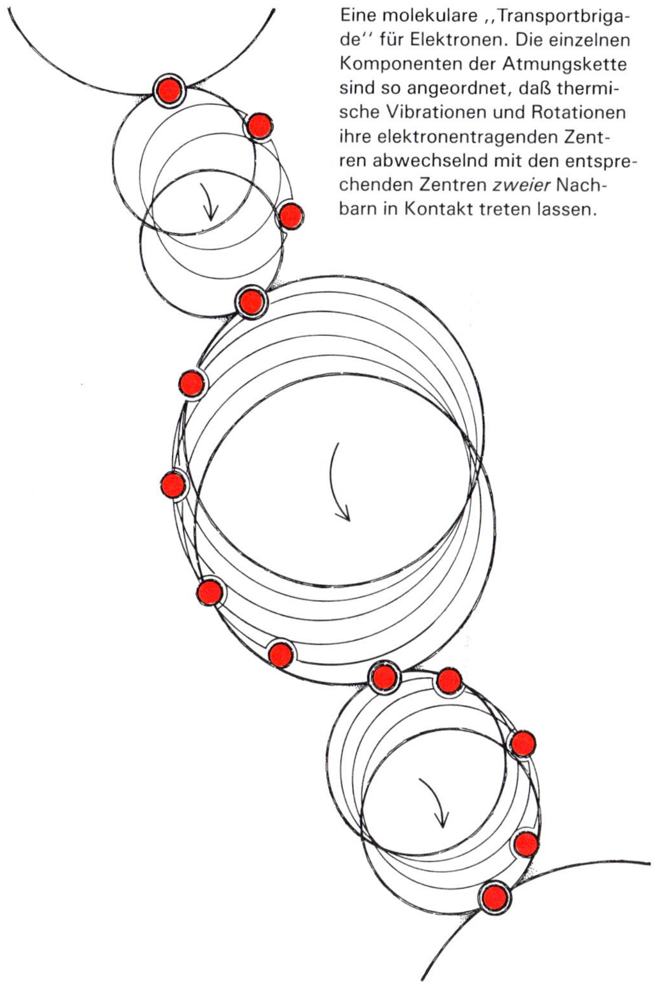

Eine molekulare ,,Transportbrigade'' für Elektronen. Die einzelnen Komponenten der Atmungskette sind so angeordnet, daß thermische Vibrationen und Rotationen ihre elektronentragenden Zentren abwechselnd mit den entsprechenden Zentren *zweier* Nachbarn in Kontakt treten lassen.

Eine solche Elektronentransportkette zusammenzubauen, ist wahrlich keine leichte Aufgabe. Dennoch erscheinen diese architektonischen Gesichtspunkte beinahe trivial gegenüber einigen anderen Eigenschaften der Atmungskette. Die Mikro-Schaltkreise stellen nämlich nicht nur Elektronenleiter, sondern auch Energiewandler dar. Sie sind so konstruiert, daß sie die Energie einfangen, die frei wird, wenn die Elektronen zum Sauerstoff hinunterfallen. Indem sie diese Energie in ATP stecken, wird sie für biologische Arbeit nutzbar gemacht. Anders ausgedrückt: Die Mikro-Schaltkreise enthalten eingebaute Oxphos-Einheiten.

Dadurch werden zwei zusätzliche Bedingungen in den Konstruktionsplan der Mikro-Schaltkreise eingeführt. Erstens müssen die Potentiale der Träger so angelegt sein, daß sie ausreichend hohe Elektronenfälle gewährleisten. Man erinnere sich, daß ein Elektronenpaar nur dann genügend Energie zur Synthese eines ATP-Moleküls liefern kann, wenn es eine Potentialdifferenz von mindestens 300 Millivolt hinabfällt. Die zweite Bedingung fordert, daß die Elektronen in Bahnen gezwungen werden, die Elektronenfluß und ATP-Synthese miteinander koppeln. Dies ähnelt prinzipiell der Notwendigkeit, das Wasser eines Wasserfalls über eine hydroelektrische Turbine zu leiten, um den Wasserfluß obligatorisch mit der Elektrizitätserzeugung zu verbinden.

Die erste Bedingung wird perfekt erfüllt. Bis zu drei Oxphos-Einheiten oder Phosphorylierungsstellen schalten sich hintereinander in den Reaktionsweg der Elektronen ein. Sie

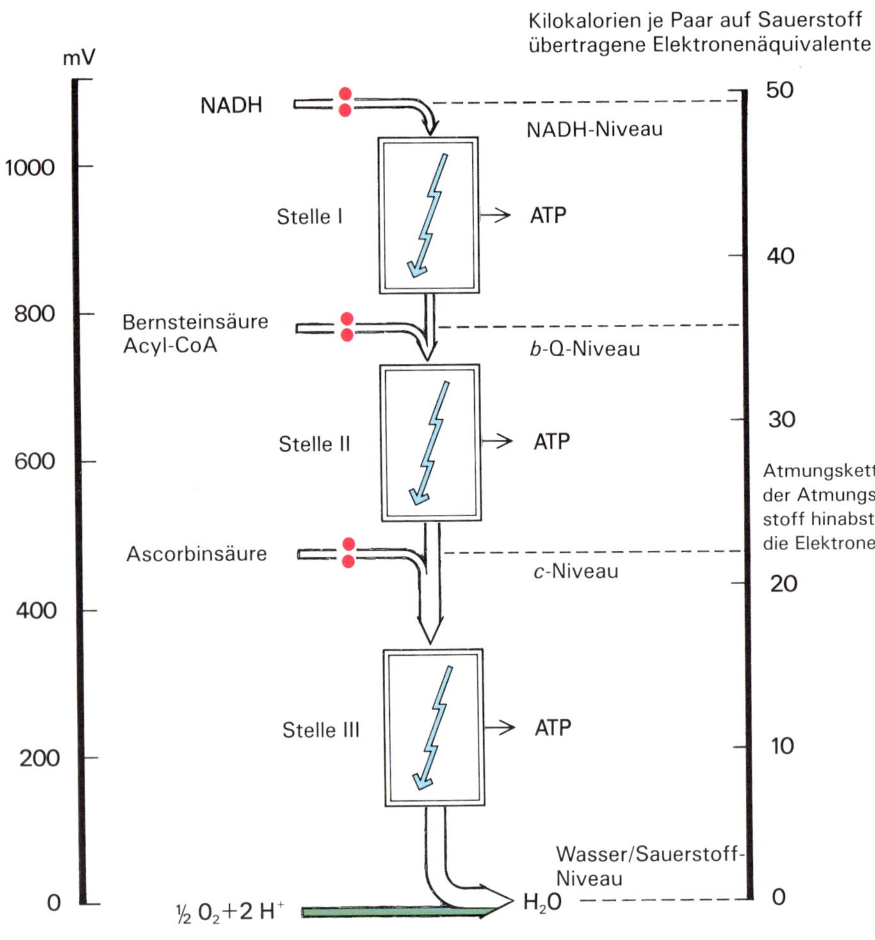

Atmungsketten-Phosphorylierung. Jedes Elektronenpaar durchläuft in der Atmungskette ein bis drei Oxphos-Einheiten, wenn es zum Sauerstoff hinabstürzt. Wieviele es sind, hängt von dem Niveau ab, auf dem die Elektronen eintreten.

werden als Stelle I, II und III bezeichnet und sind durch Plateaus voneinander getrennt, die man nach ihren charakteristischen Elektronenüberträgern NADH-Niveau, *b*-Q-Niveau und *c*-Niveau nennt. Jedes dieser Plateaus ist für Elektronen von außen zugänglich, wenn sie durch geeignete Donatoren angeliefert werden. Man kann die Elektronen auch durch bestimmte künstliche Akzeptoren wie Ferricyanid oder Methylenblau wieder von den Plateaus wegholen. Normalerweise führt jedoch der einzige Elektronenausgang zum Sauerstoff, dem ,,Null-Niveau'' der Energie.

Wir wollen uns zunächst mit dem *c*-Niveau befassen, das nach seiner Hauptkomponente, dem Cytochrom *c*, benannt ist. Zu den Substanzen, die Elektronen auf dieses Niveau der Kette übertragen können, gehört die Ascorbinsäure, das Vitamin C. Dieser in frischem Obst und Gemüse enthaltene Stoff verhindert die Mangelkrankheit Skorbut, eine bei den Seefahrern früher weitverbreitete und gefürchtete Plage (der Name Ascorbin kommt vom griechischen *a* für nicht und von Skorbut). Ob die Anti-Skorbut-Wirkung des Vitamins C direkt mit seiner Eigenschaft als Elektronendonator zusammenhängt, ist nicht bekannt, wäre aber durchaus denkbar. Auf Mitochondrien wirkt Ascorbinsäure im Laborexperiment am *c*-Niveau ein, und genau das hat es ermöglicht, die Oxphos-Einheit an der Stelle III zu identifizieren: Für jedes von Ascorbinsäure auf Sauerstoff übertragene Elektronenpaar wird nämlich ein Molekül ATP synthetisiert.

Die Stelle II ist über das *b*-Q-Niveau zugänglich, das gemeinsam vom Cytochrom *b* und vom Coenzym Q oder Ubichinon besetzt wird, einem Elektronenüberträger vom Chinon-Typ (das Q kommt vom englischen *quinone*). Verschiedene FAD-abhängige Flavoproteine sind mit diesem Niveau verbunden, das Elektronen von bestimmten Stoffwechselsubstraten aufnimmt, beispielsweise von Bernsteinsäure, einem Zwischenprodukt des Krebs-Zyklus, oder von Fettsäure-Coenzym A-Derivaten, den aktivierten Formen der Fettsäuren. Wenn ein Elektronenpaar auf dieser Stufe in die Atmungskette eintritt, fällt es nacheinander durch zwei Oxphos-Einheiten hinab, wobei zwei ATP-Moleküle gebildet werden.

Das NADH-Niveau ist von einem speziellen Flavoprotein besetzt, das Elektronen von NADH an die Phosphorylierungsstelle I überführt. Insgesamt werden für jedes Elektronenpaar, das auf dieser Stufe eingeschleust und am unteren Ende von Sauerstoff aufgefangen wird, drei ATPs synthetisiert. NAD^+ selbst dient in zahllosen Reaktionen als Elektronenakzeptor, so daß in aeroben Organismen die meisten katabolischen Elektronen diesen Weg gehen.

Die mitochondrialen Energiewandler arbeiten sehr wirkungsvoll. Mit NADH als Elektronendonator werden über 85 Prozent der freien Energie der Oxidation als ATP gespeichert: $3 \times 14 = 42$ Kilokalorien pro Paar Elektronenäquivalente von insgesamt 49 Kilokalorien. Mit $FADH_2$ ist der Wirkungsgrad etwas geringer, aber immer noch beträchtlich: Bei $2 \times 14 = 28$ Kilokalorien pro Paar Elektronenäquivalente von insgesamt 37 Kilokalorien beträgt er 76 Prozent.

Zusammen mit der hohen Leistungsfähigkeit der kalten Verbrennungsreaktionen ergibt sich ein Gesamt-Wirkungsgrad von beinahe 80 Prozent, wie sich mit den Zahlen der Tabelle auf Seite 150 leicht errechnen läßt. Das sind unglaublich hohe Ausbeuten, die kein von Menschen konstruiertes Verbrennungskraftwerk auch nur annähernd erreicht. Sie spiegeln die überragende Qualität der Energiewandler wider, die in die Mikro-Schaltkreise der inneren Mitochondrienmembran eingebaut sind.

Die Frage, wie diese Umwandler arbeiten, hat einige der besten Köpfe auf dem Gebiet über 30 Jahre lang beschäftigt. Dem britischen Wissenschaftler Peter Mitchell zufolge, dem Vater der heute weitgehend akzeptierten ,,chemiosmotischen Theorie'', lautet die Antwort so: durch protonenmotorische Kraft. Das ist für Touristen zwar ein recht ausgefallenes Thema, aber wir wollen es trotzdem anpacken. Es geht hier nämlich, wie wir in Kapitel 10 noch deutlicher sehen werden, um einen der zentralen Mechanismen des Lebens. Der Abstecher lohnt die zusätzliche Mühe.

Die protonenmotorische Kraft, das Geheimnis der Oxphos-Einheiten

Die innere Mitochondrienmembran ist ,,protonendicht'', das heißt: undurchlässig für Wasserstoffionen. Sie muß demnach auch für Hydroxylionen undurchlässig sein, denn diese könnten sonst H^+-Ionen übertragen, indem sie sie in Form von H_2O mitnehmen und selbst als OH^- wieder zurückkehren würden. Tatsächlich ist die Membran sogar vollständig ,,ionendicht'': Kein Ion, ob positiv oder negativ geladen, kann mit nennenswerter Geschwindigkeit durch sie hindurchdiffundieren. Der gesamte Ionenaustausch zwischen Mitochondrion und umgebendem Cytosol wird strikt durch spezielle Tore oder Pumpen reguliert.

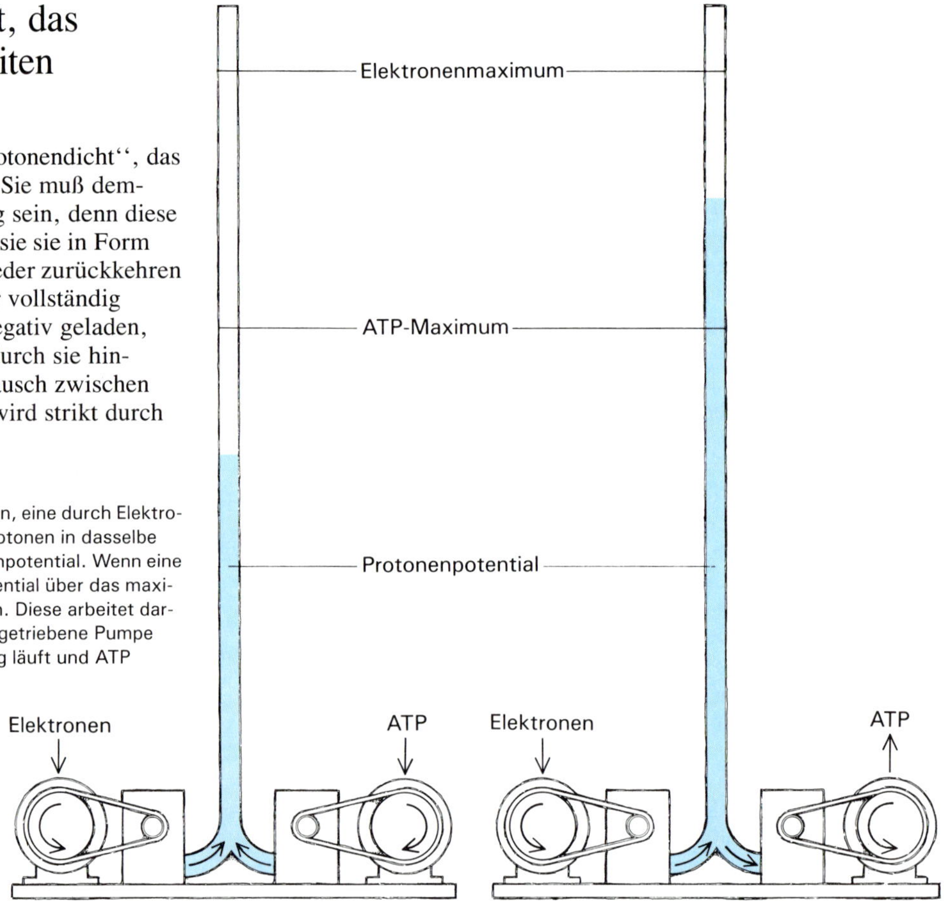

Modell der chemiosmotischen Theorie. Zwei Pumpen, eine durch Elektronen, die andere durch ATP angetrieben, drücken Protonen in dasselbe Reservoir hinauf und erzeugen dadurch ein Protonenpotential. Wenn eine stärker ist als die andere, wird sie das Protonenpotential über das maximal mögliche Potential der anderen Pumpe anheben. Diese arbeitet daraufhin rückwärts. Normalerweise ist die elektronengetriebene Pumpe stärker, so daß die ATP-getriebene in Gegenrichtung läuft und ATP erzeugt.

Auch für Protonen gibt es eine solche Pumpe – oder, genauer gesagt: zwei Typen von Pumpen. Beide dienen dazu, Protonen mit Hilfe zugeführter Energie aus den Mitochondrien hinauszutreiben, und beide sind reversibel, können also auch rückwärts laufen und auf Kosten einwärts fließender Protonen Energie erzeugen. Die Pumpen unterscheiden sich jedoch in ihrer Energieversorgung: Die eine wird durch Elektronen angetrieben, die andere durch ATP. Das ist das Geheimnis der Oxphos-Einheiten: Elektronenfluß und ATP-Synthese sind durch die protonenmotorische Kraft verbunden.

Wir wollen zunächst die ATP-getriebene Pumpe betrachten. Für jedes Molekül ATP, das in ADP und anorganisches Phosphat gespalten wird, treibt diese Pumpe *n* Protonen aus dem Mitochondrion hinaus. Sie kann das so lange fortsetzen, wie sie das Protonenpotential zu überwinden vermag, das sich außen aufbaut. Wenn dieses Potential der Kraft der Pumpe entspricht, hört sie auf zu laufen – wie eine elektrische Pumpe, die Wasser nur so weit hochpumpen kann, wie es die Stärke ihres Motors zuläßt. Die Energie, über die eine ATP-getriebene Pumpe verfügt, kennen wir bereits: etwa 14 Kilokalorien pro Mol gespaltenes ATP. Das maximale Niveau, auf das sie Protonen emporheben kann, entspricht daher ungefähr $14/n$ Kilokalorien pro Protonenäquivalent. Für die elektronengetriebene Pumpe läßt sich genauso argumentieren; nur stammt die Energie, mit der sie versorgt wird, von einem Elektronenpaar, das eine Potentialdifferenz herabstürzt. Wenn diese Differenz 300 Millivolt beträgt, stehen pro Paar Elektronenäquivalente 14 Kilokalorien zur Verfügung.

Wie die ATP-getriebene Pumpe wird auch die elektronengetriebene stoppen, wenn das Protonenpotential den Wert 14/*n* Kilokalorien pro Protonenäquivalent erreicht, wobei *n* der Zahl der Protonen entspricht, die für jedes herabfallende Elektronenpaar durch die Membran transportiert werden. Die Zahl *n* ist übrigens für beide Pumpen gleich – anders könnte dieses gekoppelte System auch gar nicht arbeiten.

Wenn die zwei Pumpen nun zusammen gegen das gleiche Protonenpotential arbeiten und eine etwas stärker als die andere ist, wird die leistungsfähigere Pumpe das Protonenpotential über das Maximum der schwächeren hinaus anheben; diese wird daraufhin, wenn sie reversibel ist, rückwärts laufen. Nicht anders verhält es sich, wenn zwei elektrische Pumpen Wasser in dasselbe Reservoir hinaufpumpen; die

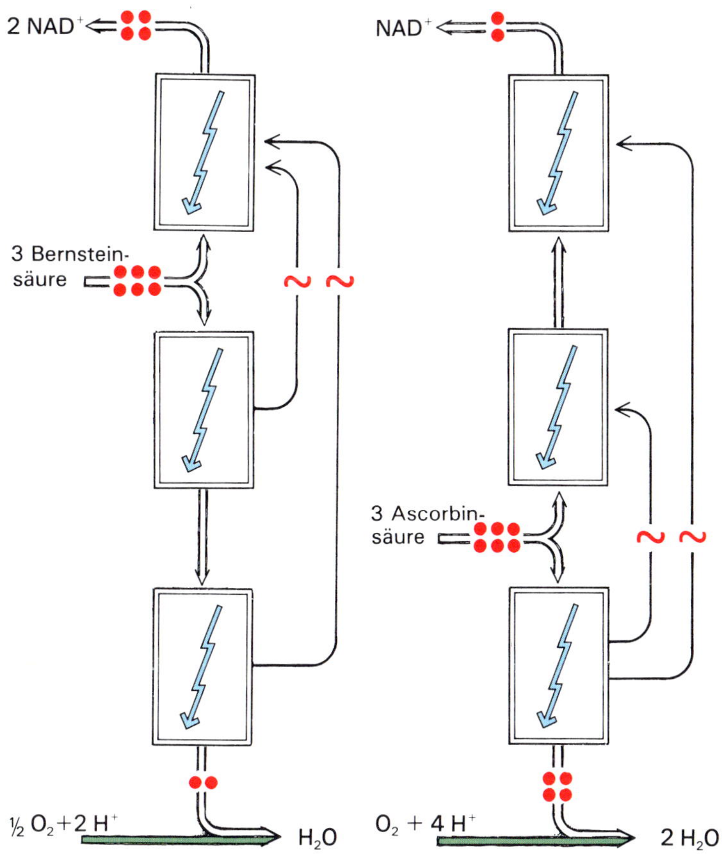

Beispiele für rückläufigen Elektronentransport. Ein Elektronenpaar, das vom Energieniveau der Bernsteinsäure auf das von Sauerstoff fällt, erzeugt an den Stellen II und III zwei protonenmotorische Kraftschübe (dargestellt durch farbige Schlangenlinien). Wenn NAD^+ als Akzeptor vorhanden ist, werden zwei weitere Elektronenpaare von Bernsteinsäure abgegeben und durch die Stelle I auf ein höheres Niveau *gehoben*; diese kann nämlich dank der vom fallenden Elektronenpaar produzierten protonenmotorischen Kraft gegenläufig arbeiten. Auf ähnliche Weise erzeugen zwei Elektronenpaare, die über die Stelle III von der Ascorbinsäure zum Sauerstoff gelangen, zwei „Schlangenlinien", die es einem dritten Elektronenpaar ermöglichen, durch die nun rückwärts arbeitenden Stellen II und I von der Ascorbinsäure zum NAD^+ zu klettern.

stärkere wird den Wasserspiegel so weit anheben, daß sich der Fluß durch die schwächere Pumpe umkehrt und diese dadurch als Generator wirkt. In einem derartigen reversiblen System entspricht die Elektrizitätsmenge, die die zweite Pumpe erzeugt, der von der ersten Pumpe verbrauchten Menge, wenn man einmal von den unvermeidlichen kleinen Verlusten absieht, die auf den Unzulänglichkeiten des Systems beruhen. Hier wird also elektrische Energie über einen hydraulischen Wandler übertragen.

Eine analoge Situation liegt in der Mitochondrienmembran vor, wenn auch andersartige Pumpen und Energieformen beteiligt sind. Hier ist fast immer die elektronengetriebene Pumpe die stärkere, da sie über den Stoffwechsel ständig Treibstoff erhält, während ATP durch die verschiedenen Formen von Arbeit in den Zellen fortwährend verbraucht wird. Daher läuft die ATP-getriebene Pumpe rückwärts: Sie nutzt die protonenmotorische Kraft, die der Elektronenfluß erzeugt, um ATP zu produzieren.

Normalerweise läuft dieses gekoppelte System nicht in umgekehrter Richtung, denn es gibt keine gesonderte ATP-Quelle, die die ATP-Pumpe antreiben könnte. Möglich ist jedoch, daß eine elektronengetriebene Pumpe mehr leistet als andere. Wie wir gesehen haben, kommen in der Atmungskette drei Oxphos-Einheiten vor, die mit unterschiedlichen

Elektronenüberträgern verbunden und daher auch an verschiedene Protonenpumpen gekoppelt sind. Von diesen drei Pumpen ist die an der Stelle III die stärkste. Sie verfügt über ein Potentialgefälle von annähernd 500 Millivolt und arbeitet daher praktisch irreversibel, während an den Stellen I und II mit Potentialdifferenzen von etwa 300 Millivolt die Pumprichtung frei umkehrbar ist. Wegen des besonders tiefen Sturzes an der Stelle III können Elektronen, die dem System auf dem *c*-Niveau oder dem *b*-Q-Niveau zugeführt werden, ein genügend hohes Protonenpotential aufbauen, um den Elektronenfluß an der oder den Stellen oberhalb ihres Eintrittsniveaus umzukehren. Damit sich solch ein rückläufiger Elektronentransport einstellen kann, muß ein geeigneter Akzeptor – zum Beispiel NAD^+ – angeliefert werden, der die emporgehobenen Elektronen auf dem höheren Niveau entgegennimmt. Man hat bei Mitochondrien künstlich diese Umkehrung hervorgerufen, und wir werden noch sehen, daß sie auch natürlich in vielen autotrophen Organismen stattfindet und dort eine außerordentliche biologische Bedeutung besitzt.

Um das System richtig zu verstehen, muß man sich klarmachen, daß mitochondriale Protonenpumpen nicht wirklich Säure abgeben, wie es etwa die Protonenpumpen der Magenschleimhautzellen tun. Das liegt daran, daß die ausgestoßenen Protonen weder von einem negativen Ion begleitet noch gegen ein anderes positives Ion ausgetauscht werden. Die Protonenabgabe erzeugt ein elektrisches Ungleichgewicht, da im Inneren des Mitochondrions positive Ladungen verloren gehen; an der Mitochondrienmembran wird also ein außen positives elektrisches Potential aufgebaut. Je mehr es zunimmt, desto schwerer lassen sich Protonen gegen dieses Potential nach außen bringen – bekanntlich stoßen sich nach dem Coulombschen Gesetz gleichnamige Ladungen ab. Die Pumpe kommt schließlich zum Stillstand, wenn ihre Kraft nicht mehr ausreicht, um eine zusätzliche positive Ladung gegen das elektrische Potential zu bewegen. Das Protonenpotential drückt sich in diesem System also hauptsächlich in Form einer an die Membran angelegten elektrischen Potentialdifferenz aus. Daß sich auch der Säuregrad innen und außen geringfügig unterscheidet, ist weniger wichtig.

Da wir Energie und Leistung der Pumpe kennen, können wir das mitochondriale Membranpotential berechnen. Für 14/*n* Kilokalorien (entsprechend 58 600/*n* Joule) pro Protonenäquivalent ergibt sich ein Potential von

$$\frac{58\,600}{96\,500 \times n} = 0{,}6/n \text{ V}$$

Nach Mitchell ist $n = 2$, was ein Membranpotential von 300 Millivolt bedeutet. Doch nicht alle Forscher stimmen mit Mitchell überein. Manche setzen für *n* 3 oder 4 ein, was zu einem Potential von 200 oder 150 Millivolt führt. Andere halten das Membranpotential sogar für noch niedriger, und zwar nicht so sehr deshalb, weil sie an Mitchells Stöchiometrie zweifeln, sondern weil sie glauben, daß sich das Protonenpotential teilweise auch in Konformationsänderungen in der Membran niederschlägt. Leider besitzen wir kein geeignetes Voltmeter, um diese Frage zu klären, und auch unsere Augen sind trotz aller Hilfsmittel nicht scharf genug, um zu erkennen, ob die Moleküle sich verformen, wenn die Mikro-Schaltkreise energetisch aufgeladen werden.

Was wissen wir nun über die Pumpen selbst? Leider sehr wenig. Es sind zwar verschiedene ATP-getriebene Protonenpumpen bekannt – die in den Membranen der Endosomen und Lysosomen haben wir bereits kennengelernt –, aber der molekulare Mechanismus, der den Protonentransport an die ATP-Hydrolyse koppelt, ließ sich bisher noch für keine Pumpe aufklären. Man weiß, daß die mitochondriale ATP-getriebene Protonenpumpe in den kleinen Knöpfen lokalisiert ist, die aus der inneren Mitochondrienmembran herausragen, und daß man sie durch die Substanz Oligomycin selektiv blockieren kann. Dieser Stoff wird, wie der Name andeutet, von einem Pilz (griechisch *mykês*) produziert. Wir werden auf unserer Tour noch andere ,,Mycine'' kennenlernen. Sie sind für Biochemiker und Molekularbiologen zu unschätzbaren Hilfsmitteln geworden und haben geholfen, einige der kompliziertesten biologischen Mechanismen aufzuklären. Interessanterweise gehen sie alle gewissermaßen auf das Penicillin zurück. Vor der Entdeckung dieser Substanz interessierten sich nur wenige Wissenschaftler für Schimmelpilze. Nachdem man aber herausgefunden hatte, daß einer von ihnen (*Penicillium notatum*) einen Stoff produziert (den man entsprechend Penicillin nannte), der das Wachstum bestimmter pathogener Mikroorganismen unterbinden kann, begann man überall, nach anderen Pilzprodukten mit antibiotischen Eigenschaften zu suchen. Hunderttausende von Pilzstämmen aus der ganzen Welt wurden überprüft, und man entdeckte zahllose aktive Substanzen. Einige wenige gelangten zur klinischen Anwendung, beispielsweise Streptomycin. Die meisten mußten jedoch verworfen werden, weil sie sich für den menschlichen Organismus als hochgiftig erwiesen; sie hemmen nämlich so grundlegende biologische Prozesse wie die DNA-Transkription, die Proteinsynthese oder die oxidative Phosphorylierung. Aber in der Biochemie können wir oft gerade dadurch viel über die Arbeitsweise einer Maschine lernen, daß wir beobachten, wie sie von Hemmstoffen blockiert wird. So tragen denn auch jene Abfallprodukte der Arzneimittelforschung zu entscheidenden wissenschaftlichen Erkenntnissen bei. Dies verdeutlicht einmal mehr in der Geschichte der Wissenschaft, wie wenig sich neue Entdeckungen vorhersehen lassen und wie kurzsichtig jene Bürokraten sind, die – leider immer häufiger – Wissenschaftler auf starr festgelegte Forschungsprogramme verpflichten möchten.

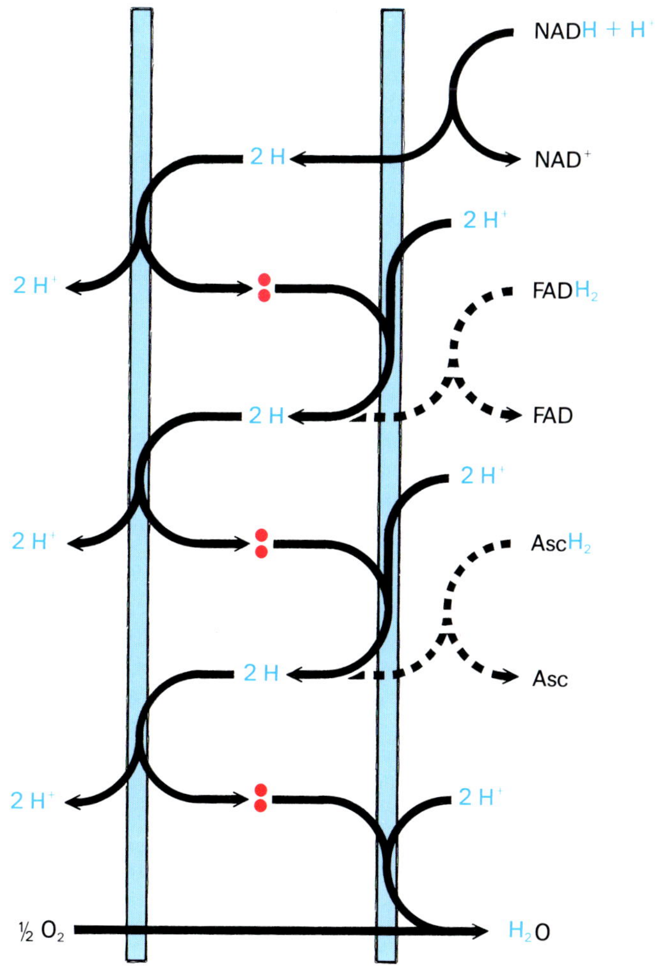

Die von Mitchell vorgeschlagene Schleifenhypothese soll die Koppelung zwischen Elektronentransport und Protonenausstoß erklären. Danach tragen die Elektronen an jeder Phosphorylierungsstelle Protonen von innen nach außen und kehren nackt wieder zurück.

Die elektronengetriebenen Protonenpumpen, denen wir uns jetzt zuwenden wollen, müssen wir direkt in der molekularen Architektur der Mikro-Schaltkreise suchen, denn Elektronentransport und Protonenausstoß sind obligatorisch miteinander gekoppelt. Mitchell hat eine geniale Hypothese aufgestellt, um diese Koppelung zu erklären. Vereinfacht ausgedrückt nimmt er an, daß Elektronen als Wasserstoffatome vom Inneren der Mitochondrien in die Oxphos-Einheiten eintreten und daß sie nackt wieder zurückkehren, nachdem sie außen Protonen abgegeben haben. Dieses Modell verlangt, daß die Mikro-Schaltkreise aus miteinander abwechselnden wasserstoff- und elektronenübertragenden Abschnitten bestehen und als membrandicke Schleifen ausgebildet sind. Damit wäre die Frage beantwortet, welche Zwänge die molekulare Anatomie der Mikro-Schaltkreise dem Elektronenfluß auferlegt. Die Elektronen müssen in einer Wellenlinie durch die Membran fließen – immer von einer Seite zur anderen, einmal mit und einmal ohne Protonen. In Wirklichkeit sind die Mechanismen wesentlich komplizierter, als es diese vereinfachte Darstellung vermuten läßt. Sie umfassen subtile Konformations- und physikalisch-chemische Änderungen, die auftreten, wenn die Trägermoleküle vom oxidierten in den reduzierten Zustand übergehen. Wenn man diese Erfordernisse zu all den bereits aufgeführten Bedingungen hinzunimmt, ergibt sich eine wirklich ausgefeilte Maschinerie. Und das Ganze paßt immerhin auf einen ,,biologischen Mikrochip'', der nicht einmal ein Millionstel Zentimeter dick und zweieinhalb Millionstel Zentimeter breit ist.

Wegen der eingebauten Zwänge geben mitochondriale Oxphos-Einheiten niemals unnötig Energie ab. Elektronenfluß und ATP-Synthese sind obligatorisch miteinander gekoppelt; das bedeutet, daß sich die Geschwindigkeit des Elektronenflusses (und des Substrat- und Sauerstoffverbrauchs) automatisch an die des ATP-Verbrauchs anpaßt. Im Ruhezustand wird wenig ATP umgesetzt, also sind auch Nahrungsverbrauch und Atmung gering. Steigt der ATP-Bedarf plötzlich an – etwa bei einem Athleten, der ein Rennen startet –, dann nimmt der Elektronenfluß sofort um ein Vielfaches zu;

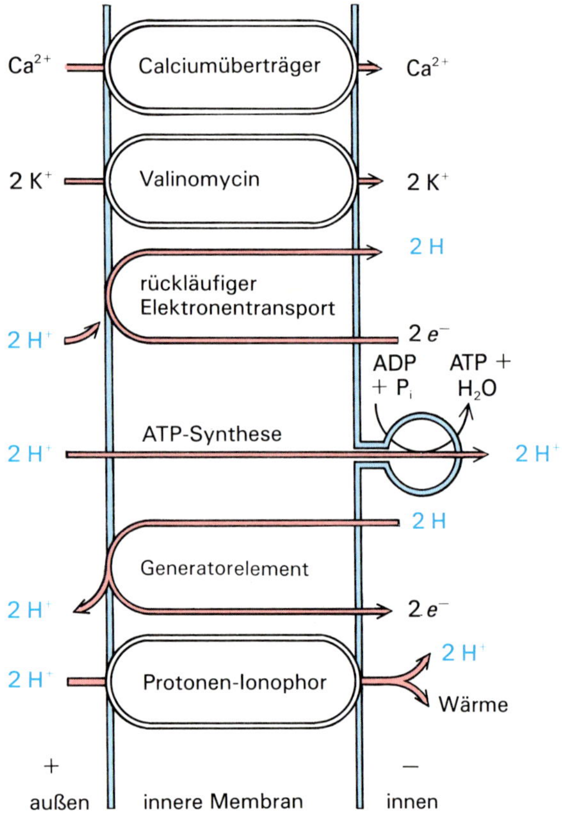

Die in Mitochondrien erzeugte protonenmotorische Kraft kann verschiedene Formen von Arbeit antreiben. Die Protonen können: nach innen *zurückkehren* und ATP-Synthesen ermöglichen; mit Elektronen niedrigen Potentials *zurückkehren* und sie auf ein höheres Niveau heben; über einen natürlicherweise in der Membran vorkommenden Calciumüberträger gegen Calciumionen *ausgetauscht* werden; nach Zusatz von Valinomycin (einem aus Pilzen gewonnenen Kalium-Ionophor) gegen Kaliumionen *ausgetauscht* werden; schließlich auch frei *zurückkehren*, wenn man ein Protonen-Ionophor (einen Entkoppler) zugibt, der bewirkt, daß das Potential zusammenbricht und die ganze Energie als Wärme frei wird. Man beachte, daß all diese Formen von Arbeit auch durch die ATP-Synthese-Maschinerie geleistet werden können, wenn diese rückwärts läuft und als protonenausstoßende ATP-Hydrolase wirkt.

gleichzeitig verstärken sich im selben Maße die katabolische Oxidation und die Sauerstoffaufnahme. Diesen Regelmechanismus nennt man Atmungskontrolle.

Die Kontrolle hängt von der Stärke der Koppelung ab, und die wiederum wird dadurch bestimmt, wie protonendicht die Membran ist. Jede Substanz, die Protonen durch die Lipid-Doppelschicht der Mitochondrienmembran transportieren kann (ein Protonen-Ionophor), läßt sofort das Protonenpotential zusammenbrechen und führt zur Entkoppelung des Systems. Viele solche Entkoppler sind bekannt; der Prototyp ist das 2,4-Dinitrophenol.

Das Protonenpotential kann auch dadurch abgebaut werden, daß man positiv geladene Ionen zuführt, die fähig sind, durch die Membran in das Mitochondrion einzudringen. Dafür müssen allerdings geeignete Träger in der Membran vorhanden sein. Ein natürliches Trägermolekül gibt es für Calciumionen, was dazu führt, daß Mitochondrien ihre Umgebung gewöhnlich frei von Calcium halten – übrigens ein wichtiger Regulationsmechanismus (siehe Kapitel 12). Eine Passage von Kaliumionen wird künstlich ermöglicht, wenn man das Pilzgift Valinomycin zugibt, das als Kalium-Ionophor wirkt. Man beachte, daß in diesen Fällen immer noch Arbeit verrichtet wird. Der Elektronenfluß unterhält jetzt den aktiven, nach innen gerichteten Transport der zugesetzten Kationen, die gegen die heraustransportierten Protonen ausgetauscht werden.

Abschließend sollten wir noch darauf hinweisen, daß die Substratketten-Oxphos-Einheiten in der Glykolyse und im Krebs-Zyklus nicht von einer protonenmotorischen Kraft angetrieben werden. Bei ihnen handelt es sich um rein chemische Wandler. Das relativ früh gewonnene Verständnis der Substratketten-Phosphorylierung hat sogar die Aufklärung der membrangekoppelten Elektronentransportketten-Phosphorylierung, wie wir sie in Mitochondrien vorfinden, lange Zeit behindert, denn die meisten Forscher suchten immer wieder nach nicht existierenden chemischen Zwischenprodukten.

Wachstum und Vermehrung der Mitochondrien

Mitochondrien wachsen und teilen sich, wie man es auch von einem symbiontisch lebenden Mikroorganismus erwarten würde. Doch anders als ihre mutmaßlichen bakteriellen Vorfahren stellen sie kaum einen ihrer Bestandteile selbst her. Die meisten mitochondrialen Proteine werden im außerhalb gelegenen Zellplasma synthetisiert, und zwar nach Anweisungen, die vom Zellkern kommen. Wie die Proteine zu den Mitochondrien gelangen und dort zwei Membranschichten durchqueren, ist noch unklar. Wir werden uns in Kapitel 15 mit dieser Frage beschäftigen.

Selbstverständlich erwerben Bakterien ihre Proteine nicht auf diese Weise. Sie produzieren sie selbst, mit eigenen Ribosomen und mit Informationen, die sie von ihren eigenen Genen ablesen. Eigentlich könnten es ihre symbiontischen Nachfahren genauso machen. Das ist aber nicht der Fall: Sollte man also die Endosymbionten-Theorie verwerfen? Nicht unbedingt, denn Mitochondrien werden nicht ausschließlich von Genen des Kerns kontrolliert; sie besitzen tatsächlich ein eigenes genetisches System. Es ist zwar sehr rudimentär und trägt nur die Bauanweisungen für wenige Proteine, kann aber als vollständig gelten, da es neben DNA alle Bestandteile enthält, die für die Replikation, Transkription und Translation der genetischen Information nötig sind. Daß es auch genutzt wird, zeigt sich in der Synthese bestimmter mitochondrialer Proteine, beispielsweise Teilen des Cytochromoxidase-Komplexes. Das genetische System der Mitochondrien kann sogar Mutationen erleiden, die dann mit dem Zellplasma und nicht durch die üblichen chromosomalen Mechanismen (Mendelsche Erbgänge) weitergegeben werden. Die sogenannte *petite*-Mutation der Hefe ist ein typisches Beispiel einer genetischen Veränderung der mitochondrialen DNA.

Das Faszinierende an der genetischen Maschinerie der Mitochondrien ist, daß sie typisch bakterielle Eigenschaften aufweist. Ihre DNA liegt – ähnlich wie die der Bakterien – als geschlossener Ring vor. Die Ribosomen sind kleiner als die des Zellplasmas, aber etwa so groß wie bakterielle Ribosomen. Ihre Fähigkeit, Proteine herzustellen, wird durch das Antibiotikum Chloramphenicol blockiert, das ein Hemmstoff der bakteriellen, nicht aber der eukaryontischen Proteinsynthese ist. Umgekehrt erweist sich der bei Eukaryonten wirksame Hemmer Cycloheximid in Mitochondrien als inaktiv – genau wie bei Bakterien. Am meisten beeindruckt jedoch, daß Mitochondrien nicht einmal die gleiche Sprache wie der Rest der Zelle sprechen; sie verwenden einen teilweise anderen genetischen Code.

Das sind einige der Gründe, warum viele Wissenschaftler glauben, daß Mitochondrien von weit zurückliegenden prokaryontischen Vorfahren abstammen, die als Endosymbionten aufgenommen wurden und während eines lange anhaltenden Integrationsprozesses immer stärker die Kontrolle über ihr eigenes Schicksal verloren. Wenige Spuren ihrer einstigen Autonomie scheinen jedoch diese Anpassung überdauert zu haben, und aus ihnen erfahren wir etwas von jenen enorm wichtigen historischen Ereignissen, die vielleicht vor über einer Milliarde Jahren stattgefunden haben. Ohne diese sprechenden Überbleibsel würden die damaligen Geschehnisse für immer im Dunkel der Vergangenheit begraben sein. Allerdings sind die Enthüllungen zwiespältig, und manche Wissenschaftler haben sie auch anders interpretiert.

Kapitel 10

Die Chloroplasten: Autotrophie und Photosynthese

Obwohl wir uns auf unserer Reise hauptsächlich mit tierischen Zellen beschäftigen, wollen wir in diesem Kapitel einen Ausflug in die Pflanzenwelt unternehmen, um die bisherigen Eindrücke zu vervollständigen. Pflanzen gehören zur großen Gruppe der autotrophen – wörtlich: sich von sich selbst ernährenden – Organismen, die man seltener, aber zutreffender, auch als lithotroph bezeichnet (vom griechischen *lithos* für Stein). Die ,,Nährstoffe'' autotropher Lebewesen kommen nämlich ausschließlich aus der mineralischen Welt, und zwar in Form von Kohlendioxid (CO_2), Wasser (H_2O), Nitrat (NO_3^-), Sulfat (SO_4^{2-}) und ähnlichen anorganischen Substanzen. Alle notwendigen Elemente sind darin zwar vorhanden, liegen jedoch in praktisch ,,kalorienfreien'' – vom energetischen Standpunkt her nutzlosen – Verbindungen vor. Anders als heterotrophe (organotrophe) Organismen können die Autotrophen daher Energie nicht aus ihrer Nahrung gewinnen, sondern müssen sie aus anderen Quellen beziehen.

Überleben in einer leblosen Welt

In welcher Form wird diese Energie aufgenommen? Die verschiedenen möglichen Antworten auf diese Frage laufen letztlich alle auf dasselbe hinaus: Elektronen. Daß gerade sie für autotrophes Leben notwendig sind, ergibt sich aus der Natur seiner Bausteine. Um CO_2, H_2O, NO_3^-, SO_4^{2-} und ähnliche Nährstoffe in Kohlenhydrate, Proteine, Lipide und andere biologische Bestandteile umzuwandeln, müssen viele Elektronen zugeführt werden – so viele, wie heterotrophe Lebewesen bei der Oxidation dieser Komponenten freisetzen. Daß Leben sich auch allein durch Elektronen aufrecht erhalten läßt, können wir aus unserem Wissen über heterotrophe Organismen schließen. Jedes Lebewesen, das über wenigstens eine funktionstüchtige Oxphos-Einheit verfügt, kann diese Elektronen zur Produktion von ATP ausnutzen und dadurch seinen gesamten Energiebedarf decken.

Die Elektronen müssen allerdings von guter energetischer Qualität sein, das heißt, auf einem genügend hohen Potentialniveau zugeführt werden. Was die ATP-Synthese betrifft, ist die erforderliche Höhe flexibel, da sie von dem Niveau abhängt, auf dem die Elektronen die Oxphos-Einheit verlassen. Sie müssen beim Eintritt nur mindestens 300 Millivolt über diesem Austrittsniveau liegen (sofern sie, wie üblich, als Paare hinabfallen). Für reduktive Synthesen gelten engere Grenzen. Dabei werden die Elektronen fast immer auf einem Niveau angeliefert, das mindestens dem des NADH entspricht. Der Grund liegt auf der Hand: Von eben diesem

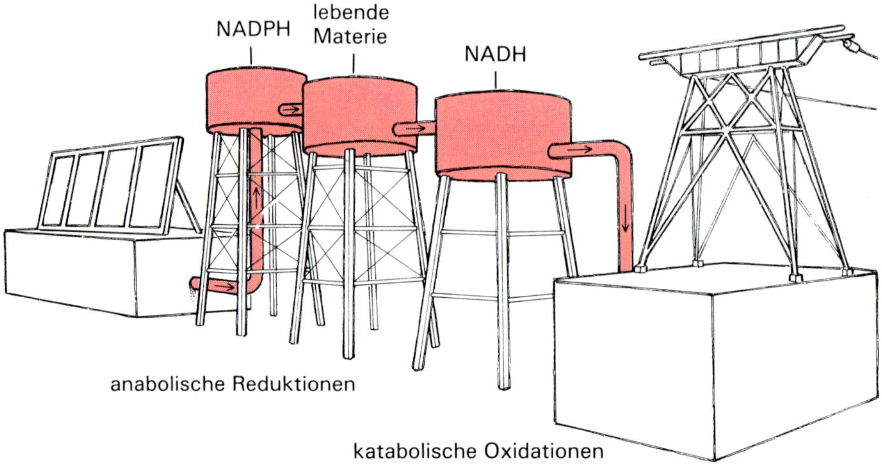

Arbeitsteilung zwischen NAD und NADP. Damit das NADPH-Reservoir seine Aufgaben bei anabolischen Reduktionen erfüllen kann, wird es auf einem höheren Energieniveau gehalten als das NADH-Reservoir, das hauptsächlich dem Katabolismus dient.

Die Morgendämmerung des Lebens.

Niveau stürzen die meisten gespeicherten Elektronen in katabolischen Reaktionen hinab.

In primitiven Systemen werden autotrophe Reduktionen mit Hilfe von NADH ausgeführt – also mit demselben Coenzym wie katabolische Oxidationen. Das gilt auch für die Glykolyse der Tiere. Wie wir am Ende von Kapitel 7 gesehen haben, arbeitet die Glykolysekette nahe am thermodynamischen Gleichgewicht, so daß schon kleine Änderungen in der Konzentration der beteiligten Substanzen ausreichen, um den Elektronenfluß durch die Oxphos-Einheit umzukehren und die Zelle von Glykolyse auf Gluconeogenese (Glucosesynthese) umschalten zu lassen.

Im allgemeinen hält die Natur jedoch für biosynthetische Reduktionen ein spezielles Coenzym bereit und trennt damit Anabolismus von Katabolismus. Dieses Coenzym ist ein phosphoryliertes Derivat des NAD, das NADP oder ausführlicher Nicotinamid-adenin-dinucleotid-phosphat. Trotz seiner engen Verwandtschaft mit NAD wird es im Stoffwechsel anders behandelt. So verwenden Dehydrogenasen fast ausschließlich entweder das eine oder das andere Coenzym, nicht aber beide. Dank dieser unterschiedlichen Behandlung, für die – wenn nötig – noch zusätzlich Energie verbraucht wird, kann das NADPH-Reservoir physiologisch auf einem wesentlich höheren Energieniveau gehalten werden als das des NADH: nämlich etwa bei 1200 Millivolt über dem Wasser/Sauerstoff-Niveau oder bei 55 Kilokalorien pro Paar auf Sauerstoff übertragene Elektronenäquivalente. Das trägt der Tatsache Rechnung, daß Elektronen, die sich aus eigener Kraft bewegen, immer abwärts wandern. So fallen sie bei synthetischen Reduktionen vom NADPH-Niveau auf das der Substrate hinunter. Und im Katabolismus stürzen sie dann noch weiter ab: vom Substrat zum NAD^+, vom NADH zum nächsten Akzeptor und letztlich hinunter zum Sauerstoff. Autotrophe Lebewesen müssen aber nicht nur ausreichend mit hochwertigen Elektronen versorgt werden, sie benötigen auch eine entsprechende katalytische Maschinerie. Vieles können sie mit heterotrophen Organismen gemein haben, weil sich zahlreiche Reaktionen, die in diesen stattfinden, leicht umkehren lassen. Einige Prozesse jedoch kommen ausschließlich bei Autotrophen vor.

Wenn wir autotrophe Reaktionsmechanismen verstehen wollen, müssen wir uns in Gedanken um etwa 4,5 Milliarden Jahre zurückversetzen. In jener „präbiotischen" Frühzeit verwandelte sich nach Meinung der meisten Wissenschaftler unser junger, erkaltender, aber noch unbelebter Planet allmählich in eine Brutstätte organischer Synthesen. Was wirklich geschah, werden wir wahrscheinlich niemals genau wissen. Aber wir können begründet vermuten, daß verschiedenartige organische Moleküle – darunter viele Grundbausteine heute lebender Organismen – damals spontan zu entstehen begannen, weil bestimmte günstige chemische und physikalische Bedingungen zusammentrafen. Folgende Faktoren gehörten wahrscheinlich dazu: eine reduzierende, sehr feuchte und an Kohlenstoff-Stickstoff-Gasen reiche Atmosphäre, eine starke Energiezufuhr durch Hitze, ultraviolette Strahlung und elektrische Entladungen in Gewittern, katalytisch aktive Lehme und andere Mineralien sowie seichte Wassertümpel, in denen eine langsam eingedickte „Ursuppe" vor sich hin köchelte. Das klingt alles ziemlich phantastisch, aber man hat einige solche Ereignisse inzwischen im Laboratorium nachvollzogen, indem man die Bedingungen simulierte, die nach Meinung der Geophysiker in jenen präbiotischen Zeiten geherrscht haben.

Was anschließend geschah, ist noch schwerer vorstellbar. Irgendwie entstanden verschiedenartige Polymere und lagerten sich in allen möglichen Zufallskombinationen zusammen; einige wenige entwickelten dabei die Fähigkeit, sich selbst zu vermehren und zu regulieren. Von da an konnte die natürliche Selektion eingreifen; ,,Zufall und Notwendigkeit" erzeugten gemeinsam immer komplexere und stabiler organisierte Molekülassoziationen (siehe Kapitel 18). Schließlich entstanden Strukturen, die wir heute als lebende Zellen ansprechen würden. Es mag unglaublich erscheinen, aber dieser ganze Prozeß hat höchstens eine Milliarde Jahre gedauert. Danach existierten in so weit voneinander entfernten Regionen der Erde wie Grönland und Südafrika bereits bakterienähnliche Organismen. Es war Leben entstanden.

Wer schwerlich glauben mag, daß sich etwas so Komplexes wie eine Bakterienzelle in dieser Zeitspanne entwickelt haben könnte, sollte sich vielleicht an Francis Crick halten, der durch die DNA-Doppelhelix berühmt geworden ist (siehe Kapitel 16). Er nimmt an, daß die ersten Bakterien durch ein Raumschiff von einer fernen Zivilisation auf unseren Planeten gelangt sind (Theorie der ,,gerichteten Panspermie"). Aber selbst wer an eine so weit hergeholte Verwandtschaft glaubt, hat damit das Problem vom Ursprung des Lebens natürlich nicht gelöst. Er hat es nur an einen in Raum und Zeit weiter entfernten Punkt verlegt, von dem man vermuten mag, daß er bessere Bedingungen für eine spontane Entstehung des Lebens bot als unser eigener Planet. Wenn man berücksichtigt, wie wenig wir über den wahren Zustand der Erde vor mehreren Milliarden Jahren wissen, erscheint es kaum einleuchtend, das Leben als kosmisches Importprodukt anzusehen. Außerdem sollte man bedenken, daß die moderne kosmologische Theorie den Ursprung des Universums auf einen ,,Urknall" zurückführt, der vor etwa 15 Milliarden Jahren stattgefunden haben soll; unsere angeblichen Ahnherren hatten also gar nicht so viel mehr Zeit, um sozusagen aus dem Nichts ihren phantastischen Entwicklungsstand zu erreichen, als uns für unsere eigene Entwicklung zur Verfügung stand. Damit scheidet auch die Möglichkeit aus, daß Leben eine ewige Eigenschaft des Universums ist und in Form von Keimen im ganzen Weltraum vorkommt, wie es vor etwa 100 Jahren der Vater der ursprünglichen Panspermie-Theorie, der schwedische Wissenschaftler Svante Arrhenius, annahm (der vor allem wegen seiner Gleichung bekannt ist, die den Einfluß der Temperatur auf die chemische Reaktionsgeschwindigkeit beschreibt).

Doch zurück zu unserer Geschichte. Es ist durchaus denkbar, daß die frühen Bakterien, die in jenen fernen Zeiten auf der Erde – oder anderswo – erschienen, zunächst als heterotrophe Organismen sozusagen von der Substanz des Landes lebten und organische Moleküle fraßen, die durch abiotische (nicht lebendige) Mechanismen entstanden waren. Aber früher oder später – spätestens als die abiotische Nährstoffzufuhr zu versiegen begann – muß zumindest eine Gruppe von Organismen irgendeine Form der Autotrophie entwickelt haben. Anderenfalls wäre das Leben ausgestorben.

Am ehesten konnten wohl solche Organismen durch Autotrophie überleben, die in ihrer unmittelbaren Umgebung über hochwertige (energiereiche) Elektronen verfügten. Es gibt Quellen ,,guter" Elektronen in der mineralischen Welt, auch wenn sie nicht sehr häufig sind. Man findet sie sogar heute, und sie müssen in der damaligen hoch reduzierenden Umwelt noch viel zahlreicher gewesen sein. Zu ihnen gehören beispielweise Wasserstoffgas, Kohlenmonoxid und besonders die verschiedenen schwefligen Dämpfe vulkanischen Ursprungs. Wahrscheinlich ist es nicht bloß Zufall, daß so viele heute lebende autotrophe Bakterien zur Gruppe der Thiobakterien (vom griechischen *theion* für Schwefel) zählen. Sie legen Zeugnis von jenen Tagen ab, als das Leben entstand – in einer Welt, die höchst unromantisch nach faulen Eiern gerochen haben muß.

Elektronen, die von außen auf einem genügend hohen Energieniveau zugeführt wurden – sagen wir, pro Paar Elektronenäquivalente 50 oder mehr Kilokalorien über dem Niveau von Wasser/Sauerstoff –, konnten mit Hilfe geeigneter Katalysatoren alle notwendigen autotrophen Reduktionen unterhalten. Sehr problematisch wäre für solche primitiven Heterotrophen jedoch die ATP-Versorgung geworden, wenn sie – wie wir in Kapitel 7 spekuliert haben – anaerobe Gärung betrieben hätten und von Substratketten-Phosphorylierungen abhängig gewesen wären. Um auf ,,Elektronentreibstoff" umzustellen, benötigten sie eine neuartige Maschinerie als ,,Motor", nämlich eine Oxphos-Einheit, die Elektronen von einem äußeren Donator empfängt und sie an einen wiederum äußeren Akzeptor abgibt, so wie wir es von der Atmungskette in den Mitochondrien kennen. Wann eine derartige Maschine in der Geschichte des Lebens erfunden worden ist, entzieht sich unserer Kenntnis. Aber wenn sich die heutigen bioenergetischen Mechanismen nicht völlig von den damaligen unterscheiden, scheint es vernünftig anzunehmen, daß sich eine solche Grundkomponente autotrophen Lebens vor oder spätestens mit der Autotrophie entwickelt hat. Auch wenn wir nicht wissen, wie dieser primitive Apparat arbeitete, dürfen wir wohl vermuten, daß er mit protonenmotorischer Kraft betrieben wurde. Wahrscheinlich war er der Prototyp jenes universellen Energiewandlers, den wir heute bei Autotrophen wie Heterotrophen finden, seien es nun Prokaryonten oder Eukaryonten.

Vielleicht haben die frühen autotrophen Organismen, von denen vermutlich alle heutigen Lebensformen abstammen, diese entscheidende Neuerung ursprünglich als Anpassung an eine extrem saure Umwelt erworben. Man findet eine solche Anpassung heute bei den sogenannten thermoacidophilen Bakterien, die zur Gruppe der Archaebakterien (vom griechischen *archaios* für alt), einer vermutlich besonders alten Lebensform, gehören. Wie ihr Name sagt, sind Thermoacidophile, die man in heißen Schwefelquellen findet, sowohl an hohe Temperaturen als auch an hohe Säuregrade angepaßt. Sie überleben in dieser unwirtlichen Umgebung, indem sie aktiv Protonen nach außen pumpen und den resultierenden Gradienten benutzen, um verschiedene Formen von Arbeit zu leisten.

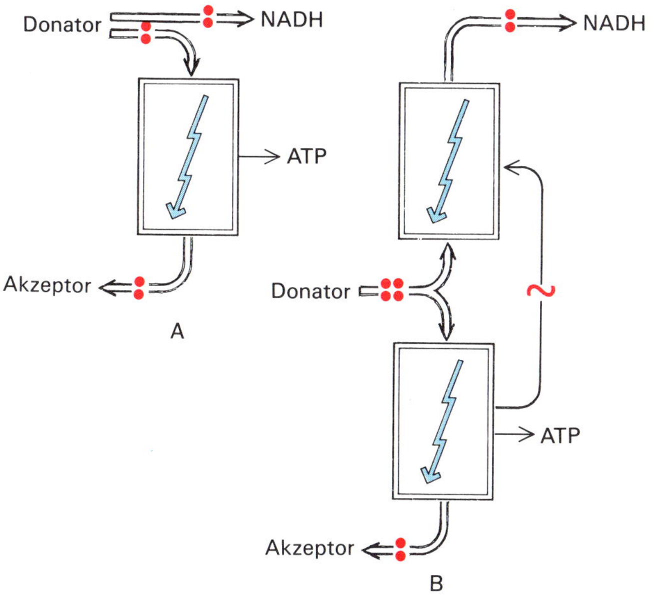

Chemolithotrophie erfordert: erstens einen exogenen Elektronendonator, der sowohl anabolische Reduktionen als auch die katabolische Energieversorgung gewährleistet; zweitens einen exogenen Elektronenakzeptor, dessen Potential um mindestens 300 Millivolt niedriger liegen muß als das des Donators, damit ATP gebildet werden kann; drittens mindestens eine funktionstüchtige Oxphos-Einheit zwischen Donator und Akzeptor. Das reicht aus, wenn das Potential des Elektronendonators – wie im Beispiel A – hoch genug ist, um NAD^+ direkt zu reduzieren. Anderenfalls wird mindestens eine weitere, rückwärts laufende Oxphos-Einheit benötigt, die die Elektronen auf das Potential von NADH anhebt (Beispiel B).

Was auch immer von diesen Spekulationen wahr sein mag – wenn heutige Baupläne überhaupt auf die frühesten Lebensformen anwendbar sind, müßte der primitivste autotrophe Organismus, den wir uns vorstellen können, mit energiereichen Elektronen gearbeitet haben. Mit ihnen lassen sich jedenfalls sowohl biosynthetische Reduktionen als auch eine Oxphos-Einheit betreiben, von der aus die Elektronen auf einen äußeren Akzeptor mit ausreichend niedrigem Energieniveau gelangen. (Sauerstoff war dafür allerdings damals wohl nicht verfügbar.) Wenn eine solche Oxphos-Einheit nun – wie in der Atmungskette – auch noch rückwärts laufen kann und mit ein oder zwei ähnlichen Einheiten zusammengeschaltet wird, die auf einem niedrigeren Niveau arbeiten, erhält man ein wesentlich anpassungsfähigeres System, das auch Elektronen eines mäßig hohen Energieniveaus auszunutzen vermag. Durch die untere(n) Oxphos-Einheit(en) kann dann der gesamte Energiebedarf gedeckt werden, einschließlich der Kosten, die entstehen, wenn Elektronen für biosynthetische Reduktionen angehoben werden. Das Anheben selbst besorgt die obere Oxphos-Einheit, indem sie mit der von unten gelieferten Energie rückwärts läuft, wie wir es von den Mitochondrien her kennen (siehe Kapitel 9). Eine solche Maschinerie ist in der einen oder anderen Form für alle heute lebenden Chemolithotrophen charakteristisch. Viele dieser Organismen sind aerob und können daher erst spät entstanden sein. Aber man kennt auch einige wenige anaerobe Chemolithotrophe – beispielsweise *Desulfovibrio desulfuricans* (reduziert SO_4^{2-} mit H_2) und *Thiobacillus denitrificans* (reduziert NO_3^- mit $S_2O_3^{2-}$).

Wenn die evolutionären Neuerungen hiermit geendet hätten, wäre das Leben, wenn überhaupt, auf einem sehr primitiven Niveau stehengeblieben und hätte sich ängstlich an jene – wahrscheinlich langsam schwindenden – ökologischen Nischen geklammert, die Chemolithotrophie ermöglichen. Damit es sich immer mehr entfalten konnte, mußte eine weitere elementare Erfindung hinzukommen: die Nutzbarmachung des Sonnenlichts. Wir wissen allerdings nicht, ob diese Entwicklung der der Chemolithotrophie vorausgegangen oder gefolgt ist. Beide Formen der Autotrophie sind unabdingbar auf elektronengetriebene Oxphos-Einheiten angewiesen. Photosynthetisch aktive Organismen besitzen aber zusätzlich einen lichtgetriebenen Apparat, der Elektronen anheben kann: eine photoelektrische Einheit.

Phototrophie. Phototrophe Bakterien nutzen als Donator ein organisches (Photoorganotrophie) oder anorganisches (Photolithotrophie) Molekül mit einem relativ hohen Elektronenpotential. Für die grünen photosynthetisch aktiven Bakterien (A) ist charakteristisch, daß die Elektronen zunächst durch eine Oxphos-Einheit geschleust und anschließend von einer Photoeinheit emporgehoben werden. Von dort lassen sie sich entweder auf NAD^+ übertragen oder in die Oxphos-Einheit zurückführen (zyklische Photophosphorylierung), was über eine zweite Einheit erfolgen kann. Für photosynthetisch aktive Purpurbakterien (B) ist ein ähnliches Reaktionsschema typisch, nur kann die Photoeinheit hier die Elektronen nicht selbst bis zum NADH-Niveau hinaufbringen. Eine rückwärts laufende Oxphos-Einheit sorgt für die zusätzlich benötigte Kraft. Einige Donatoren reagieren auch direkt mit der Photoeinheit. Bei der Phototrophie der Pflanzen (C) hebt das Photosystem II die Elektronen vom Wasser auf einen endogenen Akzeptor, der sie an das Photosystem I weitergibt. Dieses arbeitet wie das System der grünen phototrophen Bakterien (Beispiel A), nur dient $NADP^+$ statt NAD^+ als endgültiger Akzeptor. Wie viele Oxphos-Einheiten zwischen den beiden Photoeinheiten eingebaut sind, ist noch unklar. Man beachte, daß Elektronen stets einzeln durch die Photoeinheiten hindurchwandern.

A

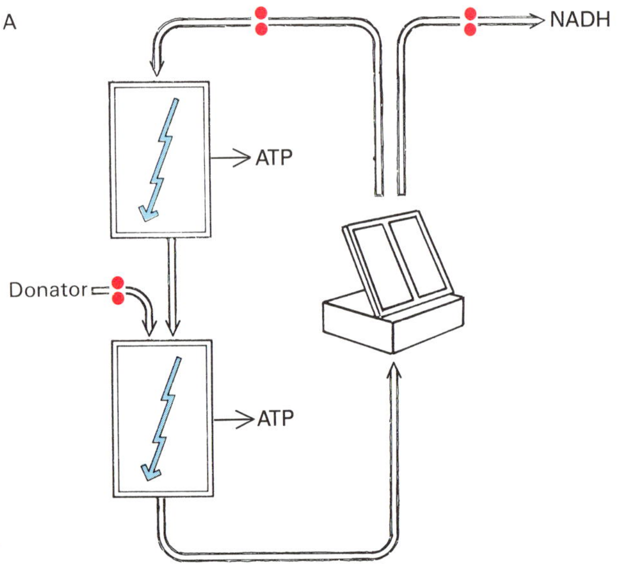

Der Griff nach dem Sonnenlicht

Das Zaubermittel der photoelektrischen Einheit ist das Chlorophyll (vom griechischen *chlôros* für grün und *phyllon* für Blatt), ein magnesiumhaltiger Abkömmling des ringförmigen Tetrapyrrols Porphyrin. Mit Eisen anstelle von Magnesium haben wir das Porphyrin bereits als aktiven Bestandteil des Hämoglobins, der Cytochrome (einschließlich des Atmungsferments) und anderer Hämoproteine kennengelernt (siehe Kapitel 9). Wie wichtig dieses Molekül für den Erfolg des Lebens auf der Erde war, braucht wohl nicht weiter betont zu werden. Interessanterweise gibt es jedoch mindestens einen Organismus, der seine photoelektrische Einheit mit einem völlig anderen Molekül konstruiert hat, nämlich mit einem Carotin, das chemisch mit dem Vitamin A verwandt ist. Einen solchen Apparat besitzt heute das purpurfarbene *Halobacterium halobium*, eine salzliebende Mikrobe,

B

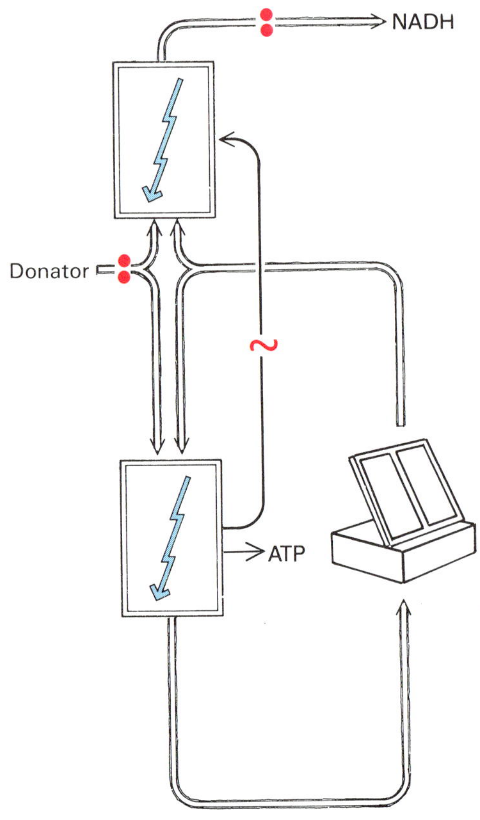

die auf der Oberfläche verdunstender Salzlachen wächst und zur Gruppe der Archaebakterien gehört. Carotine haben sich zwar bei der Sonnenenergienutzung nicht als sonderlich erfolgreich erwiesen, waren aber entscheidend an der Entwicklung der optischen Kommunikation beteiligt. Eines der wichtigsten lichtempfindlichen Pigmente des Auges, das Rhodopsin (vom griechischen *rhodon* für Rose und *opsis* für Sicht), ist eng mit dem Bacteriorhodopsin verwandt, dem Hauptbestandteil des photoelektrischen Energiegenerators in der Membran von *Halobacterium.*

Grundsätzlich sind biologische photoelektrische Einheiten dazu da, Elektronen von einem Donator niedriger Energie aufzunehmen, sie mit Hilfe von Licht auf ein höheres Energieniveau anzuheben und dann auf einen geeigneten Akzeptor zu übertragen. Das System kann mehrere Ausgänge besitzen, muß aber stets mit einer Oxphos-Einheit gekoppelt sein, durch die die photoaktivierten Elektronen wieder auf ein

C

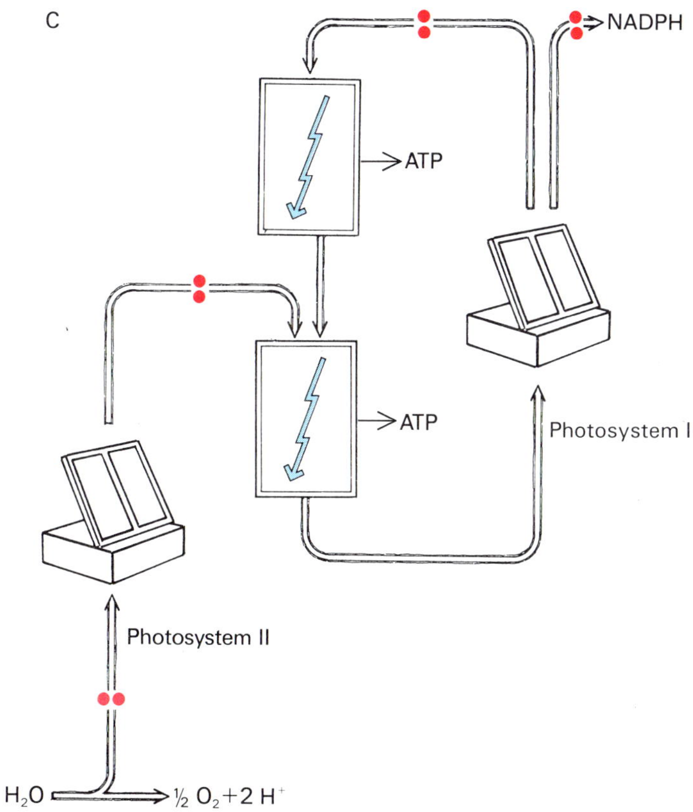

niedrigeres Energieniveau herabfallen. So kann ein Protonenpotential aufgebaut werden, das die ATP-Synthese oder eine andere Form von Arbeit antreibt. Photoeinheit und Oxphos-Einheit zusammen sorgen für die sogenannte Photophosphorylierung, die zyklisch oder nichtzyklisch sein kann, je nachdem, ob die herabfallenden Elektronen in die Photoeinheit zurückgeführt oder auf einen äußeren Akzeptor übertragen werden.

In einer solchen Kombination können die Elektronen für biosynthetische Reduktionen entweder direkt von der Photoeinheit kommen, falls deren Aktivierungsniveau ausreicht, oder aber durch eine rückwärts laufende Oxphos-Einheit angehoben werden, wie es bei der zweiten Form der Chemolithotrophie geschieht. Die Elektronendonatoren stammen meistens aus der mineralischen Welt (Photolithotrophie). Es sind jedoch auch Fälle von Photoorganotrophie bekannt. Vielleicht handelt es sich dabei um Übergangsformen zwischen Heterotrophie und Autotrophie.

Die primitivsten chlorophyllabhängigen photosynthetischen Komplexe findet man heutzutage bei den purpurnen und grünen Schwefelbakterien. Diese Organismen nutzen verschiedenartige Schwefelverbindungen als Elektronendonatoren und besitzen eine photochemische Maschinerie, die man als Photosystem I bezeichnet. Die meisten von ihnen sind strikt anaerob. Ein viel höher entwickeltes System – sozusagen die Krönung der Autotrophie-Erfindungen – ist das Photosystem II. Dieser Apparat verwendet charakteristischerweise Wasser als Elektronendonator und oxidiert es zu molekularem Sauerstoff. Die Organismen, die solch ein System besitzen, haben die größtmögliche Energieautonomie erreicht: Sie benötigen nur Wasser und Sonnenlicht, um alle ihre Maschinen anzutreiben. Das Photosystem II kann die Elektronen allerdings nicht allein vom Wasser bis hinauf zum NADPH emporheben. Es überträgt sie daher auf das Photosystem I, über das sie dann auf das Niveau von NADPH gelangen. Die beiden Photosysteme sind durch eine phosphorylierende Elektronentransportkette miteinander verbunden, die sowohl nichtzyklische als auch zyklische Photophosphorylierungen durchführen kann.

Die Hauptrolle bei dieser epochalen Entwicklung spielten bestimmte Mikroorganismen, genauer gesagt Blaualgen. Obwohl sie mit den eigentlichen – zu den Eukaryonten gehörenden – Algen (*alga* bedeutet im Lateinischen Tang) nicht verwandt sind, hat man diese Organismen so genannt, weil

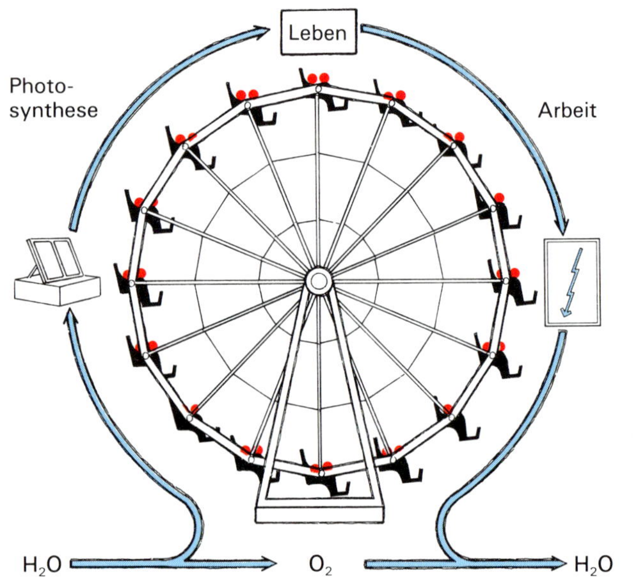

Das große Elektronen-Riesenrad des Lebens.

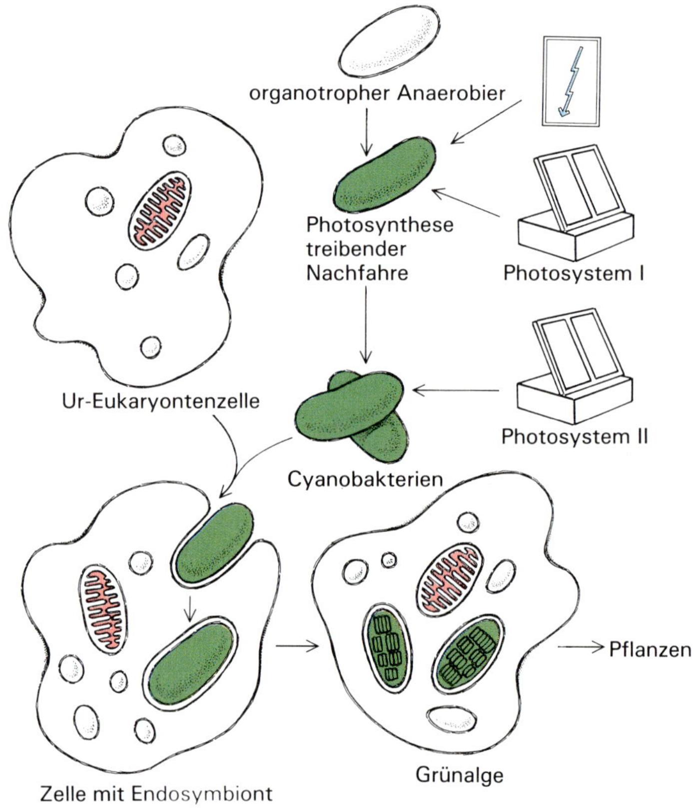

Die Photosynthese der Bakterien hat sich in zwei Schritten entwickelt: Zuerst erwarben sie die Elektronentransportketten-Phosphorylierung und das Photosystem I, dann das Photosystem II. Nach der Endosymbionten-Hypothese wurden Cyanobakterien von einer Ur-Eukaryontenzelle eingeschlossen (siehe Kapitel 9) und fest in die Wirtszelle integriert. Sie entwickelten sich zu den Chloroplasten der einzelligen Grünalgen, von denen vermutlich alle Pflanzen abstammen.

sie dazu neigen, sich zu fadenartigen Strukturen zusammenzulagern. In der Fachsprache heißen die Blaualgen Cyanobakterien (vom griechischen *kyanos* für blau); es sind Prokaryonten.

Wann geschah das alles? Mindestens vor zwei Milliarden Jahren, wie die klar erkennbaren fossilen Blaualgen in Gesteinen aus jener Epoche (den Gunflint-Schiefern in Kanada) zeigen, vielleicht aber auch schon vor 3,2 Milliarden Jahren oder noch früher, wie einige Abdrücke in den präkambrischen Fig Tree-Gesteinen Südafrikas nahelegen. Als die Cyanobakterien einmal existierten, waren sie – natürlich – auch enorm erfolgreich. Sie eroberten die ganze Welt und bedeckten sie mit einer ausgedehnten Schicht sonnenkraftgetriebener chemischer Fabriken. Etwa zwei Milliarden Jahre lang beherrschten sie die Evolution des Lebens auf der Erde. Weil sie Nährstoffe im Überfluß produzierten, ermöglichten sie auch heterotrophen Lebensformen, sich erneut stark zu entfalten; aus diesen gingen dann irgendwann jene großen, mehrfach kompartimentierten räuberischen Phagocyten hervor, die vermutlich die Ahnen aller Eukaryonten sind (siehe Kapitel 6). Gleichzeitig veränderten die Cyanobakterien radikal die ökologischen Bedingungen auf der Erde, weil sie ständig Sauerstoff an die Atmosphäre abgaben. Manche Organismen paßten sich daran an, indem sie – wie wir in Kapitel 9 gesehen haben – zu einer aeroben Lebensweise übergingen; dabei wurde höchstwahrscheinlich der ursprüngliche Photophosphorylierungsapparat in eine phosphorylierende Atmungskette umgewandelt. Danach stieg der Sauerstoffverbrauch ständig an, bis er schließlich mit der Sauerstoffproduktion in ein Gleichgewicht eintrat. Das große sonnengetriebene Elektronen-Riesenrad der Biosphäre begann sich zu drehen: vom Wasser über die Photosynthese zum Leben und über die Atmung zurück zum Wasser. Und wenn die Anhänger der Endosymbionten-Hypothese recht

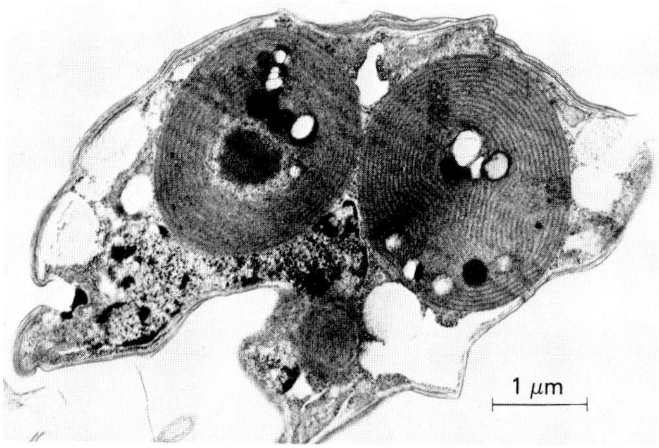

Ein mögliches Bindeglied (*missing link*) zwischen Cyanobakterien und Chloroplasten zeigt diese elektronenmikroskopische Aufnahme. Innerhalb des eukaryontischen, zweigeißligen Einzellers *Cyanophora paradoxa* sieht man zwei photosynthetisch aktive, den Cyanobakterien nahestehende Endosymbionten (Cyanellen).

haben, folgte schließlich die schicksalhafte Aufnahme aerober Bakterien durch die Phagocyten, aus der die Mitochondrien und die ersten primitiven Eukaryontenzellen hervorgingen.

Vor einer bis anderthalb Milliarden Jahren fand dann der entscheidende letzte Akt dieses lange dauernden Evolutionsdramas statt – oder angesichts dessen, was noch folgte, eher der Prolog. Wieder gelang es einigen bakteriellen Phagocytoseopfern, in ihren Räubern zu überleben und eine symbiontische Beziehung mit ihnen einzugehen. Diesmal waren die Gäste Cyanobakterien und die Wirtszellen primitive Eukaryonten, die bereits Mitochondrien besaßen. Diese Zellen erwarben somit einen zweiten Typ von Endosymbionten, aus denen sich die Chloroplasten entwickelten, jene photosynthetischen Organellen der einzelligen Grünalgen und ihrer vielzelligen Nachfahren, der grünen Pflanzen. Natürlich ist die beschriebene Szene hypothetisch. Doch der darin vorgeschlagene Mechanismus der Chloroplastenentstehung baut auf mehr Indizienbeweisen auf als die Theorie vom endosymbiontischen Ursprung der Mitochondrien. Er wird daher weithin akzeptiert.

Etwa drei Milliarden Jahre, nachdem sich das Leben auf unserem Planeten zu regen begonnen hatte – nach vielleicht 50 Billionen Bakteriengenerationen –, war die Bühne endlich frei für die phantastische Entwicklung der Pflanzen und Tiere und ihrer immer komplexeren Organisationsformen. Auf diese späteren Abschnitte der Evolutionssaga werden wir in Kapitel 18 eingehen.

Die Treibhäuser des Lebens

Chloroplasten ähneln Mitochondrien darin, daß sie von zwei Membranen umhüllt sind: einer äußeren, die wahrscheinlich von dem Vakuolensystem des ursprünglichen Phagocyten abstammt, und einer inneren, die sich vermutlich von der Plasmamembran der ersten endosymbiontischen Blaualgen ableitet. In Farbe und Größe unterscheiden sich die Chloroplasten aber von Mitochondrien. Mit Durchmessern von mehreren Mikrometern sind sie meist deutlich größer als diese; die Teilnehmer unserer Expedition würden also einigermaßen problemlos hineinpassen, wenn Chloroplasten nicht normalerweise mit Membranstapeln vollgestopft wären.

Diese Membranen stammen wie die Cristae der Mitochondrien von Einfaltungen der inneren Membran ab – mit dem wichtigen Unterschied, daß sie sich vollständig abgelöst haben und scheibenförmige, geschlossene Säcke bilden, die man Thylakoide nennt (vom griechischen *thylakos* für Beutel). Mehrere Thylakoide stapeln sich zu einer zylindrischen Struktur, einem Granum, übereinander. Jeder Chloroplast enthält etliche Grana, die oft durch röhrenförmige Ele-

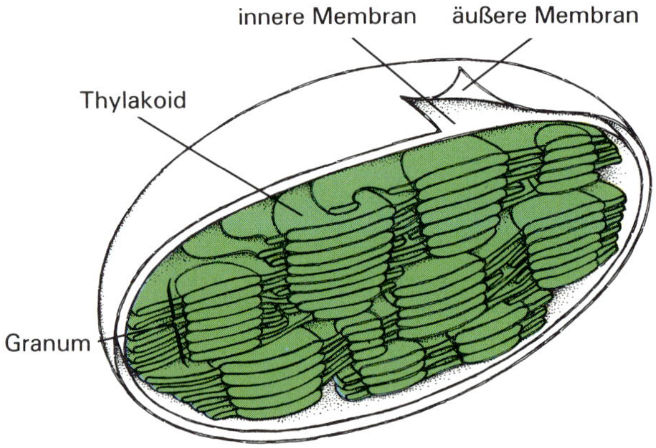

Der Aufbau eines Chloroplasten.

In dieser elektronenmikroskopischen Aufnahme eines Blattes des Wiesenlieschgrases *Phleum pratense* füllt ein Chloroplast nahezu das gesamte Zellplasma aus. Man beachte, wie die Thylakoide zu Grana übereinandergestapelt sind. Die Zelle schmiegt sich an ihre Zellwand an (vergleiche die elektronenmikroskopische Aufnahme auf Seite 24). Zwischen dem vollständig gezeigten mittleren und dem rechten Chloroplasten eingezwängt liegt ein Mitochondrion.

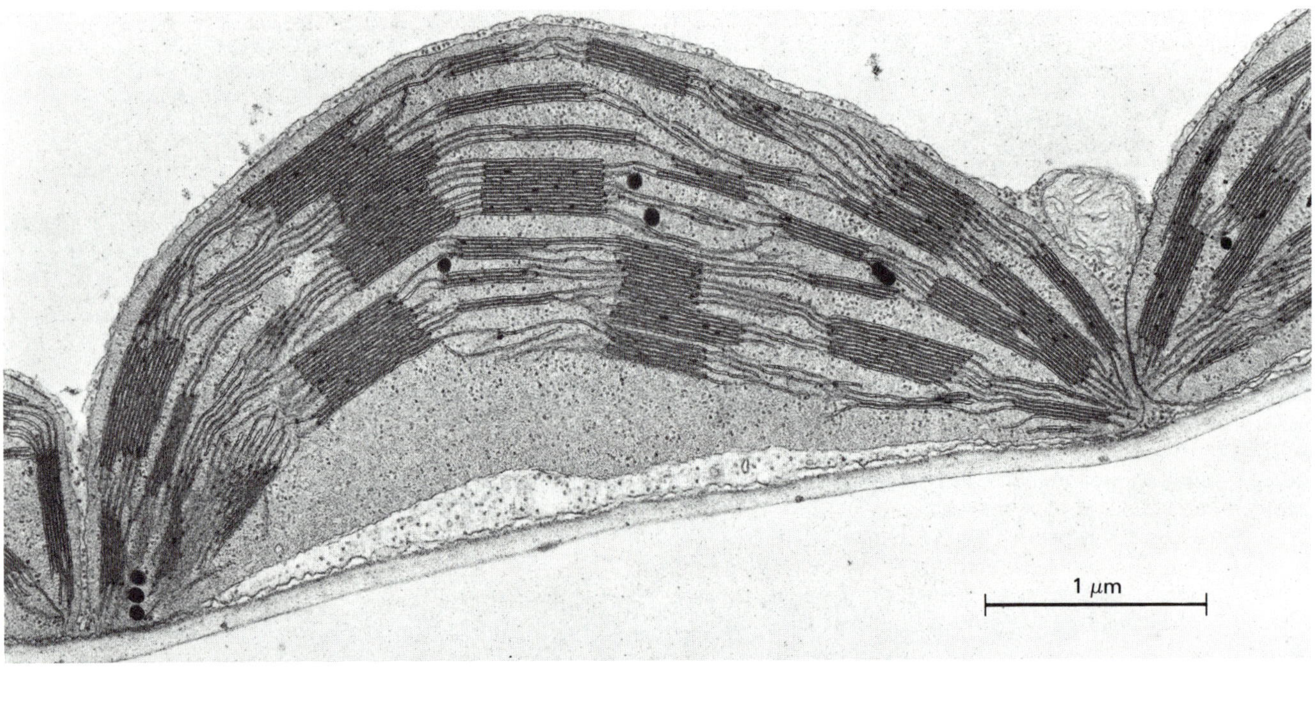

mente miteinander verbunden sind. Dieses System innerer Membranen enthält die photosynthetische Maschinerie.

Zu dieser Maschinerie gehören eine phosphorylierende Elektronentransportkette und zwei damit gekoppelte photoelektrische Einheiten. Die Kette ähnelt den Mikro-Schaltkreisen der Mitochondrien. Wie diese setzt sie sich aus mehreren strukturell hintereinandergeschalteten Elektronenüberträgern zusammen, zu denen Metalloproteine (Eisen, Kupfer), Flavoproteine, Chinone und Cytochrome gehören. Die Elektronen, die diese Mikro-Schaltkreise durchlaufen, unterliegen hier den gleichen Zwängen wie in den Mitochondrien; auch sie treiben Protonen nach außen und bauen ein Protonenpotential auf. Aber ,,nach außen'' bedeutet bei Thylakoiden eigentlich ,,nach innen'', denn anders als die mitochondrialen Cristae sind Thylakoide keine offenen Membraneinfaltungen, sondern geschlossene Taschen. Doch der Eindruck, daß Mitochondrien und Chloroplasten Protonen in entgegengesetzte Richtungen pumpen, ist falsch, da die negativ geladene Membranseite in beiden Fällen der Matrix zugewandt ist.

Wie die innere Mitochondrienmembran besitzt auch die Thylakoidmembran ATP-getriebene Protonenpumpen in kleinen

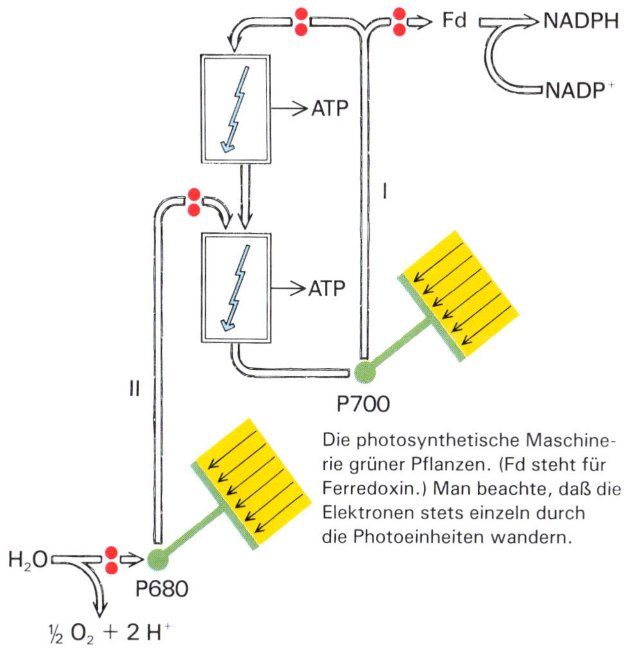

Die photosynthetische Maschinerie grüner Pflanzen. (Fd steht für Ferredoxin.) Man beachte, daß die Elektronen stets einzeln durch die Photoeinheiten wandern.

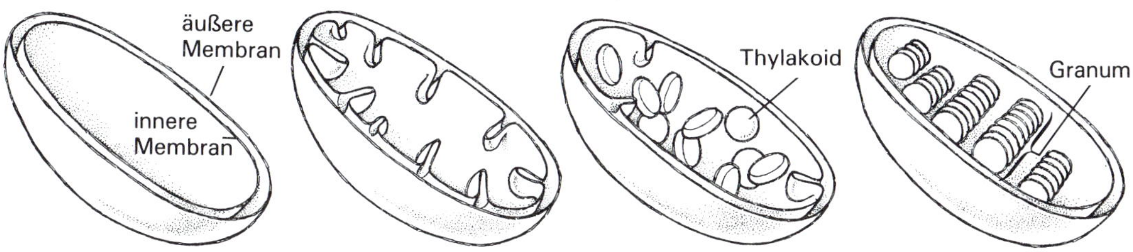

Die Entstehung der Grana. Die Thylakoide schnüren sich von Einfaltungen der inneren Membran ab. Die Innenseite der Thylakoidmembran entspricht folglich der Außenseite der inneren Chloroplastenmembran.

Knöpfchen, die in den Matrixraum hineinragen. Wie viele Oxphos-Einheiten in der Elektronentransportkette hintereinandergeschaltet sind, ist nicht ganz klar. Im nichtzyklischen Hauptreaktionsweg gibt es eine oder vielleicht auch zwei; bei der zyklischen Photophosphorylierung tritt wahrscheinlich noch eine weitere hinzu.

Die Photosysteme selbst bestehen hauptsächlich aus proteingebundenem Chlorophyll und unterschiedlichen Mengen von akzessorischen (ergänzenden) Pigmenten, die mit dem Chlorophyll gekoppelt sind. Zu diesen Pigmenten gehören rote oder blaue Phycobiline (offenkettige, den Gallenfarbstoffen ähnliche Tetrapyrrole) sowie gelbe, orangefarbene oder rote Carotine und die mit ihnen verwandten Xanthophylle (vom griechischen *xanthos* für gelb). Wenn Blätter sich verfärben, verschwindet als erstes das Chlorophyll, so daß die leuchtenden Farben der akzessorischen Pigmente durchkommen und uns mit ihrer herbstlichen Pracht erfreuen.

Definitionsgemäß ist eine Substanz dann farbig, wenn sie einen bestimmten Teil des einfallenden sichtbaren Lichts bevorzugt absorbiert. Ihre Farbe entspricht dem nicht absorbierten Licht und ist zu dem absorbierten Anteil komplementär. So erscheinen Chlorophylle grün, weil sie rotes Licht (im Wellenlängenbereich von 680 bis 700 Nanometer) absorbieren; orangefarbene Carotine absorbieren dagegen blaues Licht (um 450 Nanometer). In den Thylakoidmembranen sind einige hundert solcher Moleküle zu dichtgepackten Einheiten zusammengefaßt, in deren Mitte jeweils ein einzelnes Exemplar eines speziellen Protein-Chlorophyll-Komplexes sitzt. Nach der Wellenlänge der maximalen Lichtabsorption bezeichnet man diese zentralen Komplexe als P700 (beim Photosystem I) und P680 (beim Photosystem II). Um herauszufinden, wie eine solche Einheit funktioniert, wollen wir sie eine Weile abdunkeln und plötzlich mit einem Lichtblitz bestrahlen. Die Pigmente der Einheit absorbieren dann Licht passender Wellenlängen (die von ihrem Absorptionsspektrum abhängen) und werden dadurch angeregt, also energetisch aufgeladen. Dabei wird in diesen Molekülen jeweils ein Elektron durch eine Energiemenge destabilisiert, die dem Energiegehalt des absorbierten Lichtquants entspricht. Die meisten Pigmente geben die so eingefangene Energie schnell wieder als molekulare Bewegung (Wärme) ab oder strahlen sie teilweise als langwelligeres Licht zurück (Fluoreszenz); dabei fällt das angeregte Elektron wieder auf sein Ruhepotential hinab. In den P-Komplexen passiert etwas anderes, und eben dies erklärt ihre biologische Wirksamkeit. Sie liegen strategisch so günstig in der Thylakoidmembran, daß sie das destabilisierte Elektron auf einen nahegelegenen Akzeptor mit hohem Elektronenpotential übertragen können. Die entstandene Elektronenlücke (ein positiv geladenes Loch) wird danach mit einem Elektron von einem Donator niedrigen Potentials wieder aufgefüllt. Auf diese Weise dienen die P-Komplexe dazu, mit Hilfe von Lichtenergie ein Elektron vom Niveau des Donators auf das des Akzeptors zu heben. Für P680 ist Wasser der Elektronendonator und ein Trägermolekül aus dem oberen Teil der Elektronentransportkette der Akzeptor. Für P700 dient ein Cytochrom am Ende der Elektronentransportkette als Donator und das Eisen-Schwefel-Protein Ferredoxin als Akzeptor. Dieses Protein besitzt ein hohes Elektronenpotential und überträgt die Elektronen auf $NADP^+$ oder gegebenenfalls auch zurück zur Elektronentransportkette.

Die P-Pigmente stellen daher die eigentlichen photoelektrischen Energiewandler dar. All die zusätzlichen Chlorophyllmoleküle und anderen farbigen Substanzen, mit denen sie sich in jeder photosynthetischen Einheit zusammenschließen, dienen nur als Lichtkollektoren oder Solarantennen. Sie sind so angeordnet, daß sie Energie extrem schnell untereinander austauschen können (Exzitonentransfer) und dadurch die Leistungsfähigkeit des Systems beträchtlich erhöhen. Jedes Lichtquant, das von einer dieser Komponenten eingefangen wird, kann an das zentrale P-Pigment weitergeleitet und dort zur photoelektrischen Umwandlung genutzt werden, sofern das angeschlossene Akzeptormolekül frei ist, um ein Elektron aufzunehmen, und ein Donator bereitsteht, um das Loch wieder zu füllen.

Der Energiegehalt eines Lichtquants läßt sich leicht aus der Planckschen Formel (Anhang II, Seite 423) berechnen. Für rotes Licht mit einer Wellenlänge von 700 Nanometern beträgt die Energie $6{,}77 \times 10^{-20}$ Kalorien pro Quant oder 41 Kilokalorien pro Einstein (1 Einstein entspricht $6{,}02 \times 10^{23}$ Quanten). Wenn ein Lichtquant jeweils ein Elektron durch jedes Photosystem bewegt, was sehr wahrscheinlich ist, werden $2 \times 2 \times 41$ oder 164 Kilokalorien Lichtenergie benötigt, um ein Paar Elektronenäquivalente von Wasser auf $NADP^+$ zu übertragen. Wie wir gesehen haben, hält die Zelle das NADPH-Reservoir auf einem Energieniveau, das etwa 55 Kilokalorien über dem Niveau von Wasser/Sauerstoff liegt. Der Wirkungsgrad des Photoreduktionsprozesses beträgt also etwa 34 Prozent. Aber dabei ist der ATP-Gewinn noch nicht mitgezählt. Die Elektronen, die vom Photosystem II zum Photosystem I übertragen werden, durchlaufen mindestens eine Oxphos-Einheit; das entstehende ATP steigert die Energieausbeute um wenigstens acht Prozent. Bei der zyklischen Phosphorylierung durch das Photosystem I und die Elektronentransportkette liegt der minimale Wirkungsgrad bei 17 Prozent. Dieser Betrag kann aber auch doppelt oder sogar dreimal so hoch sein, wenn die zirkulierenden Elektronen mehr als eine Oxphos-Einheit passieren. Dieser Punkt ist noch ebenso unklar wie viele andere Details des Reaktionsweges der Photoelektronen. Manche Wissenschaftler vertreten sogar die Meinung, daß das Photosystem II auch allein die Elektronen vom Wasser bis hinauf zum $NADP^+$ heben kann; dann wäre der Wirkungsgrad des Prozesses noch viel höher als angenommen.

Aber selbst die niedrigsten Schätzungen zeugen von ausgezeichneten Quantenausbeuten, wenn man sie mit anderen photochemischen Systemen vergleicht. Jeder, der Sonnenenergie zu nutzen versucht, sollte dies bedenken. Wir werden uns schwertun, jene vielschichtige Hülle aus zahllosen mikroskopisch kleinen photoelektrischen Wandlern zu übertreffen, mit der die Cyanobakterien und ihre Nachfahren die ganze Erde bedeckt haben. Vielleicht sollten wir uns bemühen, sie besser für uns arbeiten zu lassen, anstatt mit ihnen zu konkurrieren.

Die Dunkelreaktion

Die einzige lichtabhängige Reaktion der Photosynthese ist die photoelektrische Zweischritt-Übertragung, in der Elektronen aus Wassermolekülen herausgezogen und auf ein um etwa 1200 Millivolt höheres Potential gebracht werden. Als Produkte entstehen NADPH und ATP. Damit lassen sich alle autotrophen Biosynthesemechanismen unterhalten, und zwar völlig unabhängig vom Licht – genau wie bei den nicht photosynthetisch aktiven chemolithotrophen Organismen.

Bevor wir die Chloroplasten verlassen, sollten wir uns zumindest mit der bekanntesten dieser „Dunkelreaktionen", nämlich der CO_2-Fixierung, beschäftigen. Die Aufklärung dieses Reaktionsweges zählt zu den großen Erfolgen der Koppelung von Radioisotopentechnik und Chromatographie (siehe Kapitel 1). Indem die Forscher damals Blätter in Gegenwart von radioaktivem $^{14}CO_2$ immer kürzer (bis hinunter zu wenigen Sekunden) belichteten und anschließend die radioaktiv markierten Verbindungen extrahierten und auftrennten, gelang es ihnen, das erste Produkt der CO_2-Fixierung zu identifizieren: Phosphoglycerinsäure. Daraufhin suchte man nach der entsprechenden Reaktion und fand sie schließlich auch. In einem bemerkenswerten Prozeß reagiert ein zweifach phosphorylierter Zucker mit fünf Kohlenstoffatomen (das Ribulose-1,5-diphosphat) mit CO_2 und Wasser, wobei zwei Moleküle Phosphoglycerinsäure entstehen. Das Enzym, das diese Reaktion katalysiert, ist an die Thylakoidmembran gebunden.

Die von diesem Enzym produzierte Substanz Phosphoglycerinsäure ist uns nicht neu. Bereits in Kapitel 7 haben wir sie als Produkt des zentralen phosphorylierenden Oxidationsschrittes der Glykolyse kennengelernt. Tatsächlich hat sich die Photosynthese diese ursprüngliche Oxphos-Einheit für ihren entscheidenden Reduktionsschritt geborgt – zunächst unverändert und später mit NADP statt NAD als Coenzym. Dank des hohen Energiepotentials, das im NADH- oder NADPH-Reservoir aufrecht erhalten wird, lassen sich die Elektronen in umgekehrter Richtung durch diese Oxphos-Einheit treiben, wobei sie ATP verbrauchen. So entsteht mit Hilfe eines von NADH oder NADPH gelieferten Elektronenpaares und der freien Energie der ATP-Hydrolyse aus Phosphoglycerin*säure* schließlich Phosphoglycerin*aldehyd* (Glycerinaldehydphosphat).

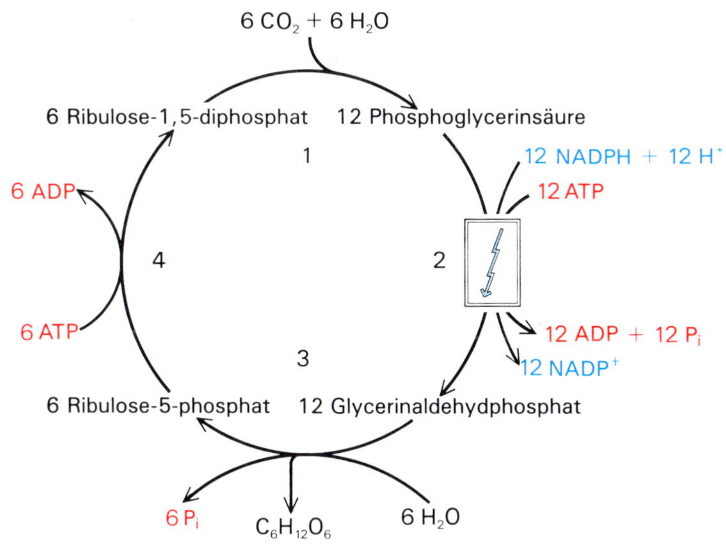

Die Dunkelreaktion.
1. Kohlendioxidfixierung. Diese Reaktion wird von dem Schlüsselenzym Ribulose-1,5-diphosphat-Carboxylase katalysiert, das für alle autotrophen Organismen charakteristisch ist.
2. Die reduktive Abspaltung von Sauerstoff wird von einer rückwärts laufenden Substratketten-Oxphos-Einheit der Glykolyse katalysiert (siehe Kapitel 7), die statt mit NAD allerdings mit NADP arbeitet (in Pflanzenzellen, nicht in Bakterien). Durch energiereiche Elektronen des NADPH und mit Hilfe der ATP-Hydrolyse werden die Sauerstoffatome abgespalten; das entstehende Wasser ist in den Spaltprodukten des ATP enthalten. (Es erscheint erst in freier Form, wenn das ATP durch Photophosphorylierung zurückgewonnen wird.)
3. Bildung von Glucose. Dieses Hauptprodukt der Photosynthese (das in polymerisierter Form als Stärke gespeichert wird) entsteht durch Umbaureaktionen auf dem sogenannten Pentosephosphat-Weg. Das daran beteiligte komplexe Enzymsystem sorgt dafür, daß zwölf Moleküle Glycerinaldehydphosphat mit je drei Kohlenstoffatomen (insgesamt 36 C) so umgebaut werden, daß sechs Moleküle des fünf C-Atome enthaltenden Ribulose-5-phosphats (30 C) und ein Molekül Glucose (6 C) entstehen. Dieses System existiert fast unverändert auch in den meisten heterotrophen Organismen, in denen es wichtige Stoffwechselfunktionen erfüllt.
4. Mit der Phosphorylierung von Ribulose-5-phosphat entsteht das Substrat für Schritt 1.
Bei jedem Umlauf werden sechs Moleküle CO_2 reduktiv zu einem Molekül Glucose zusammengefügt. Das erfordert zwölf Elektronenpaare vom NADPH und die Energie aus der Hydrolyse von 18 Molekülen ATP.

Damit kennen wir die Schlüsselreaktionen der Photosynthese. Sie sind in einen komplexen zyklischen Prozeß eingebettet, den man nach dem amerikanischen Chemiker, der ihn entdeckte, als Calvin-Zyklus bezeichnet. Wir werden hier nicht auf seine Einzelheiten eingehen, sondern nur das Endergebnis betrachten: Aus sechs Molekülen CO_2 und sechs Molekülen Wasser wird ein Molekül Glucose gebildet. Die zwölf Elektronenpaare, die für die Abspaltung der zwölf überschüssigen Sauerstoffatome erforderlich sind, stammen vom NADPH, und die zusätzlich benötigte Energie aus der Hydrolyse von insgesamt 18 ATP-Molekülen.

Was bedeutet das für die Energieausbeute? Auf der Soll-Seite haben wir die Oxidation von zwölf NADPH-Molekülen (660 Kilokalorien) sowie die Spaltung von 18 ATPs (252 Kilokalorien), zusammen also 912 Kilokalorien pro Mol gebildeter Glucose. Auf der Haben-Seite stehen 686 Kilokalorien pro Mol – die freie Energie der Glucoseoxidation. Der Wirkungsgrad liegt damit insgesamt bei 75 Prozent. Da dafür 12×164 Kilokalorien an Lichtenergie nötig sind, beträgt der maximale Wirkungsgrad der Photosynthese 35 Prozent. Je nach Zahl und Lage der Oxphos-Einheiten in der Elektronentransportkette könnte er auch noch etwas niedriger liegen.

Den Tieren fehlen die Schlüsselenzyme des Calvin-Zyklus. Aber wie die Pflanzen verwenden auch sie als wichtigsten Elektronendonator bei reduktiven Synthesen NADPH – etwa wenn sie Kohlenhydrate in Fette umwandeln. Und sie halten ebenfalls ihr NADPH-Reservoir auf dem hohen Energieniveau von 55 Kilokalorien pro Paar Elektronenäquivalente oder 1200 Millivolt. Sie erreichen dies, indem sie bestimmte ausgewählte Substrate als energiereiche Elektronendonatoren verwenden; der wichtigste davon ist Glucose-6-phosphat. Falls nötig, können auch über einen energieabhängigen Prozeß in den Mitochondrien Elektronen von NADH auf $NADP^+$ übertragen werden. Andererseits gibt es einen streng regulierten Überlaufmechanismus, der überschüssige Elektronen aus dem NADPH-Reservoir auf NAD^+ herunterfallen läßt.

Wachstum und Vermehrung der Chloroplasten

Was über die Biogenese der Mitochondrien gesagt worden ist, gilt in ähnlicher Weise auch für Chloroplasten. Auch sie besitzen eine vollständige genetische Maschinerie. Diese ist sogar reichhaltiger als die der Mitochondrien, kontrolliert aber trotzdem nur die Synthese von sehr wenigen Chloroplastenproteinen. Das genetische System der Chloroplasten besitzt die gleichen bakterientypischen Eigenschaften wie das der Mitochondrien und kann vermutlich ebenfalls als Überbleibsel früherer Endosymbionten, hier der Cyanobakterien, gelten. Genau wie Mitochondrien zeigen Chloroplasten außerdem genetische Kontinuität und können auch Mutationen erleiden, die mit dem Zellplasma vererbt werden.

Die Autonomie der Chloroplasten ist wie die der Mitochondrien begrenzt. Ihre meisten Bestandteile werden von cytoplasmatischen Ribosomen unter der Kontrolle von Genen des Zellkerns synthetisiert. Wie bei den Mitochondrien ist auch bei ihnen nicht genau bekannt, wie diese Bestandteile durch die verschiedenen Membranen des Organells hindurchgeschleust und an der richtigen Stelle eingebaut werden.

Kapitel 11

Peroxisomen und andere „Mikrokörperchen"

Die ersten „Mikrokörperchen" (englisch *microbodies*) entdeckte ein schwedischer Anatom Anfang der fünfziger Jahre dieses Jahrhunderts in Nierenzellen einer Maus; ihm erschien ihre Struktur so unauffällig, daß ihm kein besserer Name einfiel. Kurz darauf fand man ähnliche Objekte auch in Rattenleber und später in etlichen anderen Zellen von Tieren und Pflanzen. Mikrokörperchen sind zwar weit verbreitet, kommen aber nur in bestimmten Zelltypen vor. Bei Säugetieren hat man sie hauptsächlich in Leber und Niere nachgewiesen.

All diese Mikrokörperchen sehen ähnlich aus. Sie sind mehr oder weniger rund und mit Durchmessern von 0,5 bis einem Mikrometer etwas kleiner als Mitochondrien. Ihr membranumgrenzter Innenraum ist meist von einer ziemlich dichten, amorphen Grundsubstanz ausgefüllt, die in einigen Zellen ein regelrechtes Juwel birgt: einen dichten, kristallartigen Kern (ein Kristalloid) mit einer wunderschönen Feinstruktur. Rein morphologische Beschreibungen wie diese überlassen viel der Vorstellungskraft, und so hat es denn auch manch phantasievollen Deutungsversuch gegeben. Als die Forscher schließlich durch biochemische Befunde auf die richtige Spur kamen, mutete die Wirklichkeit noch seltsamer an als alle Spekulationen. Es zeigte sich, daß es nicht nur einen, sondern mehrere unterschiedliche Typen von Mikrokörperchen gibt und daß jeder von ihnen eine primitiv, wenn nicht urtümlich wirkende Folge von Stoffwechselreaktionen ausführt.

Peroxisomen und Glyoxysomen

Die am weitesten verbreitete Sorte von Mikrokörperchen sind die Peroxisomen. Ihr Name leitet sich von Wasserstoffperoxid ab, einem Schlüsselprodukt ihres oxidativen Stoffwechsels. Wasserstoffperoxid wird durch eine Familie von Enzymen produziert, die man als Typ II-Oxidasen bezeichnet. Es sind meist Flavoproteine, manchmal aber auch Kupferproteine, die molekularen Sauerstoff als Elektronenakzeptor verwenden und ihn zu H_2O_2 reduzieren:

$$RH_2 + O_2 \longrightarrow R + H_2O_2$$

Als Elektronendonatoren dienen in diesen Reaktionen Aminosäuren, Fettsäure-CoA-Derivate, Purine und einige Produkte des Kohlenhydratstoffwechsels wie die Milchsäure – kurz gesagt, Vertreter aller wichtigen Gruppen von Nährstoffen.

Das in den Peroxisomen gebildete Wasserstoffperoxid wird durch Katalase, ein grünes Hämoprotein, weiter umgesetzt. Dieses Enzym reduziert H_2O_2 zu Wasser und verwendet dabei als Elektronendonatoren kleine organische Moleküle wie Ethanol, Methanol und Ameisensäure – oder auch Wasserstoffperoxid selbst, falls sonst kein geeigneter Donator vorhanden ist:

$$R'H_2 + H_2O_2 \longrightarrow R' + 2\,H_2O$$

oder $$H_2O_2 + H_2O_2 \longrightarrow O_2 + 2\,H_2O$$

Die letzte Reaktion bezeichnet man als Dismutation. In ihr wird ein Molekül Wasserstoffperoxid reduziert und das andere oxidiert. Mit der Zersetzung von H_2O_2 geht die Bildung von Sauerstoff einher. Man kann die Wirkung der Katalase direkt beobachten, wenn man etwas Wasserstoffperoxid auf eine Wunde träufelt: Es schäumt wegen des entweichenden Sauerstoffs auf. Die Katalase ist eines der am schnellsten wirkenden Enzyme überhaupt. Sie wurde bereits 1818 von dem französischen Chemiker Jacques Thenard, dem Entdecker des H_2O_2, nachgewiesen.

Wenn peroxisomale Oxidasen und Katalase zusammenwirken, laufen die folgenden Reaktionen ab:

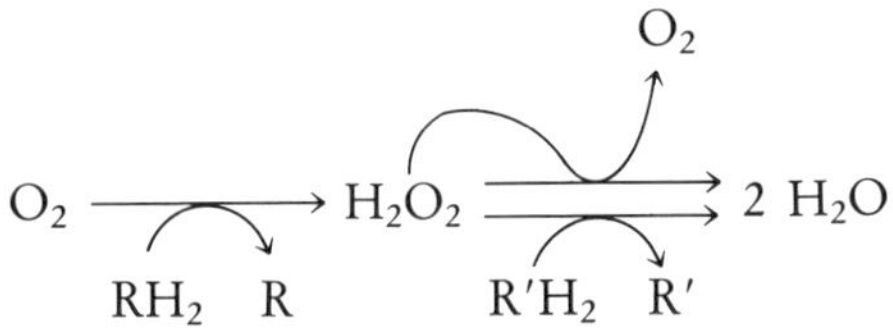

Man vergleiche diese ,,Atmungskette'' einmal mit der der Mitochondrien: Zutage tritt der Gegensatz zwischen rücksichtsloser Verschwendung und umsichtiger Haushaltung. Beide Prozesse führen zum gleichen Ergebnis, nämlich zur Oxidation verschiedenster Nährstoffe und zur Reduktion von Sauerstoff zu Wasser. Während aber in den Mitochondrien die freie Energie der Verbrennung größtenteils in Form von nutzbarem ATP erhalten bleibt, wird sie in den Peroxisomen vollständig als Wärme abgegeben. Diesem Nachteil steht allerdings eine bemerkenswert einfache Konstruktionsweise gegenüber. Wahrscheinlich entstand der peroxisomale Typ der Atmung, lange bevor die komplizierten Mikro-Schaltkreise der Mitochondrien zusammengefügt wurden; möglicherweise zählt er, wie schon in Kapitel 9 angedeutet wurde, zu den ganz frühen Anpassungen lebender Organismen an den Sauerstoff.

Neben oxidierenden Enzymen können Peroxisomen je nach Zelltyp noch verschiedene andere Systeme enthalten. Hier ist vor allem der Glyoxylsäurezyklus zu nennen, eine Variante des Krebs-Zyklus, die wesentlich daran mitwirkt, Fette in Kohlenhydrate umzuwandeln. Unter anderem dient dieser wichtige biochemische Prozeß dazu, bei der Keimung ölhaltiger Samen – etwa von *Ricinus*-Gewächsen – die Fettreserven zu mobilisieren. Peroxisomen, die dieses System enthalten, hat man daher als Glyoxysomen bezeichnet. Bei Tieren ist der Glyoxylsäurezyklus frühzeitig der Evolution zum Opfer gefallen. Er hat sich nur bei niederen Tieren erhalten, fehlt jedoch bei den meisten höheren Wirbeltieren einschließlich der Säuger. Wir können zwar Fett aus Kohlenhydraten herstellen – worauf viele von uns wohl gerne verzichten würden –, sind aber andererseits nicht fähig, diesen Prozeß umzukehren, da unsere Peroxisomen nicht als Glyoxysomen arbeiten.

Peroxisomen in einer Nierentubuluszelle der Ratte. In dieser Abbildung umgeben drei unregelmäßig geformte Mikrokörperchen ein kleines Mitochondrion.

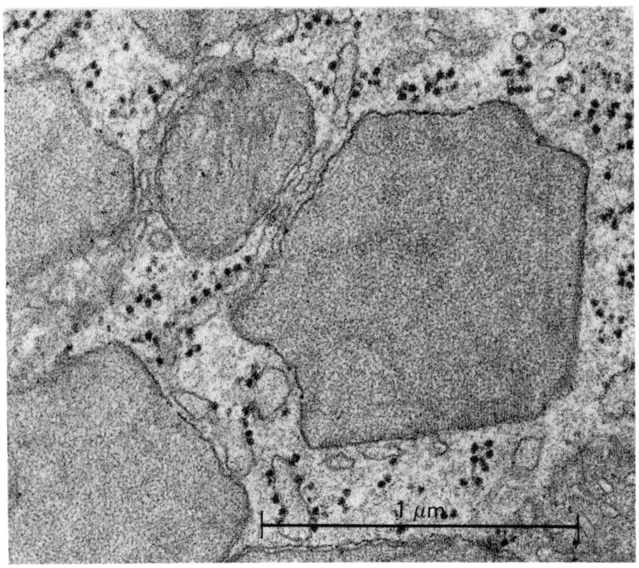

Zwei Peroxisomen in der Leber einer Ratte. Die regelmäßig strukturierten Bereiche in ihrem Inneren enthalten ein Enzym, das Harnsäure oxidiert und dabei Wasserstoffperoxid (H_2O_2) bildet.

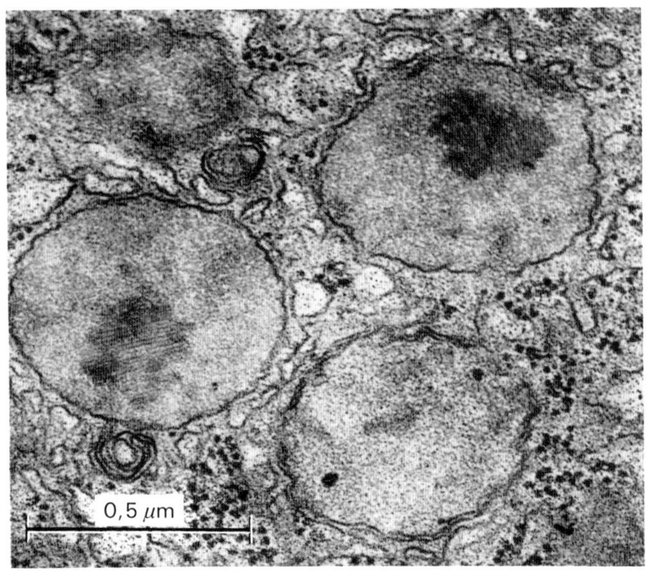

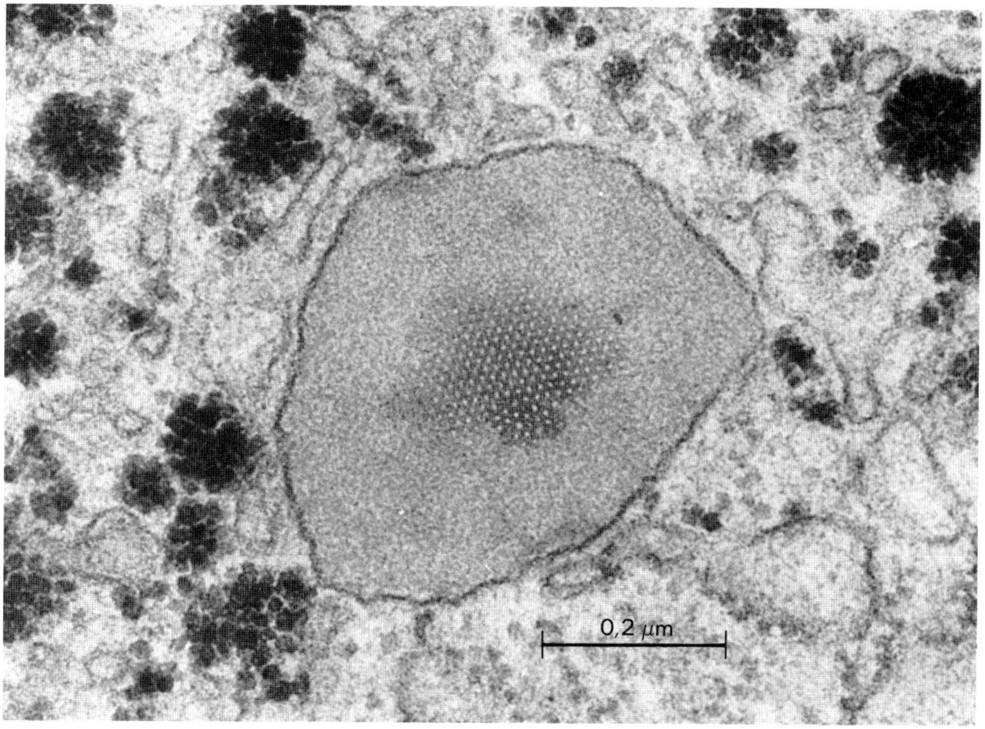

Ein Peroxisom in der Leber eines Meerschweinchens. Der kristalloide Kern enthält – wie bei den Rattenleberperoxisomen – Harnsäure-Oxidase (Urikase) und zeigt eine wabenartige (hexagonale) Struktur.

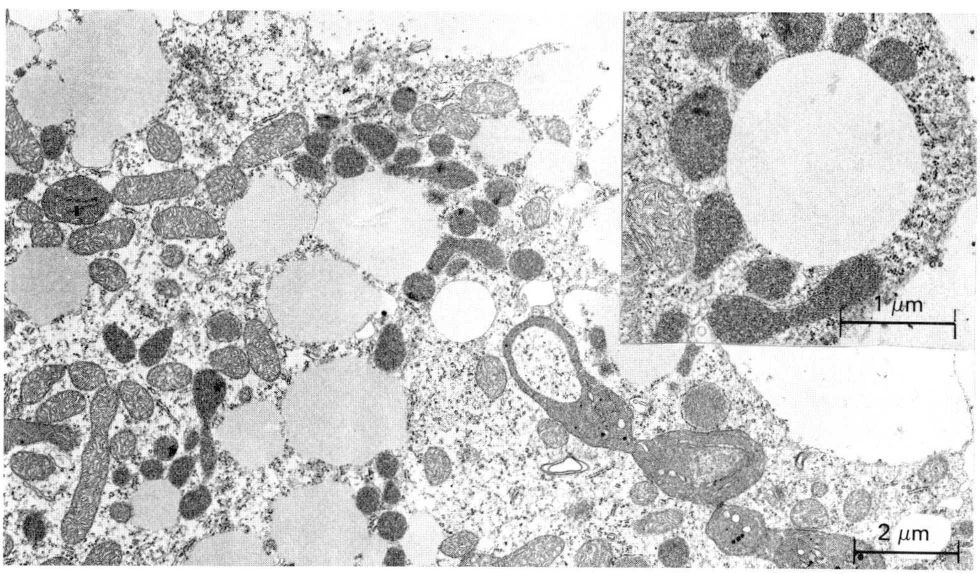

Diese elektronenmikroskopische Aufnahme des Endosperms von *Ricinus*-Samen zeigt zahlreiche Lipidtröpfchen (die als Löcher erscheinen), Mitochondrien (mäßig dichte Partikel mit inneren Membranen) und Glyoxysomen (dunkle Mikrokörperchen mit einer grobkörnigen Matrix). Der Bildausschnitt oben rechts verdeutlicht, wie sich Glyoxysomen charakteristischerweise um die Lipide scharen, die sie in Kohlenhydrate umwandeln.

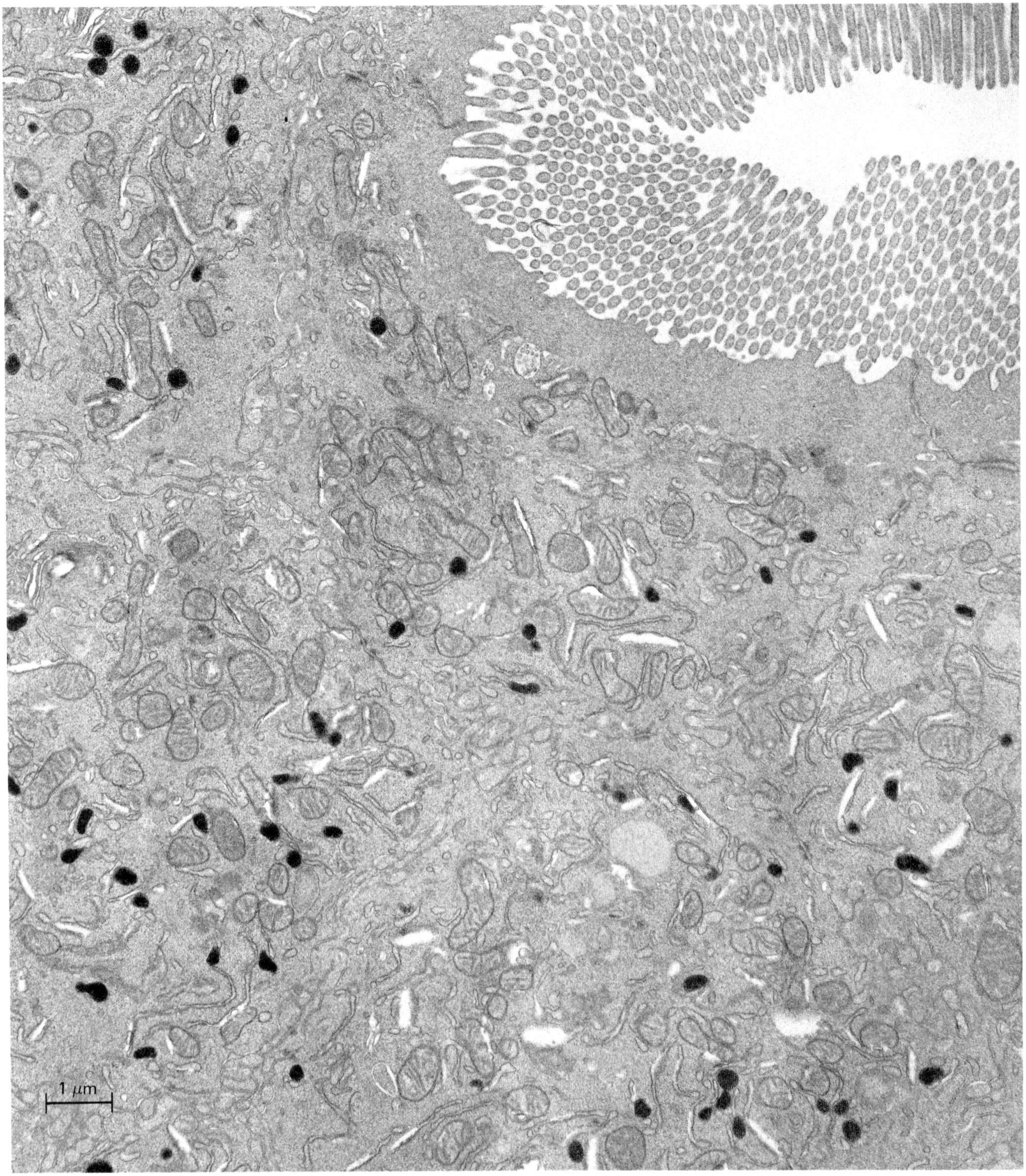

Die Mikroperoxisomen im Dünndarm eines Meerschweinchens sind durch eine spezifische cytochemische Reaktion angefärbt worden, die darauf beruht, daß Diaminobenzidin in Gegenwart von H_2O_2 durch das Enzym Katalase oxidiert wird. Man beachte auf dieser Aufnahme auch die zahlreichen Mitochondrien im Zellplasma und die Mikrovilli-Anschnitte oben rechts.

Mikrokörperchen, die sich als Peroxisomen identifizieren lassen, gibt es zwar nicht in jedem Zelltyp, aber doch überall in der Natur. Man findet sie in zahlreichen Pflanzen und Tieren, in Protozoen sowie in niederen und höheren Pilzen. Daraus und aus dem primitiven Charakter ihrer Atmungsmaschinerie hat man geschlossen, daß alle Peroxisomen möglicherweise von einem Ur-Partikel abstammen, das bereits in den ersten Eukaryontenzellen vorkam, aus denen sich alle Pflanzen und Tiere entwickelt haben. Vielleicht verfügten sogar schon die primitiven Phagocyten ,,prämitochondrialer'' Zeiten über dieses Ur-Peroxisom und nutzten es als etwas groben, aber wirksamen Schutz gegen Sauerstoff.

Für den Evolutionsforscher wirft diese Hypothese zwei verwirrende Fragen auf. Die erste lautet: Warum sind die Peroxisomen nicht durch die natürliche Selektion ausgemerzt worden, nachdem die besser ausgestatteten Mitochondrien hinzugekommen waren? In vielen Zellen mag das tatsächlich geschehen sein, aber selbst diese Möglichkeit ist umstritten. Viele Säugerzellen, denen typische Mikrokörperchen fehlen, besitzen winzige membranumschlossene Partikel, die man wegen ihres Gehalts an Katalase und manchmal auch anderen charakteristischen peroxisomalen Enzymen als ,,Mikroperoxisomen'' identifiziert hat.

Obwohl die Peroxisomen der Säugetiere viele metabolische Fähigkeiten verloren haben – beispielsweise den Glyoxylsäurezyklus –, sind sie keineswegs bloß ,,fossile Organellen'', die nur historisches Interesse verdienen. Sie üben zweifellos bedeutende Funktionen aus. So greifen sie etwa auf verschiedene Weise in den Stoffwechsel der Lipide ein und vielleicht auch in den des Cholesterins. Außerdem sind

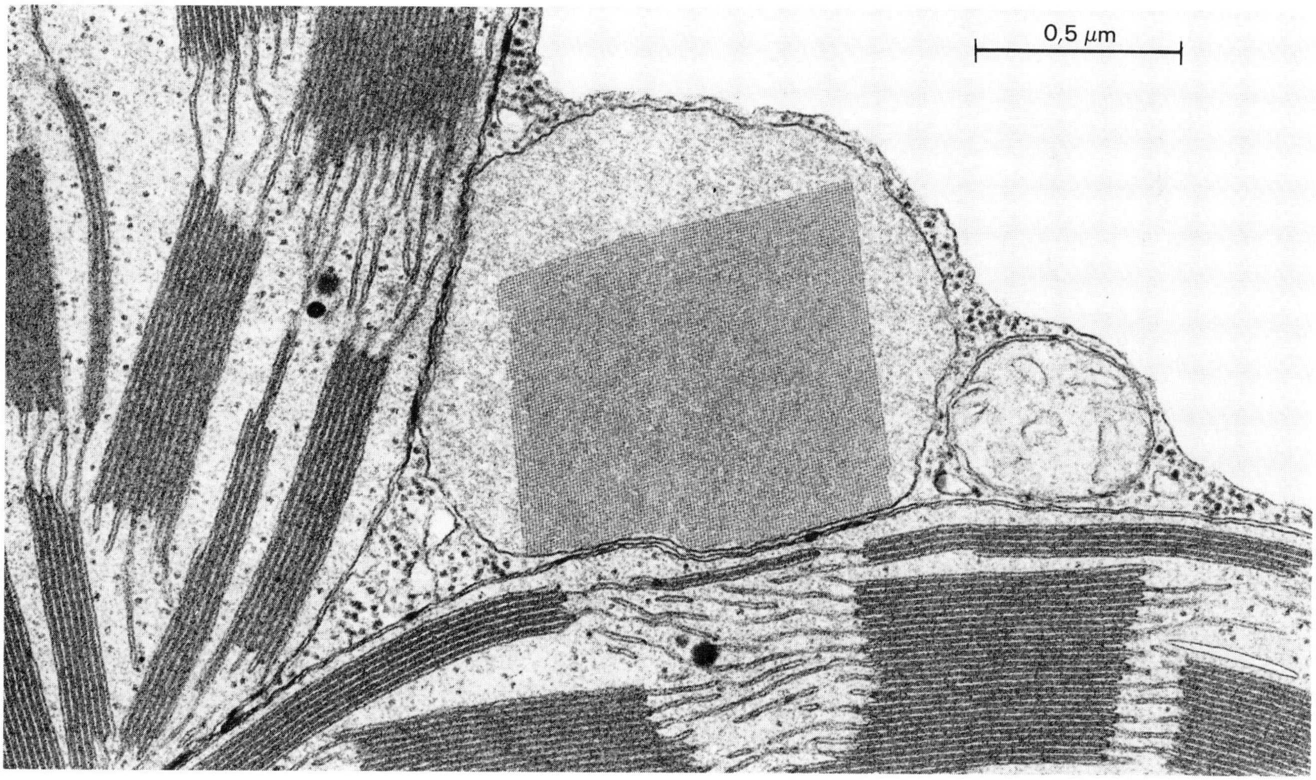

Ein Peroxisom mit einem hübschen Kristallkern, der vermutlich aus Katalase besteht. Das Mikrokörperchen liegt in dieser elektronenmikroskopischen Aufnahme einer Tabakblattzelle zwischen zwei Chloroplasten eingezwängt. Neben ihm ist ein Mitochondrion zu sehen. Die Anordnung spiegelt die enge Stoffwechselbeziehung wider, in der diese drei Organellen miteinander stehen.

sie am Abbau von Aminosäuren, darunter den nur in Bakterien vorkommenden D-Aminosäuren, sowie am Purinkatabolismus beteiligt. Soweit man weiß, liefern sie den Zellen keine verwertbare Energie, aber vielleicht ist die Wärme, die sie erzeugen, physiologisch wichtig. So könnte das braune Fettgewebe, das beispielsweise der Wanderratte hilft, harte Winter zu überstehen, seine wärmeliefernden Eigenschaften nicht zuletzt den Peroxisomen verdanken. Darüber hinaus deutet einiges darauf hin, daß Peroxisomen entscheidend an der Synthese bestimmter Phospholipide, der Plasmalogene, beteiligt sind. Das vielleicht beste Beispiel für die Bedeutung dieser Organellen in Säugetieren kommt aus der Pathologie. Es gibt eine seltene Erbkrankheit des Menschen, die Zellweger-Krankheit, bei der in Leber und Niere keine morphologisch erkennbaren Mikrokörperchen nachweisbar sind, obwohl sie normalerweise dort sehr zahlreich auftreten. Neugeborene mit diesem genetischen Defekt leben nur wenige Monate.

In niederen Tieren und in Protozoen, ganz besonders aber im Pflanzenreich, erfüllen Peroxisomen noch wichtigere und vielfältigere Aufgaben. Bereits kennengelernt haben wir die metabolische Schlüsselfunktion, die die Glyoxysomen bei der Umwandlung von Fett in Kohlenhydrate ausüben. Unzählige Pflanzen, die ihre Samen mit Lipid-Speicherstoffen vollpacken, könnten sich ohne sie gar nicht vermehren. Grüne Blätter, die ungewöhnlich schöne Peroxisomen enthalten, sind auf ein verwickeltes Zusammenspiel dieser Organellen mit Chloroplasten und Mitochondrien angewiesen, um ihre Photosyntheseprodukte zu erhalten. Diese würden nämlich sonst durch die sogenannte Photorespiration verloren gehen – eine Art lichtinduzierter Oxidation, bei der das zentrale Enzym des Calvin-Zyklus gewissermaßen durch Sauerstoff unterlaufen wird. Diese Wechselwirkungen haben große wirtschaftliche Bedeutung, da sie sich bei vielen Nutzpflanzen auf die Nettoausbeute der Photosynthese auswirken. Eine besonders bemerkenswerte Anpassung zeigen die

Diese drei Bilder zeigen die bemerkenswerte Struktur und Verpackung der Peroxisomen in Zellen der Hefe *Hansenula polymorpha*, die in einem Medium mit Methanol als einziger Kohlenstoffquelle gezüchtet wurde.
A. Ein Dünnschnitt macht deutlich, daß fast das gesamte Cytoplasma der Hefezelle mit würfelförmigen Peroxisomen gefüllt ist.
B. Ein ähnliches Bild, allerdings mit hervorgehobener Reliefstruktur, bietet dieser Kohleabdruck eines Präparats, das zunächst in gefrorenem Zustand gebrochen und dann mit Platin bedampft worden ist.

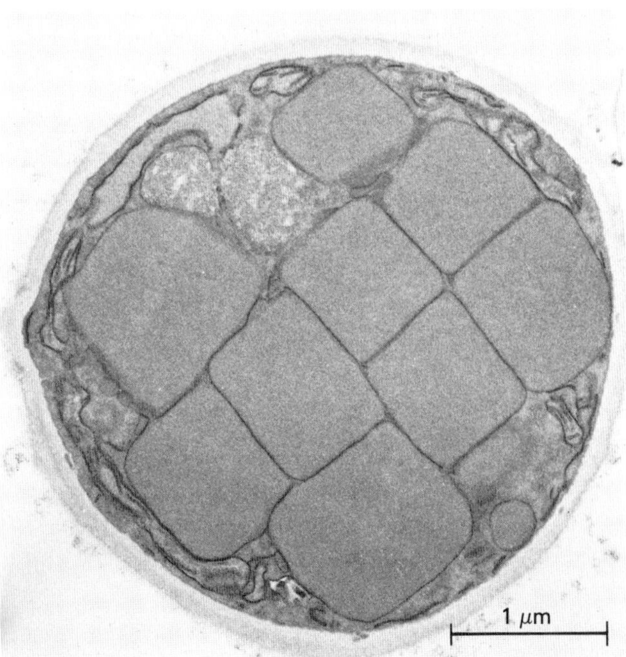

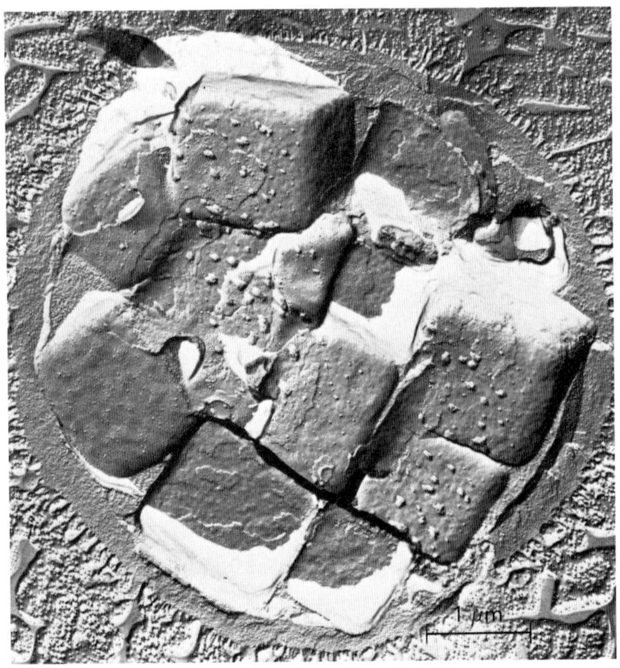

Peroxisomen bestimmter Hefestämme. Wenn man diesen Zellen als einzige Kohlenstoffquelle Methanol, Alkane (gesättigte Kohlenwasserstoffe, wie man sie im Erdöl findet) oder andere absonderliche Nährstoffe anbietet, werden sie daraufhin die Konzentration der peroxisomalen Enzyme, die diese Substrate abbauen können, gewaltig steigern. Um die Enzyme aufzunehmen, vermehren und vergrößern sich die Peroxisomen stark. Manchmal sind die Zellen derart mit Peroxisomen vollgepackt, daß diese Partikel Würfelform annehmen.

Wenn man es richtig bedenkt, ist es gar nicht so überraschend, daß die Peroxisomen auch nach dem Erwerb von Mitochondrien in den Zellen geblieben sind. Möglicherweise wurden sie erhalten, weil sie von Anfang an nützliche Eigenschaften besaßen, die den Mitochondrien fehlten. Vielleicht erwiesen sich auch einige dieser Merkmale zu einem späteren Zeitpunkt als lebensnotwendig – etwa nachdem eine bestimmte mitochondriale Eigenschaft durch Mutation verloren gegangen war. Jedenfalls sind Peroxisomen heute nicht mehr das, was sie einmal waren – oder zumindest scheint es so. Wenn man die einzelnen Funktionen, die man in den verschiedenen Peroxisomentypen findet, zusammenfaßt und annimmt, daß sie alle denselben Ursprung haben, ergibt sich das Bild eines enorm vielseitigen Stoffwechselorganells, von dem die heute existierenden Abkömmlinge nur noch einen schwachen Abglanz vermitteln.

C. Bei höherer Vergrößerung wird sichtbar, daß die Peroxisomen fast vollständig von einer kristallinen Struktur durchsetzt sind. Sie besteht aus den Molekülen eines Enzyms, das Methanol unter Bildung von H_2O_2 oxidiert.

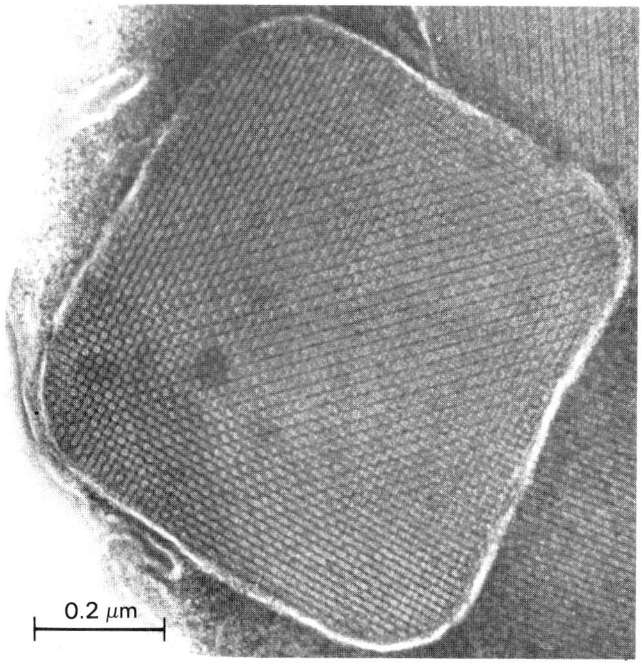

Das bringt uns zu der zweiten Frage, die sich dem Evolutionsforscher aufdrängt: Wie hat die primitive Eukaryontenzelle – oder ihr prokaryontischer, phagocytotischer Vorläufer – ein so wirkungsvolles Organell erworben? Noch vor wenigen Jahren hätte man danach kaum gefragt, da weithin angenommen wurde, daß sich die Peroxisomen als Knospen vom ER abschnüren und in einigen Zellen sogar noch mit Membranstielchen daran hängenbleiben. Das erscheint heute jedoch zweifelhaft. Die Forscher, die in ER-Zisternen nach neu entstehenden peroxisomalen Proteinen suchten, wurden enttäuscht. Stattdessen mußten sie feststellen, daß diese Proteine an freien Polysomen produziert und ins Cytosol abgegeben werden, bevor sie durch einen unbekannten Mechanismus in die Peroxisomen hineingelangen. Die besagten Verbindungen zwischen Peroxisomen und ER bedürfen wohl einer Revision. Wie wir wissen, sehen im Elektronenmikroskop alle Membranen mehr oder weniger gleich aus, und wer zelluläre Strukturen in Dünnschnitten untersucht, muß auf die Vorteile einer dreidimensionalen Betrachtung verzichten. Die Bilder, die wir erhalten, sind leider weniger deutlich, als wir es uns wünschen. Anscheinend bilden Peroxisomen jedoch Gruppen von miteinander verbundenen, wenn auch vom ER möglicherweise getrennten Partikeln.

Falls also Peroxisomen nicht vom ER abstammen – was, wenn schon nicht ontogenetisch, so doch immer noch phylogenetisch (stammesgeschichtlich) möglich wäre –, muß der Ursprung dieser mysteriösen Mikrokörperchen woanders gesucht werden. Einige Zelldetektive, deren Phantasie durch die Geschichten um Mitochondrien und Chloroplasten beflügelt wurde, zogen die Möglichkeit in Betracht, daß Peroxisomen in der Evolution von wieder anderen endosymbiontischen Bakterien abstammen, die in noch weiter zurückliegender Zeit in die Zelle gelangten. Der primitive Charakter ihrer Atmungsmechanismen würde dazu passen. Man muß jedoch betonen, daß Peroxisomen – anders als Mitochondrien und Chloroplasten – nicht die Spur eines Beweises für derartige Spekulationen liefern. Soweit wir wissen, fehlen ihnen DNA, Ribosomen und andere Bestandteile eines genetischen Apparats. Mangelnde Indizien widerlegen jedoch eine Hypothese nicht. Wenn Endosymbionten neunzigprozentig integriert werden können, wie es bei Mitochondrien und Chloroplasten geschehen ist, warum nicht auch hundertprozentig? Vielleicht finden wir eines Tages eine Antwort, indem wir direkt die Proteine der Mikrokörperchen analysieren und in ihren Molekülstrukturen möglicherweise bruchstückhafte Spuren ihrer Evolutionsgeschichte entdecken (siehe Kapitel 18).

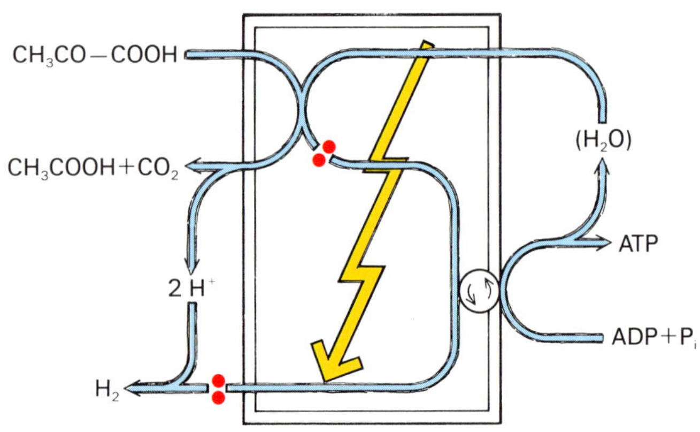

Hydrogenosomen

Wir haben mehrfach betont, daß Zellen geeignete Akzeptoren benötigen, die die Elektronen aus ihren Oxphos-Einheiten aufnehmen. Die scheinbar einfachste Lösung des Problems ist dabei nur beiläufig erwähnt worden – nämlich die, Protonen als Akzeptoren zu verwenden:

$$2\,e^- + 2\,H^+ \longrightarrow H_2$$

Protonen sind überall vorhanden. Warum atmen wir also nicht Wasserstoff aus, anstatt Sauerstoff einzuatmen? Tatsächlich gibt es einige Organismen, die genau das tun. Doch sind es sehr wenige, was wahrscheinlich daran liegt, daß Protonen zu den unwirtschaftlichsten Elektronenakzeptoren gehören, die eine Zelle überhaupt benutzen kann. Die Wasserstoffbildung erfolgt auf einem sehr hohen Energieniveau, das etwa 50 oder mehr Kilokalorien über dem von Wasser/Sauerstoff liegt. Das bedeutet, daß ein Substrat seine Elektronen auf einem Potential von mindestens 64 Kilokalorien pro Paar Elektronenäquivalente abgeben muß, wenn mit einer Oxphos-Einheit zwischen Donator und Akzeptor Energie gewonnen werden soll. Nur eine Handvoll Substanzen (darunter Brenztraubensäure) kann soviel Energie aufbieten.

In der Welt der Bakterien gibt es eine kleine Gruppe obligater Anaerobier, die Clostridien, die Wasserstoff produzieren. Zu ihnen gehören die Erreger des Gasbrands, einer Wundinfektion, die sich besonders bei schlechter Sauerstoffversorgung entwickeln kann. Diese Bakterien scheinen eine außergewöhnlich lange Evolutionsgeschichte zu besitzen. Sie haben sich offenbar als unabhängiger Seitenzweig in jenen frühen Zeiten entwickelt, als das Leben noch ausschließlich anaerob war, und anscheinend nie gelernt, sich an die Gegenwart von Sauerstoff anzupassen. Vielleicht haben sie es auch nur wieder verlernt. Wir sind allein auf Vermutungen angewiesen.

In den Hydrogenosomen werden bei der Oxidation von Brenztraubensäure zu Essigsäure und CO_2 die Elektronen über eine Substratketten-Oxphos-Einheit auf Protonen übertragen; dadurch entsteht molekularer Wasserstoff. Wie bei der Substratketten-Phosphorylierung in der Glykolyse (siehe die Abbildung auf Seite 109) stammt der Sauerstoff, der in das Substrat eingefügt wird, aus einem verborgenen Wassermolekül, das sich bei der Kondensation von ADP und P_i bildet.

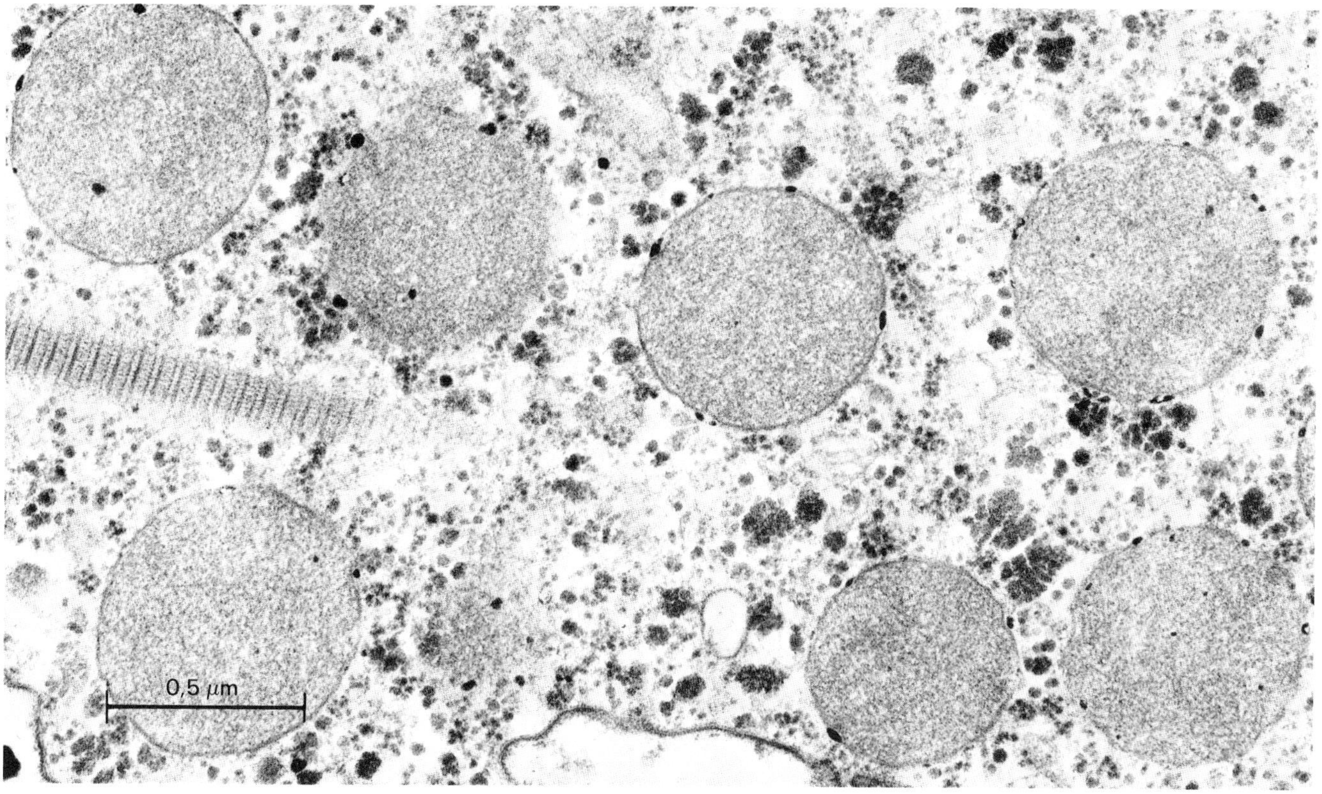

Hydrogenosomen in dem menschlichen Parasiten *Trichomonas vaginalis*. Das quergestreifte Objekt links im Bild ist eine rippenartige Stützstruktur, die sogenannte Costa.

Bemerkenswerterweise teilen Clostridien ihre Fähigkeit, Wasserstoff zu erzeugen, in der Tierwelt mit einer kleinen Untergruppe der Protozoen, den Trichomonaden. Die meisten dieser Einzeller leben als Parasiten im Genitaltrakt von Tieren und Menschen. Sie zählen zu den wichtigsten Erregern sexuell übertragbarer Krankheiten. Die Parasiten können sowohl mit als auch ohne Luft leben. Ohne freien Sauerstoff decken sie ihren Energiebedarf durch eine spezielle Reaktion, bei der Brenztraubensäure zu Essigsäure und CO_2 oxidiert wird und die freigesetzten Elektronen über eine Substratketten-Oxphos-Einheit auf Wasserstoff übertragen werden:

$$CH_3—CO—COOH + (H_2O) \longrightarrow CH_3—COOH + CO_2 + 2\,e^- + 2\,H^+$$

$$ADP + P_i \longrightarrow ATP + (H_2O)$$

$$2\,e^- + 2\,H^+ \longrightarrow H_2$$

Unter aeroben Bedingungen schalten diese Organismen die Wasserstoffproduktion ab und auf einen sauerstoffabhängigen Stoffwechsel um – allerdings auf einen sehr einfachen, denn sie besitzen keine Mitochondrien.

Sie enthalten jedoch ausgeprägte Mikrokörperchen; dieser Befund eröffnete vor einigen Jahren die aufregende Perspektive, daß es sich hier um direkte Abkömmlinge der primitiven Phagocyten handeln könnte, also um Nachfahren von Zellen, die niemals mitochondriale Endosymbionten eingefangen hatten und deren oxidativer Stoffwechsel auch heute noch von den ursprünglichen Peroxisomen abhängig war. Aber wie so oft in der Wissenschaft ergab sich ein enttäuschendes ,,Nein'', als man die Möglichkeit im strengen

Experiment überprüfte. Doch gerade dabei machte man eine gänzlich unerwartete Entdeckung. Die Mikrokörperchen der Trichomonaden erwiesen sich als Hydrogenosomen: Sie enthalten das gesamte System, das den Pyruvatabbau an eine Oxphos-Einheit koppelt und Wasserstoff erzeugt.

Wie alle Entdeckungen hat auch dieser Befund neue Fragen aufgeworfen. Die provokatorischste lautet: Wo kommen die Hydrogenosomen her? Sind sie nur eine andere Sorte von Knospen aus dem ER? Oder stammen sie von irgendeinem primitiven Clostridium ab, das in längst vergangener Zeit von einem Mitglied der räuberischen Phagocytenfamilie eingefangen und gezähmt wurde? Wir haben bis jetzt noch keinen Anhaltspunkt, um all das zu beantworten. Aber vielleicht verraten einige Proteine der Hydrogenosomen, die man zur Zeit untersucht, etwas über ihre Herkunft.

Glykosomen

Vor kurzem haben Wissenschaftler bei Untersuchungen an Trypanosomen, einer Untergruppe der Protozoen, eine weitere Sorte von Mikrokörperchen entdeckt, die überraschenderweise einen großen Teil der Glykolysekette dieser Organismen enthielten. Bei allen anderen Zelltypen, die darauf analysiert wurden, hat man das Glykolysesystem ausnahmslos im Cytosol gefunden. Dort hatten auch wir es während unserer Expedition erstmals angetroffen. Wie aber konnte dieses System bei den Trypanosomen aus dem Zellplasma in die membranumschlossenen Mikrokörperchen gelangen?

Wieder einmal verlockt die Phantasie dazu, die Wissenslücke zu füllen: Könnte es sein, daß das Glykosom – wie man es aus naheliegenden Gründen genannt hat – ebenfalls von einem Endosymbionten abstammt, diesmal von einem primitiven fermentierenden Bakterium? Hat es seinem Fänger vielleicht sogar das Leben gerettet, indem es ihn vor den Konsequenzen einer sonst tödlichen Mutation seines eigenen Glykolyseapparats bewahrte? Wenn es so gewesen sein sollte, würde dieses Ereignis heute, mehr als eine Milliarde Jahre später, immer noch Wellen schlagen – und zwar ziemlich unangenehme. Unter den Trypanosomen finden wir nämlich einige der schlimmsten Parasiten, die Tier und Mensch mit so gefährlichen Erkrankungen wie der afrikanischen Schlafkrankheit und der gefürchteten südamerikanischen Chagas-Krankheit bedrohen.

Wo immer sie auch herkommen – Glykosomen sind mehr als bloße glykolytische Organellen. Kürzlich hat man entdeckt, daß sie etliche andere Enzyme enthalten, darunter solche, die man auch in Peroxisomen findet. Eine evolutionäre Beziehung zwischen den beiden Mikrokörperchen ist daher nicht auszuschließen.

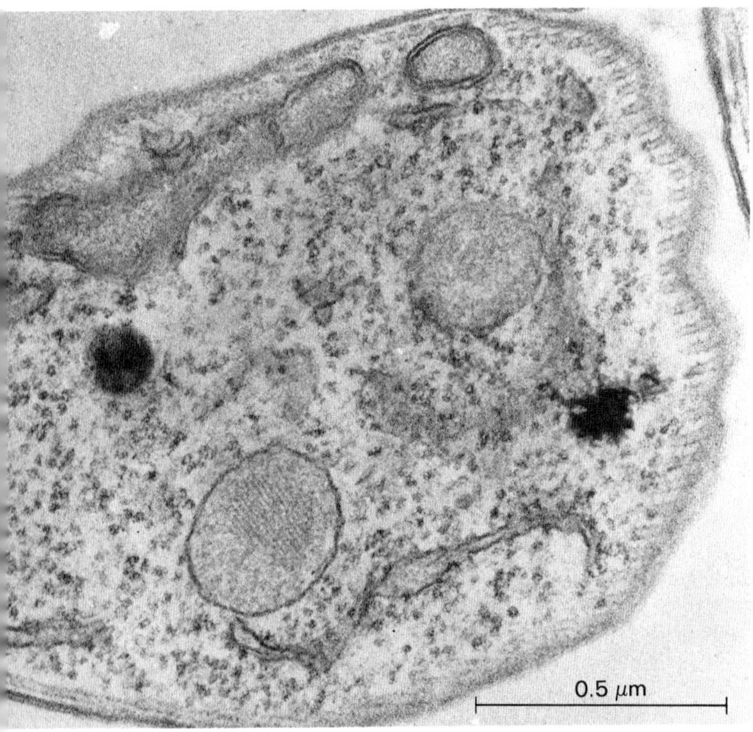

Diese elektronenmikroskopische Aufnahme zeigt zwei Glykosomen im Zellplasma von *Trypanosoma brucei*, dem Erreger der Rinder-Schlafkrankheit. Eines davon enthält einen kristallinen Kern unbekannter chemischer Zusammensetzung.

Kapitel 12

Die Knochen und Muskeln der Zelle

Die Gestalt lebender Zellen – einschließlich der unendlich abwechslungsreich gefalteten, eingestülpten und ausgebuchteten Oberflächen, die sich mit dem Rasterelektronenmikroskop so großartig darstellen lassen – wird weitgehend von einem komplizierten Innengerüst bestimmt, in dem sich unzählige feste Fasern und hohle Röhren überkreuzen. Man bezeichnet dieses System als Zell- oder Cytoskelett; seine Elemente sind jene Balken und Kabel, die wir sahen, als wir das Cytosol erstmals betraten. Damals war uns allerdings die Sicht durch die ballonförmigen Objekte versperrt, von denen das Zellplasma erfüllt ist. Wenn wir sie entfernen könnten, würden wir erkennen, daß die Bestandteile des Zellskeletts oft erstaunlich lang sind – manche ziehen sich quer durch die ganze Zelle – und daß sie vielfältige, erstaunlich schöne und häufig bemerkenswert regelmäßige Muster bilden. Es ist ähnlich wie in einem vollgestopften Museum: Auch hier muß man erst die zahllosen Ausstellungsgegenstände aus dem Weg räumen, bevor man die oftmals elegante und gut durchdachte Architektur der Schausäle richtig würdigen kann.

Das Zellskelett

Eine vollgestopfte Zelle läßt sich leider nicht so einfach leerräumen; doch mit Antikörpern gegen Cytoskelettproteine können wir ganz gezielt all jene Strukturelemente bedecken, die aus diesen Proteinen aufgebaut sind. Wenn man die Antikörper noch mit Molekülen eines fluoreszierenden Farbstoffs koppelt, erscheinen die Strukturen, an die sie binden, wie von Fluoreszenzfarbe überzogen. Man braucht eine derart angefärbte Zelle nur mit ultraviolettem Licht zu bestrahlen, und schon leuchtet vor einem dunklen Hintergrund das ganze antikörperbedeckte Cytoskelettgerüst auf, als sei es von Neonröhren erhellt.

Diese elegante Technik nennt man Immunfluoreszenz. Ihr müssen umfangreiche biochemische Untersuchungen vorausgehen, denn nur mit ausreichend gereinigten Proteinen lassen sich spezifische Antikörper gewinnen. Eine zusätzliche Schwierigkeit liegt darin, daß mehrere Proteine des

Das Keratinnetzwerk von Rattenkänguruhzellen (PtK_2) ist hier durch die Immunfluoreszenzmethode sichtbar gemacht worden.

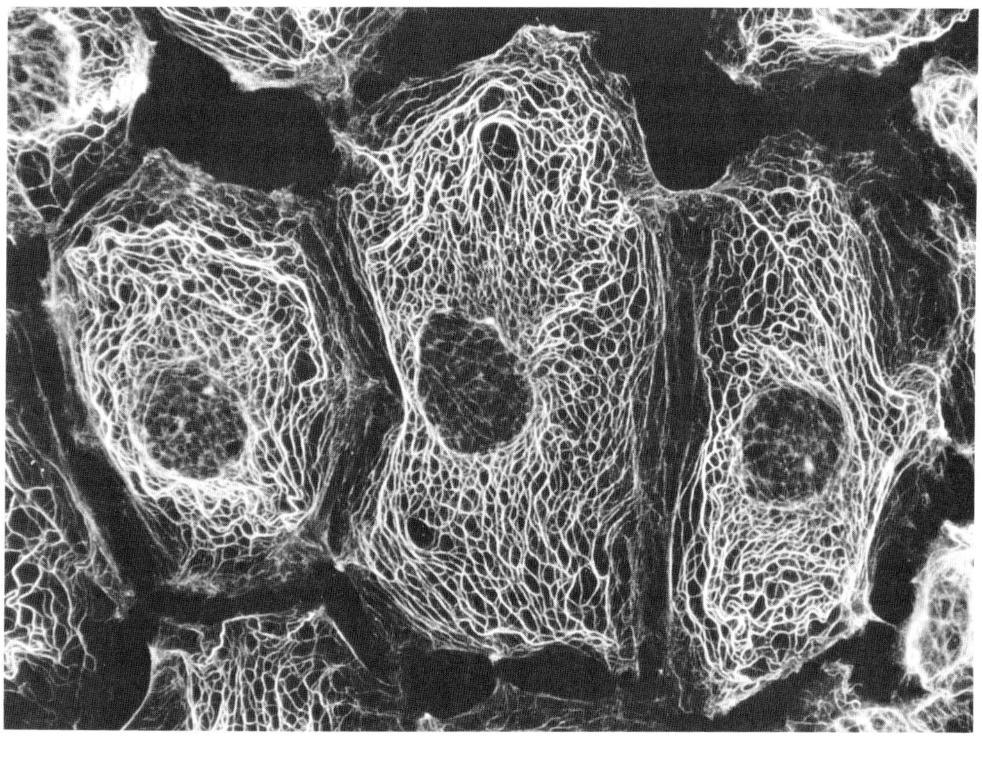

Zellskeletts schlechte Immunogene sind — das heißt, sie lösen nur eine schwache Antikörperproduktion aus, wenn sie in ein Tier einer anderen Art injiziert werden. Das erklärt sich daraus, daß homologe Cytoskelettproteine selbst bei wenig verwandten Arten eine sehr ähnliche chemische Struktur aufweisen und deshalb vom Immunsystem nicht als fremd erkannt werden. Eine solche Strukturerhaltung in der Evolution deutet stark darauf hin, daß die funktionellen Eigenschaften der Proteine auf Aminosäuresequenzen beruhen, die nur wenige Veränderungen zulassen, ohne daß diese Eigenschaften verloren gehen. Die meisten Mutationen führen bei solchen Proteinen zu einer verminderten Funktionsfähigkeit und werden deshalb durch die natürliche Selektion ausgemerzt.

So schön Immunfluoreszenzbilder sind, sie stellen doch nur Momentaufnahmen dar, die ein sich ständig veränderndes Muster ,,einfrieren''. Zellen wandeln fortlaufend ihre Gestalt; sie mischen ihre Inhaltsstoffe neu, erzeugen Plasmaströmungen, schleudern manchmal abrupt Granula vorwärts und biegen und verzerren ihre Membranen. Sie bewegen sich umher, kriechen, gleiten, schwimmen, ziehen sich zusammen und strecken sich aus, sie flachen sich auf Oberflächen ab und zwängen sich durch enge Öffnungen. Sie fangen, umfließen und verschlingen sperrige Objekte, stoßen Pseudopodien aus, ziehen sie wieder zurück und speien den Inhalt von Speichergranula nach außen. Sie schwenken wogende Schleier hin und her, lassen Geißeln heftig rotieren und erzeugen mit schlagenden Cilien Strömungen um sich herum. Was macht das Zellskelett während all diesen wilden Bewegungen?

Nicht überraschend lautet die Antwort, daß das Skelett der Zellen kein starres Gerüst ist. Anders als ein Knochenskelett stellt es auch kein durch Gelenke verbundenes System dar. Es handelt sich um ein weitaus flexibleres und komplizierteres Gebilde. Nur einige seiner Strukturelemente gehören zum festen Inventar. Andere besitzen die erstaunliche Fähigkeit, sich sehr schnell in kleine Grundbausteine aufzulösen und in anderer Form wieder zusammenzulagern. Das erklärt die proteischen Metamorphosen, zu denen Zellen imstande sind. Die geordneteren Bewegungen der Zellen oder ihrer Teile scheinen meist darauf zu beruhen, daß Strukturelemente aneinander vorbeigleiten, indem zwischen ihnen unter ATP-Verbrauch Querverbindungen aufgebaut und gelöst werden. Die einzelnen Teile dieses Apparats sind vollständig aus verschiedenen Proteinmolekülen aufgebaut, die sich von selbst mit gleich- oder andersartigen Zellskelettproteinen zusammenlagern. Dabei entstehen automatisch all jene feinen Gerüst- und Gitterstrukturen, die sich im UV-Mikroskop mit fluoreszierenden Antikörpern sichtbar machen lassen. Das Elektronenmikroskop kann diese Muster nur selten in ihrer ganzen Schönheit und Komplexität wiedergeben; meist sind bloß einzelne Skelettelemente – entweder hohle Mikrotubuli oder feste Fasern – zu erkennen. Die Fasern teilt man nach ihrem Durchmesser in dünne (sechs bis sieben Nanometer), intermediäre (acht bis zehn Nanometer) und dicke (15 bis 20 Nanometer) Filamente ein. Ausnahmsweise – etwa in Muskelfibrillen oder in Cilien und anderen regelmäßig gebauten Oberflächenfortsätzen – erreicht die molekulare Architektur des Zellskeletts einen so hohen Ordnungsgrad, daß man sie auch in einem einzigen, richtig ausgerichteten Ultradünnschnitt deutlich erkennen kann. Solche Bilder haben entscheidend mitgeholfen, die anderen, eher zufällig wirkenden Muster zu interpretieren. Für den Morphologen sind sie zudem ein ästhetischer Genuß.

Manche Cytoskelettelemente dienen wohl nur dazu, den Zellen ein weitgehend statisches Innengerüst zu verleihen und sie durch verschiedenartige Zell-Zell-Verbindungen aneinander zu heften. Die meisten Intermediärfilamente gehören hierher. Da sie an der strukturellen Differenzierung der Gewebe beteiligt sind, findet man in verschiedenen Zellen gewöhnlich unterschiedliche Intermediärfilamente – etwa die Keratine in Epithelzellen, das Vimentin in mesenchymalen Zellen, das Desmin in Muskelzellen und die Neurofilamente in Nervenzellen. Andere Cytoskelettelemente kommen in allen Zellen vor, selbst wenn sie in verschiedenen Zelltypen oft ganz unterschiedlich angeordnet sind. Sie haben sowohl dynamische wie auch strukturelle Funktionen. Typische Vertreter sind das Aktin-Myosin-System, das Mikrotubuli-Dynein-System und das Clathrin. Wir werden uns mit jedem dieser Systeme kurz beschäftigen, wenn auch der enge räumliche und zeitliche Rahmen unserer Expedition keine umfassende und vertiefende Betrachtung erlaubt.

Keratin – ein Stoff, der zäh macht

Der Begriff Keratin leitet sich vom griechischen *keras* für Horn ab und bezeichnet eine Familie schwefelreicher Faserproteine, die als Hauptbestandteile von Haut, Leder, Haaren, Hörnern, Hufen, Klauen, Nägeln, Schuppen, Federn und Schnäbeln auftreten – also von all den Hüllen und Anhängen, mit denen sich Wirbeltiere gegen Bedrohungen von außen wappnen. Während die Schutzhüllen der Pflanzen und niederen Tiere außerhalb der Zellen aus Sekretprodukten aufgebaut werden, entstehen sie bei Wirbeltieren intrazellulär, und zwar durch einen wirklich bemerkenswerten Differenzierungsprozeß.

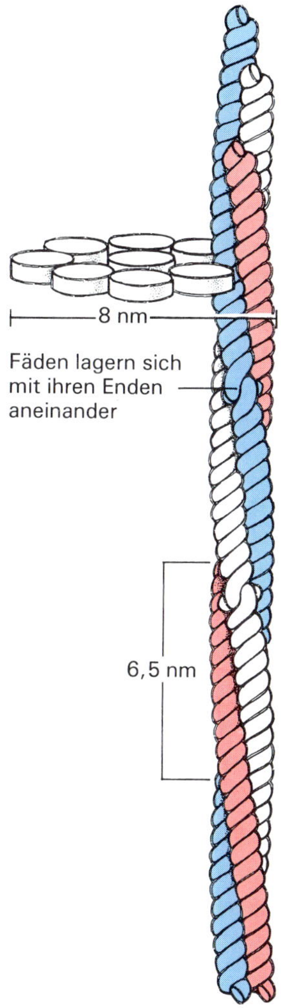

Der Aufbau eines Keratinfilaments. Die Grundeinheit ist ein 60 bis 90 Nanometer langer Faden aus drei umeinander gewundenen, in sich verdrillten Strängen, die zusammen eine linkshändige Schraube mit einer Windungs- oder Ganghöhe von 6,5 Nanometern bilden. Die drei Stränge bestehen jeweils aus einer anderen Polypeptidkette, die größtenteils zu einer regelmäßigen rechtshändigen Alpha-Helix aufgewickelt ist. Wenn sich solche Fäden sowohl hintereinander als auch seitlich zusammenlagern, entsteht ein typisches, acht Nanometer dickes intermediäres Filament.

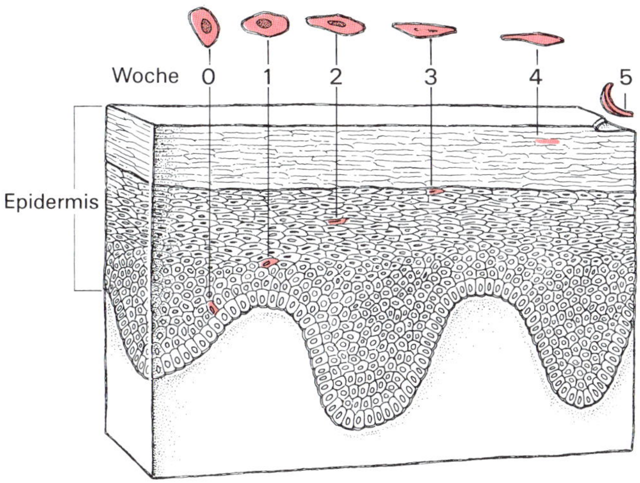

Keratinisierung. Die Zeichnung veranschaulicht, wie sich eine Epidermiszelle fortschreitend differenziert. Sie wird von den Zellen, die in der Keimschicht neu entstehen, langsam zur Oberfläche gedrückt.

Die Epithelzellen, in denen dieser Prozeß stattfindet, gehen aus einer Schicht von Stammzellen hervor, die tief unten in der Haut liegt und die man Keimschicht nennt. Die Zellen dort teilen sich asymmetrisch: in undifferenzierte neue Stammzellen, die in der Keimschicht bleiben, und in Tochterzellen, die sich weiter differenzieren. Diese Tochterzellen werden von immer neuen Zellen nach oben geschoben und wandern langsam zur Oberfläche, wo sie die äußersten Hautlagen ersetzen, die nach und nach abschilfern.

Wenn wir eine junge Epithelzelle aufsuchen, die gerade ihre Reise an die Oberfläche antritt, werden wir in ihrem Zellplasma hier und da kräftige Fasern verlaufen sehen, die etwa acht Nanometer dick sind (bei unserer millionenfachen Vergrößerung etwas weniger als ein Zentimeter). Wenn wir solche Fasern näher betrachten, können wir erkennen, daß sie Bündel von dünnen Fäden sind, deren Struktur uns auf den ersten Blick an die des Tropokollagens (siehe Seite 37) erinnert. Denn genau wie diese Grundeinheit der Bindegewebsfasern besteht auch die Keratinuntereinheit aus drei umeinander gewundenen Polypeptidketten, die selbst ebenfalls schraubenförmig (helikal) aufgewickelt sind. Doch sobald wir die beiden Strukturen näher untersuchen, zeigen sich deutliche Unterschiede. Beim Keratin ist die dreisträngige Schraube nicht rechtshändig wie beim Kollagen, sondern linkshändig, und ihre Ganghöhe (die Höhe einer kompletten Windung) beträgt statt drei Nanometern 6,5 Nanometer. Die drei Polypeptidketten des Keratins sind außerdem normalerweise verschieden und zu typischen rechtshändigen Alpha-Helices aufgewickelt, wie wir sie bei vielen Proteinen finden (siehe Kapitel 2). Wir werden schon bald weitere wichtige Beispiele für diese Struktur kennenlernen, nämlich beim Myosin und Tropomyosin. Der Helixtyp der einzelnen Polypeptide im Kollagen – linkshändig und mit einer Ganghöhe von einem Nanometer – ist dagegen einzigartig; er erklärt sich aus der sehr ungewöhnlichen Aminosäurezusammensetzung und -sequenz dieses Moleküls. Keratinuntereinheiten sind schließlich auch kürzer als Tropokollagen: 60 bis 90 Nanometer gegenüber 300 Nanometern. Sie lagern sich sowohl seitlich als auch hintereinander zusammen und bilden so die charakteristischen, acht Nanometer dicken Intermediärfilamente.

In der Zelle vereinigen sich die Keratinbündel zu einem lokkeren dreidimensionalen Netzwerk, das den Zellkern mit einem korbähnlichen Geflecht umhüllt und zwischen einigen verstärkten Platten ausgespannt ist, die der Plasmamembran aufliegen. Diese Platten haften gewöhnlich mit einem dichten, klebrigen Material an ähnlichen Platten an der Oberfläche benachbarter Zellen. Sie bilden die Knopf-Desmosomen (oder *Maculae adhaerentes*), die uns aufgefallen waren, als wir erstmals ein Blutgefäß betreten hatten (siehe Seite 33); die an den Desmosomen verankerten Keratinfasern sind die Tonofilamente, die weit in das Innere der Zelle hineinreichen. Weil sie von beiden Seiten eines Desmosoms ausstrahlen, sind auch die Keratinnetzwerke zweier Nachbarzellen direkt miteinander verbunden.

Während die Epithelzellen von der Keimschicht langsam zur Hautoberfläche wandern, verlagern sie sich immer mehr auf die Produktion von Keratin; dabei hilft ihnen eine massive Autophagie ihres sonstigen Zellinhalts. Gleichzeitig werden die Keratinfasern immer stärker über Disulfidbrücken untereinander und mit amorphen Matrixkomponenten vernetzt. Wenn die Zellen schließlich die Hautoberfläche erreichen, sind sie zwar geschrumpft und ausgetrocknet, abgestorben und unbeweglich, aber außerordentlich zäh. Durch die Desmosomen fest miteinander vernietet, bilden sie eine zusammenhängende Schutzschicht, die Hornhaut, die fortwährend an der Oberfläche abschilfert (Schuppenbildung) und von neuen differenzierten Epithelzellen ersetzt wird.

Wenn sich die Haut nicht abschuppen kann, weil mehrere übereinanderliegende Zellschichten fest miteinander verschweißt sind, verdickt sich die Hornschicht zu einer Schwiele. Schuppen, Nägel, Klauen, Hörner und Schnäbel können entstehen, wenn sich ein etwas anderes Wachstumsmuster einstellt, wenn sich Charakter und Mengenverhältnis der einzelnen Keratinpolypeptide ändern oder wenn sie unterschiedlich stark quervernetzt sind. Wachsen die sich differenzierenden Zellen nicht flächig, sondern röhrenförmig, so bilden sie alle möglichen Sorten von Haaren und Stacheln aus oder entwickeln sich nach einem komplizierteren Bauplan zu den gekielten Federn und Daunen der Vögel. Die Evolution hat zu dem zentralen Thema der Keratinisierung ungezählte architektonische Variationen erfunden. Einige davon hat der Mensch jahrtausendelang als Kleidung und Werkzeuge genutzt. Selbst in unserem Plastikzeitalter kann sich keine künstlich erzeugte Faser mit dem Keratin der Angoraziege messen.

Wie oben erwähnt, ist Keratin ein typisches Produkt der Epithelzellen. In sonstigen Zelltypen bestehen die Intermediärfilamente aus anderen, unterschiedlich zusammengelagerten Proteinen. Wir haben nicht die Zeit, um ausführlich auf sie einzugehen, und müssen uns jetzt wieder der ,,allgemeinen Zelle'' zuwenden, die das eigentliche Ziel unserer Expedition darstellt.

Das Aktin-Myosin-System

Aktin und Myosin sind zwei Proteine, die gemeinsam einen wirklich bemerkenswerten Bewegungsapparat aufbauen. Er ist zuerst in Muskelzellen entdeckt worden, aber man weiß heute, daß er in allen Zellen existiert. Die dünnen Aktinfilamente bilden dabei so etwas wie ,,Zellknochen'' und die dicken Myosinfilamente ,,Zellmuskeln''.

Aktinfilamente sind gewöhnlich zu schlanken Bündeln zusammengefaßt, die sich wie Telefondrähte quer durch das Zellplasma erstrecken (,,Stress-Fasern'') oder miteinander zu unterschiedlich geformten Kabeln, Bändern, Filz- oder Netzstrukturen aneinanderlegen. Diese dienen sehr häufig dazu, die Plasmamembran von innen zu unterstützen. Aktinfilamente bilden auch die Schäfte, die solchen Oberflächenausstülpungen wie Mikrovilli Halt geben. Jedes einzelne Filament ist sechs bis sieben Nanometer dick (bei unserer millionenfachen Vergrößerung etwas mehr als ein halber Zentimeter) und besteht aus zwei umeinander gewundenen Fäden.

Anders als die Filamentstrukturen, die wir bisher kennengelernt haben – beispielsweise Kollagen und Keratin –, sind diese Fäden nicht aus Faserproteinen aufgebaut, sondern aus kleinen, wie üblich kugelig aufgeknäuelten Proteinen, die sich mit Hilfe passender Bindungsstellen an beiden Polen zusammenschließen. Aktinfäden ähneln daher jenen endlos wachsenden Spielzeugzügen oder -ketten, die sich aus identischen Teilen zusammenstecken lassen und mit denen man oft die kombinatorischen Fähigkeiten kleiner Kinder testet. Wie eine solche Kette hat auch ein Aktinfaden eine Polarität, die durch die Richtung der ,,Schlüssel-Schloß''-Achse der Einzelteile bestimmt wird. Aktin liegt nicht als Einzel-, sondern als Doppelkette vor, da die Bausteine seitlich noch ein zweites Schlüssel-Schloß-System besitzen. Die beiden parallelen Fäden sind so mit einer leichten rechtshändigen Drehung aneinandergekoppelt und bilden eine langgestreckte doppelsträngige Helix; auf jede volle Umdrehung entfallen 14 Paare von Untereinheiten.

Die kugeligen Untereinheiten der Aktinfilamente nennt man globuläres oder G-Aktin. Ihr Polymerisationsprodukt ist das faserige oder F-Aktin. Da beide Formen ineinander umwandelbar sind, können lebende Zellen immer wieder bestimmte Teile ihres Aktinskeletts abreißen und nach anderem Muster

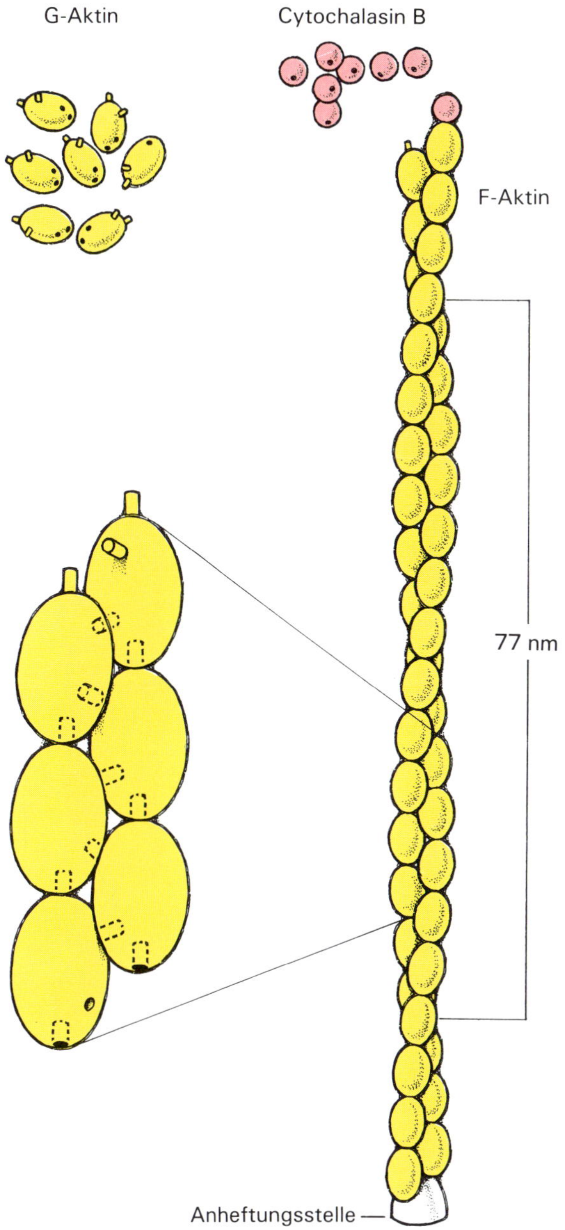

Die Struktur eines Aktinfilaments. Das globuläre oder G-Aktin ist ein eiförmiges Protein, das zwei Paare von komplementären Bindungsstellen besitzt (Schlüssel-Schloß-Prinzip). Ein Paar liegt polar, das andere seitlich, so daß die Moleküle sich zu einem verdrillten, doppelsträngigen Filament zusammenlagern können (dem faserigen oder F-Aktin); dieses weist pro vollständiger Windung (77 Nanometer) 14 Monomerpaare auf. Die Polymerisation verläuft gerichtet – von der Anheftungsstelle weg – und ist reversibel. Sie benötigt ATP und wird durch das Pilzgift Cytochalasin B gehemmt.

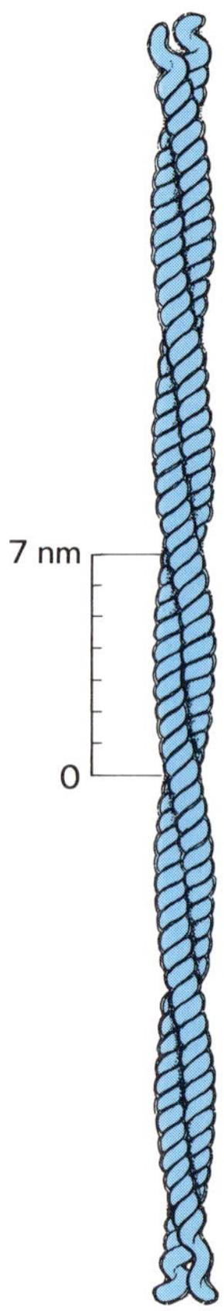

Die Struktur des Tropomyosins. Diese doppelsträngige, verdrillte Schraube ist 41 Nanometer lang und besteht aus zwei identischen Polypeptidketten, die weitgehend in Alpha-Helix-Konformation vorliegen. Sie sind mit einer Ganghöhe von sieben Nanometern umeinander gewickelt.

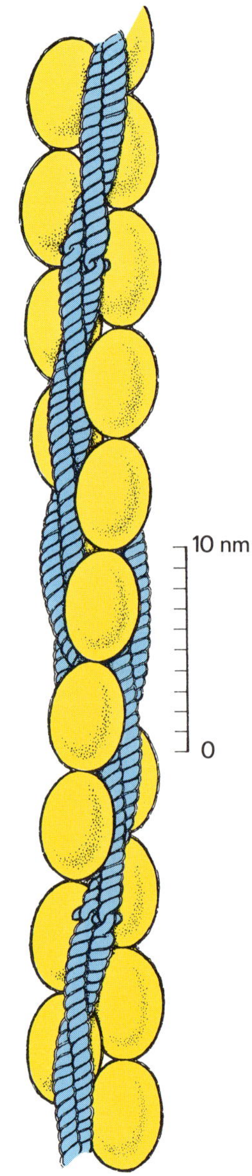

Das Tropomyosin legt sich in die Furchen des Aktinfilaments.

neu aufbauen. Diese Arbeiten folgen komplizierten, bisher kaum entschlüsselten Anweisungen und schließen die aktive Beteiligung von ATP ein. Das G-Aktin-Molekül besitzt eine spezielle Bindungsstelle für ATP. Bei der Polymerisation wird dieses ATP hydrolysiert, und das entstandene ADP bleibt am F-Aktin gebunden. Es muß wieder durch ATP ersetzt werden, bevor die Struktur sich auflösen kann.

Normalerweise liegt in den spiraligen Furchen zwischen den beiden Strängen eines Aktinfilaments jeweils noch ein dünner Faden eines anderen Proteinmoleküls, des Tropomyosins (vom griechischen *tropê* für Drehung und *mys* für Muskel). Dieses Molekül bildet eine 41 Nanometer lange linkshändige Schraube, in der zwei identische Polypeptidketten mit einer Ganghöhe von sieben Nanometern umeinander gewickelt sind. Die beiden Polypeptide liegen weitgehend als Alpha-Helices vor und liefern damit ein weiteres Beispiel für diesen Windungstyp, den wir schon beim Keratin kennengelernt haben. Anders als Keratin ist Tropomyosin jedoch doppelsträngig und nicht dreisträngig. Auf dem Aktinfilament erstreckt sich jedes Tropomyosinmolekül über sieben G-Aktin-Untereinheiten, also genau über eine halbe Drehung der Aktinhelix. Auf eine volle Windung des F-Aktins (77 Nanometer) kommen folglich zwei Paare von doppelsträngigen Tropomyosinmolekülen, die sich um 14 Paare von G-Aktin-Untereinheiten drehen. In quergestreiften Muskelzellen (aber nicht in anderen) trägt diese immer wiederkehrende Struktur zusätzlich vier Moleküle eines weiteren Proteins, des Troponins; sie sind jeweils nahe der Verknüpfungsstellen der Tropomyosinmoleküle an den Aktinfaden angeheftet. Wir werden noch sehen, daß Troponin eine Schlüsselfunktion bei der Muskelkontraktion besitzt.

Aktinfilamente sind mit einem Ende (hinsichtlich ihrer Polarität immer mit dem gleichen) fest an einer flachen, scheibenförmigen Struktur verankert. Ein Protein, das Alpha-Aktinin, hat man als Bestandteil dieser Struktur identifiziert, aber es gibt noch mehrere andere. Die Verankerungspunkte bleiben erhalten, wenn die Filamente abgebaut werden, und dienen als Polymerisationskeime, aus denen neue Filamente wachsen können. Das Pilzgift Cytochalasin B hat die Eigenschaft, sich an die wachsenden Enden von Aktinfilamenten zu binden und ihre weitere Verlängerung zu verhindern. Diese Substanz greift dadurch in alle Zellaktivitäten ein, bei denen das Aktinskelett umgebaut wird. Cytochalasin B ist zu einem unschätzbaren Werkzeug geworden, um solche Aktivitäten zu identifizieren und zu analysieren.

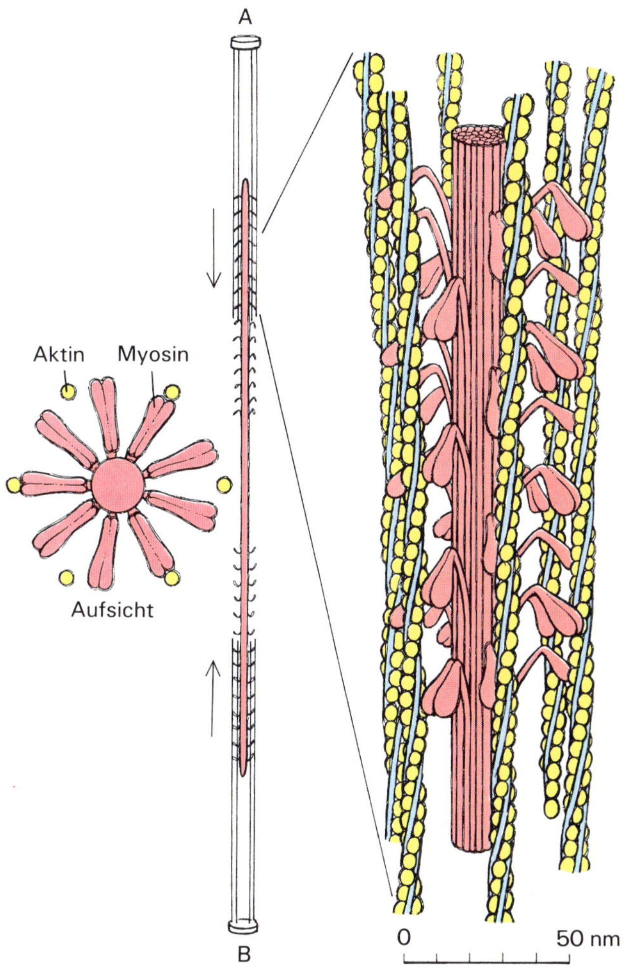

Die Grundeinheit der Zellmuskulatur. Ein dickes Myosinfilament verbindet zwei gegenüberliegende Bündel aus je sechs dünnen Aktinfilamenten. Wenn die Aktinfilamente kräftig zur Mitte des Myosinschafts gezogen werden, kommen die Verankerungspunkte A und B aufeinander zu.

Die Verankerungsscheiben der Aktinfilamente sind ihrerseits miteinander verbunden oder an intrazelluläre Organellen oder spezielle Bereiche auf der Innenseite der Plasmamembran angeheftet. So entstehen die vielfältigen Aktinanordnungen, die man bei verschiedenen Zellen oder bei einer Zelle in unterschiedlichen Funktionszuständen beobachten kann. Die diversen Verbindungen werden durch zahlreiche Strukturproteine vermittelt, die suggestive Namen tragen wie Vinculin (vom lateinischen *vinculum* für Fessel), Ankyrin (vom griechischen *ankyra* für Haken) oder Spectrin (vom lateinischen *spectrum* für Erscheinung, Gespenst); das zuletzt erwähnte Protein ist in sogenannten Erythrocyten-„Geistern" (englisch *ghosts*) – das sind künstlich entleerte Hüllen von roten Blutzellen – entdeckt worden. In Muskelzellen werden zahlreiche Verankerungsscheiben durch Desmin (vom griechischen *desmos* für Band) verkittet; das sieht dann aus wie zwei Bürsten, deren Griffe aneinandergeklebt wurden und deren Borsten in entgegengesetzte Richtungen ragen.

Wir werden noch sehen, wie diese Borsten bei der Muskelkontraktion mitwirken. Es ist aber hilfreich, zunächst ein einzelnes Bündel mit einem halben Dutzend Aktinfilamenten in seiner vollen Länge zu untersuchen. Wir beginnen dort, wo es verankert ist. Die Filamente bilden zuerst einen ziemlich lockeren Strang, der anscheinend nur durch die gemeinsame Verankerung zusammengehalten wird. Später aber verfestigen sie sich zu einem Zylinder, in dem die sechs Filamente um einen langen, etwa 15 Nanometer dicken, zentralen Schaft gruppiert sind. Dieser Schaft reicht über die Enden der Filamente hinaus und setzt sich über mehrere hundert Nanometer – manchmal bis zu einem Mikrometer – weit fort, um als Kern eines zweiten, entgegengesetzt orientierten Aktinfilamentbündels zu enden. Bei unserer millionenfachen Vergrößerung sehen wir ihn als starren Stab, der bis zu einem Meter lang und anderthalb Zentimeter dick ist und zwei gegenüberliegende Bündel aus sechs identischen, jeweils sieben Millimeter dicken, doppelsträngigen Drähten miteinander verbindet.

Dieser Verbindungsstab besteht aus Myosin, einem einzigartigen Protein, dessen Name sich wie der des Tropomyosins vom griechischen Wort *mys* für Muskel ableitet. Es handelt sich um ein 155 Nanometer langes, zweiteiliges Molekül (gut 15 Zentimeter bei unserer Vergrößerung), dessen Gestalt an einen Golfschläger mit gespaltenem Kopf oder – in einem romantischeren Bild – an eine langstielige Blume mit zwei Blüten erinnert. Der Stengel ist etwa 135 Nanometer lang, zwei Nanometer dick und ganz ähnlich aufgebaut wie das Tropomyosin. Er besteht aus zwei identischen Polypeptidketten mit fast perfekter Alpha-Helix-Konformation, die zu einer linkshändigen, doppelsträngigen Schraube mit einer Ganghöhe von 7,5 Nanometern umeinandergewunden sind. Der Myosinstengel stellt die längste in der Natur bekannte derartige Struktur dar. An seinem oberen Ende spalten sich die beiden Stränge in zwei getrennte, biegsame Stiele auf, die sich immer stärker verknäueln und in kugeligen ,,Zwillingsblüten'' oder ,,-köpfchen'' enden. Diese bestehen jeweils aus dem Endstück eines Strangs, der als schwere Kette bezeichnet wird, und zwei damit verwobenen leichten Ketten. In der Struktur des Myosinstengels gibt es eine Unregelmäßigkeit, die wie ein Scharnier einen etwa 110 Nanometer langen hydrophoben Abschnitt von einem etwas hydrophileren oberen Bereich trennt, der die Köpfchen trägt. An diesem Scharnier kann das proteolytische Enzym Trypsin angreifen, das Myosinmoleküle in zwei Teile spaltet, das

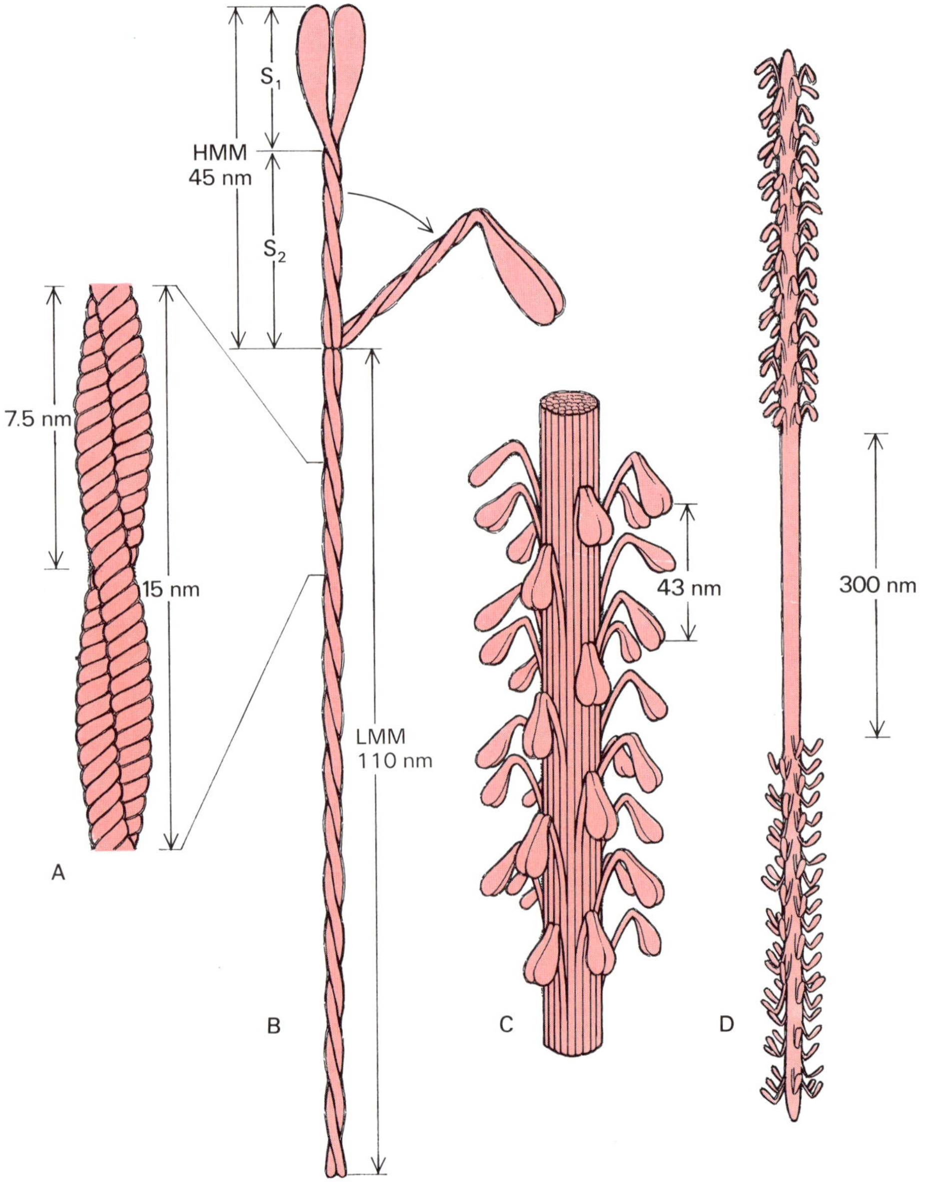

Die Struktur des dicken Filaments. Seine Grundeinheit ist das Myosinmolekül (B), ein langes, doppelsträngiges Protein mit einem 135 Nanometer langen Schwanz und zwei knollenförmigen Köpfchen. Der Schwanz besteht aus zwei identischen, umeinander gewundenen Strängen mit nahezu perfekter Alpha-Helix-Konformation (Ausschnitt in A). Durch eine Störung in dieser regelmäßigen Struktur entsteht ein Scharnier zwischen einem hydrophoben, 110 Nanometer langen Stamm und einem hydrophileren Halsabschnitt, der die Köpfchen trägt. An dieser Stelle läßt sich das Molekül durch hydrolytische Enzyme leicht spalten: in schweres (HMM, vom englischen *heavy meromyosin*) und leichtes Meromyosin (LMM). Ein zweites Scharnier zwischen Kopf- und Halsbereich des HMM kann ebenfalls leicht zerschnitten werden; dabei entstehen die Subfragmente S_1 und S_2. Myosinmoleküle lagern sich bemerkenswerterweise zu dicken, 1,5 bis mehr als fünf Mikrometer langen Stäben mit 15 bis 20 Nanometer Durchmesser zusammen. Sie legen sich dabei mit ihren hydrophoben LMM-Schwänzen aneinander und lassen die hydrophileren HMM-Stiele und -Köpfchen — schraubig angeordnet — aus der Oberfläche des Stabs herausragen (C). Der ganze Stab ist symmetrisch aufgebaut (wie man in D sieht). In seiner Mitte befindet sich ein 300 Nanometer langer, nackter Abschnitt, der aus den ineinandergreifenden Stielen jener Moleküle besteht, die die ersten Köpfchen auf jeder Seite stellen.

leichte Meromyosin (LMM) und das schwere (HMM, vom englischen *heavy meromyosin*). Ein zweiter Angelpunkt existiert zwischen den Köpfchen und dem Stengel des HMM. Hier schneidet ein anderes proteolytisches Enzym, das Papain, und zerlegt das schwere Meromyosin in die beiden Subfragmente S_1 und S_2.

Myosinmoleküle haben die erstaunliche Eigenschaft, sich spontan zu Bündeln zusammenzulagern, die wie winzige, blütengeschmückte Bäume aussehen. Die Stämme dieser exotischen Bäume werden von den Stengeln der Myosinmoleküle gebildet, die sich mit ihren hydrophoben LMM-Abschnitten aneinanderlegen und so gestaffelt sind, daß sich ein überall gleich dicker (die spitz zulaufenden Enden ausgenommen), beliebig langer Schaft ergibt. Die Köpfchen oder Blüten ragen an den hydrophileren HMM-Abschnitten aus dem Stamm heraus und bilden eine Girlande, die sich in regelmäßiger Helixform um ihn herumwindet. Wie diese Anordnung genau aussieht, ist unter Experten noch umstritten, und sie mag je nach Zelltyp und Tierart variieren. Der Abstand zwischen den Köpfchen entlang der Längsachse des Stammes scheint jedoch konstant 14,3 Nanometer zu betragen. Eine weitere absolut unverzichtbare Eigenschaft des Zusammenlagerungsprozesses ist seine Symmetrie. Stets sind zwei Bäume über ihre Wurzeln miteinander verbunden, so daß jedes Myosinfilament aus zwei entgegengesetzt orientierten, girlandengeschmückten Schäften besteht, zwischen denen sich ein etwa 300 Nanometer langes, nacktes Verbindungsstück erstreckt.

Die Blüten des Myosinbaums – oder mit dem Fachbegriff: die Köpfchen der Myosinmoleküle – bilden Haken, an die sich Aktinfilamente anhängen. Sie sind so um den Stamm angeordnet, daß jeweils sechs parallele Aktinfilamente daran binden können. Der Myosinschaft ist dann von einer Scheide mit sechseckiger Symmetrie umgeben. Weil sich eine solche Scheide an beiden Enden des Schafts ausbilden kann, verbindet jedes Myosinfilament zwei entgegengesetzt gerichtete Aktinbündel miteinander.

Damit eine solche Struktur zustande kommt, müssen die Aktinfilamente entsprechend orientierte Bindungsstellen für die Myosinköpfchen besitzen. Das kann man ausnutzen, um Aktinfilamente in Gewebeschnitten zu identifizieren und ihre Polarität zu bestimmen. Man verwendet dazu gereinigte Myosinköpfchen, die man enzymatisch von ihren Stielen getrennt hat. Sie binden spezifisch an Aktinfilamente und

Die Polarität des Aktinfilaments kann durch „Dekoration" mit isolierten Myosinköpfchen (S_1-Fragmenten) bestimmt werden: elektronenmikroskopische Aufnahme (unten) und Modell (rechts).

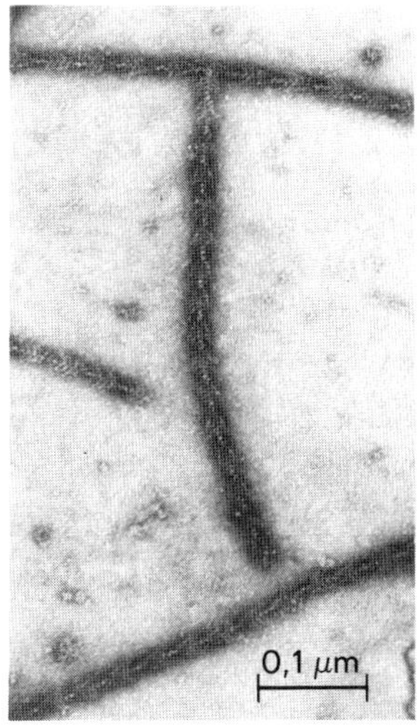

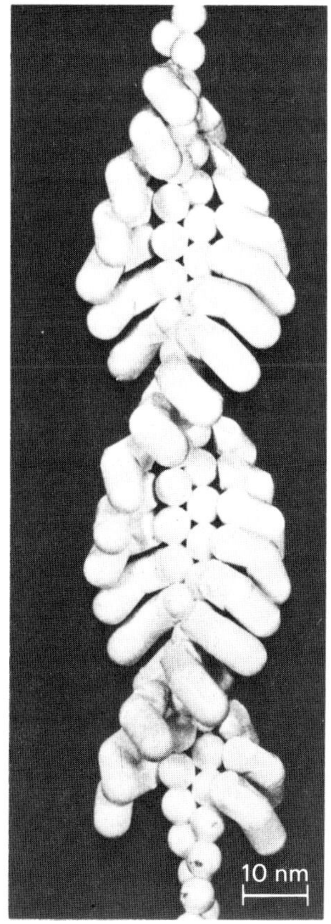

„dekorieren" sie – wie oben zu sehen ist – mit einem typischen Pfeilspitzenmuster; die Pfeile weisen dabei auf die freien Enden der Filamente.

Bis jetzt haben wir den Myosinschaft nur als festen Stab kennengelernt, der zwei Aktinbündel verbindet. Dieser gefällige Anblick ist jedoch statisch. Sobald wir ein paar Calciumionen an das System heranlassen, erleben wir eines der atemberaubendsten molekularen Feuerwerke, die sich einem Zelltouristen bieten können. Urplötzlich werden die Myosinköpfchen lebendig. Überall, wo sie an Bindungsstellen eines Aktinfilaments haften, krümmen sie sich an ihren Stielen heftig nach innen und reißen das Filament etwa zehn Nanometer weit zur Schaftmitte. Dann lösen sie sich wieder ab. Inzwischen haben aber andere Myosinköpfchen passende Bindungsstellen erreicht und ziehen das Filament nochmals

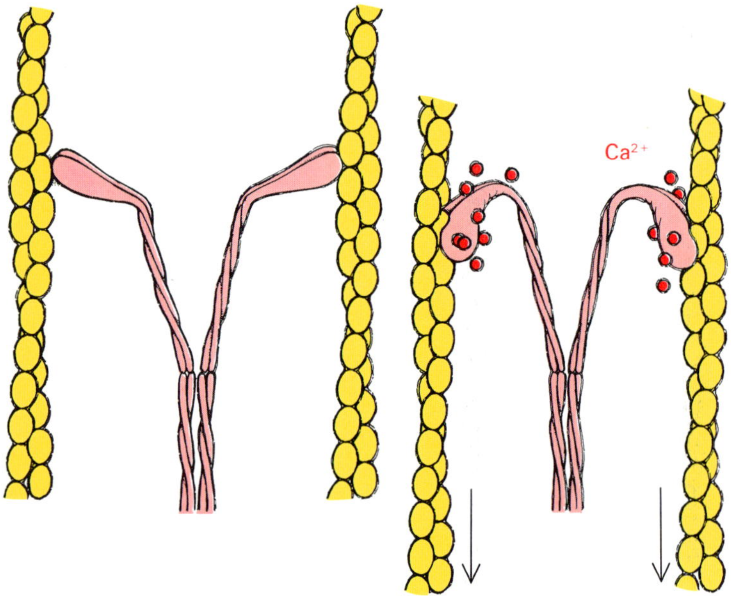

Myosin-System die freie Energie der ATP-Hydrolyse in mechanische Arbeit umsetzen.

Die Art der geleisteten Arbeit hängt davon ab, wo sich die beiden Verankerungspunkte, die aufeinander zu bewegt werden, in der Zelle befinden und in welcher topologischen Beziehung sie stehen. Oft bleibt ein Punkt fixiert, so daß allein der andere gezogen wird. Betrachten wir beispielsweise eine kriechende Zelle. Bei ihr heftet sich zunächst ein Plasmamembranbereich, an dem ein Aktinbündel verankert ist, fest an das Substrat („Adhäsionsplatte"). Wenn der Aktin-Myosin-Komplex sich nun verkürzt, zieht er alles, was daran hängt – wegen des vernetzten Cytoskeletts möglicherweise die ganze Zelle –, zur Anheftungsstelle hin.

Der Gleitfasermechanismus (englisch *sliding filament*) des kontraktilen Aktin-Myosin-Systems. Die ATP-tragenden Myosinköpfchen binden in Gegenwart von Calciumionen an das Aktin und werden als ATP-hydrolysierende Enzyme aktiv. Die ATP-Spaltung ist stets mit einem Abknicken der Myosinköpfchen gekoppelt. Dadurch werden die Aktinfilamente an dem zentralen Myosinfilament entlanggezogen.

zehn Nanometer vorwärts. Dies setzt sich fort, solange Calciumionen (und ATP, siehe unten) vorhanden sind. Weil alle Aktinfilamente an beiden Enden des Myosinschafts auf gleiche Weise nach innen gezogen werden, gleiten die zwei gegenüberliegenden Aktinbündel aufeinander zu und letztlich ineinander hinein. Dabei zerren sie ihre jeweiligen Verankerungspunkte näher zueinander. Deren Entfernung verringert sich also, obwohl keines der verbindenden Filamente selbst kürzer wird. Sie gleiten vielmehr wie eine Art molekulare Ratsche aneinander vorbei.

Ein solcher Prozeß leistet mechanische Arbeit und benötigt deshalb Energie; diese stammt – kaum überraschend – aus der Hydrolyse von ATP zu ADP und P_i. Tatsächlich sind Myosinköpfchen ATP-hydrolysierende Enzyme (ATPasen), und zwar ganz besondere: Sie werden nur dann katalytisch aktiv, wenn sie (1) an Aktin gebunden sowie (2) durch Calciumionen aktiviert sind (wie, werden wir später sehen) und (3) sich gleichzeitig krümmen können. Es besteht eine obligatorische Koppelung zwischen der chemischen Reaktion (der ATP-Hydrolyse) und der Konformationsänderung, durch die die aktingebundenen Myosinköpfchen an ihren Stielen abknicken und das Aktinfilament vorwärtszerren. Dank dieser grundlegenden Eigenschaft kann das Aktin-

Sobald diese Bewegung beendet ist, wird die Adhäsionsplatte abgelöst; weiter vorne entstehen jedoch neue, wenn eine gekräuselte Zellausstülpung, das Lamellipodium (vom lateinischen *lamella* für dünne Platte und vom griechischen *pous, podos* für Fuß), fingerartige, klebrige Fortsätze aussendet, die sogenannten Filopodien (vom lateinischen *filum* für Faden). Manche Beobachter glauben, daß dies der Grundmechanismus jener amöboiden Bewegung ist, mit der Zellen auf bestimmte Objekte, die chemische Signale aussenden, entweder zukriechen (positive Chemotaxis) oder sich von ihnen abwenden (negative Chemotaxis).

Wie wir gesehen haben, bilden Aktinfasern oft unmittelbar unter der Plasmamembran verschieden geformte Gürtel oder Netze aus und verbinden sich im Inneren von Mikrovilli und anderen Zellfortsätzen manchmal zu axial verlaufenden Strängen. Man kann sich gut vorstellen, wie eine Zelle sich einschnürt, wenn solch ein Aktingürtel zusammengezogen wird, und wie sich bei Kontraktion der Netze ihre Oberfläche eindellt, runzelt, fältelt, abrundet, einstülpt, ausbuchtet oder anderweitig verformt. Mikrovilli krümmen sich, wenn an ihren Axialsträngen gezogen wird. Und falls die Verankerungspunkte intrazellulären Organellen aufsitzen, können diese offenbar gegeneinander verschoben werden.

Zumindest theoretisch kann man sich so veranschaulichen, wie all die äußerst vielfältigen Bewegungen lebender Zellen zustande kommen: nämlich durch die aufeinander abgestimmte Arbeit von Hunderten winziger Myosinmuskeln, die eifrig kleine Aktinknöchelchen in die verschiedensten Richtungen ziehen. Ganz ähnlich lassen sich ja auch die komplizierten Bewegungen unseres Körpers damit erklären, wie unsere Muskeln an unseren Knochen ziehen oder unsere Haut in Falten legen. Aber noch sind enorm viele ultramikroskopische Untersuchungen und Präparationsarbeiten notwendig – teilweise jenseits unserer heutigen technischen Möglichkeiten –, bevor wir eine detaillierte Anatomie der Zellknochen und Zellmuskeln aufzeichnen und ihre Dynamik verstehen können. Das ist nicht zuletzt deshalb so schwierig,

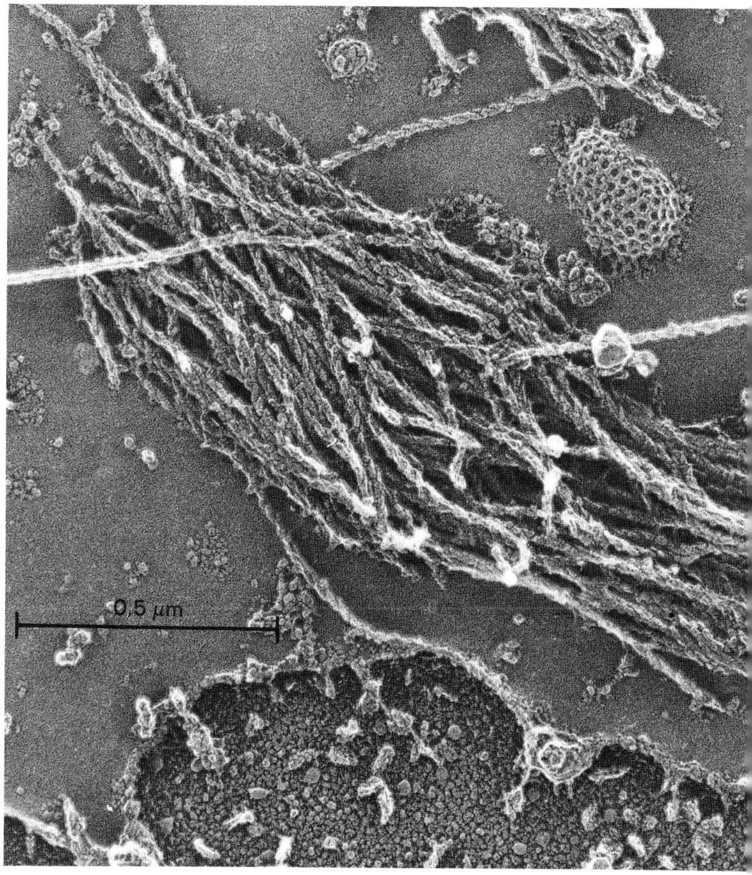

Mit dem Schockgefrier-Tiefätz-Verfahren lassen sich solche beeindruckenden Bilder von Aktinfilamentbündeln gewinnen. Die Fasern liegen der cytoplasmatischen Seite der Plasmamembran eines Fibroblasten an. Sie sind mit isolierten Myosinköpfchen (S_1-Fragmenten) „dekoriert" worden. Bei den maschendrahtähnlichen Strukturen handelt es sich um Clathrinkörbe über Stachelsaumgrübchen (siehe Seite 213).

weil sich sowohl die Gestalt der Zellknochen und ihre Verbindungen untereinander als auch die Ansatzstellen vieler Zellmuskeln dauernd verändern. Schließlich besitzen Zellen, wie wir noch sehen werden, ein weiteres Cytoskelettsystem aus Mikrotubuli, an das ein zweiter Typ von Zellmuskeln, das Dynein, ansetzt.

Die von einem Aktin-Myosin-Muskel ausgeübte Kraft hängt davon ab, wieviele Myosinköpfchen jeweils im Überlappungsbereich der Filamente gleichzeitig aktiv sind und wieviele parallel angeordnete Filamente zusammenwirken. Wenn wir die schon bekannte einzelne Aktin-Myosin-Einheit untersuchen, sehen wir, daß jedes der sechs Aktinfilamente, die den Myosinschaft umgeben, auf seiner Oberfläche noch unbesetzte Myosinbindungsstellen hat. Deshalb können die sechs Filamente des ersten Bündels zusätzliche Myosinschäfte binden, die wiederum weitere Aktinfilamente um sich scharen, und so weiter. Wenn sich diese Anordnung ständig wiederholt, entsteht schließlich eine Struktur mit sechseckiger (hexagonaler) Symmetrie, in der jedes Myosinfilament von sechs Aktinfilamenten umgeben ist; ein Aktinfilament wird von jeweils drei – miteinander abwechselnden – Myosinschäften und Aktinfilamenten flankiert. Würde man aus einer solchen Struktur die Myosinstäbe herausziehen und die Aktinfilamente festlegen, indem man ihre Alpha-Aktinin-Wurzeln zusammenklebte, so erhielte man eine Bürste mit dünnen Aktinborsten, die jeweils im Abstand von 15 bis 25 Nanometern in die Eckpunkte eines hexagonalen Gitters eingesetzt wären; jedes Sechseck umgäbe dabei ein Loch, in das ganz genau ein dickes Myosinfilament passen würde. Eben dies leistet in den Muskelzellen das schon erwähnte Bindungsprotein Desmin; es formt allerdings zunächst ein rechtwinkliges Netzwerk, das erst in ein hexagonales Muster übergeht, wenn sich die Myosinschäfte in die Aktinbürste schieben.

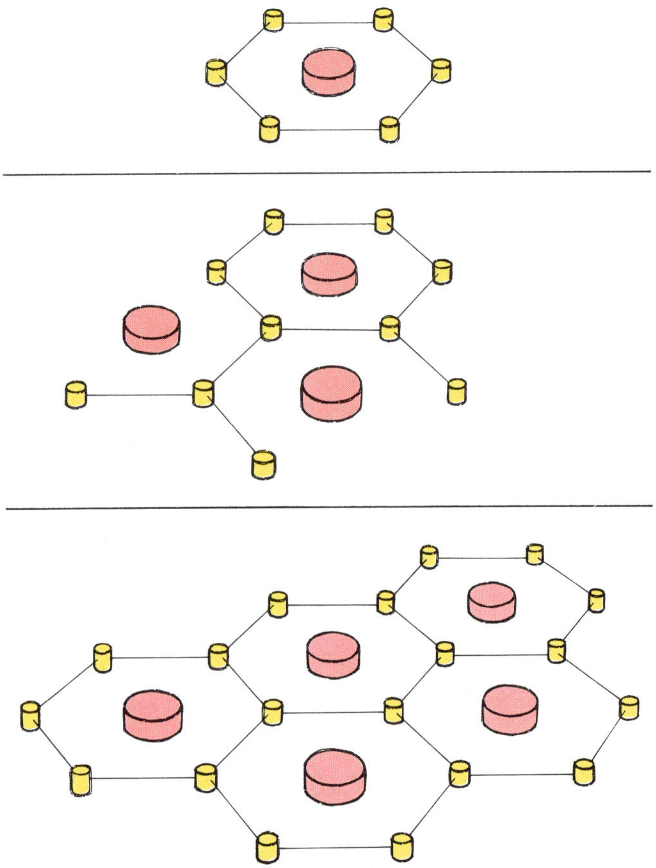

Das Diagramm verdeutlicht, wie sich Aktin- und Myosinfilamente seitlich zusammenlagern. Die entstehende Myofibrille besitzt eine regelmäßige Sechseckstruktur.

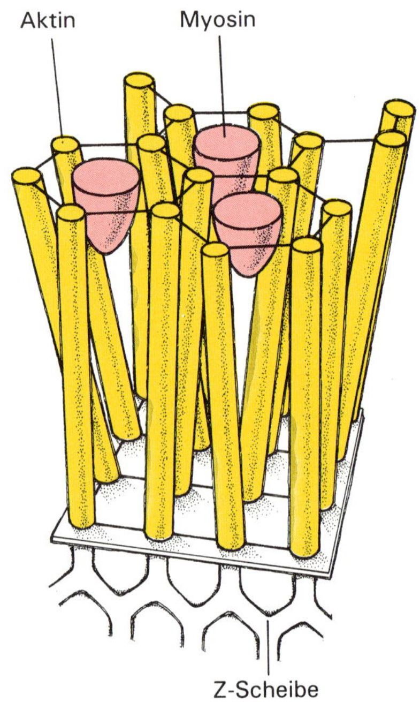

An der Z-Scheibe, wo die Aktinfilamente mit ihren Anheftungsstellen in dem Alpha-Aktinin-Desmin-Maschenwerk verankert sind, geht die hexagonale Anordnung in eine rechteckige über.

Auf diesem Schnitt durch eine quergestreifte Muskelfaser ist deutlich die hexagonale Anordnung der dünnen (Aktin-) und dicken (Myosin-)Filamente zu erkennen. Die elektronenmikroskopische Aufnahme ist ebenso ein historisches Dokument wie das auf der nächsten Seite gezeigte Bild eines Längsschnitts. Beide Photos wurden vor mehr als dreißig Jahren aufgenommen und spielten bei der Entwicklung des Gleitfaserkonzepts der Muskelkontraktion eine große Rolle. ▶

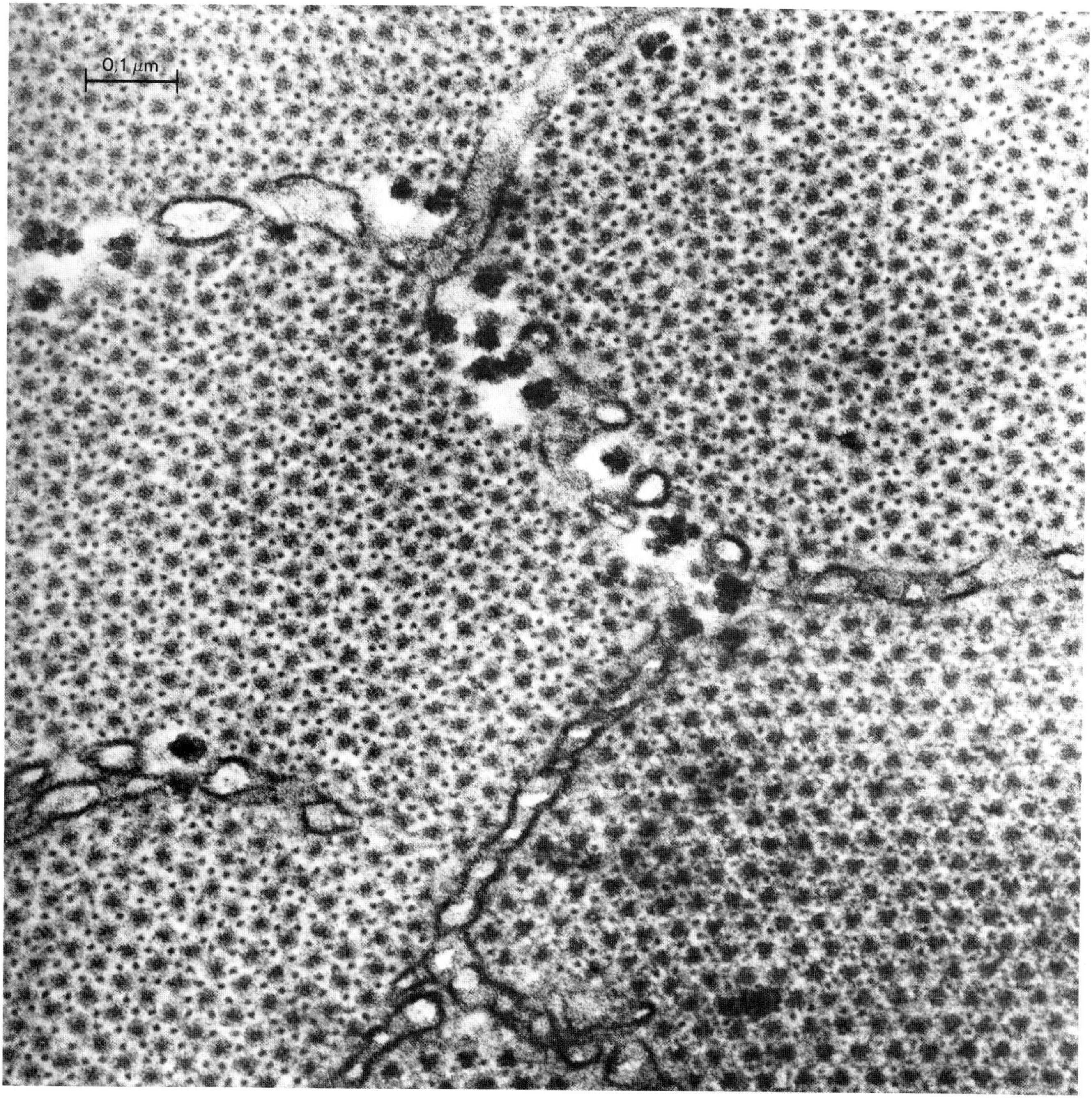
0,1 μm

Im quergestreiften Muskel der Wirbeltiere sind alle Aktinfilamente einen Mikrometer lang und alle Myosinschäfte 1,5 Mikrometer. Eine Einheit aus zwei gegenüberliegenden Aktinbürsten und den verbindenden zentralen Myosinschäften nennt man Sarkomer (vom griechischen *sarx* für Fleisch und *meros* für Teil). Dessen Länge variiert zwischen 3,5 Mikrometern (wenn die Aktine fast vollständig aus den Myosinen herausgezogen sind) und 1,5 Mikrometern (wenn sie so weit wie möglich überlappen). Im verkürzten Zustand liegen die freien Enden der Aktinfilamente (250 Nanometer) gebündelt zwischen den nackten Myosinmittelstücken, während die spitz zulaufenden Enden der Myosinschäfte gegen das Alpha-Aktinin-Desmin-Netzwerk drücken, in dem die Aktinfilamente verankert sind. Es wäre sicher ein wunderbares Erlebnis, wenn wir uns frei durch ein Sarkomer bewegen könnten, das wie die Traumlandschaft eines exotischen Arboretums aussehen muß. Man stelle sich einmal vor, wie die längsgestreiften Myosinstämme mit ihren Blütengirlanden zwischen den schlanken, spiralig gefurchten Aktinbäumchen stehen, die mit Tropomyosin und Troponin elegant verziert sind. Doch für solch einen Ausflug müßten wir leider noch mindestens hundertmal kleiner sein, da selbst bei millionenfacher Vergrößerung die Bäume dieses molekularen Waldes weniger als 2,5 Zentimeter auseinanderstehen. Und durch die Blütenauswüchse wird der Raum noch weiter eingeengt. Außerdem wären wir ständig der Gefahr ausgesetzt, daß ein paar Calciumionen hereinschlüpfen und der Wald sich um uns schließt. So müssen wir uns denn mit den zweidimensionalen Bildern begnügen, die das Elektronenmikroskop liefert. Doch auch diese sind noch von fesselnder Schönheit.

In einer Muskelfibrille sind zahlreiche Sarkomere hintereinandergeschaltet. Verbunden werden sie durch Desmin, von dem wir schon wissen, daß es nicht nur die Aktinverankerungspunkte zu einer Bürste mit gleichmäßig verteilten Borsten zusammenkittet, sondern auch zwei solche Bürsten Rücken an Rücken aneinanderklebt. Dadurch, daß sich in einer Muskelfibrille verschiedene Zonen regelmäßig abwechseln, erhält sie ihr typisches Querstreifenmuster. Muskelfasern, in denen viele solche Fibrillen nebeneinanderliegen,

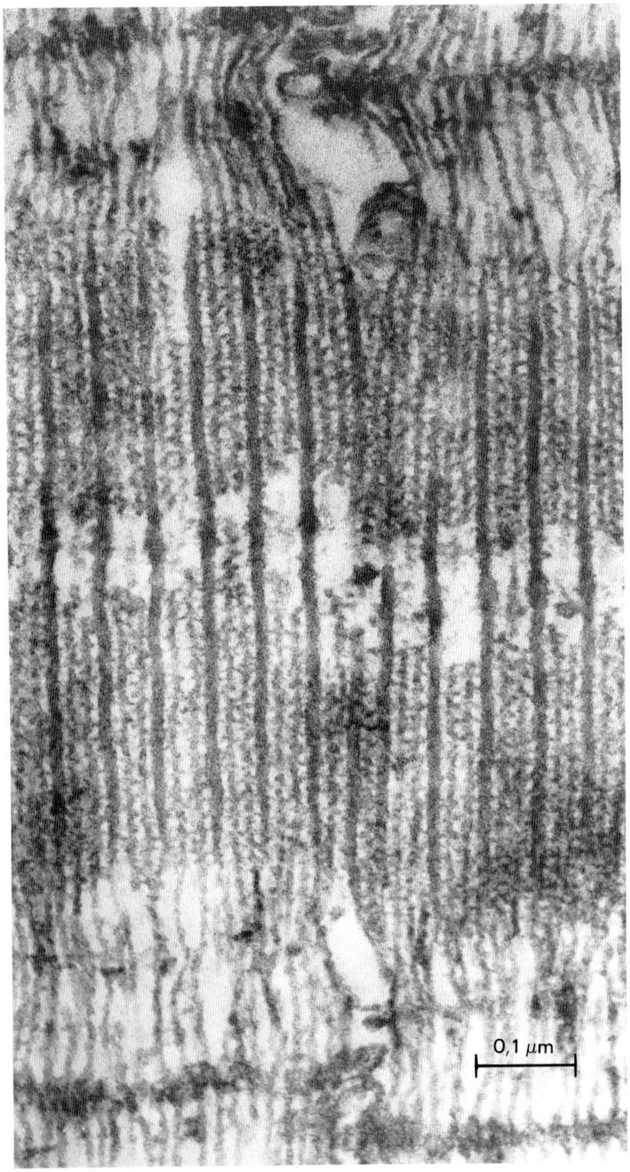

Diese historische elektronenmikroskopische Aufnahme eines Längsschnitts durch eine quergestreifte Muskelfaser verdeutlicht die Parallelanordnung dünner und dicker Filamente. Das Bild zeigt ein vollständiges Sarkomer. Es ist an beiden Enden durch eine Z-Scheibe begrenzt (oben und unten), in der die Aktinfilamente benachbarter Sarkomere über ein Aktinin-Desmin-Maschenwerk miteinander verbunden sind. Deutlich kann man die spitz zulaufenden Myosinfilamente mit ihren seitlichen Verbindungen (Köpfchen) zu den Aktinfilamenten und ihren nackten Mittelstücken erkennen. Die Myofibrille befindet sich in einem mittleren Kontraktionszustand, in dem dünne und dicke Filamente bereits recht weit aneinander entlang geglitten sind. Daß man zwischen den Myosinfilamenten jeweils zwei Aktinfilamente sieht, liegt an der Schnittrichtung.

können für zelluläre Maßstäbe enorm lang werden. Sie bestehen aus Hunderten von Zellen, die zu einem sogenannten Syncytium (vom griechischen *syn* für mit) verschmolzen sind. Die Fibrillen werden von einem komplizierten Membransystem umhüllt, das insbesondere dazu dient, rasch Calciumionen auszuschütten und wieder zu entfernen und damit die Muskelkontraktion zu steuern. Außerdem sind sie von Reihen von Mitochondrien umgeben, die den nötigen ATP-Brennstoff liefern.

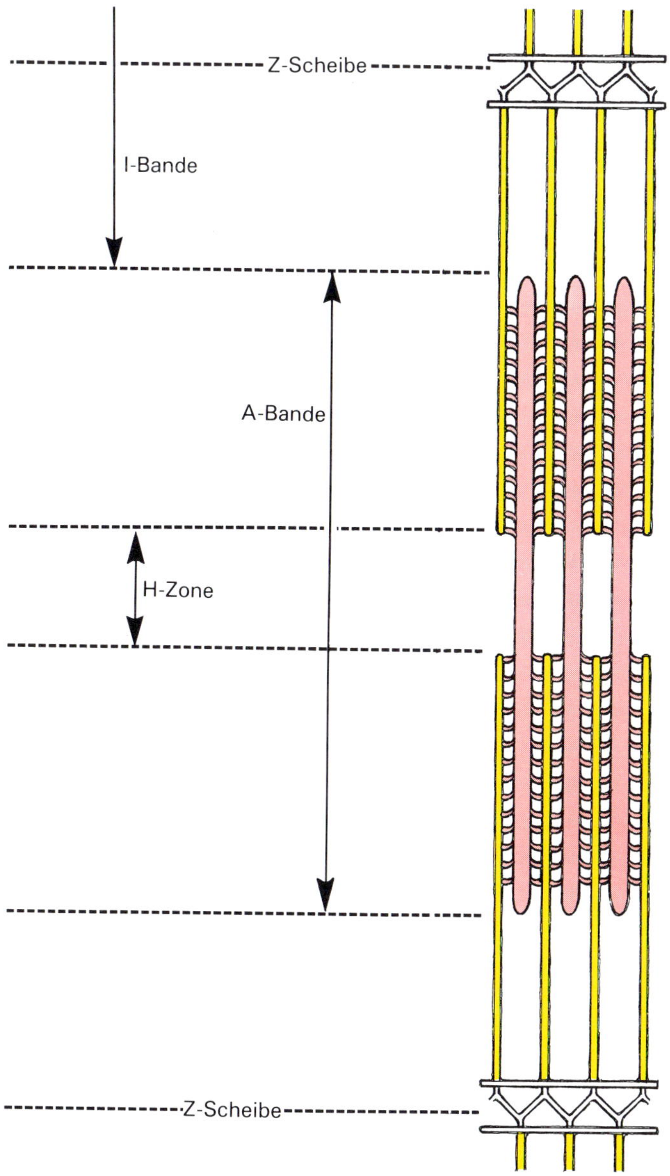

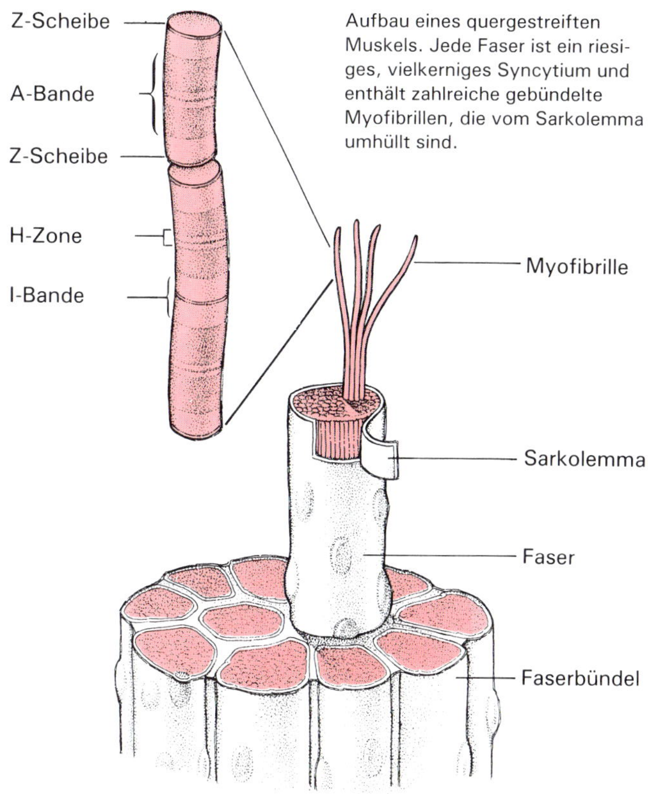

Aufbau eines quergestreiften Muskels. Jede Faser ist ein riesiges, vielkerniges Syncytium und enthält zahlreiche gebündelte Myofibrillen, die vom Sarkolemma umhüllt sind.

Diese schematische Darstellung soll die wesentlichen Strukturmerkmale eines Sarkomers veranschaulichen. Die anisotrope (das heißt: in polarisiertem Licht doppelbrechende) A-Bande, die stets gleich lang ist, entspricht Myosinfilamenten, zwischen die sich an beiden Enden die Aktinfilamente geschoben haben (wie weit die Filamente überlappen, hängt vom Kontraktionszustand der Myofibrille ab). Die (isotrope) I-Bande besteht nur aus Aktin; sie wird um so kürzer, je stärker der Muskel kontrahiert ist. Durch die Z-Scheibe, die das Sarkomer begrenzt und mit ihrem Aktinin-Desmin-Maschenwerk zwei Aktinfilament-Garnituren zusammenkittet, wird die I-Bande in zwei Hälften unterteilt. Die Mittelstücke der Myosinfilamente bilden in der Mitte der A-Bande die sogenannte H-Zone.

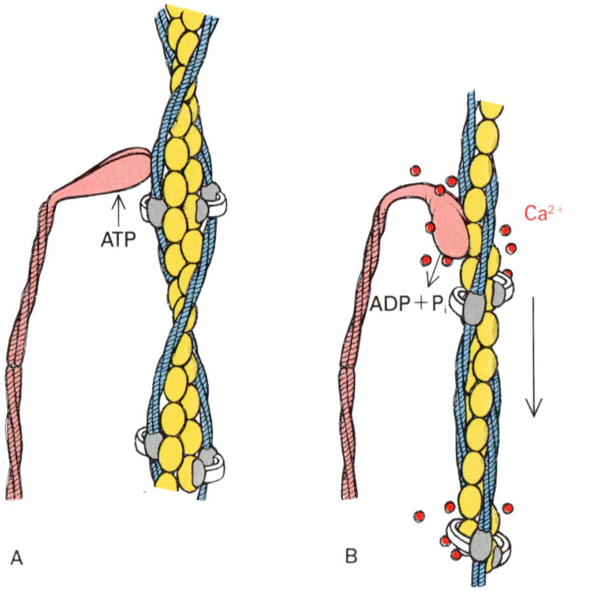

Die drei Zustände des Aktin-Myosin-Systems.
A. Erschlaffung: In Gegenwart von ATP und ohne Calciumionen können die Filamente locker aneinander vorbeigleiten.
B. Kontraktion: Sobald Calciumionen hinzutreten, bindet sich das Myosinköpfchen an das Aktinfilament (siehe die beiden nächsten Abbildungen). Das ATP wird hydrolysiert und das Aktin dadurch nach unten gezogen.
C. Starre: Wenn Calcium und ATP entzogen werden, verharrt das System im Starrezustand. Neues ATP überführt es wieder in den entspannten Zustand A.

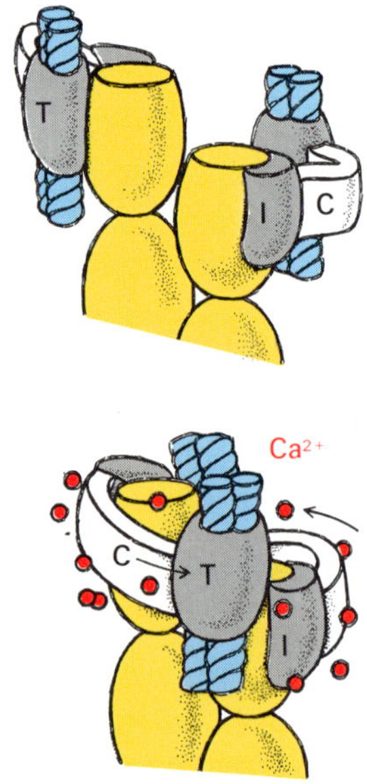

Ein Troponinmolekül besteht aus einer tropomyosinbindenden Untereinheit (T) und einer aktinbindenden Untereinheit (I, da sie die Bindung von Myosin an Aktin inhibiert), die über eine calciumbindende Untereinheit (C) miteinander verbunden sind. Die Form der C-Untereinheit hängt davon ab, ob Calciumionen vorhanden sind oder nicht. Wenn sich ihre Konformation ändert, verschieben sich auch die T- und I-Untereinheiten gegeneinander. Die Zeichnung ist rein spekulativ, da man die genaue Form des Moleküls noch nicht kennt.

Eine Muskelfibrille kann drei verschiedene Zustände annehmen. Wenn weder ATP noch Calcium vorhanden ist, bleiben Aktin und Myosin starr miteinander verbunden. Deshalb tritt nach dem Tod, wenn kein ATP mehr produziert wird, die Totenstarre ein. ATP macht die Strukturen wieder beweglich. Auf den Myosinköpfchen gibt es eine ATP-Bindungsstelle; wenn sie besetzt ist, können die Köpfchen (in Abwesenheit von Calcium, siehe unten) nicht mehr an Aktin binden, so daß die Filamente frei aneinander entlang gleiten. Die Muskelfasern lassen sich dann widerstandslos dehnen, bis andere Strukturelemente verhindern, daß die Filamente vollständig auseinandergezogen werden. So verhält sich etwa ein Streckmuskel, wenn der zugehörige Beugemuskel sich kontrahiert. Der dritte Zustand wird durch Calciumionen ausgelöst, die auf die Troponinmoleküle an den Aktinfilamenten einwirken. Troponin besteht aus drei Untereinheiten. Eine bindet an Aktin und wird mit dem Buchstaben I bezeichnet, da sie die Anheftung von Myosin inhibiert (hemmt). Die zweite, die sogenannte T-Unterheit, bindet an Tropomyosin. Beide sind durch die C-Untereinheit verknüpft, die Calciumionen bindet. Sie ist sozusagen der Anlasser der Muskelmaschine. Ohne Calcium hat sie eine Konformation, die die Tropomyosinfäden aus den Furchen der Aktinfilamente heraushält; die bedecken stattdessen die Myosinbindungsstellen („Aus"-Position). Wenn Calciumionen an die C-Untereinheit des Troponins binden, verändert sie ihre Gestalt so, daß

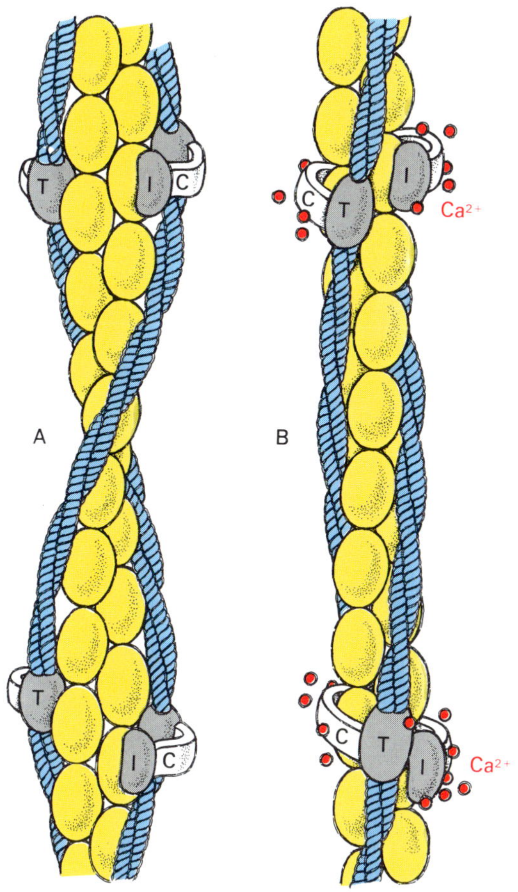

Ein vollständiges Aktinfilament mit Tropomyosin und Troponin: (A) in Abwesenheit von Calciumionen („Aus"-Position) und (B) in Gegenwart von Calciumionen („An"-Position). Das Tropomyosin verschiebt sich in Wirklichkeit nicht so stark, wie es in dieser Zeichnung zur Verdeutlichung dargestellt ist.

sich das Tropomyosin in die Furchen der Aktinfilamente legt („An"-Position). Nun kann das Myosin an das Aktin herantreten; sofort wird ATP hydrolysiert und dadurch jene Konformationsänderung ausgelöst, die wir schon beim einzelnen Aktin-Myosin-Bündel beobachtet haben. In den Muskelfibrillen ziehen jeweils drei Myosinfilamente zusammen an einem Aktinfilament. Jedoch arbeiten nicht alle Myosinköpfchen gleichzeitig; sie beteiligen sich nur dann aktiv, wenn sie direkt neben den Myosinbindungsstellen des Aktins liegen. Dadurch wird eine sehr gleichmäßige Verkürzung des Muskels gewährleistet. Wo diese nicht möglich ist, entwickelt sich Muskelspannung. Sie bleibt solange bestehen, wie Calcium die C-Untereinheit des Troponins besetzt und ATP verfügbar ist, um die Energiekosten zu decken.

Troponin gibt es nur im quergestreiften Muskel. In anderen Muskeltypen und in Nichtmuskelzellen wird die Kontraktion anders gesteuert. Das Grundprinzip scheint jedoch universell gültig zu sein. Soweit bekannt ist, bewirken stets die ATP-spaltenden Köpfchen myosinartiger Moleküle, daß gegenläufig orientierte Aktinfilamente in einem ratschenähnlichen Mechanismus aufeinander zu gleiten.

Bevor wir weitergehen, wollen wir noch einen letzten Blick auf das Aktinmolekül werfen, das sicher zu den bemerkenswertesten Vereinigungen von Atomen zählt, die wir betrachten können. Es ist ein nicht gerade riesiges Molekül, das ein Molekulargewicht von 42000 Dalton hat. Seine 374 Aminosäuren sind jedoch dreidimensional so aufgefaltet, daß sich nicht weniger als acht spezifische, perfekt angeordnete Bindungsstellen ergeben: vier, die dafür sorgen, daß sich die Aktinmoleküle exakt zu der Doppelspirale des F-Aktins zusammenlegen; eine für das ATP/ADP, das an diesem Polymerisationsprozeß beteiligt ist; eine, vielleicht auch zwei, für das Tropomyosin; eine für die I-Untereinheit des Troponins und schließlich eine besonders wichtige, die die ATP-spaltenden Myosinköpfchen bindet und gleichzeitig aktiviert. Zusätzlich gibt es noch einige schwächere Bindungsstellen, dank derer sich die Aktinfasern zu wohlgeordneten Bündeln oder Stäben zusammenlagern können. Wie ein solch ungewöhnliches Molekül jemals entstanden ist, wissen wir nicht. Als es jedoch einmal vorhanden war, konnte die Evolution es nicht mehr verändern. Die Aktine von Amöben und Kaninchen sind praktisch gleich gebaut.

Das Tubulin-Dynein-System

Vor mehr als einer Milliarde Jahren fand ein lebender Organismus heraus, wie gut sich röhrenförmige Elemente für Gerüste eignen – eine ,,Entdeckung'', die unsere Ingenieure erst in neuerer Zeit gemacht haben. Vermutlich entsprang diese Erfindung dem üblichen Evolutionsmechanismus: Zufallsmutation plus natürliche Selektion (siehe Kapitel 18). Möglicherweise hatte ein aktinähnliches globuläres Protein, das sich kettenförmig zusammenlagern konnte, eine genetische Veränderung erfahren, so daß sich einzelne Filamente nun nicht mehr zu helikalen Doppelsträngen aneinanderlegten, sondern statt dessen eher zylindrische Strukturen ausbildeten.

Tatsächlich ist das Tubulin, der Grundbaustein der Mikrotubuli, ein kleines globuläres Protein wie das Aktin; es hat einen Durchmesser von etwa vier Nanometern und besitzt eine ,,Schlüssel-Schloß''-Achse, an der sich beliebig viele Moleküle linear zusammenlagern können. Es existieren allerdings zwei verschiedene Tubuline, das Alpha- und das Beta-Tubulin. Sie sind zweifellos evolutionäre Zwillinge, denn ihre Aminosäuresequenzen ähneln sich stark. Alpha- und Beta-Tubulin gehen eine recht stabile Bindung ein, die auch erhalten bleibt, wenn Mikrotubuli abgebaut werden; dem G-Aktin entspricht also nicht ein Monomer, sondern ein Alpha-Beta-Heterodimer. Diese Untereinheiten können sich über reversible Beta-Alpha-Bindungen linear zusammenlagern und bilden dann sogenannte Protofilamente (vom griechischen *prôtos* für Erster). Die wiederum legen sich über ein zweites Schlüssel-Schloß-System seitlich aneinander, und zwar gestaffelt: Die Alpha-Beta-Untereinheiten werden jeweils von Beta-Alpha-Paaren flankiert, die ihnen gegenüber etwa um ein Viertel verschoben sind. Dabei entsteht eine Fläche, die nicht eben, sondern gekrümmt ist und sich zu einem Zylinder schließt, sobald genau 13 Protofilamente nebeneinanderliegen.

Wie der Umbau von G-Aktin in F-Aktin ist auch die Montage von Mikrotubuli mit der Hydrolyse eines Nucleosidtriphosphats gekoppelt – in diesem Fall von GTP (anstatt von ATP wie beim Aktin). Das Alpha-Beta-Heterodimer besitzt eine GTP-Bindungsstelle. Wenn sich die Heterodimere zusammenlagern, wird das GTP in GDP und P_i gespalten; das GDP bleibt gebunden. Wer all diese Ähnlichkeiten zwischen Aktin und Tubulin sieht, ist versucht, eine stammesgeschichtliche Verwandtschaft anzunehmen. Als Schlüsselereignis für die getrennte Entwicklung wäre eine genetische Veränderung denkbar, die aus einem einzelnen Gen zwei unterschiedliche Formen machte (die Vorläufer der Alpha- und Beta-Tubulin-Gene). Doch nach allem, was man über die

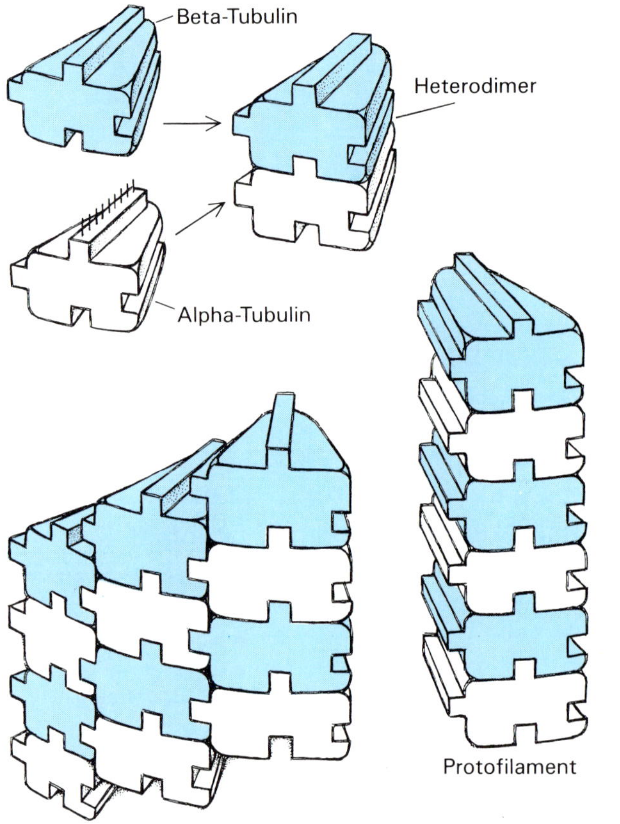

Schematische Darstellung des Aufbaus von Protofilamenten und Mikrotubuli. Zwei einander sehr ähnliche Alpha- und Beta-Tubulin-Moleküle verbinden sich gewöhnlich zu einem stabilen Heterodimer. Solche Doppelmoleküle lagern sich dank eines polaren Schlüssel-Schloß-Systems zu Protofilamenten zusammen, die wiederum über seitliche Schlüssel-Schloß-Kontakte an andere Protofilamente binden. Insgesamt legen sich 13 solcher Filamente zu einer zylindrischen Struktur aneinander, die

Diese elektronenmikroskopische Aufnahme eines Dünnschnitts durch eine menschliche Gewebekulturzelle zeigt zahlreiche Mikrotubuli, die sich auf beiden Seiten eines länglichen Mitochondrions durch das Cytoplasma ziehen.

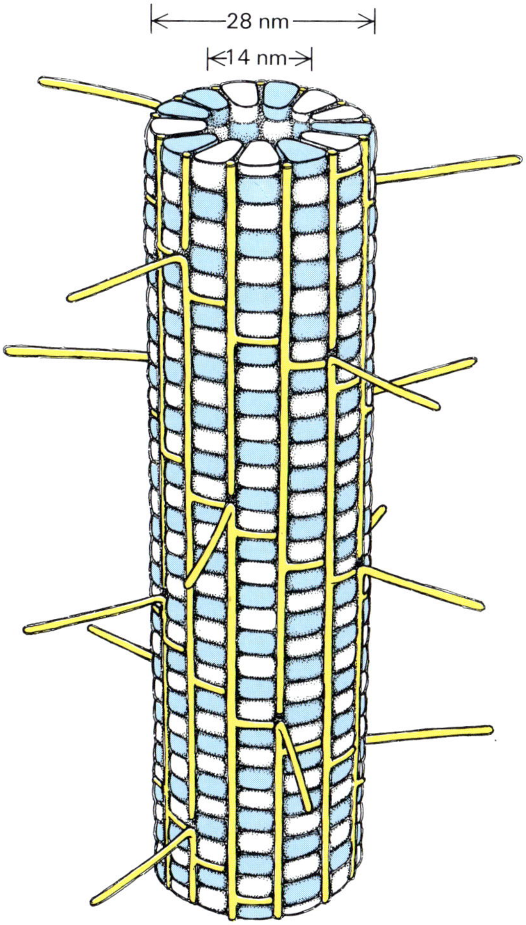

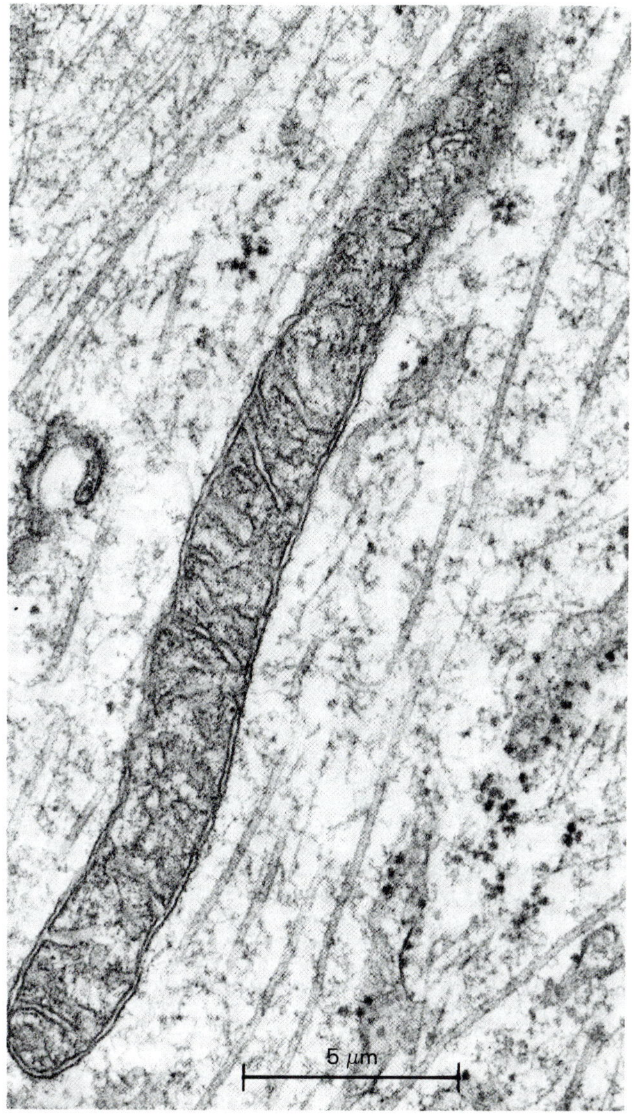

einen Außendurchmesser von 28 Nanometern und eine lichte Weite von 14 Nanometern hat. Die Protofilamente sind dabei so gestaffelt, daß miteinander abwechselnde Alpha- und Beta-Untereinheiten eine linkshändige Helix mit einer Ganghöhe von zwölf Nanometern bilden und identische Untereinheiten eine rechtshändige Helix mit 40 Nanometern Ganghöhe. Die Furchen eines solchen Mikrotubulus werden von sogenannten mikrotubulusassoziierten Proteinen (MAPs) besetzt.

Aminosäuresequenzen des Aktins und der Tubuline weiß, gibt es keinen Anhaltspunkt für diese Hypothese.

Unabhängig von ihrem evolutionären Ursprung haben Mikrotubuli zweifellos entscheidend zur Entwicklung der Eukaryonten beigetragen. Sie sind im Pflanzen- wie im Tierreich überall verbreitet. Eine Theorie besagt, daß Mikrotubuli zuerst in begeißelten Mikroorganismen auftraten, die irgendwann von den gemeinsamen Vorfahren aller Eukaryonten als Endosymbionten aufgenommen wurden und diesen – neben anderen Vorteilen – die Elemente für die Mitosespindel lieferten (siehe Kapitel 19). Doch anders als Mitochondrien und Chloroplasten enthalten die Centriolen – also die Organisationszentren der Mitosespindel, die sich bei jeder Zellteilung verdoppeln – unseres Wissens keinerlei DNA.

Dem Zelltouristen, der mit millionenfach vergrößernden Brillengläsern ausgerüstet ist, erscheinen die Mikrotubuli

Eine lichtmikroskopische Aufnahme des Sonnentierchens *Echinosphaerium nucleofilum*. Man beachte die Axopodien, die vom Zellkörper überallhin ausstrahlen.

etwa wie dickwandige Gartenschläuche mit einem Außendurchmesser von knapp drei Zentimetern (in Wirklichkeit sind es 28 Nanometer) und einer Bohrung von ungefähr anderthalb Zentimetern (14 Nanometer). Ihre buckelige Oberfläche wird von kleinen Knöpfchen gebildet, die einen Durchmesser von knapp einem halben Zentimeter (vier Nanometer) haben und in 13 Längsreihen angeordnet sind; darin wechseln sich die leicht unterschiedlich geformten Alpha- und Beta-Untereinheiten regelmäßig ab. Weil die einzelnen Reihen gegeneinander versetzt sind, bilden die Knöpfchen verschiedene Spiralmuster um die Röhre herum, darunter eine rechtshändige Helix identischer Untereinheiten (nur Alpha- oder nur Beta-Tubuline) mit einer Ganghöhe von vier Zentimetern (40 Nanometer) sowie eine linkshändige Helix alternierender Alpha- und Beta-Untereinheiten mit einer Ganghöhe von etwas mehr als einem Zentimeter (zwölf Nanometer). Dieses Grundgerüst ist gewöhnlich noch mit zusätzlichen Proteinen geschmückt (den sogenannten mikrotubulusassoziierten Proteinen oder MAPs), die teilweise in den Längsfurchen liegen, teilweise als haarige oder filzige Auswüchse frei von ihnen abstehen. Sie ordnen sich ebenfalls helikal um den Mikrotubulusschaft an. Sind schon die Mikrotubuli sehr hübsch anzusehen, so wirken manche von ihnen gebildete Strukturen erst recht attraktiv.

Viele dieser Strukturen setzen sich aus instabilen Mikrotubuli zusammen. Sie existieren nur vorübergehend und sind veränderliche Produkte eines dynamischen Gleichgewichts, das sich zwischen zwei gegensätzlichen, mehr oder weniger kontinuierlichen Prozessen einstellt. Dieses Gleichgewicht kann leicht gestört werden. Der Abbau von Mikrotubuli wird beispielsweise durch Kälte, hohen Druck und Calciumionen gefördert; genauso wirken verschiedene Pflanzenstoffe wie Colchicin oder manche Alkaloide des Madagaskar-Immergrüns *Vinca rosea* (Vinblastin, Vincristin). Diese Substanzen binden an freie Heterodimere und verhindern deren Zusammenlagerung. Dagegen werden Mikrotubuli besonders häufig neu gebildet, wenn man Zellen erwärmt oder mit schwerem Wasser behandelt.

Für diese Phänomene gibt es in der Welt der Zellen zahllose eindrucksvolle Beispiele. Besonders beliebt ist bei Zelltouristen eine Gruppe von Protozoen, die Heliozoen (vom griechischen *hêlios* für Sonne und *zôon* für Tier). Ihren Namen tragen diese einzelligen Sonnentierchen wegen der langen dünnen Stacheln, die von ihrem Zellkörper in alle Richtungen ausstrahlen. Solche Axopodien werden bis zu einem halben Millimeter lang. Man stelle sich einmal den Anblick durch unsere Vergrößerungsgläser vor: eine gewaltige Kugel mit einem Durchmesser von hundert Metern oder mehr, die von riesigen stabförmigen Fortsätzen umgeben ist, welche ein bis anderthalb Meter dick und bis zu einem halben Kilometer lang sind. Wenn wir in einen dieser Fortsätze eindringen könnten, würden wir im Inneren ein stützendes Rückgrat aus Hunderten von parallelen Mikrotubuli finden, die zu einer faszinierenden Doppelhelix mit zwölffacher Symmetrie vernetzt sind. Entlang diesem Rückgrat wäre ein emsiger Hin- und Rücktransport von Partikeln und Molekülen zu beobachten, der den Zellkörper mit dem äußersten Ende des

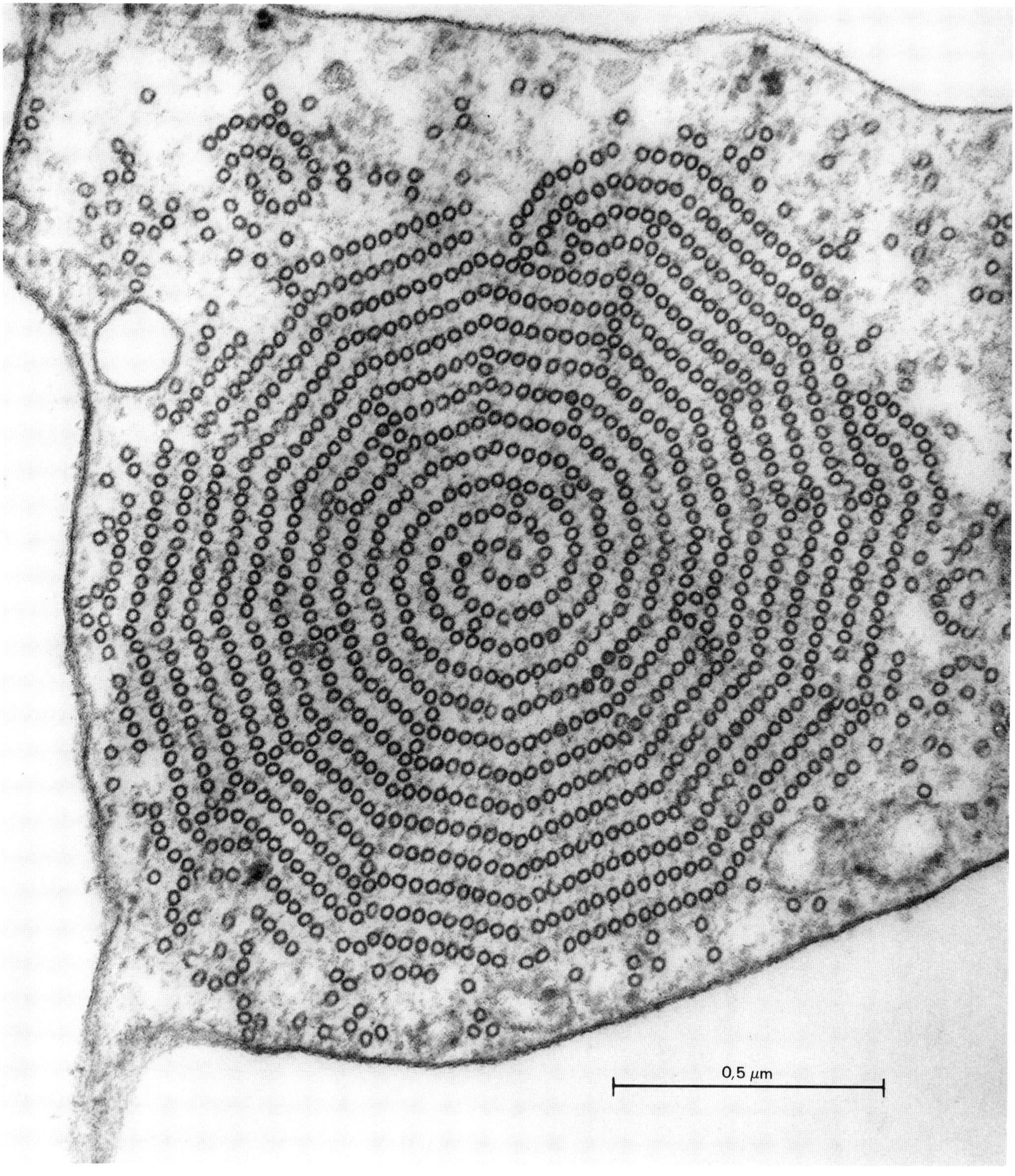

Elektronenmikroskopische Aufnahme eines Schnitts durch ein Axopodium des Heliozoons *Echinosphaerium nucleofilum*. Man beachte die zwölffache Symmetrie der Mikrotubuli, die wie zwei ineinandergreifende Spiralen angeordnet sind.

jeweiligen Axopodiums verbindet, wo unter anderem Endocytoseprozesse stattfinden.

Sollte unser Sonnentierchen aber in eine eisige Wasserströmung geraten, würde sich vor unseren Augen eine höchst dramatische Veränderung abspielen. Nicht nur der Verkehr im Axopodium käme schlagartig zum Erliegen, sondern das ganze Mikrotubuligerüst würde auseinanderbrechen. In weniger als zwei Stunden bliebe nicht ein einziger Mikrotubulus übrig, und alle Axopodien wären vollständig eingezogen: Die Sonne hätte sich in einen nackten Ball ohne Strahlen verwandelt. Doch noch wäre nicht alles aus; denn unter den Schwärmen von neuen Molekülen, die nun die Zelle füllen, lassen sich auch die heterodimeren Bausteine der zusammengebrochenen Mikrotubuli erkennen. Schon eine leichte warme Strömung reicht aus, damit alles wieder repariert wird. Die belebende Wärme sorgt dafür, daß aus tief im Zellkörper verborgenen Wurzeln – aus sogenannten Mikrotubulus-Organisationszentren – neue Mikrotubuligerüste entstehen. Schon bald stülpen sich wieder Hunderte von Axopodien aus, und nach wenigen Stunden sendet die Sonne erneut ihre Strahlen in alle Richtungen.

Viele Krebstiere, Fische, Amphibien und Reptilien haben sternförmig pigmentierte Zellen, sogenannte Chromatophoren, in ihrer Haut. Ihre Fortsätze werden durch ein Mikrotubuliskelett gestützt, an dem entlang Pigmentgranula enorm schnell nach innen oder außen wandern. Unter dem Einfluß von Hormonen, deren Sekretion lichtabhängig ist, können die Granula in weniger als einer Sekunde in der Zellmitte zusammengepackt werden und die Zelle damit größtenteils durchsichtig machen. Sie können aber auch in die Fortsätze eindringen und die Zelle dunkel färben. Bei einigen Tieren nehmen zwei oder mehr Typen verschiedenfarbiger Pigmentgranula unabhängig voneinander an diesen Wanderungen teil. Darin liegt das Geheimnis des Chamäleons. Stört man sein Mikrotubulisystem, ist es um seine Tarnkünste geschehen.

Die wohl ungewöhnlichsten von Mikrotubuli verstärkten Zellfortsätze sind die Axone, jene fadenförmigen Auswüchse von Neuronen (Nervenzellen), die die Nervensignale weiterleiten. In den Nerven größerer Säugetiere sind sie oft mehrere Meter lang. Durch den sogenannten axonalen Transport können auch über solche unglaublichen Entfernungen alle lebenswichtigen Kommunikations- und Austauschprozes-

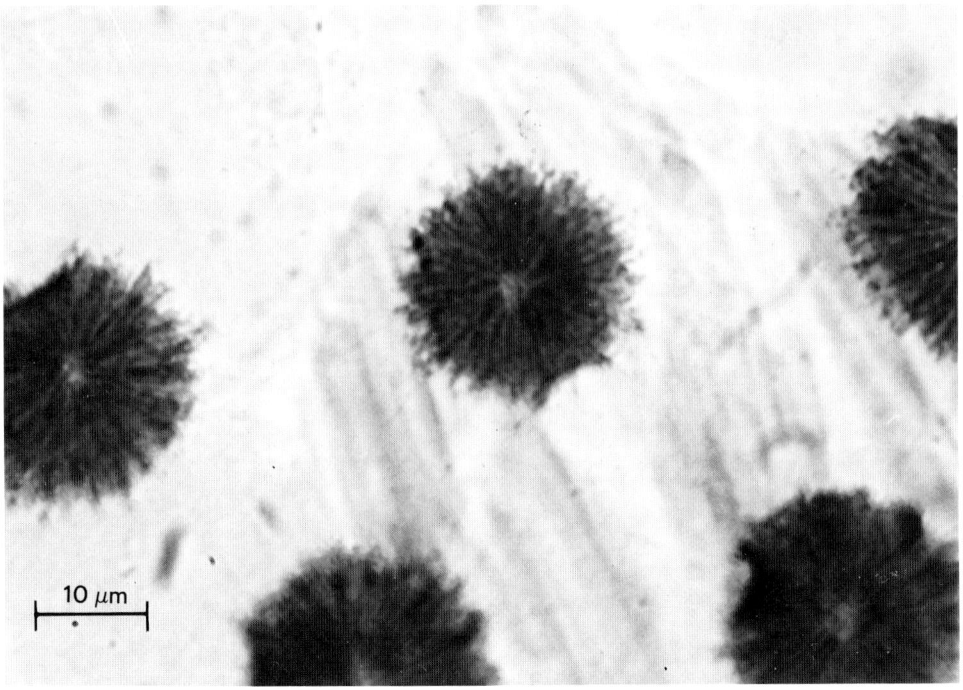

Lichtmikroskopische Aufnahme roter Chromatophoren (Erythrophoren) des Fisches *Holocentrus rufus* mit verstreut liegenden Pigmentgranula.

se zwischen dem Zellkörper und den verzweigten Endigungen des Axons aufrecht erhalten werden. Die schnellsten Komponenten bewegen sich dabei bis zu acht Mikrometer pro Sekunde vorwärts. Millionenfach vergrößert würde so ein Axon fast den Atlantischen Ozean überspannen. Innerhalb weniger Tage könnte es Produkte, die im Zellkörper – sagen wir, in New York – hergestellt werden, zu ihrem Bestimmungsort in den äußeren Nervenendigungen transportieren — etwa an die Küste von Irland.

Mikrotubuli dienen auch dazu, in Zellen bestimmte strukturelle Asymmetrien hervorzurufen oder aufrecht zu erhalten – beispielsweise die Streckung wachsender Muskelzellen. Weiterhin bauen sie intrazelluläre Gerüststrukturen auf, die gewöhnlich für gerichtete Transporte und Bewegungen benötigt werden. Zum Ende unserer Expedition haben wir Gelegenheit, den großartigsten dieser Vorgänge selbst mitzuerleben: den Auf- und späteren Abbau der umfangreichen und komplizierten Maschinerie, mit der während der mitotischen Zellteilung die verdoppelten Chromosomen voneinander getrennt und so auseinandergezogen werden, daß zwei gleiche Chromosomensätze entstehen.

In allen bisher genannten Fällen dienen Mikrotubuli offenbar als Strukturelemente des Zellskeletts. Dank ihrer Instabilität können sie außerdem eine morphogenetische Aufgabe erfüllen: Indem sie auf- und abgebaut werden, verändern sie die Form der Zellen. Schließlich dienen sie auch oft als Führungsschienen und Stützstreben für die gerichtete Verschiebung intrazellulärer Objekte oder Substanzen. Angetrieben werden solche Transportprozesse möglicherweise von den Aktin-Myosin-Muskeln der Zelle. Vielleicht ist aber auch ein anderes System dafür verantwortlich, wie man aus Untersuchungen jener stabilen Mikrotubuli-Strukturen schließen kann, aus denen die beiden wichtigsten Bewegungsorganellen von Zellen aufgebaut sind – Cilien und Flagellen.

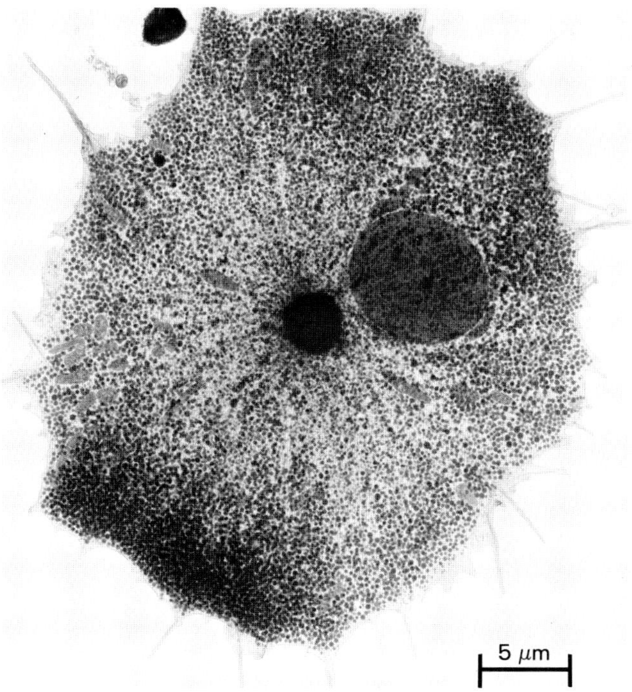

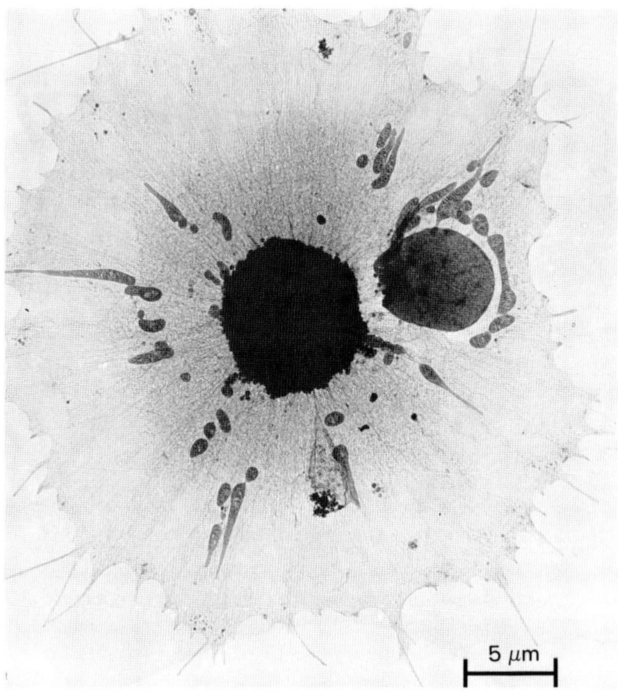

Elektronenmikroskopische Bilder einer Erythrophore von *Holocentrus rufus*: links mit verstreuten, rechts mit konzentrierten Pigmentgranula.

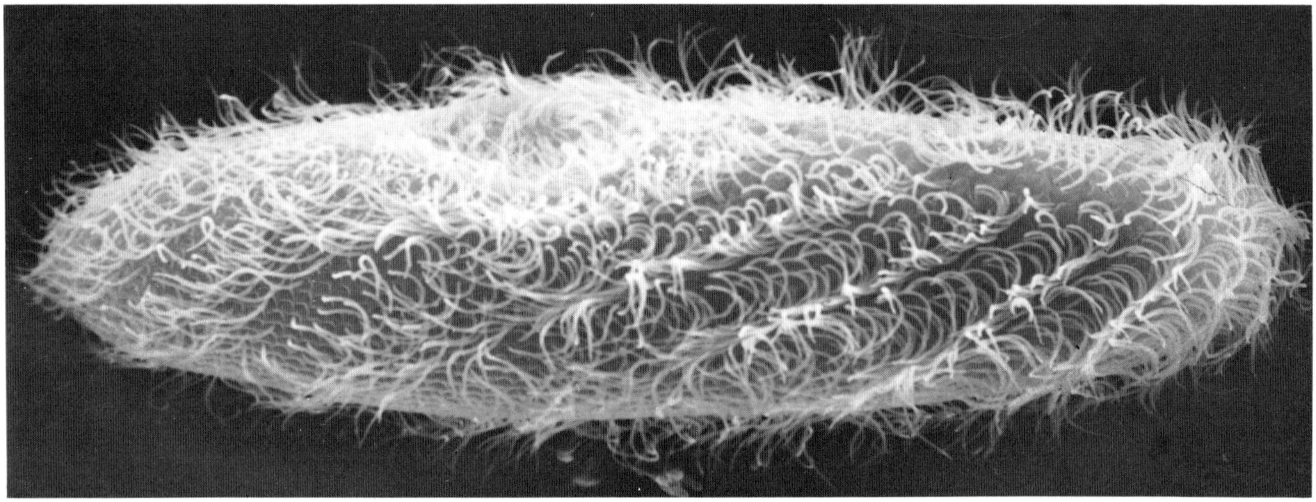

Diese rasterelektronenmikroskopische Aufnahme der Oberfläche des Einzellers *Paramecium tetraaurelia* zeigt Reihen von Cilien, die mitten in ihrem synchronen Schlag fixiert worden sind.

Cilien (vom lateinischen *cilium* für Wimper) sind Zellfortsätze, die ziemlich genau in einer Ebene schlagen und sich etwa zehn- bis 40mal pro Sekunde krümmen und zurückschwingen. Gewöhnlich treten Cilien gehäuft und in parallelen Reihen auf; sie bewegen sich, als ob Wellen von Erregungssignalen über sie hinweggingen. Um dieses Schauspiel richtig genießen zu können, sollten wir statt der üblichen millionenfachen Vergrößerung nur eine 10000fache benutzen und uns außerdem mit einer schnellen Kamera sowie einem Projektor für Zeitlupen ausrüsten. Dann wird uns die Zelloberfläche wie ein reifes Weizenfeld erscheinen, das im Wind hin und her wogt. Die schlagenden Cilien sorgen dafür, daß sich Zelle und umgebende Flüssigkeit gegeneinander verschieben: Ist die Zelle frei beweglich (wie bei den bewimperten Protozoen, den Ciliaten), so schwimmt sie vorwärts; sitzt sie fest, erzeugt sie eine Strömung um sich herum. Die Bewegungsrichtung kann sich dabei umkehren. Wenn der Ciliat *Paramecium* (das Pantoffeltierchen) beispielsweise auf ein Hindernis stößt, schwimmt er sofort rückwärts. Ausgelöst wird diese Umkehr durch Calciumionen, die bei dem Schock freigesetzt werden.

Flagellen (vom lateinischen *flagellum* für Peitsche, Geißel) sind länger als Cilien und kommen normalerweise einzeln oder zu wenigen am Schwanzende freischwimmender Zellen vor; man findet sie etwa bei den begeißelten Protozoen oder Flagellaten, bei den Gameten (Keimzellen) der Algen und bei tierischen Spermien. Wie Cilien bewegen sich auch Flagellen in einer Ebene, allerdings eher wellenförmig als pendelartig. Sie dienen dazu, Zellen voranzutreiben. (Einige Bakterien besitzen ebenfalls Flagellen, doch sind diese grundsätzlich anders aufgebaut; Tubulin gibt es nur bei Eukaryonten.)

Alle Cilien und Flagellen haben fast genau denselben molekularen Bauplan, der auf dem sogenannten „9 + 2-Muster" beruht. Im Inneren befinden sich stets zwei Mikrotubuli, die durch seitliche Querbrücken miteinander verbunden sind. Dieses zentrale Paar ist von einer Scheide umschlossen und weiter von neun parallelen, zylindrisch angeordneten Doppelmikrotubuli umgeben, die durch radiale Speichen mit ihm in Verbindung stehen. Die Doppeltubuli bestehen jeweils aus einem vollständigen Mikrotubulus (A in der Abbildung auf Seite 210) mit 13 Protofilamenten und einem unvollständigen mit nur zehn Protofilamenten (B), die so zusammengeschweißt sind, daß der B-Tubulus noch an drei Protofilamenten des A-Tubulus beteiligt ist. Von jeder A-Untereinheit geht ein Paar tangentialer Seitenarme aus, die auf die B-Untereinheit des benachbarten Doppelmikrotubulus weisen. Im Querschnitt sieht das Ganze wie ein Ringelreihen aus, der – von oben gesehen – im Uhrzeigersinn getanzt wird. Die Sei-

Diese in den frühen sechziger Jahren aufgenommenen elektronenmikroskopischen Bilder offenbarten die charakteristische Struktur einer Flagelle des Einzellers *Pseudotrichonympha*. Der Längsschnitt (links) zeigt oben die Wurzel einer Flagelle, die in den Basalkörper übergeht (TF: Übergang, englisch *transition*, von Flagelle zu Basalkörper; TB: Übergang zwischen oberem und unterem Bereich des Basalkörpers; cy: Zentralzylinder; fm: Flagellenmembran). Die Querschnitte in der Mitte verdeutlichen die Struktur der Flagelle und des Basalkörpers in verschiedenen Höhen. Die Längsschnitte rechts im Bild zeigen den unteren Bereich des Basalkörpers.

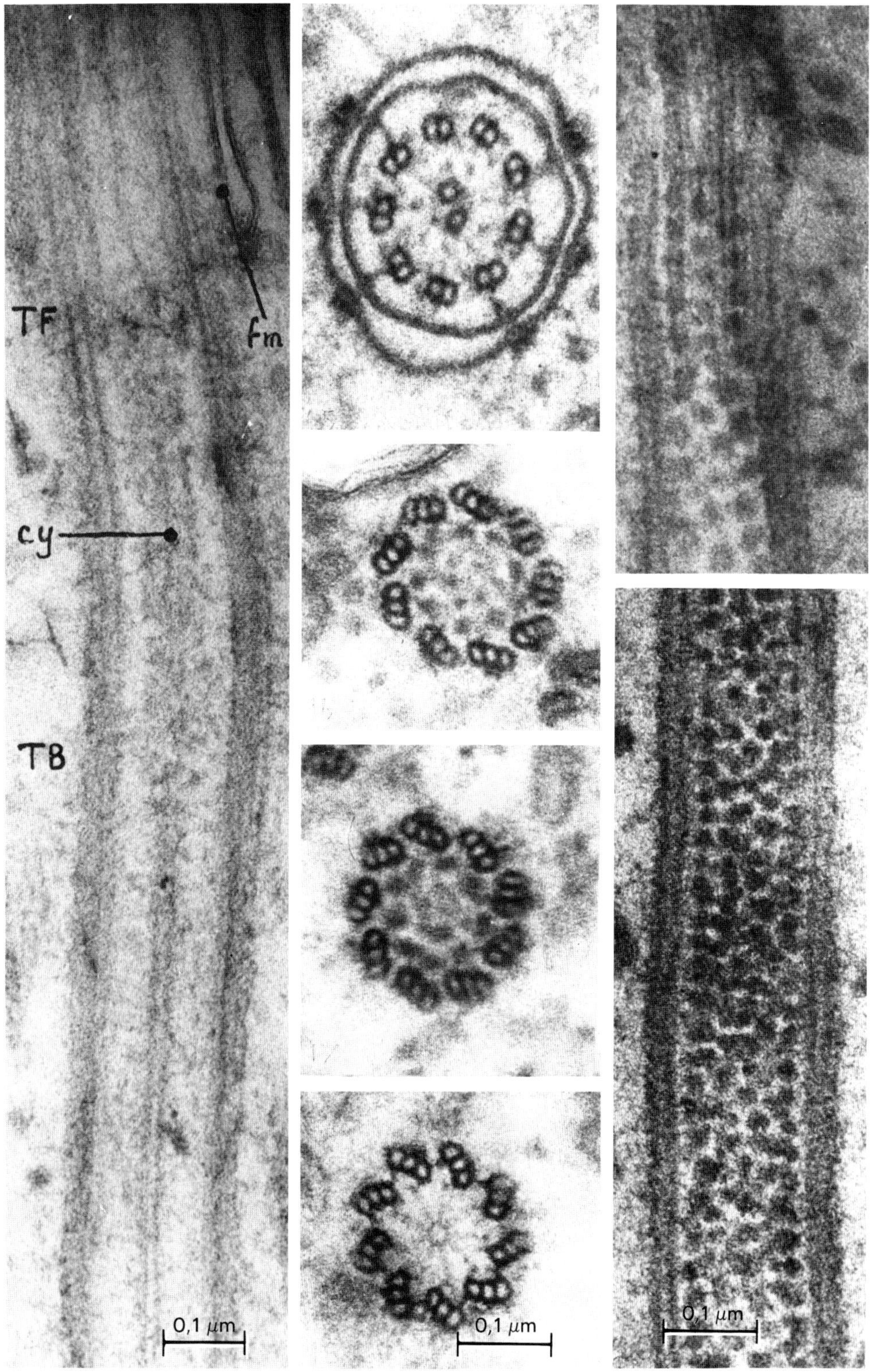

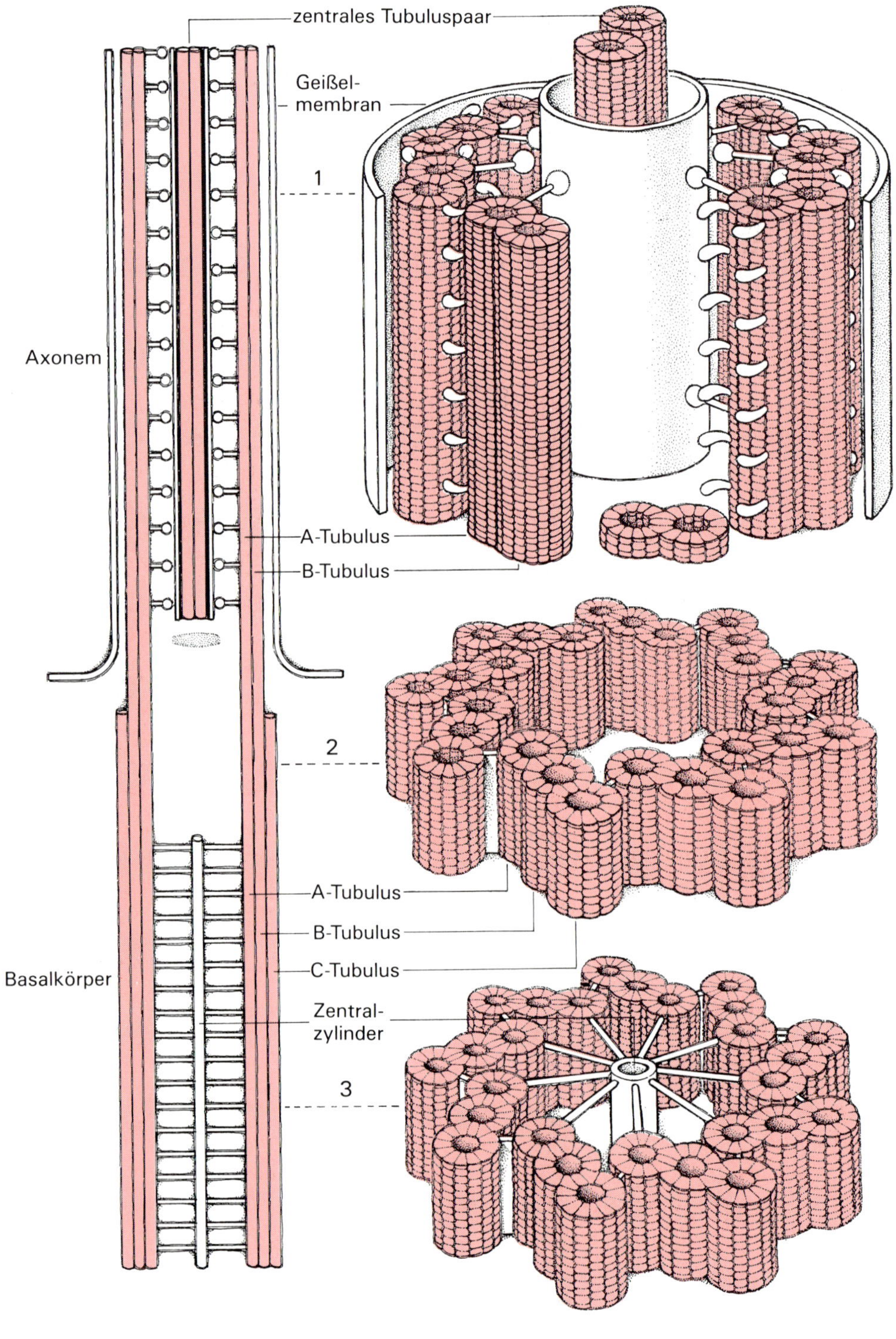

Die Struktur einer Cilie. Die Zeichnung links zeigt den unteren Teil des Axonems und den oberen Teil des Basalkörpers im Längsschnitt. Rechts ist die Feinstruktur in drei verschiedenen Abschnitten wiedergegeben. Bild 1 zeigt das typische 9 + 2-Muster des Axonems: das zentrale Mikrotubuluspaar und den Ring von neun Doppelmikrotubuli, die durch Dyneinseitenarme miteinander verbunden sind. Die charakteristische Wagenradstruktur des Basalkörpers ist in Bild 3 gezeigt; hier stehen Mikrotubulitripletts über Speichen mit dem Zentralzylinder in Verbindung. Der Übergangsbereich (Bild 2) verbindet Axonem und Basalkörper. (Vergleiche dazu die elektronenmikroskopischen Aufnahmen auf den Seiten 209 und 211.)

tenarme, die man als hantel- oder auch lutscherförmig beschrieben hat, ragen alle 20 Nanometer aus den A-Tubuli heraus. Insgesamt ist diese erstaunliche Konstruktion aus mehr als hundert verschiedenen Proteinen aufgebaut. Aufgrund ihrer spezifischen Bindungseigenschaften lagern sie sich zu einem fein modellierten Schaft zusammen, den man Axonem (oder Axonema) nennt (vom griechischen *nêma* für Faden). Er ist etwa 0,3 Mikrometer dick (bei unserer millionenfachen Vergrößerung also 30 Zentimeter), und wie schon beim Sarkomer der Muskelzellen können wir seine Schönheit meist nur in Querschnitten bewundern.

An der Stelle, wo das Axonem im Zellplasma wurzelt, ändert sich seine Struktur. Das zentrale Mikrotubulipaar bricht ab und wird weiter innen durch eine einzige hohle Achse ersetzt. Die randständigen Doppelmikrotubuli erstrecken sich dagegen ins Zellplasma hinein, wo sie allerdings nicht länger durch Seitenarme verbunden sind. Statt dessen tritt ein dritter unvollständiger Mikrotubulus (C) hinzu, der genauso an die B-Einheit angeschweißt ist wie B an A. Mit der zentralen Achse sind solche sogenannten Tripletts durch radiale Lamellen verbunden, die die Speichen des Axonems ersetzen. Man bezeichnet diese Wurzel als Kinetosom (vom griechischen *kinein* für bewegen) oder als Basalkörper. Er verfügt über erstaunliche organisatorische Fähigkeiten. So sproßt vom Basalkörper ein neues Glied aus, wenn man eine Cilie oder Flagelle amputiert. In Kapitel 19 werden wir sehen, daß das Centriol, von dem die Bildung der Mitosespindel ausgeht, eng mit dem Kinetosom verwandt ist.

In den Axonemen von Cilien und Flagellen bilden die Mikrotubuli und ihre radialen Verstrebungen ein fein ineinandergreifendes Skelettgerüst. Es ist gerade so nachgiebig, biegsam und elastisch, daß es die Dehnungsspannungen, die beim Verbiegen dieser Zellfortsätze entstehen, auffängt und begrenzt. Die Seitenarme wirken als Zellmuskeln, die die Kraft für die Krümmungen erzeugen. Sie bestehen aus dem Protein Dynein (vom griechischen *dynamis* für Kraft), das genau wie die Myosinköpfchen ATP hydrolysiert und dadurch eine Konformationsänderung bewirkt. Dieses mechanochemische Ereignis führt dazu, daß zwei durch aktivierte Dyneinseitenarme verbundene Doppelmikrotubuli gegeneinander verschoben werden. Dies ähnelt dem ATP-getriebenen Entlanggleiten von Aktinfäden an Myosinfilamenten.

Das ist das Grundprinzip, nach dem die molekulare Maschinerie der Cilien und Flagellen arbeitet. Die Details sind

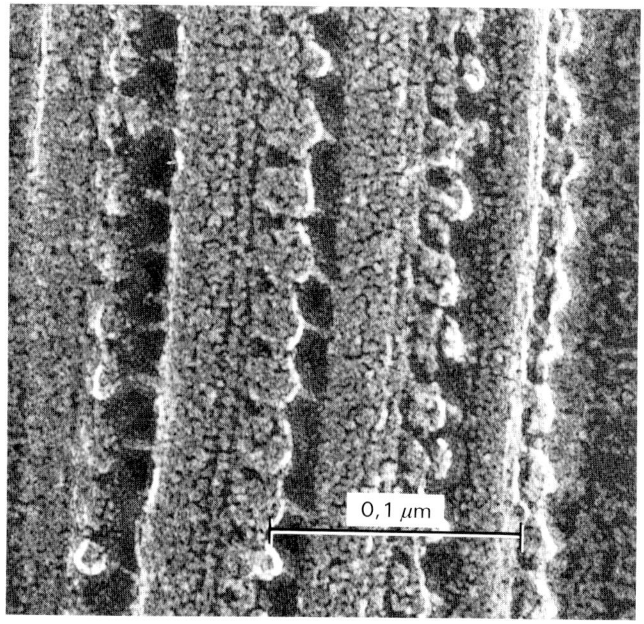

Längsschnitt durch eine Cilie des Einzellers *Tetrahymena thermophilia*; das Präparat wurde mit dem Gefrierätzverfahren hergestellt. Man erkennt vier Doppelmikrotubuli, die durch Reihen von Dyneinarmen verbunden sind (vergleiche die Darstellung auf der Seite gegenüber).

natürlich wesentlich komplizierter. So dürfen ganz offensichtlich die neun Reihen von Dyneinseitenarmem nicht gleichzeitig aktiviert werden. Jene, die in oder nahe der Krümmungsebene liegen (diese steht senkrecht auf der Ebene, die durch das zentrale Mikrotubulipaar definiert ist), müssen in einer Art von Schaukelmechanismus arbeiten, bei dem die Dyneinarme auf der einen Seite loslassen, wenn die auf der gegenüberliegenden Seite zupacken. Dagegen bleiben die Seitenarme, die sich in oder nahe der Ebene senkrecht zur Krümmungsebene befinden, weitgehend passiv. Wie diese heikle Kontrolle funktioniert, hat sich bis jetzt dem Scharfsinn der Zellforscher entzogen.

Eine besonders interessante, noch ungelöste Frage ist die, ob die Dyneinmuskeln auch an anderen intrazellulären Bewegungen — mit Mikrotubuli als Cytoskelett — beteiligt sind oder ob diese von Myosinfilamenten gewährleistet werden, die an entsprechend verankerten Aktinfäden ziehen. Jedenfalls offenbart der Vergleich der beiden wichtigsten zellulären Bewegungsapparate eine auffallende Parallele: Bei beiden gleiten Zellknochen vorwärts, die von ATP-spaltenden Zellmuskeln gezogen werden.

Clathrin

In der Welt der Zellen hören die Wunder nie auf. Als der amerikanische Architekt Buckminster Fuller seine gefeierte geodätische Kuppel erbaute, ahnte er wohl kaum, daß die Natur bereits vor Hunderten von Millionen Jahren ein Proteinmolekül entwickelt hatte, das dieselbe Konstruktion von ganz alleine vollbringen kann. Dieses Protein heißt Clathrin (vom griechischen *klêthra* oder lateinischen *clatri* für Gitter). Bei passender Gelegenheit lagert es sich – sogar im Reagenzglas – spontan zu korbartigen Strukturen zusammen, die wie die geodätische Kuppel aus einem Netz von Sechsecken bestehen, in das ein paar zusätzliche Fünf- und Siebenecke eingelassen sind.

Wir können diesen Prozeß beobachten und gleichzeitig etwas über seine Funktion erfahren, wenn wir auf der Innenseite der Plasmamembran einen Bereich untersuchen, an dem sich außen gerade ligandenbesetzte Rezeptoren sammeln, um wenig später endocytotisch verschlungen zu werden. Zu erkennen ist ein solcher Bezirk an den zahlreichen Rezeptormolekülenden, die durch die Membran zu uns hindurchragen. Sie wirken anscheinend auch für Clathrinuntereinheiten alarmierend: Diese wandern nämlich aus irgendeinem Reservoir in der Zelle zu dem betreffenden Membranflecken hin, lagern sich über ihm zusammen und bilden so eine Hülle, die auf den ersten Blick wie ein unordentliches Stück Maschendraht aussieht.

Wenn wir näher hinschauen, erkennen wir, daß die Untereinheiten trimere, ,,dreibeinige'' Strukturen sind, sogenannte Triskelions (vom griechischen *skelos* für Bein), die jeweils 20 Nanometer lange ,,Oberschenkel'' und ,,Waden'' haben (zwei Zentimeter bei unserer Vergrößerung). Diese Untereinheiten legen sich mit ihren Gliedern seitlich zu einem sechs-

Die geodätische Kuppel des Architekten Buckminster Fuller.

Diese nach Gefrierätzung aufgenommenen elektronenmikroskopischen Bilder zeigen Clathrinkörbe auf der cytoplasmatischen Seite der Plasmamembran. Sie bedecken zunächst ein Stachelsaumgrübchen und buchten sich dann immer weiter nach innen aus, wie auf den Aufnahmen A bis H zu sehen ist. Dabei trennen sie das Membranstück letztlich als Stachelsaumvesikel ab (F bis H).

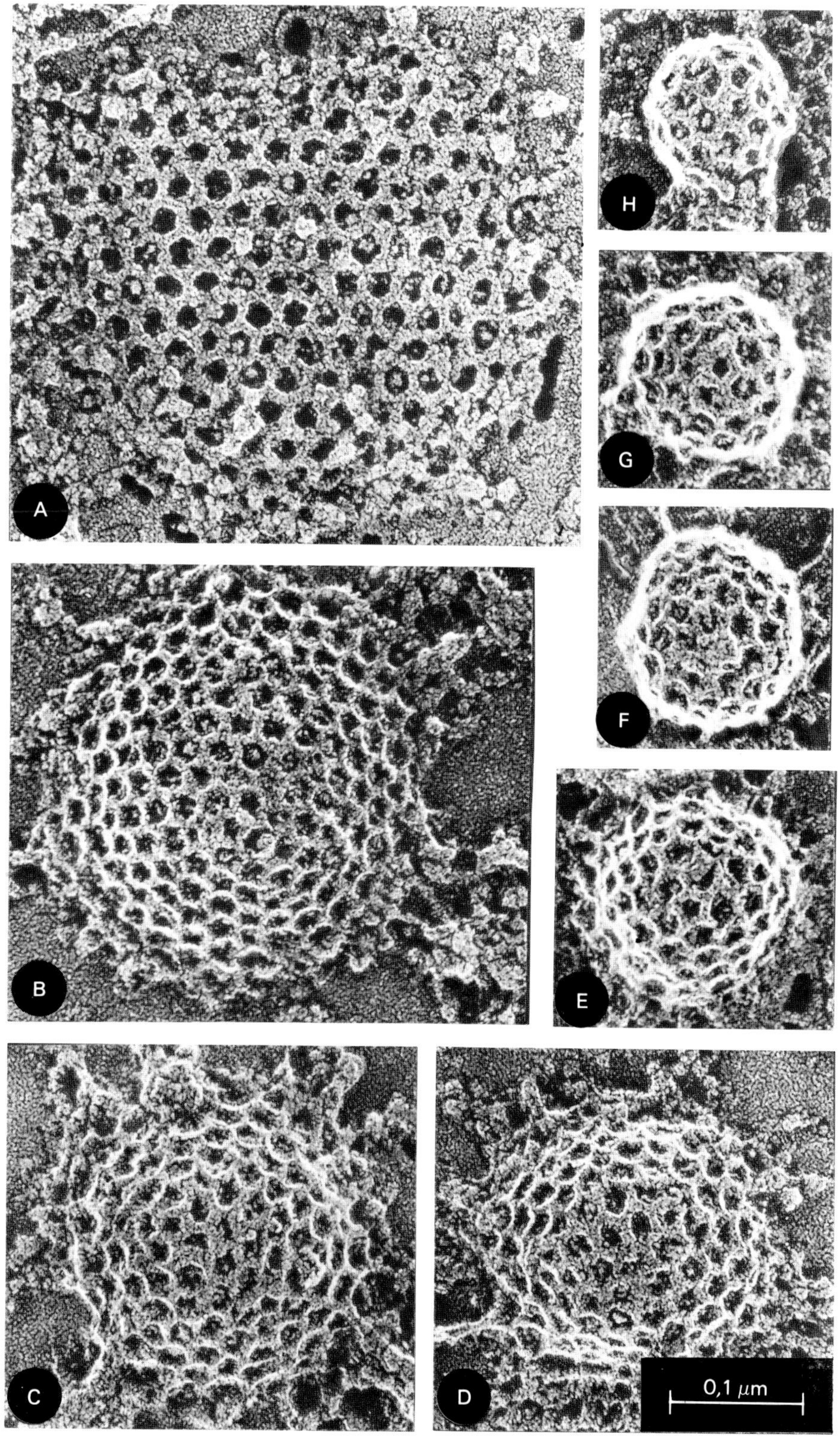

Bildung des Clathrinnetzwerks aus Triskelion-Untereinheiten.

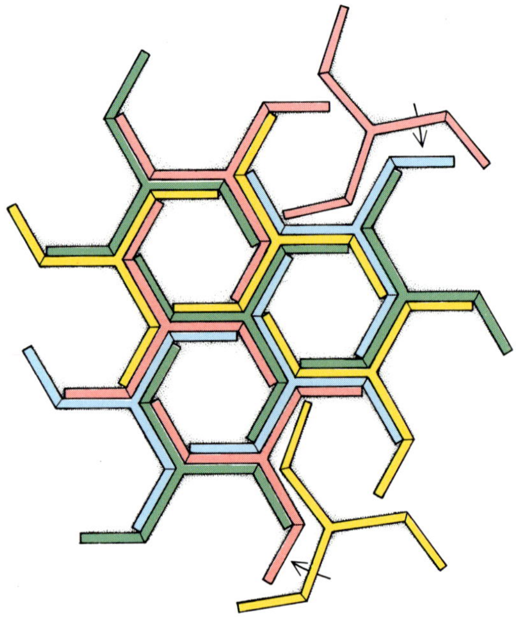

Bei der Endocytose wird ein Membranstückchen durch einen Clathrinkäfig nach innen gezogen.

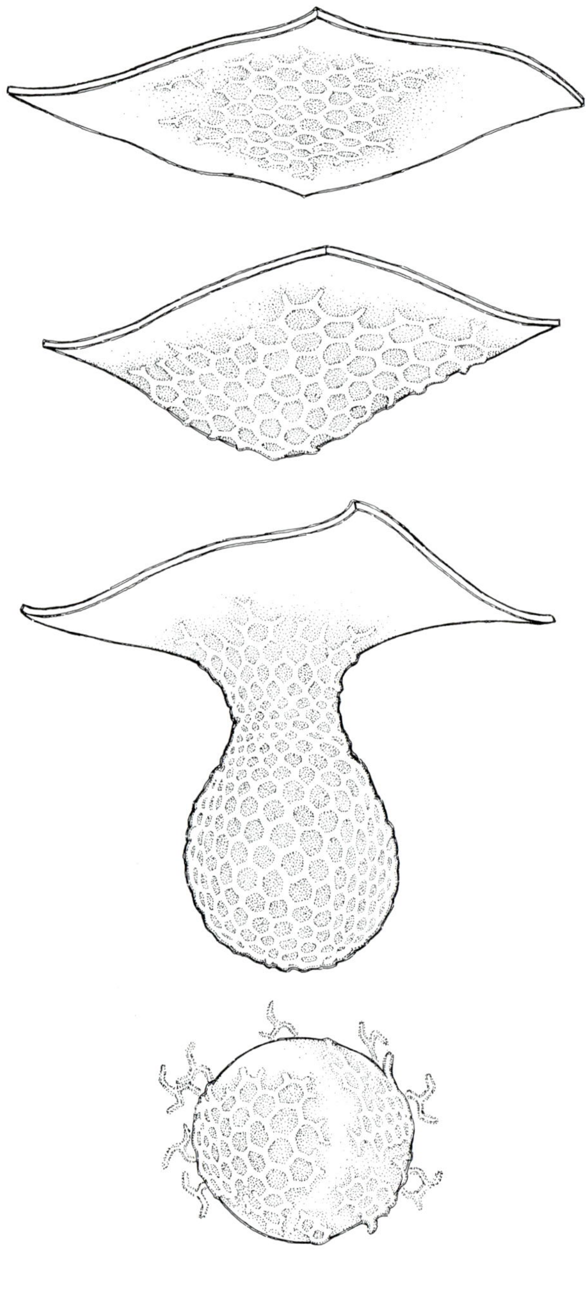

eckigen Maschenwerk zusammen, in dem jede Ecke vom Mittelpunkt eines Triskelions eingenommen wird und jede Strebe aus vier nebeneinanderliegenden Gliedern besteht – aus zwei Oberschenkeln und zwei Waden. Triskelions sind jedoch nicht flach, sondern gekrümmt, und wenn ihre Beine im Uhrzeigersinn ,,laufen'', bilden sie eine konvexe Fläche. Je mehr eine solche Struktur wächst, desto stärker baucht sie sich zu einer typischen geodätischen Kuppel aus. Um das Netzwerk der wachsenden Krümmung anzupassen, fallen manche Triskelions wieder ab, und das regelmäßige Sechseckgitter wird hier und da durch Fünf- und Siebenecke unterbrochen. Diese bilden sich leicht nach demselben Mechanismus wie die Sechsecke, wobei die beteiligten Triskelions nur geringen Spannungen ausgesetzt sind. Je weiter der Prozeß fortschreitet, desto stärker krümmt sich die Kuppel und strafft sich ihr äußerer Rand, so daß allmählich ein etwa birnenförmiger Korb entsteht. Zuletzt schließt sich der Rand vollständig. Dadurch wird aus dem Korb ein Käfig und aus dem Membranflecken ein darin eingeschlossenes Vesikel. Wenig später reißt der Käfig ein, löst sich völlig auf und gibt das Vesikel frei.

Diese Aufnahmen von gefriergeätzten Stachelsaumgrübchen zeigen, wie Clathrinkörbe eine Plasmamembraneinbuchtung nach und nach zu einem geschlossenen Vesikel in die Zelle ziehen.

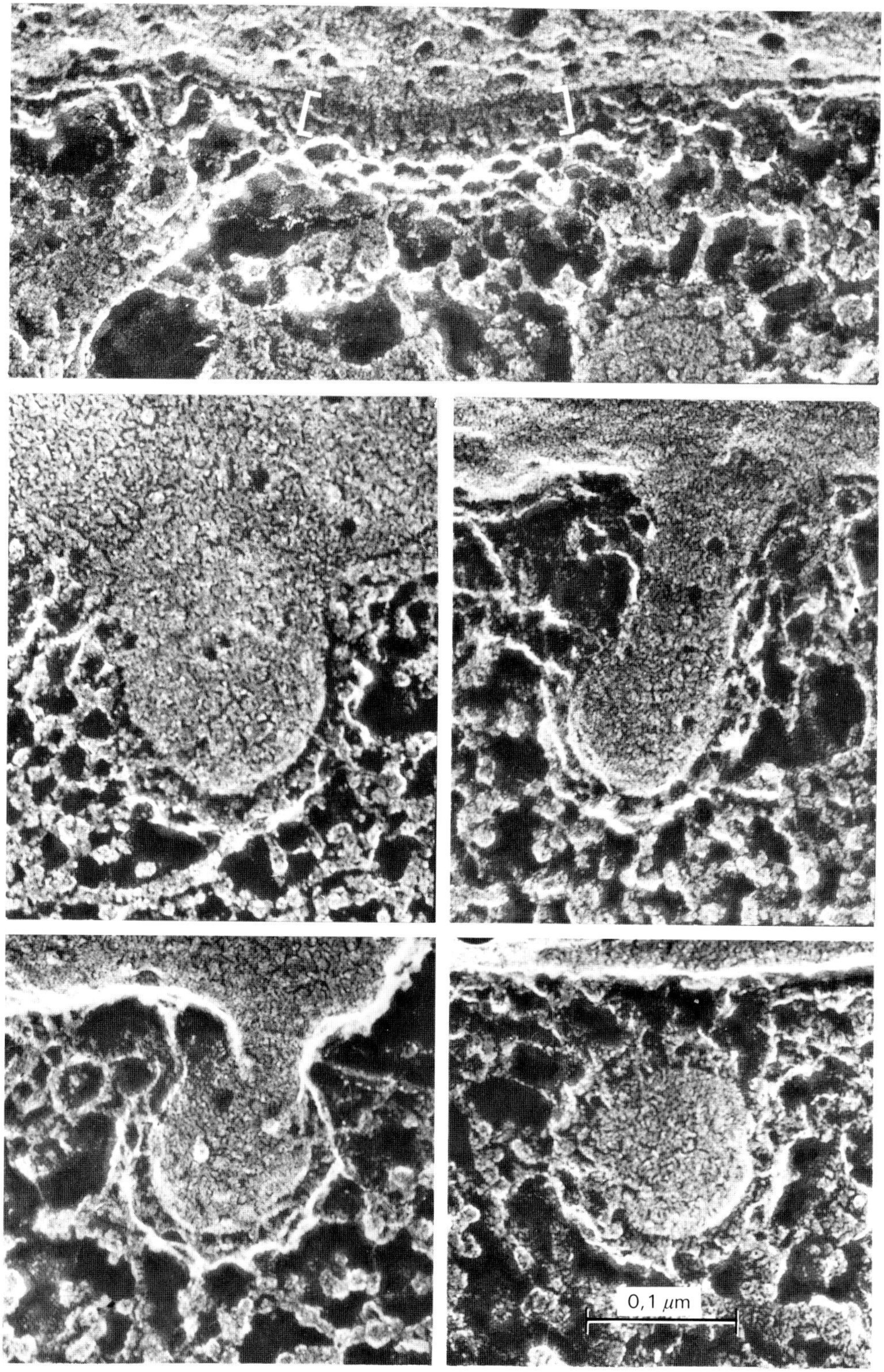

Der Prozeß, den wir gerade vom Inneren der Zelle aus beobachtet haben, ist ein typisches Kennzeichen rezeptorgekoppelter Endocytosen. Daß daran eine feste Struktur beteiligt sein könnte, hatten bereits frühe Elektronenmikroskopiker aus zweidimensionalen Bildern geschlossen, auf denen sie um manche Membraneinbuchtungen und um geschlossene Vesikel herum einen borstig-filzigen Saum erkannt hatten. Sie nannten solche Strukturen ,,Stachelsaumgrübchen'' (englisch *coated pits*) und ,,Stachelsaumvesikel'' (*coated vesicles*) und stellten die Hypothese auf, daß dieser Saum beteiligt ist, wenn sich Vesikel von Membranen abschnüren (siehe auch die Seiten 52 und 53).

Jene Pioniere waren erstaunlich weitsichtig. Tatsächlich scheinen Clathrinkörbe nicht nur an der rezeptorgekoppelten Endocytose, sondern auch an anderen Prozessen des Vesikeltransports mitzuwirken, etwa wenn Material vom ER zum Golgi-Apparat übertragen wird. Wie das Clathrin dabei arbeitet, ist jedoch noch keineswegs geklärt. Viele quälende Fragen drängen sich auf, wenn wir dieses ungewöhnliche Molekül agieren sehen. Welches Signal löst seine Polymerisation aus, wenn sich an kleinen Membranflecken, die in Bau und Funktion oft so unterschiedlich sind, Clathrinkörbe ausbilden? Wo kommt die freie Energie für diese Prozesse her? Leistet sie – wie wir vermuten – auch die Arbeit, die nötig ist, um ein Vesikel aus einer flachen Membran abzuschnüren? Wenn ja, wie laufen Endocytosen ohne Clathrin ab? Wieso fällt ein Clathrinkorb auseinander, sobald er seine Aufgabe erfüllt hat?

Noch haben wir auf diese und zahllose andere Fragen keine Antwort. Aber wenn man der Geschichte glauben kann, wird ganz bestimmt eines Tages ein Zelltourist diese Fragen so faszinierend finden, daß er beschließt, Zellforscher zu werden und nicht eher ruht, bis er die Antworten gefunden hat. Schon heute weisen einige Ergebnisse darauf hin, daß Calciumionen die Polymerisation des Clathrins unterstützen und daß ATP bei der Umkehr dieses Prozesses beteiligt ist.

Mikrotrabeculae

Forscher, die die Zellen mit den derzeit tiefgreifendsten Methoden untersucht haben – etwa mit dem Millionen-Volt-Elektronenmikroskop oder dem Schockgefrier-Tiefätz-Verfahren, mit dem man Proben für die dreidimensionale Elektronenmikroskopie vorbereitet –, sind auf ein feines Maschenwerk aus Filamenten gestoßen, das das gesamte Zellplasma durchzieht und mit allen cytoplasmatischen Strukturbestandteilen an zahlreichen Stellen verankert ist. Man hat die Elemente dieses Gitters Mikrotrabeculae genannt, also wörtlich ,,winzige Bälkchen'' (vom lateinischen *trabs* für Balken). Tatsächlich sind Mikrotrabeculae nicht so klein, wie ihr Name vermuten läßt: Ihr Durchmesser liegt zwischen zehn und 15 Nanometern. Damit übertreffen sie deutlich die Aktinfilamente und erreichen vielleicht sogar die Ausmaße der Myosinfilamente. Da sie sehr kurz sind und ungerichtet in dem Maschenwerk liegen, hat man sie erst spät entdeckt. Um sie als Bestandteile einer Gitterstruktur zu erkennen, war ein Minimum an dreidimensionalem Sehen erforderlich.

Den bisherigen Bildern des Mikrotrabeculae-Netzes zufolge ist das Cytosol wesentlich starrer und geordneter strukturiert, als wir bei unserem Eintritt in diesen Teil der Zelle erkannt haben. Zweifellos gingen wir damals recht grob und ungeschickt vor, und so könnte uns dieses feine Gewebe gut entgangen sein. Es gibt jedoch auch einige Bedenken, ob das Maschenwerk der Mikrotrabeculae überhaupt existiert. Es läßt die Zelle beinahe ,,überorganisiert'' erscheinen; zudem ist es bis heute noch nicht chemisch identifiziert, was angesichts seiner enormen Ausdehnung überrascht. Ein großes Problem liegt darin, daß die Forscher dieses Maschenwerk selbst mit den modernsten Geräten nur in toten, nicht aber in lebenden Zellen beobachten können. Es bleibt daher ungeklärt, inwieweit das Mikrotrabeculae-Netz erst durch die Fixierung oder irgendeine andere Veränderung nach dem Tod der Zelle zustande kommt. Andererseits spricht die Tatsache, daß die Bewegungen verschiedener Zellbestandteile aufeinander abgestimmt sind, für ein verbindendes Netzwerk zwischen ihnen.

Calcium und Zellbewegung

Während unserer kurzen Exkursion durch den quergestreiften Muskel haben wir die geradezu elektrisierende Wirkung von Calciumionen entdeckt: Sobald sie an die C-Untereinheit des Troponins binden, lösen sie in diesem Protein eine Konformationsänderung aus; das angeheftete Tropomyosin wird verdrängt und kann die Myosin-Aktin-Bindung und die ATP-Hydrolyse nicht länger verhindern.

Calcium löst daneben noch viele andere wichtige Prozesse aus. So stimulieren diese Ionen auch die Fasern der glatten Muskulatur und vielleicht überhaupt alle Aktin-Myosin-Systeme. Sie hemmen die Zusammenlagerung von Mikrotubuli, stoppen den Cilienschlag oder kehren ihn um, sie beeinflussen die Clathrinpolymerisation und sind möglicherweise auch an den Membranfusionen beteiligt, wie sie bei Endo- und Exocytosen und bei der Verschmelzung und Teilung intrazellulärer Vesikel auftreten. Schließlich aktivieren Calciumionen auch zahlreiche Enzyme – insbesondere bestimmte Proteinkinasen (siehe Kapitel 8). Diese Enzyme haben wichtige regulatorische Aufgaben, da die biologische Aktivität der Proteine, an denen sie angreifen, entscheidend davon abhängt, ob sie phosphoryliert sind oder nicht; wir werden in den Kapiteln 13 und 18 darauf näher eingehen. Proteine, die phosphoryliert werden müssen, um aktiv zu sein, lassen sich also durch Calcium anschalten. Das Myosin glatter Muskeln scheint hierher zu gehören. Dagegen werden Proteine, die nur im dephosphorylierten Zustand aktiv sind, durch Calcium abgeschaltet.

All diese Funktionen erfüllen Calciumionen indirekt über ein calciumbindendes Protein, das Calmodulin. Es ähnelt dem Troponin-C insofern, als auch hier gebundenes Calcium die Konformation ändert. Das so veränderte Calmodulin ruft jene Wirkungen hervor, die man dem Calcium zuschreibt. Seine funktionelle Ähnlichkeit mit dem Troponin-C ist keineswegs zufällig. Beide Proteine sind eng verwandt, wie man aus weitreichenden Übereinstimmungen in ihren Aminosäuresequenzen schließen kann; anscheinend leiten sie sich stammesgeschichtlich aus einem gemeinsamen Vorfahren ab.

Die wichtigen Funktionen der Calciumionen setzen die Existenz intrazellulärer Calciumreservoire voraus, die mit extrem leistungsfähigen Pumpen und Ablaßventilen ausgestattet sind. Das höchstentwickelte derartige Regulationssystem kommt in quergestreiften Muskeln vor, besonders in den Flugmuskeln von Insekten, die mehrere hundert Mal pro Sekunde zwischen aktivem und Ruhezustand hin- und herwechseln können. Gespeichert wird das Calcium im quergestreiften Muskel in einer speziellen Form des ER, dem sarkoplasmatischen Reticulum. Es bildet eine so enge Hülle um die Sarkomere, daß die Calciumionen nur extrem kurze Strecken zu überwinden haben. Sie können äußerst schnell aus diesem Reservoir freigesetzt werden, weil die Plasmamembran tiefe Einstülpungen besitzt (T-System), die in sogenannten Triaden sehr eng mit dem sarkoplasmatischen Reticulum verbunden sind. Wenn eine Muskelfaser erregt wird, breitet sich über die Plasmamembran eine Depolarisationswelle aus (das heißt, sie wird vorübergehend elektrisch umgepolt); sobald die Erregung das Triadensystem erreicht, strömen dort kurzfristig Calciumionen aus dem Reservoir des sarkoplasmatischen Reticulums. Eine starke ATP-getriebene Pumpe in dessen Membran saugt die Ionen ebenso schnell wieder zurück.

Spezialisierte ER-Bereiche, die mit dem sarkoplasmatischen Reticulum vergleichbar sind, kommen vielleicht noch in einigen anderen Zellen vor. Gewöhnlich dienen aber eher die extrazelluläre Flüssigkeit oder die Mitochondrien als Calciumspeicher. Beide Reservoire sind mit einer Calciumpumpe ausgestattet. Die in der Plasmamembran treibt Calcium aus den Zellen hinaus. Die in der inneren Mitochondrienmembran reichert Calcium in der Mitochondrienmatrix an; sie wird, wie wir gesehen haben, mit protonenmotorischer Kraft betrieben und arbeitet mit einem natürlichen Calcium-Ionophor. Zusammen halten diese beiden Pumpen die Calciumionenkonzentration im Cytosol sehr niedrig. Jede lokale Störung der Plasmamembran oder der inneren Mitochondrienmembran, die entweder die Pumpe verlangsamt oder mehr Calciumionen zurücksickern läßt, erhöht die Calciumkonzentration im Cytosol. Dadurch werden in zunehmendem Maße die Calciumbindungsstellen des Calmodulins besetzt und einige der oben genannten Wirkungen ausgelöst. Nervenimpulse sowie Hormone und andere Oberflächenliganden können zu derartigen Plasmamembranstörungen führen. Intrazelluläre Botenstoffe, die aufgrund von Veränderungen im Stoffwechsel oder vielleicht auch – wie im Falle des cyclischen AMP – als Antwort auf Oberflächenreize gebildet werden, wirken in ähnlicher Weise auf die innere Mitochondrienmembran ein.

Index

A

D

E

F

G

H

I

J

K

N

O

P

U

V

Originaltitel:
A guided tour of the living cell
Aus dem Amerikanischen übersetzt von Ernst-Dieter Jarasch

Band I

CIP-Kurztitelaufnahme der Deutschen Bibliothek

Duve, Christian de:
Die Zelle : Expedition in d. Grundstruktur d. Lebens / Christian de Duve. — [Aus d. Amerikan. übers. von Ernst-Dieter Jarasch.] — Heidelberg : Spektrum der Wiss. Verlagsges. mbH & Co., 1986.
(Spektrum-Bibliothek ; Bd. 9)
Einheitssacht.: A guided tour of the living cell ⟨dt.⟩
ISBN 3-922508-79-0
NE: GT
Bd. 1 (1986).

Amerikanische Erstausgabe bei
Scientific American Books, Inc., New York
in Zusammenarbeit mit Rockefeller University Press

Lektorat: Frank Wigger

Produktion: Karin Kern

Buchgestaltung: Henri Wirthner

Gesamtherstellung: Klambt-Druck GmbH, Speyer